中国科学技术大学研究生教育创新计划项目教材出版专项经费支持
中国科学技术大学本科教材出版专项经费支持

一流规划教材

应用数学

分析过程和摄动方法

APPLIED MATHEMATICS:

ANALYSIS PROCESS AND PERTURBATION METHODS

郑志军　虞吉林　编著

中国科学技术大学出版社

内 容 简 介

　　本书是在中国科学技术大学"高等应用数学"课程讲义的基础上编写而成的,是研究生从事科学研究的入门阅读材料.本书主要介绍应用数学处理问题的思路,回顾大学数学基础并引出渐近分析方法;通过案例介绍应用数学的分析过程;介绍量纲分析和尺度化等数学问题的简化方法;介绍正则摄动、奇异摄动、多尺度摄动等摄动方法;介绍稳定性分析与调和分析方法.

　　本书可作为理工科专业研究生和高年级本科生的数学教材.

图书在版编目(CIP)数据

　　应用数学:分析过程和摄动方法/郑志军,虞吉林编著.—合肥:中国科学技术大学出版社,2023.12

　　中国科学技术大学一流规划教材

　　ISBN 978-7-312-05780-9

　　Ⅰ.应… Ⅱ.① 郑… ② 虞… Ⅲ.应用数学—高等学校—教材 Ⅳ.O29

　　中国国家版本馆CIP数据核字(2023)第183813号

应用数学:分析过程和摄动方法

YINGYONG SHUXUE: FENXI GUOCHENG HE SHEDONG FANGFA

出版	中国科学技术大学出版社
	安徽省合肥市金寨路96号,230026
	http://press.ustc.edu.cn
	https://zgkxjsdxcbs.tmall.com
印刷	安徽省瑞隆印务有限公司
发行	中国科学技术大学出版社
开本	787 mm×1092 mm 1/16
印张	22
字数	548千
版次	2023年12月第1版
印次	2023年12月第1次印刷
定价	70.00元

序

《应用数学: 分析过程和摄动方法》一书出版在即, 我很欣慰. 该书是中国科学技术大学研究生基础课程 "高等应用数学" 的长期教学的结晶. 据我了解, 20 世纪 80 年代经郑哲敏先生的建议, 虞吉林在近代力学系开设了 "应用数学" 课程, 并以林家翘和西格尔的《自然科学中确定性问题的应用数学》[1] 一书作为教材. 鉴于此课程对研究生入门科学研究的重要性, 2002 年起工程科学学院将其规定为全院研究生必修课, 2005 年更名为 "高等应用数学".2010 年起, 郑志军博士从中国科学院力学研究所回到中国科学技术大学工作, 开始与虞吉林教授共同承担起该课程的教学. 经过多年积累, 课程教学内容有了巨大变化, 课件逻辑思维越发清晰, 并逐渐汇聚成该书. 该书的主要特色如下:

(1) 注重基础数学和高等应用数学知识的衔接. 该书第 2 章以数量、函数和方程为线索, 串联起各种基础数学知识, 为其他章节的数学推导提供了背景知识, 可以帮助读者厘清数学知识体系. 我在中国科学技术大学读本科时, 钱学森认为我所在的年级基础课掌握得不扎实, 于是决定, 这个年级停课, 全体补课半年. 钱先生请来童秉纲等多位老师来给我们补习理论力学和数学等课程. 钱先生要求我们把冯·卡门和比奥的《工程中的数学方法》一书的所有习题从头到尾做一遍. 这样, 本来的五年制学习又多出了半年, 但半年下来, 我从具体问题的力学建模到简化处理, 再到具体解算以及分析讨论, 都大有长进, 各种知识在脑海中不再是稀里糊涂的一锅粥. 此前, 许多内容似乎学过, 可是遇到实际问题时, 却又都不会拿出来用. 补课之后, 我觉得, 脑子里的知识, 分门别类、条理分明、前后贯通. 到了这时, 我开始体会到力学大师们庖丁解牛又目无全牛的高超能力. 我想说的是, 打好数学思维基础对于领会应用数学思维和工程科学思想是非常重要的, 该书第 2 章尤为必要.

(2) 突出从案例中领会应用数学处理问题的过程. 开普勒从第谷的天文数据中总结出了行星运动三大定律, 牛顿从这三大定律中发现了更具一般性的万有引力定律, 他们分别为科学研究思维缔造了开普勒范式和牛顿范式. 万有引力的发现是应用数学的经典范例, 该书很好地演绎并总结了应用数学处理问题的过程, 它大体包括提出问题、简化问题、求解问题、讨论结果. 该书将热塑剪切带问题作为一个案例做了较全面的介绍, 这里我简要补充一点该问题的研究背景和应用数学思路, 希望能给读者一些启发. 20 世纪 70 年代, 源于穿甲和破甲的任务, 我开始重视热塑剪切带这一不同于通常失效模式的现象. 当时国际上对绝热剪切带的研究工作大体分两类: 一类是实验显微观察; 一类是经验性准则, 如最大应力准则. 经过长时间的思考, 我认为必须先跳出绝热、最大应力等先验性假设, 基于实验观察, 从物理上全面地做理论分析、量纲分析以及基于实验数据的量级分析, 再回过头来审视经验观察和经验规律成立条件的思路. 基于此, 我将问题简化为一维简单剪切问题, 导出了一个临界失稳的判据, 获得了多个参数间的联系 (关键无量纲数) 和作用的认识, 真切地体会到应用数学思维是非常有效的.

(3) 强调理论概念和由简入繁的科学探索思路. 该书抽丝剥茧般地介绍了许多经典理论模型和概念, 系统介绍了数学问题的简化和近似求解, 特别是对于数学方法的介绍, 也是采用探索式的, 极具启发性. 在我的潜意识里, 我一直认为, 可靠的实验观察是立足之本, 采用了某种理论模型和参数输入的数值模拟能提供实验看不到的全局和细节; 理论模型和概念则是现象背后一个层次的认识, 依靠它才能对新问题做预测和设计. 虽然实验观察手段越来越先进, 却仍然往往有看不到的方面, 不过实验依然是科学认识的源头; 数值模拟往往可以补充实验观察的不足, 甚至揭示实验不易或不能看到的客观存在的新现象, 但注意数值模拟的结果永远需要实验验证; 至于新的理论概念, 当然是深一层次的理性和科学的认识, 从而仍是人们在客观世界面前不懈的追求; 然而, 它必须基于实验观察和测量, 更必须经受新的实验结果检验, 不断修正和拓展. 我想借用程颢的一句诗"道通天地有形外, 思入风云变态中", 表达我对"有形天地"和"变态风云"这些客观实在的经验观察和认识, 与理性概况和提升 (道与思) 关系的解读. 或者, 更具体地, 借用我在国家自然科学基金委工作时, 大家常说的基础研究要经过的环节和要达到的分阶段的目标: 发现新现象, 提出新概念, 发展新方法, 解决新问题.

该书是为理工科研究生和高年级本科生进行科学研究精心编著的入门教科书, 也可以作为科学工作者从事科学研究的有益的参考书. 期望该书的出版有助于应用数学思维和工程科学思想的传承和拓展.

中国科学院力学研究所研究员
中国科学院院士
2023 年 7 月

前　　言

自牛顿以来,应用数学思维逐渐清晰,并被不断演绎,成为了科学研究的主要工具. 研究人员在发表科学论文的时候,倾向于把最完美的数据和分析结果呈现出来,正如我们看到的高楼大厦,看上去富丽堂皇. 然而,构建高楼大厦的脚手架在大厦竣工的时候都将被拆除,后来的人们可能很难想象伟大的工程是如何构建的. 许多科学研究背后的思想来源或思维方式常常不能被反映到科学研究的作品中,尽管可能沉淀出了许多有用的方法. 学习科学研究的思维方式和处理方法对入门科学研究无疑是非常重要的.

本书是一本面向理工科研究生和高年级本科生的应用数学教材,主要介绍科学研究中的应用数学处理过程和近似分析方法,可以作为科学研究入门的阅读材料. 我们在中国科学技术大学研究生课程"高等应用数学"的教学中长期使用应用数学大师林家翘与他的学生西格尔合著的《自然科学中确定性问题的应用数学》[1] 作为教材,并参考了国内外许多优秀论著 [2-5],在教案中我们陆续补充了许多案例(如虫口变化、热对流、绝热剪切、奇异吸引子),吸收了更多数学方法(如鞍点法、WKB 方法、均匀化方法、混沌理论、短时傅里叶变换、小波分析). 更为关键的是,为适应课堂教学,我们大量调整了授课内容的顺序. 这使得我们有了整理一本新的讲义的迫切想法,也常常有学生、同事或同行建议并鼓励我们自己编写这样一本新的教材.

应用数学的教材大体可以分成两类:一类集成了各式各样的应用数学方法,一类汇聚了琳琅满目的应用数学案例. 这两类写法各有优势. 前者可方便对方法进行系统的学习,也是大多数教材的写作风格. 后者通过实例,将应用数学思路娓娓道来,启发式地探讨应用数学方法的发现过程. 本书拟吸收二者的优势,力图把采用应用数学思路处理问题的思想反映出来,并系统地介绍应用数学方法. 具体来讲,在第 4、5 章采用案例研究的方式系统地学习应用数学处理问题的思路,特别强调从问题在不同尺度上响应的典型特征和不同的观点建立数学模型,在第 6、7 章从量纲分析、尺度分析的角度分别对数学模型进行简化,在之后的章节中针对不同的数学模型系统地介绍一系列摄动方法. 鉴于本书兼具应用数学案例分析和方法介绍,故题为"应用数学分析过程和摄动方法".

本书内容分为 12 章.

第 1 章通过介绍应用数学的发展历程,重点阐述应用数学的本质及特点,穿插介绍无穷级数、圆周率估算、流体弹塑性模型、虫口变化模型、分形等案例的分析.

第 2 章系统整理基础数学知识,主要包括常用函数、特殊函数和微分方程及其解法,特别是把分散在其他章节中可能用到的基础数学推导做系统介绍. 相关知识为后续章节提供数学基础,在教学中我们发现很有必要对学生进行这些知识的系统性复习.

第 3 章主要介绍函数的渐近分析,特别是当一些积分难以给出显式的表达式时,渐近分析就显得很有必要. 该章首先介绍量阶的概念,然后主要介绍分部积分法、拉普拉斯方法及其推广.

第 4、5 章展示了应用数学处理问题过程所需要的一些共同技巧. 第 4 章以引力和物质的数学模型为主线,串联起了万有引力的发现、引力本质的诠释、热本质的认识、原子实在性的证据、量子力学的发明等一系列科学史上跌宕起伏、扣人心弦的经典案例. 第 5 章以连续介质的数学模型为主线,探讨该模型在热传导、热对流、绝热剪切、冲击压溃和爆轰物理等方面的重要应用. 相关案例中收集和探讨了可能的"脚手架",启发我们去学习和认识应用数学处理问题的过程.

第 6、7 章从量纲分析和尺度分析的角度分别对数学模型进行简化,前者的基础是同一物理机理在不同尺度上有相似的响应,后者的基础是不同物理机理在同一尺度可能存在竞争关系. 第 6 章从简单逐步到复杂,针对未知函数和已知方程两类问题探讨量纲分析的方法,强调量纲分析在科学研究中的重要性. 第 7 章从简化可能存在的盲目性角度引出尺度化概念,并针对已知函数和未知函数介绍尺度化方法,它是科学研究中极其重要而隐蔽的"脚手架".

第 8、9、10 章分别介绍正则摄动方法、奇异摄动方法、多重尺度方法等摄动方法. 第 8 章以超越方程、虫口模型方程、相对论修正行星轨道方程等为例,介绍级数展开法、迭代法、PLK 方法等正则摄动方法. 第 9 章着重介绍处理边界层问题的奇异摄动方法,包括匹配法和 WKB 方法. 第 10 章介绍可以处理包含多个尺度问题的多重尺度展开法,以及可以将多尺度问题转化为单尺度问题的均匀化方法. 相关内容由浅入深,不断强化应用数学的思维方式,鼓励读者练就牛顿"会猜、敢试、善于推广"的能力.

第 11、12 章针对较复杂系统分别介绍稳定性分析和调和分析方法. 第 11 章主要介绍处理非线性自治系统的稳定性分析方法,并探讨分岔现象、奇异吸引子等与混沌理论有关的重要主题. 第 12 章针对可齐次化的线性系统,利用叠加原理,介绍傅里叶级数和傅里叶变换,并分别概述其推广形式,如处理本征值问题的广义调和分析、具有自适应时频信号处理能力的小波分析.

本书的主要特点如下:

(1) 通过案例研究 (case study) 的方式,阐述应用数学处理问题的过程. 林家翘与西格尔的著作《自然科学中确定性问题的应用数学》是典范,描绘了应用数学处理问题的一般过程,本书的编写深受其影响.

(2) 注重结合科学发展史,注重科学研究能力的培养. 案例分析中穿插相关问题的科学问题的提出过程,并在注脚提供许多科学史料[6-10],但不做科学史研究,难免遗漏一些可能有关的研究工作. 本书主要目的是引导初学者通过理解相关科学问题的解决过程,掌握科研的入门方法.

(3) 主要关注非线性问题, 并编写了许多富有启发性的习题. 一方面, 通过对复杂非线性问题的了解, 树立科学上不畏艰险的决心; 另一方面, 通过练习一些很有启发性的习题, 激发读者探索科学研究的兴趣和好奇心.

本书得到了中国科学技术大学研究生教育创新计划项目教材出版专项、核心课程项目、课程思政建设项目经费支持, 以及中国科学技术大学本科教材出版专项经费支持. 感谢宁波大学周风华教授、南京理工大学高光发教授等的热情鼓励. 感谢刘朝荣博士、朱玉东博士等对文稿写作提出的宝贵建议.

限于作者的水平, 书中难免有不妥之处, 欢迎读者给予批评指正.

作　者

2023 年 6 月

目　　录

第 1 章 绪 论

数学起源于计数、土地丈量以及天文观测等实际的需要,发展至今已成为描述自然科学最有力的工具. 随着思维观念的形成、符号体系的建立和逻辑结构的完善,数学已经成为逻辑严密、高度抽象和应用广泛的一门学科.

高度抽象和应用广泛总是格格不入,这导致数学的不同分支在发展过程中走向了两个极端,分别称为纯粹数学和应用数学. 一般来讲,纯粹数学是研究完全抽象概念的数学,集中关注于数学本身的规律,包括数论、群论、拓扑学、逻辑学等数学分支. 而应用数学更多地涉及与应用有关的数学,更关注于问题的数学内容,包括线性代数、微分方程、积分方程、调和分析、复变函数、概率论、数理统计、计算方法、运筹学、控制论、信息论等诸多数学分支,也包括从各种应用领域提出和发展起来的新的数学方法.

本章从发展历程和本质特征两方面对应用数学进行概述,结合无穷级数、正态分布、虫口变化、测量问题等几个典型的案例阐述应用数学在不同时期的发展特点,着重阐明应用数学处理问题的过程,厘清应用数学与纯粹数学、自然科学之间的关系.

1.1 应用数学的发展历程

1.1.1 萌芽发展时期

数学是伴随着实际需要出现的,因此数学从来就是可应用的. 但真正意义上的应用数学要归功于牛顿 (Isaac Newton) 和他在 1687 年出版的旷世巨著《自然哲学的数学原理》(*Mathematical Principles of Natural Philosophy*).

微积分的创立和应用,促成了应用数学思想的形成. 17 世纪下半叶,牛顿和莱布尼茨 (Gottfried Wilhelm Leibniz) 在前人工作的基础上分别独立发明了微积分 (Calculus)①. 牛

---

① 牛顿和莱布尼茨被公认为微积分的发现者. 尽管费马 (Pierre de Fermat) 和巴罗 (Isaac Barrow) 等研究了面积、切线和极值等基本问题,但是牛顿和莱布尼茨分别提出了相关的基本概念,即牛顿的流数和流量、莱布尼茨的微分和积分,并且发明了可以方便使用的符号和算法,从一般意义上解决了许多先前难以处理的问题. 然而,两人就优先权吵翻了. 1676 年 10 月 24 日,牛顿在给莱布尼茨的第二封信中用 6accdæ13eff7i319n4o4qrr4s8t12vx 密码隐喻了他的 "流数术" 的基本目标——"给定一个含有任意多个流量的方程,求流数以及相反的问题". 不清楚莱布尼茨是否明白这串密码的含义,只知道他仍旧热情地回了信,阐述了自己在微积分研究方面的工作细节并且邀请牛顿进一步对话,可是牛顿再也没有给他回信.

顿进一步提出了三大力学定律[①]和万有引力定律,使得经典力学成为了一个完整的理论体系,并将其应用于解释自由落体运动、月球运动、潮汐和岁差等自然现象. 同时,牛顿也开展了多个实验研究,例如:在剪切流动实验中,发现了牛顿黏性定律,即剪切力与剪切变形速率之间存在线性关系,满足这种规律的流体被称为牛顿流体;在三棱镜实验中,发现了光的分解和色散等现象,指出白光是由各种不同颜色的光组成的,并提出了光的微粒说,发表了巨著《光学》. 牛顿还提出了多个思想实验,例如:大炮实验,即在高山上架设大炮发射炮弹,炮弹的水平速度越大,落地越远,直至进入圆周运动;水桶实验,即在绳下吊着一个水桶,通过水桶的旋转和突然停止来观察水面的变化,由此论证他的"绝对时空观"[②]. 牛顿在数学、力学和光学领域的一系列伟大发现大部分是在 1665—1666 年躲避瘟疫时在乡下完成的,因此 1666 年被称为科学史上的一个"奇迹年".

牛顿的应用数学研究思路可以归结为:首先根据经验或假说建立物理模型,然后依据物理定律构建由微分方程表述的数学模型,进而运用微积分方法进行求解,最后将结果与实际进行比较. 这一应用数学思维推动了科学革命,从而导致许多学科的萌芽并产生了突飞猛进的发展,牛顿也因此被誉为"应用数学的鼻祖".

爱因斯坦 (Albert Einstein) 在 1942 年纪念牛顿诞辰 300 周年的文章中指出:"牛顿是第一个成功找到明确公式化基础的人,从这一基础出发,他运用数学思维能够逻辑地、定量地演绎出范围广泛的现象,并且同经验相符合. "在 1927 年纪念牛顿逝世 200 周年的文章中,他指出:"微分定律是唯一完全满足近代物理学家对因果关系要求的形式. 微分定律的明晰概念是牛顿最伟大的智力成就之一. "

自牛顿时代到 19 世纪末,应用数学与纯粹数学之间并没有清晰的界限,而是处于交融发展的状态,许多数学家同时也是科学家,主要是力学家、物理学家. "纯粹数学"一词直到 19 世纪初才出现在数学文献中,具有标志性意义的事件是几个专业数学期刊的创办,如 1810 年热尔岗 (Joseph Diaz Gergonne) 在法国创办的《纯粹与应用数学年刊》(*Annales de mathématiques pures et appliquées*), 1826 年克列尔 (August Leopold Crelle) 在德国创办的《纯粹与应用数学杂志》(*Journal für die reine und angewandte Mathematik*)[③], 以及 1836 年刘维尔 (Joseph Liouville) 在法国创办的《纯粹与应用数学杂志》(*Journal de mathématiques pures et appliquées*). 由于数学家的职业化和专业化,纯粹数学逐渐成为了应用数学的对立面.

例 1.1 无穷级数

牛顿以其非凡的创造力、卓越的洞察力和超越时代的专业才能发明了"流数术 (fluxion)",并将其与无穷级数有机地结合起来,所获得的成功经验愈发地让他信心爆棚,从而将数学推

---

① 牛顿运动第一定律,即惯性定律 (任何物体总是保持静止或匀速直线运动状态,直到外力迫使它改变运动状态为止),是由伽利略 (Galileo Galilei) 提出的. 实际上,公元前 400 年左右,东周春秋末期战国初期思想家墨子指出 "力,形之所以奋也"(《墨子·经上》),即力是引起物体运动状态改变的原因.

② 马赫 (Ernst Waldfried Josef Wenzel Mach) 认为不存在绝对空间,所有的参考系都是等价的,马赫的观点对爱因斯坦提出广义相对论产生了决定性的影响.

③ 也称《克列尔杂志》. 在现代,纯粹数学与应用数学显得格格不入,尽管《纯粹与应用数学杂志》(*Journal für die reine und angewandte Mathematik*) 仍是权威的数学期刊,但是应用数学的部分已经名不符实,因此有人建议去掉刊名中的 d,将其戏称为"纯粹无用数学杂志"(*Journal für die reine unangewandte Mathematik*).

向了一系列新的发展方向. 此前, 在一些个别问题的研究中, 无穷级数就不断地涌现, 但从不同问题中发展起来的无穷级数方法显得极其特殊, 技巧性太强, 彼此之间缺乏关联. 牛顿通过结合微积分和无穷级数, 将一系列特殊技巧有机地统一起来, 从而发明了容易推广到可以解决其他问题的有效方法, 并获得可被实际检验的认识.

初等函数的有限次运算仍旧还是初等函数, 而无穷多个初等函数的累加可能产生出非初等函数. 无穷级数成为了构造新函数的一个重要途径, 它同时也展示了数的分解模式①和规律, 并实质性地构成了应用数学的重要基础. 通过这个例子, 我们试图思考无穷级数为何如此重要, 为何能持续地在许多方向上获得广泛研究.

(1) 求 $(1+x)^s$ 的幂级数展开

等差数列和等比数列是我们非常熟知的两类简单数列. 等差数列的前 n 项之和构成了算数级数, 而等比数列的前 n 项之和构成了几何级数. 几何级数的一个例子如下:

$$1 + x + x^2 + \cdots + x^n = \sum_{k=0}^{n} x^k = \frac{1 - x^{n+1}}{1 - x}, \quad x \neq 1 \tag{1.1}$$

对于 $n \to +\infty$, 上式左侧是一个无穷级数, 当 $-1 < x < 1$ 时, 其结果收敛于 $1/(1-x)$. 据此, 我们可以将一个除法运算转变为乘法和加法的混合运算, 如下:

$$\frac{1}{1 - x} = \sum_{k=0}^{\infty} x^k = 1 + x + x^2 + \cdots, \quad -1 < x < 1 \tag{1.2}$$

对于复数 x, 只要 $|x| < 1$, 上式就成立. 例如, 考虑 $x = i/2$, 即有

$$\frac{1}{1 - i/2} = 1 + \frac{i}{2} - \frac{1}{4} - \frac{i}{8} + \frac{1}{16} + \frac{i}{32} - \cdots \tag{1.3}$$

上式级数累加的过程可以用图1.1来表示. 随着级数累加项数的增加, 结果逐渐逼近一固定点, 最终落在 $4/5 + 2i/5$ 点上.

将两个数之和的正整数次幂展开也是我们非常熟悉的操作②, 它可以表示为

$$(a + b)^n = \sum_{k=0}^{n} C_n^k a^{n-k} b^k = \sum_{k=0}^{n} \frac{n!}{k!(n-k)!} a^{n-k} b^k \tag{1.4}$$

式中, a 和 b 可取任意值, n 为正整数, C_n^k 称为二项式系数.

观察上面的式子, 我们可以发现些什么?

1664—1665 年, 牛顿受到沃利斯 (John Wallis) 于 1655 年出版的著作《无穷算术》中用级数表示曲线 $f(t) = (1 - t^2)^n$ 下面积的一系列例子的启发, 提出了二项式定理, 它的一

---

① 一个无穷级数展示了一个分解模式. 我们可以容易地计算出某种分解模式的合成结果, 但想要按照指定的形式去获得一个分解模式不是那么容易. 例如, 把任何一个大于 2 的偶数分解成两个奇素数, 至今都还是一个猜想——哥德巴赫猜想 (Goldbach's conjecture), 而其逆命题则是显然的.

② 约 1050 年, 北宋贾宪在一本现已失传的著作《黄帝九章算经细草》中记录了该展开式, 并将其思想用于求解二次和三次方程的根. 1261 年, 南宋杨辉在其所著的《详解九章算法》中讨论和推广了贾宪的方法, 并记录了一个将展开式系数排列成三角形的表, 被称为"杨辉三角". 13 世纪的阿拉伯人也知道这一展开式[7]. 1544 年, 斯蒂菲尔 (Michael Stifel) 提出了二项式系数. 1654 年, 帕斯卡 (Blaise Pascal) 发现展开式系数的规律和通项公式, 也给出了将展开式系数排列成三角形的表, 被称为"帕斯卡三角形".

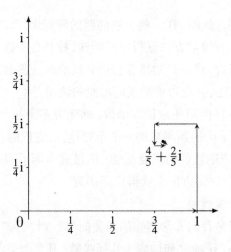

图 1.1 级数累加过程示例

个形式可以用现代的记号表示为

$$(1-x)^n = \sum_{k=0}^{\infty} (-1)^k n(n-1) \cdots (n-k+1) \frac{x^k}{k!}, \quad -1 < x < 1 \tag{1.5}$$

    牛顿的天才贡献就是他创造性地认识到项数可以取至无穷. 当 n 为正整数时, 随着 k 从 0 取到无穷, 只要 $k > n$, 二项式系数总为零, 等价于原来 k 最大取到 n. 而当 n 不为正整数时, 对于任意的 k 从 0 取到无穷, 二项式系数都不为零, 展开式的每一项都有贡献. 这样指数 n 就可以取负整数了, 如取 $n = -1$ 即有式 (1.2). 对于 n 为非负整数的情况, 二项式系数可以排列成杨辉三角形; 对于 n 为负整数的情况, 对应的展开式系数也可以排列成类似的三角形, 如图1.2所示. 进一步地, 牛顿发现指数 n 为 1/2、1/3 和 2/3 等有理数时, 式 (1.5) 依然成立, 进而大胆地猜测式 (1.5) 可以推广到任意的有理指数的情形, 用现代记法可以进一步写作

$$(1-x)^s = \sum_{k=0}^{\infty} (-1)^k \frac{(s)^{\underline{k}}}{k!} x^k = \sum_{k=0}^{\infty} (-s)^{\overline{k}} \frac{x^k}{k!}, \quad -1 < x < 1 \tag{1.6}$$

式中, s 为有理数, $(s)^{\underline{k}}$ 和 $(s)^{\overline{k}}$ 分别为下降阶乘幂和上升阶乘幂, 分别定义为

$$(s)^{\underline{k}} \equiv s(s-1) \cdots (s-k+1), \quad (s)^{\overline{k}} \equiv s(s+1) \cdots (s+k-1) \tag{1.7}$$

统称为阶乘幂 (Pochhammer symbol), 可以证明 $(-s)^{\overline{k}} = (-1)^k (s)^{\underline{k}}$. 例如:对于 $s = 1/2$ 和 $-1/2$, 分别可以得到

$$\sqrt{1-x} = \sum_{k=0}^{\infty} \frac{C_{2k}^k x^k}{2^{2k}(1-2k)} = 1 - \frac{x}{2} - \frac{x^2}{8} - \frac{x^3}{16} - \cdots, \quad -1 < x < 1 \tag{1.8}$$

$$\frac{1}{\sqrt{1-x}} = \sum_{k=0}^{\infty} \frac{C_{2k}^k}{2^{2k}} x^k = 1 + \frac{x}{2} + \frac{3x^2}{8} + \frac{5x^3}{16} + \cdots, \quad -1 < x < 1 \tag{1.9}$$

实际上,对于式 (1.6),s 可以取任意的实数,也可以取任意复数,此时

$$(s)^{\underline{k}} \equiv \frac{\Gamma(s+1)}{\Gamma(s-k+1)}, \quad (s)^{\overline{k}} \equiv \frac{\Gamma(s+k)}{\Gamma(s)} \tag{1.10}$$

式中,$\Gamma(\cdot)$ 为 Gamma 函数. 式 (1.6) 称为牛顿广义二项式定理.

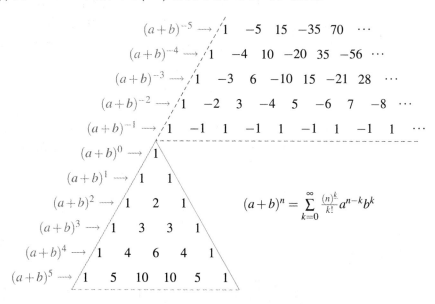

图 1.2 杨辉三角及其拓展形式

牛顿练就了"会猜、敢试、善于推广"的能力,从而奠定了应用数学的研究思路. 牛顿从一些特例的检验大胆预测其方法有着广泛的有效性,他并不关心方法的一般性证明,只是通过方法的不断推广和应用,愈发地增强信念. 例如,牛顿进一步通过将被积函数扩展成无穷级数,然后逐项进行积分,从而发明了一种可以解决一大类积分问题的方法. 牛顿通过运用无穷级数,消除了数学推导上的一系列困难,并极力地推崇这类数学运算方法.

(2) 求函数 $\sin x$, $\cos x$ 和 e^x 的无穷级数展开

为求三角函数的无穷级数展开,牛顿首先考虑反三角函数的积分关系

$$\arcsin y = \int_0^y \frac{1}{\sqrt{1-u^2}} \mathrm{d}u, \quad -1 \leqslant y \leqslant 1 \tag{1.11}$$

利用式 (1.9),将式 (1.11) 的被积函数展成无穷级数,然后逐项积分,可得

$$\arcsin y = \sum_{k=0}^{\infty} \frac{C_{2k}^k}{2^{2k}} \frac{y^{2k+1}}{2k+1} = y + \frac{1}{6}y^3 + \frac{3}{40}y^5 + \cdots, \quad -1 \leqslant y \leqslant 1 \tag{1.12}$$

类似地,可以得到

$$\arccos y = \frac{\pi}{2} - \int_0^y \frac{1}{\sqrt{1-u^2}} \mathrm{d}u = \frac{\pi}{2} - \sum_{k=0}^{\infty} \frac{C_{2k}^k}{2^{2k}} \frac{y^{2k+1}}{2k+1}, \quad -1 \leqslant y \leqslant 1 \tag{1.13}$$

$$\arctan y = \int_0^y \frac{1}{1+u^2} \mathrm{d}u = \sum_{k=0}^{\infty} (-1)^k \frac{y^{2k+1}}{2k+1}, \quad -1 \leqslant y \leqslant 1 \tag{1.14}$$

牛顿接着考虑将式 (1.12) 中的 $\arcsin y$ 转换为 $y = \sin x$ 的级数,即

$$x = \sum_{n=0}^{\infty} \frac{C_{2k}^k}{2^{2k}} \frac{\sin^{2k+1}x}{2k+1} = \sin x + \frac{1}{6}\sin^3 x + \frac{3}{40}\sin^5 x + \cdots, \quad -\frac{\pi}{2} \leqslant x \leqslant \frac{\pi}{2} \tag{1.15}$$

然后,牛顿假设 $\sin x = b_1 x + \cdots$,通过考察方程两边含 x 的项的平衡确定出 $b_1 = 1$,继续假设 $\sin x = x + b_2 x^2 + \cdots$,类似地可以确定 $b_2 = 0$,依此类推可以得到 $\sin x$ 的幂级数展开式. 利用牛顿的逐次近似的思想,但不采用他那繁琐的推导,可以直接假设 $\sin x$ 的幂级数展开为

$$\sin x = b_1 x + b_2 x^2 + b_3 x^3 + \cdots \tag{1.16}$$

式中,$b_k (k = 1, 2, \cdots)$ 为待定常数. 然后将式 (1.16) 代入式 (1.15) 右侧,并将其整理成关于 x 的幂级数,考虑到 x 的任意性,由方程两侧关于 x^k 的各项系数必须分别相同可以确定出系数 $b_k (k = 1, 2, \cdots)$,即有

$$\sin x = \sum_{m=0}^{\infty} \frac{(-1)^m}{(2m+1)!} x^{2m+1} = x - \frac{1}{3!}x^3 + \frac{1}{5!}x^5 - \frac{1}{7!}x^7 + \cdots \tag{1.17}$$

利用三角函数的导数关系,可以得到

$$\cos x = (\sin x)' = \sum_{m=0}^{\infty} \frac{(-1)^m}{(2m)!} x^{2m} = 1 - \frac{1}{2!}x^2 + \frac{1}{4!}x^4 - \frac{1}{6!}x^6 + \cdots \tag{1.18}$$

值得注意的是,式 (1.17) 和式 (1.18) 的自变量 x 在整个实数域上都可以让无穷级数收敛到有限值.

若考虑指数函数 e^z 的积分关系

$$e^z = 1 + \int_0^z e^u \mathrm{d}u \tag{1.19}$$

并假设

$$e^z = \sum_{k=0}^{\infty} c_k z^k \tag{1.20}$$

其中 $c_k (k = 0, 1, 2, \ldots)$ 为待定常数,利用牛顿的方法可以得到

$$\sum_{k=0}^{\infty} c_k z^k = 1 + \sum_{m=0}^{\infty} \frac{c_m}{m+1} z^{m+1} \tag{1.21}$$

由此,可求出待定的系数

$$c_0 = 1, \quad c_k = \frac{c_{k-1}}{k} = \frac{c_{k-2}}{k(k-1)} = \cdots = \frac{c_0}{k!} = \frac{1}{k!}, \quad k = 1, 2, \ldots \tag{1.22}$$

因此,指数函数 e^z 的无穷级数展开为

$$e^z = \sum_{k=0}^{\infty} \frac{z^k}{k!} = 1 + z + \frac{1}{2!}z^2 + \frac{1}{3!}z^3 + \cdots \tag{1.23}$$

取 $z = \mathrm{i}\theta$ 代入式 (1.23)，并利用式 (1.17) 和式 (1.18)，可以证明：

$$\mathrm{e}^{\mathrm{i}\theta} = \cos\theta + \mathrm{i}\sin\theta \tag{1.24}$$

该等式是欧拉 (Leonhard Paul Euler) 于 1740 年左右得到的，它是著名的欧拉公式.

上述三角函数和指数函数的无穷级数展开式只不过是泰勒展开式 (Taylor expansion) 的一些特例而已，但在泰勒公式被发现之前，这一切并不是那么当然. 牛顿获得三角函数的无穷级数展开式的过程远比我们能意识到的困难得多，但他所展示出来的应用数学思路是非常有启发性的.

(3) 能否将一个函数展成三角级数？

这里以一个例子试验性地研究将一个函数展成三角级数的问题，更具一般性的讨论见 12.1 节. 利用欧拉公式和牛顿二项式定理，可以证明

$$\sin^{2k+1}x = \left(\frac{\mathrm{e}^{\mathrm{i}x} - \mathrm{e}^{-\mathrm{i}x}}{2\mathrm{i}}\right)^{2k+1} = \frac{1}{2^{2k}}\sum_{m=0}^{k}(-1)^m C_{2k+1}^{k-m}\sin(2m+1)x \quad\cdot \tag{1.25}$$

式中，$k = 0, 1, 2, \cdots$. 将上式代入式 (1.15)，并交换求和顺序可得

$$x = \sum_{m=0}^{\infty}(-1)^m \alpha_m \sin(2m+1)x = \frac{4}{\pi}\left(\sin x - \frac{1}{3^2}\sin 3x + \frac{1}{5^2}\sin 5x - \cdots\right) \tag{1.26}$$

式中，

$$\alpha_m = \sum_{k=m}^{\infty}\frac{C_{2k}^k C_{2k+1}^{k-m}}{(2k+1)\,2^{4k}} = \sum_{k=m}^{\infty}\frac{\left[(2k)!\right]^2}{2^{4k}(k!)^2\,(k-m)!\,(k+m+1)!} = \frac{4}{\pi(2m+1)^2} \tag{1.27}$$

上式最后一个等号的结果可以使用 Mathematica 软件进行检验，也可以根据例 12.6 确定. 式 (1.26) 表明可以将 x 分解成三角级数的形式，但从结果上看只有当 $-\pi/2 \leqslant x \leqslant \pi/2$ 时该展开式才有效. 事实上，式 (1.26) 的右端给出的是一个周期性的三角波函数，如图 1.3 所示.

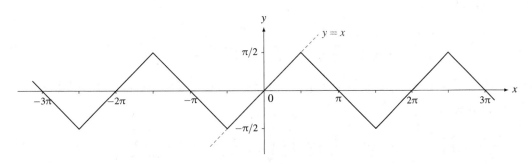

图 1.3　三角波函数

(4) 几何级数的推广之一

仿照式 (1.6)，可以定义超几何函数为

$$_2F_1(a,b;c;z) = \sum_{k=0}^{\infty}\frac{(a)^{\overline{k}}(b)^{\overline{k}}}{(c)^{\overline{k}}}\cdot\frac{z^k}{k!} = \frac{\Gamma(c)}{\Gamma(b)\Gamma(c-b)}\int_0^1\frac{t^{b-1}(1-t)^{c-b-1}}{(1-zt)^a}\mathrm{d}t \tag{1.28}$$

式中, $(s)^{\overline{k}}$ 为上升阶乘幂. 可以验证该函数满足如下超几何方程:

$$z(1-z)y''(z)+[c-(a+b+1)z]y'(z)-aby(z)=0 \tag{1.29}$$

更一般地,定义广义超几何函数为

$$_pF_q(a_1,\cdots,a_p;b_1,\cdots,b_q;z)=\sum_{k=0}^{\infty}\frac{(a_1)^{\overline{k}}\cdots(a_p)^{\overline{k}}}{(b_1)^{\overline{k}}\cdots(b_q)^{\overline{k}}}\cdot\frac{z^k}{k!} \tag{1.30}$$

该函数在不同的 p,q 取值时,可以给出广泛的常用函数,如:

$$_0F_0(z)=\sum_{k=0}^{\infty}\frac{z^k}{k!}=\mathrm{e}^z \tag{1.31}$$

$$_1F_0(s;z)=_2F_1(s,b;b;z)=\sum_{k=0}^{\infty}\frac{(s)^{\overline{k}}}{k!}z^k=(1-z)^{-s} \tag{1.32}$$

$$_1F_0(-s;-z)=\sum_{k=0}^{\infty}\frac{(-s)^{\overline{k}}}{k!}(-z)^k=\sum_{k=0}^{\infty}\frac{(s)^{\underline{k}}}{k!}z^k=(1+z)^s \tag{1.33}$$

$$_2F_1(1,1;2;z)=\sum_{k=0}^{\infty}\frac{z^k}{k+1}=\frac{1}{z}\sum_{n=1}^{\infty}\frac{z^n}{n}=-\frac{1}{z}\ln(1-z) \tag{1.34}$$

$$_2F_1\left(\frac{1}{2},\frac{1}{2};\frac{3}{2};z^2\right)=\sum_{k=0}^{\infty}\frac{C_{2k}^k}{2^{2k}}\frac{z^{2k}}{2k+1}=\frac{1}{z}\arcsin z \tag{1.35}$$

(5) 几何级数的推广之二

1644 年,门戈利 (Pietro Mengoli) 提出了一个关于平方倒数和的问题,即如何精确计算 $\sum_{n=1}^{\infty}n^{-2}$ 的值. 雅各布·伯努利 (Jacob Bernoulli) 和莱布尼茨都没有解决该问题,欧拉于 1735 年成功解决了该问题,所以该问题后来被以欧拉的家乡巴塞尔命名,称为巴塞尔问题 (Basel problem). 欧拉解决该问题的核心思想是利用函数 $(\sin x)/x$ 的无穷级数展开式. 由式 (1.17),有

$$\frac{\sin x}{x}=\sum_{m=0}^{\infty}\frac{(-1)^m}{(2m+1)!}x^{2m}=1-\frac{1}{3!}x^2+\frac{1}{5!}x^4-\frac{1}{7!}x^6+\cdots \tag{1.36}$$

该函数的零点为 $x=\pm n\pi,\ n=1,2,3,\cdots$(注意 $x=0$ 不是函数的零点). 因此, $\sin x/x$ 也可以表示成

$$\frac{\sin x}{x}=\prod_{n=1}^{\infty}\left(1-\frac{x}{n\pi}\right)\left(1+\frac{x}{n\pi}\right)=\prod_{n=1}^{\infty}\left(1-\frac{x^2}{n^2\pi^2}\right)=1-\frac{x^2}{\pi^2}\sum_{n=1}^{\infty}\frac{1}{n^2}+\cdots \tag{1.37}$$

通过比较式 (1.36) 和式 (1.37) 右侧展开式中关于 x^2 项的系数,立即可以得到

$$\sum_{n=1}^{\infty}\frac{1}{n^2}=\frac{1}{1^2}+\frac{1}{2^2}+\frac{1}{3^2}+\frac{1}{4^2}+\cdots=\frac{\pi^2}{6} \tag{1.38}$$

这真的是巧夺天工、神来之笔!但作为级数处理大师的欧拉并未止步于此,他进一步思考了更为广泛的问题,而那居然和素数分布有着密切的关系.

由式 (1.2)，令 $x = p_k^{-s}$，考虑 p_k 为第 k 个素数，取遍所有素数，有

$$\prod_{k=1}^{\infty}\left(1 + \frac{1}{p_k^s} + \frac{1}{p_k^{2s}} + \frac{1}{p_k^{3s}} + \cdots\right) = \prod_{k=1}^{\infty}\frac{1}{1 - p_k^{-s}}, \quad s \geqslant 1 \tag{1.39}$$

将上式左侧进一步展开，可发现它对应于函数 n^{-s} 取遍所有自然数 n 的和式，即可以得到

$$\sum_{n=1}^{\infty}\frac{1}{n^s} = \prod_{k=1}^{\infty}\frac{1}{1 - p_k^{-s}}, \quad s \geqslant 1 \tag{1.40}$$

该式称为欧拉乘积公式 (Euler product formula)，它是欧拉于 1737 年得到的. 有意思的是，该式关联了所有自然数与所有素数，预示着素数的某种规律性分布. 为此，欧拉研究了 $s = 1$ 的情况，此时式 (1.40) 的左侧部分是调和级数，它是发散的，但具有如下性质：

$$\gamma = \lim_{N \to \infty}\left(\sum_{n=1}^{N}\frac{1}{n} - \ln N\right) = \int_1^{\infty}\left(\frac{1}{\lfloor x \rfloor} - \frac{1}{x}\right)\mathrm{d}x = 0.57721\cdots \tag{1.41}$$

式中，$\lfloor x \rfloor$ 表示 x 向下取整，γ 称为欧拉常数. 利用式 (1.34)，欧拉进一步得到

$$\ln\sum_{n=1}^{\infty}\frac{1}{n} = -\sum_{k=1}^{\infty}\ln\left(1 - p_k^{-1}\right) = \sum_{k=1}^{\infty}\left(p_k^{-1} + \frac{p_k^{-2}}{2} + \frac{p_k^{-3}}{3} + \frac{p_k^{-4}}{4} + \cdots\right) \tag{1.42}$$

可以证明该式右边的 p_k^{-1} 项是导致结果发散的原因，因此可以得到

$$\sum_{p<N}\frac{1}{p} \sim \ln\sum_{n=1}^{N}\frac{1}{n} \sim \ln\int_1^N\frac{1}{u}\mathrm{d}u = \ln\ln N = \int_{\mathrm{e}}^N\frac{1}{x\ln x}\mathrm{d}x \sim \int_2^N\frac{1}{x}\cdot\frac{1}{\ln x}\mathrm{d}x \tag{1.43}$$

式中，p 为素数. 式 (1.43) 已经近似表明了素数的分布规律，可惜欧拉没有继续推进这一工作. 实际上，如果假设素数的分布密度为 $\rho(x)$，则有

$$\sum_{p<N}\frac{1}{p} \sim \int_2^N\frac{1}{x}\rho(x)\mathrm{d}x \tag{1.44}$$

因此，由式 (1.43)，可以猜出素数的分布密度：

$$\rho(x) \sim \frac{1}{\ln x} \tag{1.45}$$

于是，小于 x 的素数个数可以表示为

$$\pi(x) = \sum_{p<x}1 = \int_2^x\rho(u)\mathrm{d}u \sim \int_2^x\frac{1}{\ln u}\mathrm{d}u \equiv \mathrm{Li}(x) \tag{1.46}$$

式中，$\mathrm{Li}(x)$ 为欧拉对数积分. 该式就是著名的素数定理（图1.4），它是高斯 (Johann Carl Friedrich Gauss) 和勒让德 (Adrien-Marie Legendre) 分别于 1792 年和 1798 年猜测的[①]，

---

① 1808 年，勒让德注意到随着 x 的增大，$\ln x - x/\pi(x)$ 趋于一个常数 B，并估算 B 约为 1.08366，他于是宣称 B 是一个无理数. 这似乎是正确的，如果你能画出 $x = 1$–100000 的图，你可能也会这么想. 1849 年，切比雪夫 (Pafnuty Lvovich Chebyshev) 证明，这个极限如果存在，则为 1. 大家宁愿相信这个极限不存在，因为 1 实在是太平庸了. 直到 1899 年瓦莱布桑证了极限存在且为 1. 作为一个被误认为是无理数的有理数，且值恰好为 1，至此 B 就变得极为普通了，而 1.08366 这个数却因此得名勒让德数.

严格的证明由阿达马 (Jacques Salomon Hadamard) 和瓦莱布桑 (Charles Jean de la Vallée Poussin) 于 1896 年分别独立给出.

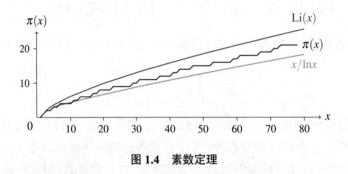

图 1.4　素数定理

为了研究素数分布规律,黎曼 (Georg Friedrich Bernhard Riemann) 于 1859 年作出了一个大胆的猜测. 他发现可以用积分来表示式 (1.40) 的左侧部分,写作

$$\zeta(s) = \sum_{n=1}^{\infty} \frac{1}{n^s} = \frac{1}{\Gamma(s)} \int_0^{\infty} \frac{x^{s-1}}{\mathrm{e}^x - 1} \mathrm{d}x, \quad s > 1 \tag{1.47}$$

并进一步将自变量 s 推广到复数域,获得解析延拓后的形式:

$$\zeta(s) = \sum_{n=1}^{\infty} \frac{1}{n^s} = \frac{\Gamma(1-s)}{2\pi\mathrm{i}} \oint_C \frac{z^{s-1}}{\mathrm{e}^{-z} - 1} \mathrm{d}z, \quad s \neq 1 \tag{1.48}$$

式中, C 为复平面上逆时针环绕负实轴的围道. 函数 $\zeta(s)$ 称为黎曼 Zeta 函数. 黎曼猜测 $\zeta(s)$ 的所有非平庸零点均位于复平面 $\mathrm{Re}(s) = 1/2$ 的直线上,这就是著名的黎曼猜想. 黎曼猜想已成为纯粹数学中最为重要的一个猜想,它的证明将使非常多的数学命题荣升为定理,许多数学家甚至有些物理学家为登上这一"珠峰"而奋斗不息[①].

不过,我们无意于钻研太多的纯粹数学,那样会严重偏离我们的主题. 在本例中,我们只是想通过无穷级数的一些研究案例展示纯粹数学和应用数学的某种交融关系. 接下来,我们将注意力转移到上述无穷级数的应用上.

例 1.2　圆周率 π 的估算

圆周率 π 是一个无理数,也是一个超越数,其精确数值无法全部写出. 在日常生活中或在科学计算中,只取少数的几位有效数字作为近似值,这样对高精度计算也不至于造成过多的影响. 那么对 π 值进行高精度计算是不是没有实际的意义呢? 实际上,对 π 的高精度计算已经成为检验电子计算机性能的有效手段之一[②]. 更重要的是,人们在计算圆周率 π 的竞赛中,发明了许许多多的数学工具,并促进了许多数学新方向的发展. 对 π 的估算存在割圆术、级数法、连分数法等许许多多的方法,这里我们主要探讨无穷级数方法.

———————————————————————————————————————

[①] 1900 年,希尔伯特 (David Hilbert) 在第二届国际数学家大会上总结了 23 个待解决的数学问题,其中第 8 个是素数分布问题,主要是黎曼猜想. 他曾说,若在千年后醒来,他的第一个问题就是黎曼猜想被证明了吗. 2000 年,美国克雷数学研究所 (Clay Mathematics Institute, CMI) 选定了七个"千禧年大奖难题",其中第 4 个为黎曼猜想.

[②] 使用计算机计算 π 的最早例子是冯·诺伊曼 (John von Neumann) 及其密友使用电子数字积分计算机 (ENIAC) 获得了 2037 位.

(1) 1671 年, 格雷戈里 (James Gregory) 给出了反正切函数的级数展开式 (实际上更早地就在印度出现过), 即式 (1.14), 但他没有意识到这将开辟以反正切函数计算 π 的新时代[①]. 1673 年, 莱布尼茨给出:

$$\frac{\pi}{4} = \arctan 1 = \sum_{k=0}^{\infty} \frac{(-1)^k}{2k+1} = 1 - \frac{1}{3} + \frac{1}{5} - \frac{1}{7} + \cdots \tag{1.49}$$

上式被称为莱布尼茨公式. 于是, 莱布尼茨成了第一个用有理数的无穷级数来计算 π 值的人, 那时他并不知道格雷戈里反正切级数. 尽管莱布尼茨公式形式优美, 但是收敛性极差, 计算值围绕着精确值忽上忽下, 至少取 628 项得到的计算值, 其前三位有效数字才不再发生变化. 为了克服计算值的非单调收敛性, 莱布尼茨将相邻项两两组合, 得到一个新的级数计算式, 但它的计算精度仍然非常糟糕.

(2) 1676 年, 牛顿利用式 (1.12) 得到了一个收敛速度极快的式子[②], 即

$$\frac{\pi}{6} = \arcsin \frac{1}{2} = \sum_{k=0}^{\infty} \frac{(2k+1)!!}{(2k)!!(2k+1)^2 2^{2k+1}} = \frac{1}{2} + \frac{1}{48} + \frac{3}{1280} + \frac{5}{14336} + \cdots \tag{1.50}$$

取前 3 项计算 π 即可精确给出 3.14, 取前 9 项可精确给出 3.1415926.

(3) 考虑三角级数 (1.26), 将 $x = \pi/2$ 代入, 可以有

$$\frac{\pi^2}{8} = \sum_{m=0}^{\infty} \frac{1}{(2m+1)^2} = 1 + \frac{1}{3^2} + \frac{1}{5^2} + \frac{1}{7^2} + \cdots \tag{1.51}$$

取前 200 项计算 π 才精确给出 3.14. 不过, 与式 (1.38) 相比, 式 (1.51) 的收敛速度还是要快一些.

(4) 考虑黎曼 ζ 函数 (1.47), 取 $s = 4$ 代入积分可得 $\zeta(4) = \pi^4/90$, 因此

$$\frac{\pi^4}{90} = \zeta(4) = \sum_{n=1}^{\infty} \frac{1}{n^4} = 1 + \frac{1}{2^4} + \frac{1}{3^4} + \frac{1}{4^4} + \cdots \tag{1.52}$$

取前 5 项计算可精确给出 3.14. 对于黎曼 ζ 函数 $\zeta(x)$, 取 x 为偶数, 增大其值, 可以提高计算 π 值的收敛速度.

(5) 由式 (1.27), 取 $m = 0$, 有

$$\frac{4}{\pi} = \sum_{k=0}^{\infty} \frac{C_{2k}^k C_{2k+1}^k}{(2k+1)\, 2^{4k}} = \sum_{k=0}^{\infty} \frac{[(2k)!]^2}{2^{4k}(k!)^4 (k+1)} = 1 + \frac{1}{8} + \frac{3}{64} + \cdots \tag{1.53}$$

取前 93 项计算 π 才精确给出 3.14. 尽管该方案收敛速度很慢, 但是它的模式与下一个方案很类似, 接下来就是见证奇迹的时刻.

---

① 1779 年, 欧拉发现可以将 π 表示成 $20\arctan(1/7) + 8\arctan(3/79)$, 然后利用格雷戈里反正切级数, 可以获得高精度的计算式. 利用该级数, 欧拉索性花了大约 1 小时将 π 值精确计算到小数点后 20 位.

② 牛顿对 π 的近似计算直接引自他撰写的《流数法和无穷级数》, 该论文写于 1671 年, 发展了他几年前撰写的《分析学》, 但几十年都没有发表.

(6) 1910 年代,拉马努金 (Srinivasa Ramanujan) 写出了一系列计算 π 值的式子,例如[1]

$$\frac{1}{\pi} = \frac{2\sqrt{2}}{9801}\sum_{k=0}^{\infty}\frac{(4k)!}{(k!)^4}\frac{26390k+1103}{396^{4k}} = \frac{2206}{9801}\sqrt{2}+\cdots \tag{1.54}$$

该式只取第 1 项计算 π 就神奇地精确到 3.141592,此后每多取一项,可以使结果增加约 8 位有效数字. 1988 年,丘德诺夫斯基兄弟 (David Volfovich Chudnovsky & Gregory Volfovich Chudnovsky) 甚至给出了一个每算一项可以得到 14 个有效数字的计算式.

(7) 这里再介绍一个有趣的式子:

$$\pi = \sum_{k=0}^{\infty}\frac{1}{16^k}\left(\frac{4}{8k+1}-\frac{2}{8k+4}-\frac{1}{8k+5}-\frac{1}{8k+6}\right) \tag{1.55}$$

称为 Bailey-Borwein-Plouffe (BBP) 公式. 它的收敛速度相对式 (1.54) 较慢,但它有一个神奇的特性,即在 16 进制下可直接计算出某一位上的数值.

例 1.3   正态分布和"平均人"思想

正态分布 (normal distribution),也称高斯分布 (Gaussian distribution),是一个中间高、两头低、左右对称的钟形曲线函数,它在数学、物理学、社会学和工程领域都有重要的应用. 一维正态分布可以写为

$$f(x) = \frac{1}{\sqrt{2\pi}\sigma}\exp\left[-\frac{(x-\mu)^2}{2\sigma^2}\right] \tag{1.56}$$

式中,μ 为位置参数,σ 为尺度参数,它们分别是该分布的均值和方差,如图1.5所示. 以下介绍该分布函数的发展历程 [6] 和一些应用情况.

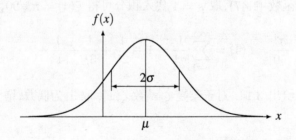

图 1.5   正态分布

(1) 1755 年,辛普森 (Thomas Simpson) 指出,在测量中,观测误差是不可避免的,但它会因取多次观察的平均值而减小,因此建议采用算术平均值作为观测值. 辛普森试图将取平均的方法推广到更一般的误差函数,但招致了贝叶斯 (Thomas Bayes) 的批评. 贝叶斯认为测量工具如果存在误差,用它进行更多次测量,只会使误差更大. 18 世纪 70 年代,拉普拉斯 (Pierre-Simon Laplace) 试图推导一个更合理的误差函数,为此他提出了三个条件: 其

─────────────────────────────

[1] 该式于 1987 年由波尔文 (Borweins) 兄弟基于椭圆积分变换的理论证明. 据说拉马努金主要凭"直觉"进行研究,他给出了大量未经证明的式子,而大部分在后来被证明是正确的,但仍有一些没能够得到检验.

一, 根据贝叶斯的批评, 测量工具导致过多或过小误差的可能性必须是等同的, 即误差函数关于零点对称; 其二, 远离零点的误差概率趋于 0, 即太大的误差 $|\Delta|$ 明显不会出现; 其三, 全部可能的误差概率为 1, 即误差函数下方的面积为 1. 显然, 满足这三个条件的函数是不唯一的, 拉普拉斯结合其他各种推测, 总结出一个可能的误差函数:

$$\varphi(\Delta) = \frac{a}{2}\mathrm{e}^{-a|\Delta|}, \quad a > 0 \tag{1.57}$$

他很快意识到这个函数在计算上存在极大的困难, 但也没能写出一个更完美的误差函数.

(2) 1805 年, 勒让德提出了一种求解超定线性方程组的解法, 即最小二乘法 (least square method). 这种方法是对单个量的一组观察值求合适平均值方法的推广. 考虑一组测量值 $\{x_1, x_2, \cdots, x_n\}$, 定义误差的平方和为

$$E = \sum_{k=1}^{n} (x_k - x)^2 \tag{1.58}$$

为获得合适的 x 使得误差最小, 有

$$\left.\frac{\partial E}{\partial x}\right|_{x=\bar{x}} = 0 \quad \Rightarrow \quad -2\sum_{k=1}^{n}(x_k - \bar{x}) = 0 \tag{1.59}$$

因此, 可以得到

$$\bar{x} = \frac{1}{n}\sum_{k=1}^{n} x_k \tag{1.60}$$

这说明算术平均值是这种情况下的最佳平均方案.

(3) 1809 年, 高斯在拉普拉斯的基础上引入了一些约束条件, 从而导出了正态分布. 他的思路可以简单叙述如下. 设 $\{x_1, x_2, \cdots, x_n\}$ 为一组测量值, 而真实值为 x, 因此第 k 次的测量误差 $\Delta_k = x_k - x$, 出现误差 Δ_k 的概率为 $\varphi(\Delta_k)$. 高斯假定各种观测是相互独立的, 因此所有误差出现的概率 $\Omega = \varphi(\Delta_1)\varphi(\Delta_2)\cdots\varphi(\Delta_n)$, 而 x 的期望值应使得 Ω 取极大值. 高斯进一步假设, 多次测量的期望值应是其算术平均值 $\bar{x} = (x_1 + x_2 + \cdots + x_n)/n$, 因此要求

$$\left.\frac{\partial \Omega}{\partial x}\right|_{x=\bar{x}} = 0 \quad \Leftrightarrow \quad \left.\frac{\partial \ln \Omega}{\partial x}\right|_{x=\bar{x}} = 0 \tag{1.61}$$

即

$$\sum_{k=1}^{n} g(x_k - \bar{x}) = 0 \tag{1.62}$$

式中, $g(\cdot)$ 定义为

$$g(x_k - \bar{x}) = \left.\frac{\partial \ln \varphi(x_k - x)}{\partial x}\right|_{x=\bar{x}} = \left.\frac{\mathrm{d}\ln\varphi(\Delta)}{\mathrm{d}\Delta}\frac{\partial \Delta}{\partial x}\right|_{\substack{\Delta=x_k-x\\x=\bar{x}}} = -\left.\frac{\mathrm{d}\ln\varphi(\Delta)}{\mathrm{d}\Delta}\right|_{\Delta=x_k-\bar{x}} \tag{1.63}$$

考虑到

$$\frac{\partial g(x_k - \bar{x})}{\partial x_j} = \left.\frac{\mathrm{d}\,g(\Delta_k)}{\mathrm{d}\,\Delta_k}\right|_{\Delta_k=x_k-\bar{x}} \cdot \frac{\partial(x_k - \bar{x})}{\partial x_j} = \begin{cases} (1 - n^{-1})\,g'(x_j - \bar{x}), & k = j \\ -n^{-1}g'(x_k - \bar{x}), & k \neq j \end{cases} \tag{1.64}$$

那么将式 (1.62) 对 $x_1, x_2, \cdots, x_n$ 依次求偏导,则有

$$\left(1 - n^{-1}\right) g'(x_j - \bar{x}) + \left(-n^{-1}\right) \sum_{\substack{k=1 \\ (k \neq j)}}^{n} g'(x_k - \bar{x}) = 0, \quad j = 1, 2, \cdots, n \tag{1.65}$$

即

$$g'(x_j - \bar{x}) = \frac{1}{n} \sum_{k=1}^{n} g'(x_k - \bar{x}), \quad j = 1, 2, \cdots, n \tag{1.66}$$

上式右边与 j 无关,可见

$$g'(x_1 - \bar{x}) = g'(x_2 - \bar{x}) = \cdots = g'(x_n - \bar{x}) \tag{1.67}$$

这说明 $g'(\Delta)$ 必为常数,记该常数为 b,结合式 (1.63),可以得到

$$-\frac{\mathrm{d}^2 \ln \varphi(\Delta)}{\mathrm{d}\Delta^2} = b \quad \Rightarrow \quad \varphi(\Delta) = \exp\left(-\frac{b}{2}\Delta^2 + C_1 \Delta + C_2\right) \tag{1.68}$$

式中,C_1 和 C_2 为积分常数. 进一步考虑上述拉普拉斯提出的三个条件,即

$$\varphi(-\Delta) = \varphi(\Delta), \quad \varphi(\pm\infty) = 0, \quad \int_{-\infty}^{+\infty} \varphi(\Delta)\mathrm{d}\Delta = 1 \tag{1.69}$$

可以得到 $C_1 = 0$ 和 $\exp(C_2) = \sqrt{b/(2\pi)}$. 因此,误差函数写作

$$\varphi(\Delta) = \sqrt{\frac{b}{2\pi}} \exp\left(-\frac{b}{2}\Delta^2\right) \tag{1.70}$$

这就是高斯导出的正态分布函数,他进一步写出所有误差出现的概率

$$\Omega = \prod_{k=1}^{n} \varphi(\Delta_k) = \left(\frac{b}{2\pi}\right)^{n/2} \exp\left(-\frac{b}{2}E\right), \quad E = \sum_{k=1}^{n} \Delta_k^2 \tag{1.71}$$

高斯意识到要使 Ω 极大,必须要求 E 极小,并由此导出了最小二乘法[①]. 高斯的成果得到了许多实验证据的支持,并且很快就应用在天文学领域并大获成功.

(4) 实际上,早在 1733 年,棣莫弗 (Abraham de Moivre) 在求二项分布的渐近式时就首次提出了正态分布,但由于高斯率先将其应用于天文学研究并获得了极大影响,因而"高斯分布"名声大噪. 1810 年,拉普拉斯将棣莫弗基于二项式定理的计算进行了推广,给出了正态分布的一个新的理论推导,其结果的理论基础被称为中心极限定理 (central limit theorem). 拉普拉斯将该定理应用于彗星轨道趋向问题以及概率论的一些专题,促进了数学在人口统计、保险等社会科学的成功应用.

(5) 1830 年前后,凯特勒 (Lambert Adolphe Jacques Quetelet) 将概率论引入统计学中,使用正态分布评估了人体生理测量数据[②],调查发现了征兵机构的作弊行为. 进一步提

---

① 1805 年,勒让德率先发表了最小二乘法的基本原理. 随后,这个方法迅速成为解决天文和大地测量问题的一个标准方法. 1809 年,高斯在《天体运动理论》中也写下了最小二乘法,但他没有引用勒让德的论述. 高斯宣称,他从 1795 年以来就一直在使用这个原理. 勒让德被激怒了,他指出科学发现的优先权只能以出版物来确定. 争执持续了数年. 尽管如此,高斯事实上将该方法推进得更远.

② 凯特勒提出了身体质量指数 (body mass index, BMI),定义为体重/身高²,其中体重单位为千克,身高单位为米. 该指标被用来衡量人体胖瘦程度以及是否健康,正常值介于 20 和 25 之间,大于 25 为超重,30 以上为肥胖.

出了"平均人"的思想,为国王制定了征兵标准. 他认为社会上所有个体同"平均人"的偏差越小,社会矛盾就能够愈发缓和.

凯特勒的统计思想产生了广泛而深刻的影响,在天文、地理、气象、生物等自然领域以及人口、政治、领土、道德、工业、商业等社会领域都获得了重要应用. 凯特勒也因此被称为"近代统计学之父".

1867 年,马克思 (Karl Heinrich Marx) 出版了《资本论》第一卷,他在书中运用了"平均人"思想,论述了社会必要劳动时间与商品价值的关系. 一个商品的价值由人们的劳动时间决定,但个人拖延劳动时间是不能增加这个商品的价值的. 商品的价值是由整个社会中生产这一产品所需的平均劳动时间所决定的.

1875 年,高尔顿 (Francis Galton) 研究了豌豆大小对后代的遗传规律,他试图运用凯特勒的思想结合变异遗传观察规律将达尔文的进化论数学化,从而开创了回归的统计研究. 高尔顿还设计了一个可以用来研究随机现象的钉板,称为高尔顿钉板.

1877 年,玻尔兹曼 (Ludwig Edward Boltzmann) 基于"平均人"思想,认为物质系统的宏观测量是大量微观粒子对应状态的统计平均值,从理论上导出了平衡态气体分子的速度分布律、能量均分定理、统计熵公式等,创立了统计力学.

1.1.2　独立发展时期

20 世纪四五十年代,第二次世界大战前后,战争引起一系列科学技术竞争,航空航天、通信、控制、设计、试验、管理等飞速发展. 应用数学和计算机科学成为科学技术取得重大进步的重要因素,并奠定了现代科学和工业技术时代发展的基础.

冯·诺伊曼 (John von Neumann) 是这一时期最具代表性的人物之一,他被认为是 20 世纪最杰出的数学家之一. 在 1940 年以前,冯·诺伊曼主要从事纯粹数学研究,在集合论、算子理论、遍历理论、群论、测度论、格论、连续几何学等诸多方面做了许多开创性的工作. 他也开展一些应用数学研究,如在物理学领域,撰写了《量子力学的数学基础》,用数学论证量子力学中不存在任何形式的隐变量理论. 1940 年之后,冯·诺伊曼将研究工作转向了力学、经济学、数值分析和电子计算机等应用数学领域. 在流体力学领域,他研究了可压缩气体运动,建立了激波理论和湍流理论. 在爆轰物理领域,他独立于同时期的其他研究者提出了新的爆轰模型,该模型被称为 ZND 模型 (见5.5.3节). 在经济学领域,他与莫根施特恩 (Oskar Morgenstern) 合著了《博弈论和经济行为》[1],被誉为"博弈论之父". 在电子计算机领域,他参与了世界上第一台电子计算机 ENIAC (电子数字积分计算机) 的设计,提出了二进制编码和存储内存思想,被誉为"计算机之父". 在数值分析方面,他研究了线性代数和算术的数值计算、非线性微分方程的离散化方法及其数值稳定性分析,发展了蒙特卡罗方法 (Monte Carlo method),是现代数值分析学科的缔造者之一.

---

[1] 该著作的发表标志着现代博弈论系统的初步形成,但合作博弈存在局限性,适用范围有限. 1951 年,纳什 (John Forbes Nash Jr.) 证明了"均衡定理 (general equilibrium theory)". 该定理指出,如果在一个策略组合中,当其他所有人都不改变策略时,没有人会改变自己的策略,任何单独改变策略的人都不会得到好处,则这样的策略组合就是一个纳什均衡,也称非合作博弈均衡. 纳什均衡成功地拓展了博弈论的应用领域,如经济学、社会学、管理学、政治学、进化生物学,纳什也因此获得了 1994 年诺贝尔经济学奖.

冯·卡门 (Theodore von Kármán) 也是这一时期最具代表性的人物之一,他被誉为"航空航天时代的科学奇才",是哥廷根学派 (Göttingen School) 的继承者和传播者 [11-12]. 在 19 世纪初哥廷根学派起源于德国哥廷根大学,高斯是学派的早期创始人,在黎曼、克莱因 (Felix Klein)、希尔伯特等数学家的领导下,大放异彩. 克莱因除了在纯粹数学上取得了极大成就外,还大力推动了应用数学和应用力学的发展,成为了哥廷根学派(包括哥廷根数学学派和哥廷根应用力学学派)的领袖. 1904 年,普朗特 (Ludwig Prandtl) 发表了著名的边界层理论. 经克莱因举荐,普朗特到哥廷根大学任应用力学系教授. 普朗特在边界层理论、湍流理论、机翼理论、风洞试验、激波和膨胀波等方面作出了许多标志性的贡献,被称为"现代空气动力学之父". 在普朗特的领导下,哥廷根大学涌现了一大批从事力学研究的人才,冯·卡门、铁木辛柯 (Stephen Prokofyevich Timoshenko)、普拉格 (William Prager)、邓哈托 (Jacob Pieter Den Hartog)、纳戴 (Arpad Ludwig Nadai)、陆士嘉 (Hsiu-Chen Chang Lu) 等都出自普朗特的门下. 随着这些人才在世界范围内的流动,哥廷根应用力学学派的重要思想在苏联、美国和中国等许多国家发扬光大. 哥廷根应用力学学派主张从复杂的、扑朔迷离的问题中,探寻最基本的物理过程,建立合适的数学模型并进行简化分析,进而把理论与实际、科学与技术、数理科学与应用科学密切结合,这就是其极具代表性的治学理念和学术风格.

1930 年,冯·卡门到加州理工学院任职,将应用力学从德国带到美国,开始从事飞机、火箭、导弹的研究,在航空航天技术方面取得了突破性进展,为人类进入空天时代奠定了科学基础,并促使美国成为航空航天大国,他也因此被称为"现代宇航科技之父"和"超声速飞行之父". 冯·卡门善于从工程实际中发现问题并解决问题,他注意发挥学生的创新精神,鼓励学生学习和运用数学思维,培养了包括钱学森 (Hsue-Shen Tsien)、林家翘 (Chia-Chiao Lin)、郭永怀 (Yung-huai Kuo) 等大批杰出的科学家,周培源 (Pei-Yuan Chou) 和钱伟长 (Wei-zang Chien) 也曾与他一起工作过.

1955 年,钱学森冲破美国政府的阻挠和迫害,举家回到中国①. 钱学森长期主持中国火箭和航天计划,是中国现代应用力学的奠基人,是中国火箭、导弹和航天事业的创建者,被誉为"中国航天之父""中国自动化控制之父""中国导弹之父""火箭王". 钱学森将哥廷根学派的优良学风和科研思想发扬光大,善于从工程技术或应用领域所需解决的问题中提炼科学问题,通过研究这些问题,建立数学模型,促进实际问题的解决,在经验总结中不断提高和完善. 他积极提倡工程科学的研究. 他认为,有科学基础的工程理论既不是自然科学,也不是工程技术,而是两部分有机组织的总和,这就是技术科学(工程科学)[13]. 在钱学森、周培源、郭永怀、钱伟长和陆士嘉等杰出科学家的带领下,哥廷根学派的精神在中国得到了践行.

例 1.4 流体弹塑性模型

地下核爆炸瞬间释放出巨大能量,产生一个极端高温高压的状态(温度可达几万摄氏度,压力可达几百万大气压),强烈的冲击波作用在周围的岩石上,使之气化、液化、破碎和

---

① 临行前,钱学森与郭永怀约定一同回去建设祖国,一年后郭永怀一家也回到了中国. 1955 年初,郑哲敏先一步回到中国,他是钱学森在加州理工学院培养的博士,是 2012 年度国家最高科学技术奖获得者.

破裂. 1965 年, 郑哲敏与合作者一起提出了流体弹塑性模型, 将爆炸周围的岩石变形划分成五个区域: 气化区、液化区、压碎区、破裂区和弹性区, 并采用介质的流体、固体特性及运动规律统一在一起的一组拟线性偏微分方程进行描述. 当冲击波应力比材料剪切强度大得多时, 岩石可以作为无黏性可压缩流体处理; 当冲击波应力接近材料屈服应力时, 材料的剪切强度效应不可忽略; 当冲击波应力接近材料的拉伸强度时, 岩石将产生拉伸破裂; 当冲击波应力持续降低时, 只需要考虑弹性变形. 郑哲敏等人在解决地下核爆炸问题中, 正确地认识了研究目标中的物理图像, 从工程中凝练出科学问题, 从而发展出有效的理论分析预测模型. 正如郑哲敏所说, "找到困难到底是什么性质的问题, 提炼, 然后进一步解决, 找到一条路子, 创造一种方法, 这是科学研究该承担的责任".

1.1.3　蓬勃发展时期

20 世纪 80 年代以来, 在天文学、物理学、化学、地理、生物学、经济学、医学、经济学、语言学、信息、图像等很多新领域, 为了处理强非线性和稳定性问题, 混沌、分形、小波分析等许多新的概念被提出, 应用数学得到了蓬勃发展.

可以预见, 21 世纪应用数学将在人工智能 [14]、量子信息、集成电路、脑科学、深空深地深海探测等前沿科技领域研究中得到更多的应用并将继续发展.

例 1.5　*虫口变化*

假定某种昆虫的寿命仅有数月, 成虫产下的虫卵需等到第二年才能孵化. 若每个成虫年均产卵 a 个, 则第二年虫口 $w_{\#(n+1)}$ 与当年的虫口 $w_{\#n}$ 有如下关系:

$$w_{\#(n+1)} = aw_{\#n}, \quad n = 0, 1, 2, \cdots \tag{1.72}$$

注意: 为了更好地区分不同含义的数学符号, 对于涉及迭代的情况, 本书中将在数学符号的下标中加上符号 $\#$ 来标识. 若某年虫口 $w_{\#0}$ 已知, 随后各年的虫口可通过上面的递推式计算得到, 即有

$$w_{\#n} = w_{\#0} a^n, \quad n = 1, 2, 3, \cdots \tag{1.73}$$

很显然, 对于 $a > 1$, 若干年后必然虫满为患; 而对于 $a < 1$, 若干年后此虫灭绝. 根据经验判断, 该虫口模型显然过于简化, 它忽视了一些可能的关键因素, 因而所给出的预测结果可能不是有效的.

当虫口的数量增加时, 个体之间为了争夺有限的食物或生存空间而产生了争斗, 或者因为生存条件恶化导致传染病的蔓延, 都可能导致虫口的减少. 这些因素导致虫口减少的数量与可能的事件数 N 成正比, 从而发生在个体之间的事件数可以表示为

$$N \propto \frac{1}{2} w_{\#n} (w_{\#n} - 1) \tag{1.74}$$

因此, 虫口模型可改写为

$$w_{\#(n+1)} = aw_{\#n} - bw_{\#n}^2 \tag{1.75}$$

式中,a 和 b 为参数,它们分别反映了正增长和负增长的机制,即鼓励和抑制这两种因素的作用. 以下探讨不同参数取值时,该虫口模型的演化情况.

为了方便讨论,我们将上述两个参数的虫口方程转化成一个参数的方程. 引入线性变换 $w_{\#m} = \alpha x_{\#m} + \beta$,可以将虫口方程化成标准形式

$$x_{\#(n+1)} = 1 - \mu x_{\#n}^2 \tag{1.76}$$

并给出参数关系式

$$\alpha = \frac{a(a-2)}{4b}, \quad \beta = \frac{a}{2b}, \quad \mu = \alpha b = \frac{1}{4}a(a-2) \tag{1.77}$$

该模型形式上很简单,但由于包含了非线性项,其演化可能非常复杂,一些重要的、典型的特征可以由该模型解释.

将式 (1.76) 视为函数 $y = f(x) = 1 - \mu x^2$,可以采用图解法演示迭代过程. 给定初值 $x_{\#0}$,通过竖直线与抛物线 $y = 1 - \mu x^2$ 的交点得到 $y_{\#1}$,然后通过水平线与直线 $y = x$ 的交点得到 $x_{\#1}$,依此类推.

对于某些初值,经过一段时间的演化以后,其值不再发生变化,称为不动点,如图1.6(a) 所示. 而对于某些初值,经过一段时间的演化,其值重复地出现,形成周期性变化,如图1.6(b)、图1.6(c) 所示. 对于另外一些初值,演化中,轨道点永不重复,没有周期性. 这样的情况还可以表现出一些重要的特征. 如果每迭代一定次数后可以回到某一点附近,次数越多时结果越靠近,但结果并不重复,形成了准周期轨道. 如果迭代结果可能靠近,但间隔没有任何规律,形成了随机轨道. 而如果迭代结果看上去很随机,但还是存在某种近似重复的图式或结构,称为混沌轨道.

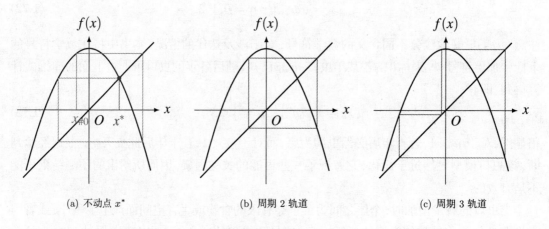

(a) 不动点 x^* (b) 周期 2 轨道   (c) 周期 3 轨道

图 1.6 虫口演化

例 1.6 分形

大自然绚烂多彩,正如曼德布罗 (Benoit B. Mandelbrot) 所指出的,"云朵不是球形的,山峦不是锥形的,海岸线不是圆形的,树皮不是光滑的,闪电也不是直线传播的". 1967 年,

曼德布罗在《Science》杂志上发表了题为《英国的海岸线到底有多长》的论文,该文标志着分形几何学的萌芽形成. 曼德布罗指出,随着测量尺度的减小,海湾与半岛的细节逐渐呈现,海岸线长度趋于无限. 曼德布罗将局部与整体的某种相似称为自相似性,并将此类现象抽象为分形,他也因此被誉为"分形几何学之父". 曼德布罗研究了一个看似简单的非线性迭代式

$$z_{\#(n+1)} = z_{\#n}^2 + c \tag{1.78}$$

式中,c 是复参数,$z_{\#n}$ 和 $z_{\#(n+1)}$ 是复变量,$n = 0,1,2,\cdots$,取 $z_{\#0} = 0$. 不是所有的复参数 c 都能使迭代收敛. 对于某些参数值 c,迭代过程会在复平面上的某几点之间循环反复,这种现象称为吸引子;而对另一些参数值 c,迭代结果毫无规则,这种现象称为混沌. 一个看似简单的非线性迭代式描绘了非线性科学的诸多复杂现象,可见分形无处不在.

例 1.7　$3X + 1$ 问题

任取一个正整数 $X_{\#0}$,它要么为奇数,要么为偶数. 如果该正整数是一个奇数,则将其乘以 3 再加 1;如果该正整数是一个偶数,则将其除以 2,得到的数记为 $X_{\#1}$. 然后重复上述步骤,直到所输出的数最终变为 1. 该算法可以写作

$$X_{\#(n+1)} = \begin{cases} X_{\#n}/2, & X_{\#n} \equiv 0 \pmod 2 \\ 3X_{\#n} + 1, & X_{\#n} \equiv 1 \pmod 2 \end{cases} \tag{1.79}$$

式中,$n = 0,1,2,\cdots$. 这个问题称为 $3X + 1$ 问题,也称科拉茨猜想 (Collatz conjecture)①.

这是一个颇为神奇的迭代. 对于有些整数会经历很长的迭代步,你甚至以为结果可能发散了,但它最终还是可以收敛到 1,并最终落入 4、2、1 构造的循环中. 到目前为止,人们已经测试了非常多的正整数,还没有找到一个正整数而发生不收敛的情形,也没有找到一个正整数,它最终落入另一个循环中. 2019 年,陶哲轩 (Terence Chi-Shen Tao)"几乎"证明了该猜想,但到目前为止,还是没有人能够最终证明该猜想.

1.2　应用数学的本质及其特征

1.2.1　应用数学处理问题的过程

爱因斯坦说:"这个世界最不可理解的就是它竟然是可以理解的."

应用数学处理问题的过程 (如图 1.7) 大致可以归结为以下四个阶段 [1]:

(1) 收集数据,并归纳主要特征

应用数学的目标是解决科学问题,因此需要首先对自然现象进行观测或开展实验进行测试,以收集大量的数据,并根据数据反映出来的一些特征,提炼其中可能存在的规律.

---

① 实际上,该猜想还有许多名字,如角谷猜想 (Kakutani conjecture)、乌拉姆问题 (Ulam problem)、哈斯算法 (Hasse's algorithm)、西拉古斯猜想 (Syracuse conjecture)、思韦茨猜想 (Thwaites conjecture)、冰雹猜想、雪城问题.

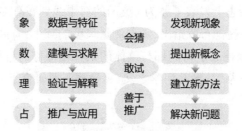

图 1.7 应用数学过程和科研创新思维

(2) 建立模型,并进行数学求解

根据问题反映出的主要特征,提出一些简化模型以刻画这样的特征,建立合适的数学模型,利用数学方法进行求解. 如果不存在可用的数学方法,可能需要发展新的数学方法.

(3) 验证结果,并对结果进行解释

使用经验知识和实验数据检验理论结果,如果模型与数据不符[①],需要回到数学模型的假设,改进假设;如果相符,可以进一步探讨原问题中更为一般性的规律.

(4) 推广方法,并应用于更普遍的情况

应用数学过程的目标是解决问题,而能有效解决问题的方式往往具有共通性,这也喻示着在科学研究中,对于可能存在的规律,不应浅尝辄止,要不断培养深入分析问题的能力,进而提炼出事物背后可能存在的一般性规律.

上述应用数学方法具有一般性,在解决问题的实践中,许多学者都提炼和摸索出了类似的指导思想.

《易经》[②]的基本内容"象、数、理、占"可以说是对数理分析问题过程的一种最古老的表述. 象,即现象,有物必有象. 观天象,看人相,都是在观察万事万物的形象. 例如,古人为了夜间能够更好地辨明方位,将东、南、西、北四方的星宿分别想象成青龙、朱雀、白虎、玄武等四种动物,称为四象. 数,即术数,用数的模式来表示事物之间的联系以及变化规律. 很多看起来对立的现象可以简单地一分为二,分别用阳爻符号"▬"和阴爻符号"▬▬"来表示,即分别用 1 和 2 表示两种对立的现象. 然而,大多数现象是复杂的,并不能简单地加以区分,往往阴中有阳、阳中有阴,因此由阴阳符号演化出"☰☱☲☳☴☵☶☷"等八卦符号,分别用来表示"天、地、水、火、雷、风、山、泽"等更丰富的自然现象,这其实就是用数来对现象加以区分和描述. 理,即义理,用来解释事物相互作用的关系、万事万物变化的原理、自然交替运作的法则、人类社会活动的道理. 占,即占卜,在掌握事物运转规律后对未知的预测. 占卜常被心术不正的人用来算命,这是对占卜的曲解和误解. 实际上,《易经》讲的占卜是有前提的,即在把握事物变化的原理后,根据观察到的可能现象,推测可能即将发生的事情. 在人类以狩猎、采集为生计的远古年代,预知天气和自然环境变化对保障人身安全和世代繁衍极为重要,伏羲仰观天象、俯察地理,在积累生活经验和领悟可能的大道理后,才能相对准确地开展最早

---

① 1978 年,《光明日报》发表了特约评论员文章《实践是检验真理的唯一标准》.
② 《易经》是关于万象变化的经典学说,包括《连山》《归藏》《周易》等三部,仅《周易》留存,其余两部已失传. 《周易》是历经几千年集体智慧的结晶,主要的作者包括上古时代的伏羲、商周时期的周文王姬昌和春秋时期的孔子.

的天气预报,如将"☷"符号挂起来,昭告人民即将有雨,以指导人民更好地劳作. 然而,天气预报极具复杂性,如飓风、台风的形成和轨迹的准确预报即使在今天都还是非常困难的.

力学家白以龙在郑哲敏荣获 2012 年度国家最高科学技术奖时的一次访谈中谈到科学研究的创新性,总结了四句话:发现新现象,提出新概念,建立新方法,解决新问题. 概念上的突破是科学研究中最为关键、影响最大的,是从无到有、从零到一的突破. 但这也不意味着其他方面就不重要了,概念不能凭空出现,不能快速地让人理解和接受,也不能直接变成有用的东西. 有突破性的新概念往往需要大量的实验数据作为基础. 基本数据的积累可能来源于长期的实际观察,也可能来自于精心设计的实验测试. 能够借助新概念解决问题的工具往往不是现成的,需要发展新的方法,把新概念转化成让人容易理解的内容. 对于旧的概念,创造新的方法,容易应用的方法也是很重要的. 从数据里寻找新现象、新问题,借助概念,创造出新的方法去把存在的问题解决了.

"不闻不若闻之,闻之不若见之,见之不若知之,知之不若行之. "(《荀子·儒效》)

1.2.2　应用数学与纯粹数学的关系

纯粹数学与应用数学有着较为鲜明的区别,前者主要关注数学本身,后者主要关注问题的数学内容.

纯粹数学常作为应用数学的对立面姿态出现,这也使得它常常被认为是无用的,或者不可应用的,抑或只是一些数学家的玩具. 对于一般人而言,纯粹数学的确是发展到了很难用通常的语言就能了解的阶段,甚至连不同的纯粹数学家之间都很难了解彼此的工作. 一般来讲,纯粹数学是研究完全抽象概念的数学,例如数论、群论、环论、微分几何、拓扑学. 纯粹数学家通过想象和猜测,提出了许多猜想,有些猜想极为困难,作为智力高度的角逐吸引了众多的挑战者. 例如,费马猜想、四色猜想和哥德巴赫猜想 (Goldbach conjecture) 等三大数学猜想,它们的数学表述都是比较容易了解的,因而吸引了包括许多民间科学家在内的无数挑战者. 在数学家的艰苦努力下,前二者已荣升为定理,而哥德巴赫猜想仍是近代数学难题之一. 又如,庞加莱猜想 (Poincaré conjecture) 是拓扑学的一个猜想,其内容为任何一个单连通的封闭三维流形一定同胚于一个三维的球面,一般人仅其含义都很难搞清楚,只有极少数数学家能够推进这一工作,才可能攻克该猜想[①].

应用数学更多地涉及与应用有关的数学,更关注于问题的数学内容,采用数学的标准去衡量研究成果. 例如,线性代数、微分方程、积分方程、傅里叶分析、复变函数、概率统计、计算数学、运筹学. 这些应用数学分支在解决工程学、经济学、社会学问题方面已经彰显出数学的强大能力,并且在相关的研究中推动和发展了许多新的数学方法,促进了天文学、物理学、航空航天、计算机、通信、生物学、医学、经济学、管理科学、社会学、语言学等诸多学科的发展.

纯粹数学以抽象概念为研究对象,着重对数学的形式进行分类(以偏微分方程的分类

---

① 2002—2003 年,俄罗斯数学家佩雷尔曼 (Grigory Perelman) 在预印本文献库 arXiv.org 上传了三篇论文,攻克了庞加莱猜想. 他一直着简单的生活,从 1996 年起就开始拒绝各种荣誉和奖励,例如 2004 年拒绝被推荐为俄罗斯科学院院士,2006 年拒绝了菲尔兹奖,2010 年拒绝了千禧年数学大奖.

为例，其可以分为椭圆型、双曲型、抛物型），通过逻辑判断检验. 应用数学以实际问题为研究对象，对现象进行分类（平衡、波动、弥散；稳定性、随机性、最优化；分岔、突变、混沌、孤立子），通过实验和经验直觉判断结果. 例如，如下偏微分方程在数学上属于椭圆型方程：

$$\frac{\partial^2 u}{\partial x^2} + \frac{\partial^2 u}{\partial y^2} = 0 \tag{1.80}$$

它在应用领域用来描述液面曲率与液体表面压强之间的关系等许多物理现象，称为拉普拉斯方程、调和方程、位势方程；而

$$\frac{\partial^2 u}{\partial t^2} = c^2 \frac{\partial^2 u}{\partial x^2} \tag{1.81}$$

在数学上属于双曲型方程，在应用领域用来描述振动、波动现象，称为弦振动方程、波动方程；还有

$$\frac{\partial u}{\partial t} = \alpha \frac{\partial^2 u}{\partial x^2} \tag{1.82}$$

在数学上属于抛物型方程，在应用领域用来描述热扩散过程，称为热传导方程.

博雷尔（Armand Borel）曾说："数学就像一座冰山：水底下的是纯粹数学的领域，隐匿在公众视线之外；水面上的只是可见的一小部分，我们称之为应用数学. "

实际上，纯粹数学并非无用的数学，而应用数学也不等于实用数学. 许多纯粹数学的研究极为艰深，可能还没有被认识到如何应用. 一些抽象的数学研究在创立时并没有立刻或者试图应用于具体的实际问题，但随着科学技术的发展得到了重要的应用. 例如，黎曼几何是在公理化体系下创建的一种非欧几何，起初并不清楚这样的新几何有何用，但后来它在爱因斯坦创立的广义相对论里得到了重要的应用. 又如，将一个小的正整数写成几个质因数的乘积，这样的整数分解问题看上去只是个数学游戏，但对于大的正整数，其质因数分解极为困难，它是代数学的重要课题，近年来也在密码学中得到了应用[①].

例 1.8 光是一种电磁波

1865 年，麦克斯韦（James Clerk Maxwell）在库伦（Charles-Augustin de Coulomb）、奥斯特（Hans Christian Oersted）、安培（André-Marie Ampere）和法拉第（Michael Faraday）等人工作的基础上，总结并建立了麦克斯韦方程组. 该方程组的微分形式可以写为

$$\nabla \cdot \boldsymbol{E} = \frac{\rho}{\varepsilon_0}, \quad \nabla \times \boldsymbol{E} = -\frac{\partial \boldsymbol{B}}{\partial t} \tag{1.83a}$$

$$\nabla \cdot \boldsymbol{B} = 0, \quad \nabla \times \boldsymbol{B} = \mu_0 \boldsymbol{J} + \mu_0 \varepsilon_0 \frac{\partial \boldsymbol{E}}{\partial t} \tag{1.83b}$$

式中，$\boldsymbol{E}$ 为电场强度，$\boldsymbol{B}$ 为磁场强度，$\boldsymbol{J}$ 为电流密度，ρ 为电荷密度，ϵ_0 为真空的介电常数，μ_0 为真空的磁导率，∇ 为哈密顿算符（Hamiltonian）. 式 (1.83a) 表示电荷密度决定了电场

---

① 1977 年，李维斯特（Ron Rivest）、萨莫尔（Adi Shamir）和阿德曼（Ron Adleman）提出了一种基于大整数做质因数分解的公开钥加密算法，称为 RSA 加密算法. 这三人曾发布了一条 129 位加密密码进行悬赏破译，奖金 100 美元. 他们认为，以当时的计算机性能，至少要 2 万年才能破译，即使计算机性能提高百倍，破译也需要 200 年. 但万万没有想到，在不到 18 年的时间里这条密码就被破译了，他们只能暗自庆幸当时赏金没有设太高. 这条密码是 "The Magic Words are Squeamish Ossifrage". 之所以破译速度这么快，是因为全世界 600 多人贡献了 1600 多台计算机，通过网络分工协作在半年多时间里就完成了所需的因式分解计算.

散度, 而变化磁场将影响电场的旋度. 式 (1.83b) 表示磁场散度为 0, 即空间中没有单极磁核, 而电流密度以及变化电场将影响磁场的旋度. 简单讲就是, 变化的磁场产生电场, 变化的电场产生磁场.

考虑真空中的情形, 空间中没有电荷密度, 也没有电流密度, 此时麦克斯韦方程组简化为

$$\nabla \cdot \boldsymbol{E} = 0, \quad \nabla \times \boldsymbol{E} = -\frac{\partial \boldsymbol{B}}{\partial t} \tag{1.84a}$$

$$\nabla \cdot \boldsymbol{B} = 0, \quad \nabla \times \boldsymbol{B} = \mu_0 \varepsilon_0 \frac{\partial \boldsymbol{E}}{\partial t} \tag{1.84b}$$

对电场强度和磁场强度分别求时间的二阶导数, 并利用式 (1.84), 可得

$$\frac{\partial^2 \boldsymbol{E}}{\partial t^2} = c^2 \nabla \times \frac{\partial \boldsymbol{B}}{\partial t} = -c^2 \nabla \times (\nabla \times \boldsymbol{E}) = -c^2 \left[\nabla (\nabla \cdot \boldsymbol{E}) - \nabla \cdot \nabla \boldsymbol{E} \right] = c^2 \nabla^2 \boldsymbol{E} \tag{1.85a}$$

$$\frac{\partial^2 \boldsymbol{B}}{\partial t^2} = -\nabla \times \frac{\partial \boldsymbol{E}}{\partial t} = -c^2 \nabla \times (\nabla \times \boldsymbol{B}) = -c^2 \left[\nabla (\nabla \cdot \boldsymbol{B}) - \nabla \cdot \nabla \boldsymbol{B} \right] = c^2 \nabla^2 \boldsymbol{B} \tag{1.85b}$$

式中, $\nabla^2 = \nabla \cdot \nabla, c = (\mu_0 \varepsilon_0)^{-1/2}$. 因此, 可以得到

$$\frac{1}{c^2} \frac{\partial^2 \boldsymbol{E}}{\partial t^2} - \nabla^2 \boldsymbol{E} = 0 \tag{1.86a}$$

$$\frac{1}{c^2} \frac{\partial^2 \boldsymbol{B}}{\partial t^2} - \nabla^2 \boldsymbol{B} = 0 \tag{1.86b}$$

这两式分别反映了电场和磁场以波动的形式在自由空间中传播, 波传播的速度均为 c, 与真空中的光速一样. 由此, 麦克斯韦预言了电磁波的存在, 并推测光是一种电磁波. 1888 年, 赫兹 (Heinrich Rudolf Hertz) 设计电波环装置发射和接收电磁波, 证实了麦克斯韦的预言. 赫兹还在实验中发现, 当没有光照时, 接收器要靠很近才能产生电火花; 而当有光照时, 接收器很容易产生电火花. 赫兹在论文《论紫外光在放电中产生的效应》中记录了这个奇怪的现象, 直到 1905 年爱因斯坦才解开了这个谜题.

例 1.9　流体 N-S 方程的挑战

考虑平行的两块平板之间存在着一种黏性流体, 当一块板固定而另一块板沿两板的平行方向 (x 轴) 以较低速度做匀速运动时, 流体将形成稳定的层流, 这种流体称为牛顿流体. 1686 年, 牛顿研究该流体的流动问题, 指出两层流体之间的剪切应力 τ 与流体速度 u 沿 y 轴的梯度成正比, 写作

$$\tau = \mu \frac{\mathrm{d}u}{\mathrm{d}y} \tag{1.87}$$

式中, μ 为动力黏性系数. 式 (1.87) 称为牛顿内摩擦定律.

考虑流体为不可压缩流动的连续介质, 即有 $\nabla \cdot \boldsymbol{v} = 0$, 此时压力场 $p(\boldsymbol{x}, t)$ 完全由速度场 $\boldsymbol{v}(\boldsymbol{x}, t)$ 决定, 可根据牛顿运动定律 $\rho \dot{\boldsymbol{v}} = \boldsymbol{F}$ 来确定压力和速度的关系, 其中 x 为空间中的固定点, ρ 为流体密度, $\boldsymbol{F}$ 为单位体积流体所受到的力. 1738 年, 欧拉考虑了压强梯度力

∇p 和体积力 $\boldsymbol{f}$ 的贡献,写出了流体运动方程[①]:

$$\frac{\partial \boldsymbol{v}}{\partial t} + (\boldsymbol{v} \cdot \nabla) \boldsymbol{v} = -\frac{1}{\rho} \nabla p + \boldsymbol{f} \tag{1.88}$$

式中,左边两项分别为非定常项和对流项. 该方程称为欧拉方程,它在定常的重力场中沿流线的积分即伯努利 (Daniel Bernoulli) 方程:

$$p + \frac{1}{2}\rho \boldsymbol{v} \cdot \boldsymbol{v} + \rho g z = C \tag{1.89}$$

式中,g 为重力加速度,C 为常数. 欧拉方程没有考虑流体的黏性,因而只适用于无黏的理想流体. 纳维 (Claude-Louis Navier) 和斯托克斯 (Sir George Gabriel Stokes, 1st Baronet) 分别于 1827 年和 1845 年独立地考虑流体黏性的作用并获得了流体运动方程,即

$$\frac{\partial \boldsymbol{v}}{\partial t} + (\boldsymbol{v} \cdot \nabla) \boldsymbol{v} = -\frac{1}{\rho} \nabla p + \boldsymbol{f} + \nu \nabla^2 \boldsymbol{v} \tag{1.90}$$

式中,$\nu = \mu/\rho$ 为运动黏性系数. 该方程就是著名的纳维–斯托克斯 (N-S) 方程,等式右边最后一项称为黏性项. 1883 年,雷诺 (Osborne Reynolds) 发现当流动速度高到一定程度时,层流将转变成湍流,并于 1895 年给出了湍流的平均运动方程. 湍流是一种无序的流动状态,在科学和工程中都非常重要,但至今仍是一个未解决的科学问题[②].

大量的案例表明 N-S 方程可以用来描述和解释湍流现象. 尽管科学家已经找到了很多特殊条件下 N-S 方程的解析解,但是在一般条件下的封闭解至今都还没有找到. 2000 年,美国克雷数学研究所 (Clay Mathematics Institute, CMI) 选定的七个"千禧年大奖难题"之一就是"N-S 方程解的存在性与光滑性".

纯粹数学家关心的是如何利用 N-S 方程精确地捕捉流体流动的瞬时变化,并试图确定产生湍流的起点. 而应用数学家(这里指流体力学家)则关心 N-S 方程在特定的条件下预测的流体流动是否与实验中观察到的流动是一致的. 如果二者一致,则可以利用 N-S 方程来指导生产实践,例如用于研究血液流动和血管阻塞、天气模拟、飞行器的气动设计;如果二者不一致,那么 N-S 方程可能就需要修改,例如对于非牛顿流体,黏性是一个变化量,可能的影响因素有剪切速率和形变历史.

1.2.3 应用数学与自然科学的关系

一般来讲,可以认为应用数学是数学与自然科学之间的桥梁,它利用数学方法发展经验科学. 数学的证明依靠严密的逻辑推理,从一些公理出发,经过逻辑推理,得到定理和推论. 其一经证明就永远正确,所以数学证明是绝对的,其目的是共性、数学描述、推论. 自然科学通常是根据观察到的事实或者实验现象,探索事物现象背后的规律或原理,是在经验之上的

---

① 该方程采用固定坐标空间 $\boldsymbol{x}$ 描述流体流经某个固定点 (可理解为观察窗口) 的某一物理量 $q(\boldsymbol{x}, t)$,称为欧拉描述方法. 另一种描述方式是着眼于确定的流体质点,采用质点初始坐标空间 $\boldsymbol{X}$ 描述质点的某一物理量 $q(\boldsymbol{X}, t)$ 的演化,称为拉格朗日描述方法.

② 海森伯 (Werner Heisenberg) 的博士论文是关于流动稳定性的研究. 他曾说:"等到我见到上帝时,我会问他两个问题:为何有相对论? 为何有湍流? 我确信他会有第一个问题的答案."(When I meet God, I am going to ask him two questions: Why relativity? And why turbulence? I really believe he will have an answer for the first.)

科学. 自然科学理论的证明依赖于观察、实验数据和理解力,难以达到数学定理证明所具有的绝对程度,只能提出近似于真理的概念,所以人类对自然规律的认识始终处于不断深化的过程中. 从牛顿的万有引力定律,到爱因斯坦的狭义相对论,再到广义相对论,就是一个很好的例子(见第 4 章). 应用数学提供了强有力的方法,以较为严谨的推理和严格的精度,对自然科学问题进行剖析. 自然科学研究的目的是发现新现象、新规律和新原理.

自然科学研究的需要促成了数学的发展,形成了新的数学思想、概念和方法. 牛顿为了描述物体运动的变化,发明了流数术(微积分),这是 17 世纪最伟大的成就. 由此产生了微分方程、微分几何、复变函数、变分法等许多数学分支,微积分不断发展的动力正是解决科学问题的需求. 我们已经习惯了用微分方程来表述物理问题,这是因为我们常常需要研究物理量的变化与相关物理量之间的关系,这就很自然地产生了微分方程,它明显地决定了所需确定的函数关系. 牛顿和莱布尼茨发明的微积分还不够完美,在雅克布 · 伯努利 (Jakob Bernoulli)、约翰 · 伯努利 (Johann Bernoulli)、欧拉、柯西 (Augustin Louis Cauchy)、黎曼等杰出人物的继承和发展下,微积分在函数、极限、无穷小、连续性、导数、解析等许多方面的思辨中逐渐地巩固了根基,延伸了"分析"的内涵,汇聚了不胜枚举的概念、定义、定理、方法和案例. 科学研究中经常碰到一些数学上的困难,催生了许多新的数学方法,比如各种各样的摄动方法就是在科学研究的需求中陆续产生的,这在本书后半部分会有大量的案例介绍.

数学的发展也反过来促进了自然科学新理论的建立,形成了新的研究思路、方法和应用,成就了现代科学研究的共通性思维方式. 哥白尼 (Nicolaus Copernicus) 经过长期的天文观测和艰苦的数学计算后提出了日心说. 开普勒 (Johannes Kepler) 凭借着深厚的数学功底从繁复的天文数据中总结出了行星运动三定律. 这使得那些被固守的天文学和力学定律以及宗教信条被推翻,数学的理论优越性彰显出强大的力量. 笛卡儿 (René Descartes) 和伽利略 (Galileo Galilei) 革新了科学研究的目标,重建了科学方法论,科学和数学从此紧密相连. 牛顿凭借着数学的推演发现了万有引力,从此数学成为了科学理论的实体. 麦克斯韦用四个数学关系式统一了电磁现象,将微积分在自然科学中的运用推向了新的高度. 欧拉将数学应用到了整个物理领域,创立了刚体力学和分析力学,以高超的计算能力解答了天体摄动对行星轨道的影响等问题. 薛定谔 (Erwin Schrödinger) 借助不现实的复数书写了微观粒子的波动方程. 爱因斯坦运用黎曼几何成功建立了广义相对论. 杨振宁 (Chen-Ning Franklin Yang) 和米尔斯 (Robert Laurence Mills) 将描述电磁学的阿贝尔规范场论 (Abelian gauge theory) 推广到了非阿贝尔规范场论,称为杨－米尔斯规范场论,该理论统一了除引力以外的三种基本作用力(电磁相互作用、弱相互作用和强相互作用),并且在后来被发展成为了标准模型. 为解决其中的相关问题,数学家提出了许多新的数学方法.

学科的分门别类越来越明确,人们逐渐地只在特定的领域耕耘,似乎自然科学与应用数学渐行渐远,但随着高性能计算机和人工智能的快速发展,学科交叉变得相对容易也更加频繁,自然科学与应用数学的研究不断地相互促进和融合,二者之间的界限变得模糊.

例 1.10　科学乃分科之学,测量之学问

人生来对声音、光亮、温度和疼痛的感知就是在对这个世界的某种"测量",显然这样的

测量很难定量化. 人类最早的精确测量活动可能开始于土地丈量, 人的手和脚很自然地成为了最便利的测量工具, 至今我们生活中仍保留着一些与手脚有关的单位. 例如,"拃"表示大拇指和中指撑开的距离, 约 5 寸;"庹"是成人两臂左右撑开的距离, 约 5 尺;"步"是行走时两脚之间的距离, 由于每个人步子不一样大, 所以现在更多地用在智能设备上计步数. 又如, 英尺 (foot) 取自成年男子单脚的长度, 现定为30.48 cm;英寸 (inch) 本意是大拇指, 约为成年人一节手指的长度, 现定为2.54 cm. 现在使用的时间和角度的计量单位主要是从古代苏美尔人和巴比伦人那里继承下来的, 其中六十进位法就是当时广泛使用的计数法.

科学发展至今, 已经演化出各种各样先进的测量工具和手段, 人类甚至可以"测量"出宇宙的大小和年龄、星系的距离和质量、原子的大小和质量. 高精度测量已成为了自然科学和社会生产的必然需求. 定量的科学研究可以使一些难以测量的量转化为可测量量, 如阿基米德 (Archimedes) 测量皇冠体积、曹冲称象、天平称重都是基于等量代换的方式实现可测量. 在热力学中, 简单系统在等熵过程中的压力随温度的变化率是很难测量的, 通过热力学理论可以将其转化为其他一些可控过程的可测量 (如等压膨胀系数和等压热容量) 的组合. 此外, 模型试验也在工程中被广泛应用.

随着科学的不断发展, 基本的物理性质和物理常量逐渐被发现, 国际单位制 (SI) 基本单位也因此被重新定义. 例如, 铯-133 原子在基态下的两个超精细能级之间发生跃迁时所对应的辐射周期非常稳定, 将1 s 定义为 9192631770 个该辐射周期的时间. 将真空中光速 c、普朗克 (Max Karl Ernst Ludwig Planck) 常量 h 和玻尔兹曼常量 k_B 分别定义为

$$c = 299792458 \text{ m/s} \tag{1.91}$$
$$h = 6.62607015 \times 10^{-34} \text{ J} \cdot \text{s} \tag{1.92}$$
$$k_B = 1.380649 \times 10^{-23} \text{ J/K} \tag{1.93}$$

其中, $1 \text{ J} = 1 \text{ kg} \cdot \text{m}^2 \cdot \text{s}^{-2}$. 然后, 米 (m)、千克 (kg) 和开尔文 (K) 等单位的定义就由这几个物理常量来确定.

量子测量是一个有趣而令人困惑的问题. 1927 年, 海森伯在量子力学的研究中提出了不确定性原理, 该原理指出不可能同时确定一个粒子的位置和速度, 二者具有关联的不确定性. 这个原理常被解读为粒子的位置和速度是测不准的, 这样理解并不准确. 单个粒子本身就具有位置和速度的不确定性, 而如果对单粒子进行测量, 则势必影响单粒子状态, 此时谈粒子的不确定性已经不是单粒子意义上的了, 而是多粒子的相互作用行为. 1961 年, 约恩松 (Claus Jönsson) 首次实现了电子单缝实验和多缝 (2 ~ 5 条缝) 实验. 在单缝实验中, 电子束穿过单缝板打在屏幕上, 形成一条明纹, 而在多缝实验中, 却形成了一系列明暗相间的平行条纹. 不过, 这些结果并没有什么意外, 因为与光一样, 电子具有波粒二象性早先就被证明了. 1974 年, 梅里 (Pier Giorgio Merli) 等人在电子双缝干涉实验中引入了观察者——高清摄像头, 结果显示一旦你观察每一个电子到底是从哪条狭缝穿过, 屏幕上的平行条纹将消失, 代之的只是两条明线. 1989 年, 外村彰 (Akira Tonomura) 等人开展了单电子双缝实验. 实验中, 每次只发射一个电子, 电子竟然不是落在确定的两条线上, 而是不确定地出现在屏幕上某个点上, 等到一系列电子的位置都放在屏幕上检查时, 发现电子形成了明暗相间条纹.

附录　数学公式的写作规范和建议

采用数学公式表述一个科学观点,可以达到简洁、清晰、精美、深刻甚至震撼的效果. 例如,牛顿运动定律 $F = ma$、爱因斯坦质能方程 $E_0 = mc^2$、玻尔兹曼熵公式 $S = k_\mathrm{B} \ln W$. 使用约定的数学符号,能够让人快速地理解数学式子背后的含义. 但对于不熟悉相关数学符号含义的人来说,数学式子犹如天书. 因此,在友好的写作中,应该把所有使用的数学符号都加以定义,除了那些已被人熟知而且没有歧义的数学符号. 例如,在上面的几个式子中,应该说明的定义有:F 是力,m 是质量,a 是加速度,E_0 是能量,c 是光在真空中的速度,S 是熵,k_B 是玻尔兹曼常量,W 是系统的状态数,而其中的平方、等号和自然对数等符号则可以不必声明. 有些论文罗列了一大堆数学式子,有些数学符号甚至都没有定义,这样的论文在非同行看来可能只是数学公式汇编,里面充满着各式各样的数学符号,难以阅读.

对于普通公众而言,数学公式就是灾难,所以科普作品非常忌讳多写一个公式. 霍金 (Stephen William Hawking) 曾经说过 "多写一个公式就会吓跑一半的读者",以至于他在《时间简史》(*A Brief History of Time*) 一书中只用了一个公式 $E_0 = mc^2$. 实际上,科学工作中数学公式也不是非常受欢迎. 2012 年,《美国科学院院刊》发表了一篇关于生态学领域论文中的公式数量与论文被引用次数之间关系的文章. 该文章指出,论文正文中平均每页每多一个数学公式,论文被引用次数下降 28%. 这个结论在其他领域是否成立还不得而知,但至少给了我们一些启示. 科学研究已离不开数学,理论的发展需要数学的演绎,而如果从事科学研究的人员都不愿意看到数学公式,理论将可能缺乏实验的验证,进而可能阻碍科学的进步. 对从事科学研究相关专业的学生加强数学训练是非常必要的,而提高科学工作者的科技论文写作规范和技巧也是非常重要的. 既然数学公式如此不受待见,在科技论文写作上不妨采取一些表达技巧,以利于科学思想的交流.

以下几点关于科技论文中书写数学式子的写作规范和建议,仅供参考.

(1) 所有数学符号在使用前或使用时都需要定义,应尽可能地保证同一篇论文中数学符号的含义的唯一性,并且所有数学符号都需要使用正确的字体. 参数和变量采用斜体书写,矢量和张量一般采用黑斜体或黑正体书写,已标准化的符号、函数、参数、单位和数字都采用正体书写,具有特定含义的英文缩写(常用在下标,如 y_min 的下标 min 表示极小或最小的含义)也应采用正体书写. 需要特别注意的是,在数学公式中不应该将数学符号误选用中文字体. 此外,在图表中也应注意使用数学符号的正确字体.

(2) 正文中尽可能只保留重要的、少量的公式,可以将大量的、繁杂的数学推导置于论文的附录中. 对于那些能用标准方法求解的情况,只需用文字加以说明,而没有必要把推导呈现在论文中. 对于那些能用文字直接说明的,就要尽可能地考虑不用公式. 对于重要的、新颖的结果,则要尽可能地表达成公式的形式,方便其他研究人员引用和应用. 如果你的论文想吸引理论研究者的注意,不妨多用点公式;而如果你的论文想吸引实验研究者的关注,不妨少用点公式.

(3) 选择合适的数学公式编辑软件, Word 和 TeX 都是非常优秀的排版系统[①], 二者分别具有"所见即所得"和"所想即所得"的风格. 尽管 Word 对数学公式的排版可能没有 TeX 漂亮, 但在论文草稿阶段 Word 是非常好的编辑软件, 特别是用来记录繁复的数学推导过程以及多人交互采用修改模式来记录修改过程.

不管是初出茅庐的研究者还是知名学者, 在提交论文时都可能遭受到拒稿, 本书脚注中收录了这样的一些案例. 论文写作的人固然有水平和经验的差异, 审稿人也不外乎于此. 尽管有时候越是原创的工作越难通过评审得以发表, 但是严谨的写作方式和严苛的论文评审机制总是有助于科学研究认识变得更为深刻和可靠. 作为科学研究工作者, 将自己经过长期思考总结出来的研究结果分享给其他研究工作者, 是非常有益的. 在收到拒稿之后或者料想可能被拒稿之前, 常常需要我们审视自己的研究在成文时是否能给他人带来有益的认识.

习　题

1.1 试证明多项式定理:

$$(\omega_1 + \omega_2 + \cdots + \omega_m)^N = N! \sum_{a_1 + \cdots + a_m = N} \prod_{l=1}^{m} \frac{\omega_l^{a_l}}{a_l!}$$

式中, N 和 m 均为正整数, ω_l 为自变量, a_l 为非负整数, $l = 1, 2, \cdots, m$.

1.2 多项式定理可应用到无穷项之和的情况, 例如

$$\left(k_0 + k_1 x + k_2 x^2 + \cdots\right)^N = N! \sum_{n_0 + n_1 + \cdots = N} \prod_{q=0}^{\infty} \frac{k_q^{n_q}}{n_q!} x^{q n_q}, \quad -1 < x < 1$$

式中, x 为自变量, N 为正整数, k_q 为常系数, n_q 为非负整数, $q = 0, 1, 2, \cdots$. 据此给出 $\left(1 + k_1 x + k_2 x^2 + \cdots\right)^5$ 的幂级数展开式, 保留到 x^2 项.

1.3 考虑积分关系

$$\ln(1 + x) = \int_0^x \frac{\mathrm{d}t}{1 + t}, \quad -1 < x \leqslant 1$$

利用被积函数展开法, 求 $\ln(1 + x)$ 在 $x = 0$ 附近的级数展开式.

1.4 估算下列式子, 要求不能使用计算器, 数值结果的精度越高越好.

(a) $\ln 2$;   (b) $\ln 3$;   (c) $\ln 5$.

1.5 考虑微分关系

$$(\cos x)' = -\sin x, \quad (\sin x)' = \cos x, \quad (\mathrm{e}^z)' = \mathrm{e}^z$$

[①] TeX 是由计算机科学家高德纳 (Donald Ervin Knuth) 设计并实现的, 自 1977 年 5 月开始编写, 到 1979 年发布. 1990 年升级为 3.1 版本, 1995 年 3 月为 3.14159 版本, 2014 年 1 月升级的 3.14159265 版本是最新的.

并假设幂级数展开式

$$\cos x = 1+\sum_{k=1}^{\infty} a_k x^k, \quad \sin x = \sum_{k=1}^{\infty} b_k x^k, \quad \mathrm{e}^z = 1+\sum_{k=1}^{\infty} c_k z^k,$$

式中, a_k, b_k 和 c_k 为待定系数, $k=1,2,\cdots$. 求 $\sin x$, $\cos x$, e^z 的无穷级数展开式, 并据此验证欧拉公式.

1.6 利用欧拉公式和牛顿二项式定理证明以下等式:

$$\sin^{2n}x = \frac{C_{2n}^n}{2^{2n}} + \frac{1}{2^{2n-1}} \sum_{m=1}^{n} (-1)^m C_{2n}^{n-m} \cos 2mx$$

$$\sin^{2n+1}x = \frac{1}{2^{2n}} \sum_{m=0}^{n} (-1)^m C_{2n+1}^{n-m} \sin(2m+1)x$$

$$\cos^{2n}x = \frac{C_{2n}^n}{2^{2n}} + \frac{1}{2^{2n-1}} \sum_{m=1}^{n} C_{2n}^{n-m} \cos 2mx$$

$$\cos^{2n+1}x = \frac{1}{2^{2n}} \sum_{m=0}^{n} C_{2n+1}^{n-m} \cos(2m+1)x$$

式中, n 为非负整数.

1.7 试证明

$$\int_0^1 x^x \mathrm{d}x = 1 - \frac{1}{2^2} + \frac{1}{3^3} - \frac{1}{4^4} + \cdots = \sum_{k=1}^{\infty} \frac{(-1)^{k-1}}{k^k}$$

1.8 试用牛顿的被积函数展开法, 求如下函数的积分:

$$f(x) = \int_0^\infty \frac{\mathrm{e}^{-u}}{x+u} \mathrm{d}u, \quad x \gg 1$$

1.9 黎曼 Zeta 函数 $\zeta(s)$ 和狄利克雷 eta 函数 $\eta(s)$ 分别定义为

$$\zeta(s) = \sum_{k=1}^{\infty} \frac{1}{k^s}, \quad \eta(s) = \sum_{k=1}^{\infty} \frac{(-1)^{k-1}}{k^s}$$

试证明

$$\zeta(s) = \frac{1}{1-2^{-s}} \sum_{m=0}^{\infty} \frac{1}{(2m+1)^s}, \quad \eta(s) = \left(1-2^{1-s}\right)\zeta(s)$$

1.10 试利用埃拉托色尼筛选法 (the sieve of Eratosthenes) 的思想证明欧拉乘积公式. 埃拉托色尼筛选法是一种用来找出连续整数列表 $(2,3,4,\cdots,n)$ 中所有素数的古老算法, 其中 n 为给定的正整数. 我们知道 2 是第一个素数, 将列表中其后为 2 的倍数的所有数划去, 此时 2 之后保留着的数字 3 就是所找到的第二个素数. 进一步将列表中其后为 3 的倍数的所有数划去, 此时 3 之后留下的数字 5 就是所找到的第三个素数. 遵照此操作直至结束, 列表中保留下来的数就是所有不大于 n 的素数.

第 2 章 数量、函数和方程

数学是人类抽象思维活动的产物. 人们按照一些约定的规则进行数学逻辑推演, 进而可能获得深刻、有趣、简洁的认识, 或有用, 抑或无用. 我们从小学、中学到大学, 甚至到研究生阶段都在学习各种各样的数学知识, 数学知识可以很浅显, 也可以很晦涩. 实际上, 数学的教学目的已经不仅仅是学习数学知识本身了, 数学教学同时也成为了思维训练和逻辑训练的强有力工具. 数学语言是数学思维的载体, 数学已逐渐成为自然科学研究的主要工具. 自牛顿时代以来, 微分方程已成为描述物理规律的最强有力工具, 然而微分方程的形式多样、定解条件多变, 致使其理论求解可能遇到各式各样的困难. 尽管利用高性能数值计算可能在一定程度上让我们摆脱这样的困境, 但对于复杂的非线性问题我们仍旧经常束手无策.

本章的主要目的是回顾我们在大学里学习过的诸多数学知识. 由于篇幅所限, 将无法做到全面复习. 为了让所归纳的知识点更为系统, 我们尝试着以数量、函数和方程作为主线, 将一些需要用到的微积分、线性代数、复变函数、数值计算方法的知识串联起来, 并着重总结微分方程的基本解法, 同时也收集一些在科学研究中经常会使用到的数学技巧, 也包括本书其他章节可能用到的基本数学问题的求解方法和推导过程. 为了巩固大学数学知识和促进本书后续学习, 建议读者掌握本章的所有例题和习题. 读者可以阅读大学数学教材[15-18], 以获得更全面的大学数学基础知识.

2.1 数 与 量

2.1.1 数的表示与比较

"数"是一个起源于对事物度量需求的抽象概念, 对其规律和运算法则的研究形成了最古老的数学分支——算术. 算术运算 (如 $1 + 1 = 2$) 似乎只是初等的、简单的低级玩具, 但它确确实实构成了高等的、复杂的现代计算的重要基础. 数的表示方法对实施算术运算法则至关重要, 例如二进制、十进制①、十六进制和六十进制在日常生活和科学计算中都有着重要的应用. 不同进制表示的数可以相互转化, 它们可以用同一规则来定义, 称为 b 进制的

---

① 人类普遍使用的十进制可能与自身拥有 10 根手指息息相关. 可考的史料表明十进制至少在商代 (约公元前 1600 年—约公元前 1046 年) 已为中国人所采用. 在十进制的基础上, 中国人发明了算筹计数法, 该方法在春秋战国时期 (公元前 770 年—公元前 221 年) 已经得到了普遍使用, 并在这一时期演化出了更为方便的计算工具——算盘.

按位计数法

$$(\cdots a_2 a_1 a_0 a_{-1} \cdots)_b = \cdots + a_2 b^2 + a_1 b + a_0 + a_{-1} b^{-1} + \cdots = \sum_{n=-\infty}^{+\infty} a_n b^n \tag{2.1}$$

由上式可见,计数法实际上就是一个无穷级数的例子[①].

　　在数的应用中,我们常常需要对数的大小进行把握,以快速地、较粗略地评估出那些可能影响结果的主要因素. 数量级被定义来划分数的大小的级别,并且只限于正实数. 在非标准定义下,数量级是指其常用对数的整数部分,如正实数 A 的数量级为 $\lfloor \lg A \rfloor$,或者将正实数 A 用科学计算法表示为

$$A = a \times 10^m \tag{2.2}$$

式中,$1 \leqslant a < 10$,m 为整数,则称 A 的数量级为 m,需要注意的是底数一般默认为 10. 而在标准定义下,如果存在整数 n 使得

$$-\frac{1}{2} < \log_{10} A - n \leqslant \frac{1}{2} \tag{2.3}$$

或者近似记为

$$0.3 \times 10^n < A \leqslant 3 \times 10^n \tag{2.4}$$

则称 A 的数量级为 10^n.

　　对于正数 a 和 b,可以定义多种平均数,如算术平均数 A、几何平均数 G、平方平均数(也称方均根)R、调和平均数(也称倒数平均数)H 和反调和平均数 $C = R^2/A$ 分别写作

$$A = \frac{a+b}{2}, \quad G = \sqrt{ab}, \quad R = \sqrt{\frac{a^2+b^2}{2}}, \quad H = \frac{2}{a^{-1}+b^{-1}} = \frac{2ab}{a+b}, \quad C = \frac{a^2+b^2}{a+b} \tag{2.5}$$

它们的相对大小为 $H \leqslant G \leqslant A \leqslant R \leqslant C$,即

$$\frac{2ab}{a+b} \leqslant \sqrt{ab} \leqslant \frac{a+b}{2} \leqslant \sqrt{\frac{a^2+b^2}{2}} \leqslant \frac{a^2+b^2}{a+b} \tag{2.6}$$

实际上,上式中所包含的若干不等式只是不等式 $(a-b)^2 \geqslant 0$ 的多种变形形式而已.

2.1.2　物理量及其量纲

　　在对事物进行度量时,"量"这个重要的概念被提出来,它包括数与单位两个部分,数表示的是事物的多少,单位表示的是事物的属性. 物理量的单位包括基本单位和导出单位. 例如,在力学系统中,国际单位制 (SI) 以m, kg, s 分别作为长度、质量、时间的基本单位[②],导出的压强单位是$kg \cdot m^{-1} \cdot s^{-2}$,简记为Pa. 也可自行选择基本单位,如以mm, g, ms 作为长度、质量、时间的基本单位,此时导出的压强单位$g \cdot mm^{-1} \cdot ms^{-2}$ 为MPa. 选择不同单位制进行度量时,物理量的数值部分也将随之不同,但物理量本身并不会因此而发生变化.

──────────────────────────
　　① 牛顿于 1671 年撰写的《流数法和无穷级数》是从幂级数开始的,他的中心思想是无穷的变量级数可以类比于算术中的无穷小数,因为数的运算和变量的计算方式十分相似.
　　② 自 2019 年 5 月 20 日起,国际单位制 7 个基本单位已全部使用基本物理常量来定义.

对量本身的度量称为量纲,这区别于单位. 例如,km, m, cm, in 等①都是用来度量长度的单位,它们具有相同的属性,我们可以用长度来称呼它们. 如果一个量的数值与其单位的选择有关,则称该量为有量纲量;反之,如果一个量的数值在所有可能的单位制中都一样,则称该量为无量纲量. 例如,人的身高常用m 或者cm 作为单位进行度量,二者数值相差 100 倍,因此身高是一个具有"长度"量纲的有量纲量. 又如,几何上的角可以采用弧度 (rad) 和度 (°) 等单位进行度量,其对应的数值是不同的,因此角也是一个有量纲量. 但如果只采用弧度来度量角,则角可以视为无量纲量,见例6.2的讨论.

与物理问题相关的物理量可以分成基本量和导出量两类. 基本量的量纲相互独立,而导出量的量纲可以用基本量的量纲组合来表示. 国际上规定了七个基本物理量 (表2.1):长度、质量、时间、电流、热力学温度、物质的量和发光强度,其量纲符号分别用L, M, T, I, Θ, N 和J 表示. 一个导出量的量纲表示其由基本量组成的情况. 例如,速度 v、加速度 a、密度 ρ、力 F 和能量 E 的量纲分别表示为

$$[v] = LT^{-1}, \quad [a] = LT^{-2}, \quad [\rho] = MT^{-3}, \quad [F] = MLT^{-2}, \quad [E] = ML^2T^{-2} \tag{2.7}$$

式中,中括号用来表示取物理量的量纲. 一个学科可能只用到某些基本量纲,如几何学只用到长度的量纲,运动学还涉及时间的量纲,动力学会涉及质量的量纲,热学引入了温度的量纲,电磁学引入了电流的量纲,光学引入了发光强度的量纲,化学引入了物质的量的量纲. 由此可见,科学乃分科之学,度量之学问.

表 2.1　基本物理量的量纲和单位

基本物理量	变量符号	量纲符号	单位名称	单位符号
长度	L	L	米	m
质量	m	M	千克	kg
时间	t	T	秒	s
电流	I	I	安 [培]	A
热力学温度	T	Θ	开 [尔文]	K
物质的量	n	N	摩 [尔]	mol
发光强度	J	J	坎 [德拉]	cd

注:变量符号通常用斜体表示,量纲符号用正体或花体表示,单位符号用正体表示.

基本量与导出量的概念是相对的. 对于力学系统,通常只需要长度、质量和时间三个基本量的量纲,记为 L-M-T 系统. 为方便使用,也可以采用能量作为基本量纲,用E 表示,此时 L-M-T 系统中只能再选两个作为基本量纲. 例如,采用 L-E-T 系统时,力的量纲为 EL^{-1}.

———

① in 是长度单位inch (英寸) 的缩写,1 in 约为2.54 cm. 成人的食指每一节的长度大约是1 inch,可以利用大拇指作为游标、食指的关节作为刻度大致地比画出10 cm 以内的长度. 手机或电脑屏幕的大小是以对角线的长度来度量的,通常以英寸作为单位.

2.1.3　坐标系和相空间

1. 坐标系及其转化关系

点是一个抽象的几何概念,它没有大小,没有维度. 为确定空间中一点的位置,可以引入坐标系,然后用一组有序的数来表示该点的坐标位置. 常用的坐标系有笛卡儿直角坐标系 (x,y,z)、平面极坐标系 (r,φ)、柱坐标系 (r,φ,z) 和球坐标系 (r,θ,φ). 其中,柱坐标系 (r,φ,z) 与直角坐标系 (x,y,z) 的转换关系为

$$\begin{cases} x = r\cos\varphi \\ y = r\sin\varphi \\ z = z \end{cases} \Leftrightarrow \begin{cases} r = \sqrt{x^2 + y^2} \\ \varphi = \arctan(y/x) \\ z = z \end{cases} \tag{2.8}$$

而球坐标系 (r,θ,φ) 与直角坐标系 (x,y,z) 的转换关系为

$$\begin{cases} x = r\sin\theta\cos\varphi \\ y = r\sin\theta\sin\varphi \\ z = r\cos\theta \end{cases} \Leftrightarrow \begin{cases} r = \sqrt{x^2 + y^2 + z^2} \\ \varphi = \arctan(y/x) \\ \theta = \arccos(z/r) \end{cases} \tag{2.9}$$

式中,$r \in [0,\infty), \theta \in [0,\pi], \varphi \in [0,2\pi]$.

例 2.1　二维旋转矩阵

平面直角坐标 (x,y) 与极坐标 (r,φ) 的转化关系为

$$\begin{cases} x = r\cos\varphi \\ y = r\sin\varphi \end{cases} \tag{2.10}$$

关于时间 t 求一次和二次导数分别给出速度

$$\begin{cases} v_x = \dot{x} = \dot{r}\cos\varphi - r\dot{\varphi}\sin\varphi \\ v_y = \dot{y} = \dot{r}\sin\varphi + r\dot{\varphi}\cos\varphi \end{cases} \tag{2.11}$$

和加速度

$$\begin{cases} a_x = \dot{v}_x = \ddot{x} = (\ddot{r} - r\dot{\varphi}^2)\cos\varphi - (2\dot{r}\dot{\varphi} + r\ddot{\varphi})\sin\varphi \\ a_y = \dot{v}_y = \ddot{y} = (\ddot{r} - r\dot{\varphi}^2)\sin\varphi + (2\dot{r}\dot{\varphi} + r\ddot{\varphi})\cos\varphi \end{cases} \tag{2.12}$$

上述式子可以写成矩阵的形式

$$\begin{Bmatrix} x \\ y \end{Bmatrix} = \boldsymbol{Q} \begin{Bmatrix} r \\ 0 \end{Bmatrix}, \quad \begin{Bmatrix} v_x \\ v_y \end{Bmatrix} = \boldsymbol{Q} \begin{Bmatrix} \dot{r} \\ r\dot{\varphi} \end{Bmatrix}, \quad \begin{Bmatrix} a_x \\ a_y \end{Bmatrix} = \boldsymbol{Q} \begin{Bmatrix} \ddot{r} - r\dot{\varphi}^2 \\ 2\dot{r}\dot{\varphi} + r\ddot{\varphi} \end{Bmatrix} \tag{2.13}$$

式中,$\boldsymbol{Q}$ 为旋转矩阵

$$\boldsymbol{Q} = \begin{bmatrix} \cos\varphi & -\sin\varphi \\ \sin\varphi & \cos\varphi \end{bmatrix} \tag{2.14}$$

因此,径向速度和环向速度为

$$\begin{Bmatrix} v_r \\ v_\varphi \end{Bmatrix} = \boldsymbol{Q}^{\mathrm{T}} \begin{Bmatrix} v_x \\ v_y \end{Bmatrix} = \boldsymbol{Q}^{\mathrm{T}}\boldsymbol{Q} \begin{Bmatrix} \dot{r} \\ r\dot{\varphi} \end{Bmatrix} = \begin{Bmatrix} \dot{r} \\ r\dot{\varphi} \end{Bmatrix} \tag{2.15}$$

式中，上标 T 表示转置. 径向加速度和环向加速度为

$$\begin{Bmatrix} a_r \\ a_\varphi \end{Bmatrix} = \boldsymbol{Q}^{\mathrm{T}} \begin{Bmatrix} a_x \\ a_y \end{Bmatrix} = \boldsymbol{Q}^{\mathrm{T}} \boldsymbol{Q} \begin{Bmatrix} \ddot{r} - r\dot{\varphi}^2 \\ 2\dot{r}\dot{\varphi} + r\ddot{\varphi} \end{Bmatrix} = \begin{Bmatrix} \ddot{r} - r\dot{\varphi}^2 \\ 2\dot{r}\dot{\varphi} + r\ddot{\varphi} \end{Bmatrix} \tag{2.16}$$

2. 相空间描述

为了描述质点在空间中的运动状态，除了需要确定其位置（如用 x, y, z 表示位形空间的坐标值）外，还需要确定其速度（如用 v_x, v_y, v_z 表示速度空间的坐标值）. 位置和速度并无确定的关系，可以视为独立变量. 为了方便描述，可将位置和速度张成一个 6 维的空间，空间中的每一点对应于质点的一个可能状态 (x, y, z, v_x, v_y, v_z)，空间的一条曲线对应于质点连续地经历一系列状态的变化. 这一描述质点运动状态的空间称为相空间（或 μ 空间）. 严格地讲，一般用动量（如用 p_x, p_y, p_z 表示），而不用速度. 如果位形空间是一维的，则相空间只是二维的，称为相平面. 对于由大量质点组成的三维系统，系统的运动状态由每个质点的运动状态共同决定，因此可以引入 $6N$ 维的相空间来描述系统的运动状态，称为 Γ 空间，其中 N 为质点的个数.

例 2.2 一维弹簧振子的相平面描述

一维弹簧振子的能量可以写作

$$E = \frac{1}{2}kx^2 + \frac{1}{2}mv^2 \tag{2.17}$$

式中，k 为弹性系数，x 为振子离开平衡点的距离，m 为振子质量，v 为振子速度. 在平面直角坐标系中，以 x 为横坐标，v 为纵坐标，建立用来描述振子状态的相平面，如图2.1所示. 对于给定的能量 E，式 (2.17) 对应于一个椭圆，它包含了该能量下振子的所有可能状态. 对于同一振子，若振子能量越大，则椭圆越大，且椭圆具有相似性.

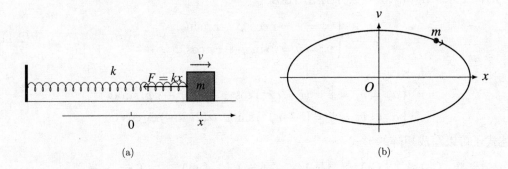

图 2.1 一维弹簧振子及其相平面描述

2.1.4 矢量、矩阵、张量及其运算

1. 矢量

具有大小和方向的几何对象被称为矢量 (vector). 这种有方向的量也称为向量. 矢量在空间平移后，仍与原来的矢量相等，因此矢量的起点可以置于空间的任意一点. 在选定的坐

标系中,矢量可以用一组数来表示. 在笛卡儿直角坐标系中,将矢量 $\boldsymbol{x}$ 的起点置于 O 点,则矢量 $\boldsymbol{x}$ 可以记为

$$\boldsymbol{x} = x\boldsymbol{i} + y\boldsymbol{j} + z\boldsymbol{k} \tag{2.18}$$

式中,$\boldsymbol{i}, \boldsymbol{j}, \boldsymbol{k}$ 表示三个坐标轴方向上的单位矢量,x, y, z 为相应的坐标值. 进而,矢量 $\boldsymbol{x}$ 可以用 $\{x, y, z\}$ 或 $\{x, y, z\}^{\mathrm{T}}$ 来表示,二者分别称为行向量和列向量,其中上标 T 表示转置. 需要注意的是,描述矢量的坐标值会随着坐标系的选取发生变化,但矢量并不会随着坐标系的选取而发生变化.

矢量的加法和减法是简单的,不再赘述,但存在三种方式的矢量乘法运算. 如对于矢量 $\boldsymbol{a}$ 和 $\boldsymbol{b}$ 可以定义点乘(点积、内积、数量积)

$$\boldsymbol{a} \cdot \boldsymbol{b} = \begin{Bmatrix} a_1 & a_2 & a_3 \end{Bmatrix} \begin{Bmatrix} b_1 \\ b_2 \\ b_3 \end{Bmatrix} = a_1 b_1 + a_2 b_2 + a_3 b_3 \tag{2.19}$$

叉乘(叉积、外积、向量积、矢积)

$$\boldsymbol{a} \times \boldsymbol{b} = \begin{vmatrix} \boldsymbol{i} & \boldsymbol{j} & \boldsymbol{k} \\ a_1 & a_2 & a_3 \\ b_1 & b_2 & b_3 \end{vmatrix} = (a_2 b_3 - a_3 b_2)\boldsymbol{i} + (a_3 b_1 - a_1 b_3)\boldsymbol{j} + (a_1 b_2 - a_2 b_1)\boldsymbol{k} \tag{2.20}$$

以及并矢积

$$\boldsymbol{a}\boldsymbol{b} = \begin{Bmatrix} a_1 \\ a_2 \\ a_3 \end{Bmatrix} \begin{Bmatrix} b_1 & b_2 & b_3 \end{Bmatrix} = \begin{bmatrix} a_1 b_1 & a_1 b_2 & a_1 b_3 \\ a_2 b_1 & a_2 b_2 & a_2 b_3 \\ a_3 b_1 & a_3 b_2 & a_3 b_3 \end{bmatrix} \tag{2.21}$$

式中,$\boldsymbol{a} = a_1\boldsymbol{i} + a_2\boldsymbol{j} + a_3\boldsymbol{k}$ 和 $\boldsymbol{b} = b_1\boldsymbol{i} + b_2\boldsymbol{j} + b_3\boldsymbol{k}$. 若 $\boldsymbol{a}$ 和 $\boldsymbol{b}$ 垂直,则 $\boldsymbol{a} \cdot \boldsymbol{b} = 0$. 若 $\boldsymbol{a}$ 和 $\boldsymbol{b}$ 平行,则 $\boldsymbol{a} \times \boldsymbol{b} = \boldsymbol{0}$.

2. 矩阵

矩阵 (matrix) 是一个矩形数表,它的加法、减法、乘法、转置等运算都是简单的,不作赘述. 对于方阵(行数和列数相等的矩阵),如果其行列式不为零时,则存在逆矩阵. 在大型的数值计算中,常常需要处理逆矩阵问题.

对于一个 $n \times n$ 矩阵 $\boldsymbol{A}$,如果将它作用于某一个 n 维向量 $\boldsymbol{x}$,那么我们将得到另一个 n 维向量,不妨记为 $\boldsymbol{y} = \boldsymbol{A} \cdot \boldsymbol{x}$,也就是说矩阵 $\boldsymbol{A}$ 将向量 $\boldsymbol{x}$ 变换为向量 $\boldsymbol{y}$,这样的变换是线性的. 如果向量 $\boldsymbol{y}$ 正好与向量 $\boldsymbol{x}$ 方向相同,不妨记为 $\boldsymbol{y} = \lambda\boldsymbol{x}$,其中 λ 为常量,亦即存在某一个向量 $\boldsymbol{x}$,它在矩阵 $\boldsymbol{A}$ 的线性变换下只是进行了拉伸或压缩,写作

$$\boldsymbol{A} \cdot \boldsymbol{x} = \lambda\boldsymbol{x} \tag{2.22}$$

则称向量 $\boldsymbol{x}$ 是变换 $\boldsymbol{A}$ 的一个特征向量(本征向量),λ 是相应的特征值(本征值). 上式可以改写为

$$(\boldsymbol{A} - \lambda\boldsymbol{I}) \cdot \boldsymbol{x} = \boldsymbol{0} \tag{2.23}$$

式中,I 为 $n \times n$ 的单位矩阵. 该式表示矩阵 $A - \lambda I$ 将向量 x 变换为零向量 $\mathbf{0}$,由于向量 x 是非零向量,这就要求行列式 $\det(A - \lambda I) = 0$,由此可以得到所有的特征值 λ,然后将每一个特征值 λ 代回式 (2.23) 可以确定对应的特征向量.

例 2.3 泡利矩阵的性质

泡利矩阵 (Pauli matrices) 写作

$$\sigma_x = \begin{bmatrix} 0 & 1 \\ 1 & 0 \end{bmatrix}, \quad \sigma_y = \begin{bmatrix} 0 & -\mathrm{i} \\ \mathrm{i} & 0 \end{bmatrix}, \quad \sigma_z = \begin{bmatrix} 1 & 0 \\ 0 & -1 \end{bmatrix} \tag{2.24}$$

式中,$\mathrm{i} = \sqrt{-1}$.

(1) 泡利矩阵的行列式为 -1,迹为 0,即

$$\det(\sigma_k) = -1, \quad \mathrm{Tr}(\sigma_k) = 0, \quad k = x, y, z \tag{2.25}$$

(2) 泡利矩阵的平方都是二阶单位矩阵

$$\sigma_x^2 = \sigma_y^2 = \sigma_z^2 = I \tag{2.26}$$

式中,I 为二阶单位矩阵.

(3) 泡利矩阵是厄米矩阵 (Hermite matrix),即自共轭矩阵

$$\sigma_k^\dagger = \sigma_k, \quad k = x, y, z \tag{2.27}$$

因为它的元素具有 $\overline{a_{ji}} = a_{ij}$ 的共轭性质. 这里 $\dagger$ 表示矩阵的共轭转置.

(4) 泡利矩阵具有反对易性

$$\sigma_x \cdot \sigma_y + \sigma_y \cdot \sigma_x = O, \quad \sigma_y \cdot \sigma_z + \sigma_z \cdot \sigma_y = O, \quad \sigma_z \cdot \sigma_x + \sigma_x \cdot \sigma_z = O \tag{2.28}$$

式中,O 为二阶零矩阵.

3. 张量

张量 (tensor)[①]概念是矢量概念的推广,用它来描述物理规律,可以反映物理规律与坐标系选择无关的特性. 标量是只具有大小,没有方向的量,它在不同坐标系中数值保持不变,所以标量是零阶张量. 矢量是一阶张量,它在坐标系的线性变换下保持不变. 张量就是在坐标系的多重线性变换下保持不变的物理量.

二阶张量可以用矩阵进行表示,其形式取决于基底的选择,只有在坐标系的二重线性变换下保持不变的矩阵才是二阶张量. 在力学中,应变张量和应力张量分别是对一点应变状态和应力状态的完全刻画.

---

① "张量"一词由哈密顿 (Sir William Rowan Hamilton) 在 1846 年引入.

2.2　函数及其性质

　　函数被定义来描述自变量 x 和因变量 y 之间的一一映射关系. 当 x 取其变化范围内的每一个特定的值时,都有唯一的 y 与之对应,则称 y 是 x 的函数,记为 $y = f(x)$. 注意,函数 $y = f(x)$ 可以有多个 x 值对应于同一个 y 值. 只有当一个 y 值对应一个 x 值,才能定义原函数的反函数. 自变量和因变量可以是数,也可以是张量.

　　如果自变量 x 也是一个函数,如 $x(t)$,那么 $y = f(x(t))$ 表示的是一个函数的函数,我们称之为泛函数,其中 t 称为 x 的自变量,而泛函数的自变量 x 称为宗量.

　　函数可分为显式形式和隐式形式. 方程实际上是函数的一种隐式形式,如果方程可以解出显式形式的解析解,我们将这样的解简称为显式解[①].

2.2.1　初等函数和特殊函数

1. 常用函数

　　幂函数 x^a、指数函数 a^x、对数函数 $\log_a x$ 是一些常用的初等函数,其中 a 为常数. 前两者的更广泛形式 $f(x)^{g(x)}$ 称为幂指函数.

　　三角函数、反三角函数、双曲函数、反双曲函数也是常用的初等函数. 这里给出一些常用关系. 由欧拉公式,可以将正弦函数、余弦函数和正切函数分别表示为

$$\sin x = \frac{1}{2\mathrm{i}}\left(\mathrm{e}^{\mathrm{i}x} - \mathrm{e}^{-\mathrm{i}x}\right), \quad \cos x = \frac{1}{2}\left(\mathrm{e}^{\mathrm{i}x} + \mathrm{e}^{-\mathrm{i}x}\right), \quad \tan x = -\mathrm{i}\,\frac{\mathrm{e}^{\mathrm{i}x} - \mathrm{e}^{-\mathrm{i}x}}{\mathrm{e}^{\mathrm{i}x} + \mathrm{e}^{-\mathrm{i}x}} \tag{2.29}$$

类似地,双曲正弦函数、双曲余弦函数和双曲正切函数分别写为

$$\sinh x = \frac{1}{2}\left(\mathrm{e}^{x} - \mathrm{e}^{-x}\right), \quad \cosh x = \frac{1}{2}\left(\mathrm{e}^{x} + \mathrm{e}^{-x}\right), \quad \tanh x = \frac{\mathrm{e}^{x} - \mathrm{e}^{-x}}{\mathrm{e}^{x} + \mathrm{e}^{-x}} \tag{2.30}$$

双曲函数和三角函数之间存在如下关系:

$$\sinh(\mathrm{i}x) = \mathrm{i}\sin x, \quad \cosh(\mathrm{i}x) = \cos x, \quad \tanh(\mathrm{i}x) = \mathrm{i}\tan x \tag{2.31}$$

反双曲正切函数可以表示为

$$\operatorname{arctanh} x = \frac{1}{2}\ln\frac{1+x}{1-x} \tag{2.32}$$

它与反正切函数的关系为

$$\arctan(\mathrm{i}x) = \mathrm{i}\operatorname{arctanh} x \tag{2.33}$$

2. 特殊函数

　　在研究中,我们经常会遇到一些具有特殊性质的函数,它们常常是用积分形式表示的,这类函数被称为特殊函数. 例如,欧拉积分,包括 Gamma 函数(第二类欧拉积分)

$$\Gamma(x) = \int_0^\infty t^{x-1}\mathrm{e}^{-t}\mathrm{d}t \tag{2.34}$$

---

　　① 不要将"显式解"误写成"显示解".

和 Beta 函数(第一类欧拉积分)

$$B(x,y) = \int_0^1 t^{x-1}(1-t)^{y-1}\mathrm{d}t = \frac{\Gamma(x)\Gamma(y)}{\Gamma(x+y)} \tag{2.35}$$

又如,误差函数和补余误差函数分别定义为

$$\mathrm{erf}(x) = \frac{2}{\sqrt{\pi}}\int_0^x \mathrm{e}^{-t^2}\mathrm{d}t, \quad \mathrm{erfc}(x) = \frac{2}{\sqrt{\pi}}\int_x^\infty \mathrm{e}^{-t^2}\mathrm{d}t = 1 - \mathrm{erf}(x) \tag{2.36}$$

菲涅耳积分 (Fresnel integral) 定义为

$$\mathrm{S}(x) = \int_0^x \sin\frac{\pi}{2}t^2\mathrm{d}t, \quad \mathrm{C}(x) = \int_0^x \cos\frac{\pi}{2}t^2\mathrm{d}t \tag{2.37}$$

正弦积分和余弦积分分别定义为

$$\mathrm{Si}(x) = \int_0^x \frac{\sin t}{t}\mathrm{d}t, \quad \mathrm{Ci}(x) = -\int_x^\infty \frac{\cos t}{t}\mathrm{d}t \tag{2.38}$$

第一、第二和第三类椭圆积分分别定义为

$$\begin{aligned}
\mathrm{F}(\phi,k) &= \int_0^\phi \frac{\mathrm{d}\varphi}{\sqrt{1-k^2\sin^2\varphi}} = \int_0^{\sin\phi} \frac{\mathrm{d}x}{\sqrt{(1-x^2)(1-k^2x^2)}} \\
\mathrm{E}(\phi,k) &= \int_0^\phi \sqrt{1-k^2\sin^2\varphi}\,\mathrm{d}\varphi = \int_0^{\sin\phi} \sqrt{\frac{1-k^2x^2}{1-x^2}}\,\mathrm{d}x \\
\pi(n;\phi,k) &= \int_0^\phi \frac{\mathrm{d}\varphi}{(1-n\sin^2\varphi)\sqrt{1-k^2\sin^2\varphi}}
\end{aligned} \tag{2.39}$$

第一、第二、第三类 ν 阶贝塞尔函数 (Bessel function) 分别定义为

$$\begin{aligned}
J_\nu(x) &= \frac{1}{\pi}\int_0^\pi \cos(\nu t - x\sin t)\,\mathrm{d}t = \sum_{n=0}^\infty \frac{(-1)^n(x/2)^{2n+\nu}}{n!\Gamma(n+\nu+1)} \\
Y_\nu(x) &= -\frac{2(x/2)^{-\nu}}{\sqrt{\pi}\,\Gamma(1/2-\nu)}\int_1^\infty \frac{\cos xt}{(t^2-1)^{\nu+1/2}}\,\mathrm{d}t = \frac{J_\nu(x)\cos\nu\pi - J_{-\nu}(x)}{\sin\nu\pi} \\
H_\nu^{(1)}(x) &= J_\nu(x) + \mathrm{i}Y_\nu(x), \quad H_\nu^{(2)}(x) = J_\nu(x) - \mathrm{i}Y_\nu(x)
\end{aligned} \tag{2.40}$$

狄拉克 δ 函数是一个有着重要应用的广义函数,可以表示为

$$\int_{-\infty}^\infty \delta(x)\mathrm{d}x = 1, \quad \delta(x) = \begin{cases} \infty, & x = 0 \\ 0, & x \neq 0 \end{cases} \tag{2.41}$$

该函数一个重要的性质是具有筛选性:

$$\int_{-\infty}^\infty f(x)\delta(x-x_0)\mathrm{d}x = f(x_0) \tag{2.42}$$

例 2.4 Gamma 函数的性质

(1) 递推公式:

$$\Gamma(z+1) = z\Gamma(z), \quad \operatorname{Re} z > 0 \tag{2.43}$$

(2) 余元公式:

$$\Gamma(z)\Gamma(1-z) = \frac{\pi}{\sin \pi z}, \quad 0 < z < 1 \tag{2.44}$$

(3) 加倍公式 (勒让德公式):

$$\Gamma(2z) = \frac{2^{2z-1}}{\sqrt{\pi}}\Gamma(z)\Gamma(z+1/2), \quad z \neq 0, -\frac{1}{2}, -1, -\frac{3}{2}, \cdots \tag{2.45}$$

(4) 对于正整数 n,有

$$\Gamma(1) = 1, \quad \Gamma(n) = (n-1)!$$
$$\Gamma(\frac{1}{2}) = \sqrt{\pi}, \quad \Gamma(n+\frac{1}{2}) = \frac{(2n-1)!!}{2^n}\sqrt{\pi} \tag{2.46}$$

2.2.2 函数的极限和极值

1. 函数的极限

极限用来描述函数无限接近某一点的趋势. 在求函数的极限时, 经常碰到的不定式极限有 $0/0$、$0 \cdot \infty$、0^0、1^∞、∞^0、∞/∞、$\infty - \infty$ 等类型. 它们一般都可以化为 $0/0$ 型或 ∞/∞ 型的极限问题,然后采用洛必达法则 (L'Hospital rule)

$$\lim_{x \to x_0} \frac{f(x)}{g(x)} \stackrel{0/0}{=\!=\!=} \lim_{x \to x_0} \frac{f'(x)}{g'(x)} \tag{2.47}$$

或

$$\lim_{x \to x_0} \frac{f(x)}{g(x)} \stackrel{\infty/\infty}{=\!=\!=} \lim_{x \to x_0} \frac{f'(x)}{g'(x)} \tag{2.48}$$

进行处理.

例 2.5 一些常用的极限

$$\lim_{t \to 0} \frac{\ln(1+t)}{t} \stackrel{0/0}{=\!=\!=} 1 \tag{2.49}$$

$$\lim_{x \to 0} \frac{\sin x}{x} \stackrel{0/0}{=\!=\!=} \lim_{x \to 0} \frac{\cos x}{1} = 1 \tag{2.50}$$

$$\lim_{x \to \pm\infty} \left(1 + \frac{1}{x}\right)^x = \lim_{x \to \pm\infty} \mathrm{e}^{x\ln(1+1/x)} = \exp\left[\lim_{t \to 0} \frac{\ln(1+t)}{t}\right] = \mathrm{e} \tag{2.51}$$

2. 函数的极值和条件极值

极值点是函数的一些特征点,包括极大值点和极小值点. 对于单变量的连续可微函数 $f(x)$,若存在 x_0,使得

$$f'(x_0) = 0, \quad f''(x_0) < 0 \tag{2.52}$$

则 $x = x_0$ 为极大值点;若存在 x_0,使得

$$f'(x_0) = 0, \quad f''(x_0) > 0 \tag{2.53}$$

则 $x = x_0$ 为极小值点;若存在 x_0,使得

$$f'(x_0) = 0, \quad f''(x_0) = 0 \tag{2.54}$$

则需要视更高阶导数才能判断 $x = x_0$ 是否为极值点.

多元函数 $f(\boldsymbol{x})$ 在 $\boldsymbol{x} = \boldsymbol{\xi}$ 取极值的必要条件

$$\frac{\partial f}{\partial \boldsymbol{x}}(\boldsymbol{\xi}) = \boldsymbol{0} \tag{2.55}$$

对于多元函数的条件极值问题,可以通过增加新的变量,将其转化为无条件的极值问题,这一方法称为拉格朗日乘子法 (Lagrange multiplier method). 例如,对于二元函数 $z = f(x,y)$,欲求其在 $g(x,y) = 0$ 的约束下的条件极值,我们可以引入拉格朗日乘子 λ,并定义新的函数 $F(x,y) = f(x,y) + \lambda g(x,y)$,然后联立

$$\begin{cases} \dfrac{\partial F}{\partial x} = 0 \\[2mm] \dfrac{\partial F}{\partial y} = 0 \\[2mm] \dfrac{\partial F}{\partial \lambda} = 0 \end{cases} \Rightarrow \begin{cases} \dfrac{\partial f}{\partial x} + \lambda \dfrac{\partial g}{\partial x} = 0 \\[2mm] \dfrac{\partial f}{\partial y} + \lambda \dfrac{\partial g}{\partial y} = 0 \\[2mm] g(x,y) = 0 \end{cases} \tag{2.56}$$

进行求解即可.

2.2.3 函数的展开和拟合

1. 函数的泰勒展开

函数的泰勒展开[①]是一种函数逼近方法,它采用多项式来描述函数在某点附近的行为. 单变量函数的泰勒展开式为

$$f(x + \Delta x) = \sum_{k=0}^{\infty} \frac{f^{(k)}(x)}{k!} (\Delta x)^k = f(x) + f'(x)\Delta x + \frac{1}{2!} f''(x)(\Delta x)^2 + \cdots \tag{2.57}$$

式中,Δx 为小量.

---

① 17~18 世纪,航海、天文学和地理学经常需要三角/对数函数的高精度结果. 1715 年,泰勒 (Brook Taylor) 发表了泰勒公式,解决了函数插值问题. 1742 年,麦克劳林 (Colin Maclaurin) 指出零点附近泰勒展开式的应用,并采用待定系数法进行了证明. 实际上,更早前已有多位数学家独立地发现了有关公式,可惜或未发表,或未得到重视.

二元函数的泰勒展开式为

$$f(x + \Delta x, y + \Delta y) = \sum_{k=0}^{\infty} \frac{1}{k!} \left(\Delta x \frac{\partial}{\partial x} + \Delta y \frac{\partial}{\partial y} \right)^k f(x, y) \tag{2.58}$$

若保留到二次项，并记 $\Delta f = f(x + \Delta x, y + \Delta y) - f(x, y)$，则有

$$\Delta f = f_x \Delta x + f_y \Delta y + \frac{1}{2!} \left(f_{xx}(\Delta x)^2 + 2f_{xy}\Delta x \Delta y + f_{yy}(\Delta y)^2 \right) + \cdots \tag{2.59}$$

式中，下标表示对其求偏导数.

多元函数的泰勒展开式为

$$f(\boldsymbol{x} + \Delta \boldsymbol{x}) = \sum_{k=0}^{\infty} \frac{1}{k!} \left(\Delta \boldsymbol{x} \cdot \frac{\partial}{\partial \boldsymbol{x}} \right)^k f(\boldsymbol{x}), \quad \boldsymbol{x} = \{x_1, x_2, \ldots, x_n\} \tag{2.60}$$

例 2.6　常用的泰勒展开式

$$e^x = e^{x_0} \sum_{n=0}^{\infty} \frac{(x - x_0)^n}{n!} = e^{x_0} \left[1 + (x - x_0) + \frac{1}{2!}(x - x_0)^2 + \cdots \right] \tag{2.61}$$

$$e^x = \sum_{n=0}^{\infty} \frac{x^n}{n!} = 1 + x + \frac{1}{2!}x^2 + \frac{1}{3!}x^3 + \frac{1}{4!}x^4 + \frac{1}{5!}x^5 + \cdots \tag{2.62}$$

$$\ln(1 + x) = \sum_{k=1}^{\infty} (-1)^{k-1} \frac{x^k}{k} = x - \frac{x^2}{2} + \frac{x^3}{3} - \frac{x^4}{4} + \frac{x^5}{5} - \cdots, \quad -1 < x \leqslant 1 \tag{2.63}$$

$$(1 + x)^\alpha = \sum_{n=0}^{\infty} \frac{(\alpha)_n}{n!} x^n = 1 + \alpha x + \frac{\alpha(\alpha - 1)}{2!}x^2 + \cdots, \quad -1 < x < 1 \tag{2.64}$$

$$\sqrt{1 + x} = 1 + \frac{x}{2} - \frac{x^2}{8} + \frac{x^3}{16} - \frac{5x^4}{128} + \cdots, \quad -1 \leqslant x \leqslant 1 \tag{2.65}$$

$$\sin x = \sum_{m=0}^{\infty} \frac{(-1)^m}{(2m+1)!} x^{2m+1} = x - \frac{x^3}{3!} + \frac{x^5}{5!} - \frac{x^7}{7!} + \cdots \tag{2.66}$$

$$\cos x = \sum_{m=0}^{\infty} \frac{(-1)^m}{(2m)!} x^{2m} = 1 - \frac{x^2}{2!} + \frac{x^4}{4!} - \frac{x^6}{6!} + \cdots \tag{2.67}$$

式中，$(\alpha)_n = \alpha^{\underline{n}} = \alpha(\alpha - 1) \cdots (\alpha - n + 1)$ 为下降阶乘幂.

例 2.7　用级数法获得函数的泰勒展开式

求下列函数在 $x \to 0$ 时的泰勒展开，保留 3 项：

$$f(x) = \left(\frac{1+x}{1+4x} \right)^{1/5} \tag{2.68}$$

可以直接利用泰勒展开，但求导会很麻烦. 也可以先将函数改写成

$$f(x) = (1+x)^{1/5}(1+4x)^{-1/5} \tag{2.69}$$

然后利用牛顿广义二项式定理获得展开式.

这里采用级数法获得展开式. 假设级数展开为

$$f(x) = 1 + k_1 x + k_2 x^2 + \cdots \tag{2.70}$$

式中, $k_i (i = 1, 2, \cdots)$ 为待定的系数, 已考虑 $f(0) = 1$. 为简化计算, 一个技巧是先将原式改写为

$$(1 + 4x) f^5(x) - (1 + x) = 0 \tag{2.71}$$

将级数展开式代入上式, 并整理成关于 x 的级数形式

$$(3 + 5k_1) x + \left(20k_1 + 10k_1^2 + 5k_2\right) x^2 + \cdots = 0 \tag{2.72}$$

考虑到 x 的任意性, 要求上式各项系数为零, 可得

$$k_1 = -\frac{3}{5}, \quad k_2 = -\frac{1}{5} \left(20k_1 + 10k_1^2\right) = \frac{42}{25}, \quad \cdots \tag{2.73}$$

因此, 可以得到

$$f(x) = 1 - \frac{3}{5} x + \frac{42}{25} x^2 + \cdots \tag{2.74}$$

2. 最小二乘法拟合

曲线拟合也是一种函数逼近方法, 它试图给出一条光滑曲线使得给定的离散数据点尽可能地落在其附近, 但函数形式的选取很依赖于经验. 最小二乘法是通过最小化数据点残差平方和来寻找与给定的数据有最优匹配效果的函数, 它是曲线拟合中效果最好的方法, 适用于线性函数拟合, 也适合于非线性函数的拟合. 对于这类问题的处理往往涉及线性/非线性方程组的求解.

例 2.8 线性拟合

存在一组测量数据 (x_i, y_i), 其中 x_i 为测量点, y_i 为测量值, n 为测量点数目. 假设这组数据可以近似用线性函数进行拟合, 拟合函数为

$$y(x) = a + bx \tag{2.75}$$

式中, a 和 b 为待定系数.

定义误差为

$$E = \sum_{i=1}^{n} \left(y(x_i) - y_i\right)^2 \tag{2.76}$$

要求误差取极小, 有

$$\begin{cases} \dfrac{\partial E}{\partial a} = 2 \sum_{i=1}^{n} (a + bx_i - y_i) = 0 \\ \dfrac{\partial E}{\partial b} = 2 \sum_{i=1}^{n} (a + bx_i - y_i) x_i = 0 \end{cases} \tag{2.77}$$

为方便求解 a 和 b，可以将上式表示成矩阵形式

$$\begin{bmatrix} n & \sum x_i \\ \sum x_i & \sum x_i^2 \end{bmatrix} \begin{Bmatrix} a \\ b \end{Bmatrix} = \begin{Bmatrix} \sum y_i \\ \sum x_i y_i \end{Bmatrix} \tag{2.78}$$

式中，求和符号表示对 $i = 1, 2, \cdots, n$ 求和. 利用系数矩阵的逆矩阵，可以得到

$$\begin{Bmatrix} a \\ b \end{Bmatrix} = \begin{bmatrix} n & \sum x_i \\ \sum x_i & \sum x_i^2 \end{bmatrix}^{-1} \begin{Bmatrix} \sum y_i \\ \sum x_i y_i \end{Bmatrix} = \begin{Bmatrix} \dfrac{\sum x_i^2 \sum y_i - \sum x_i \sum x_i y_i}{n \sum x_i^2 - (\sum x_i)^2} \\[3mm] \dfrac{-\sum x_i \sum y_i + n \sum x_i y_i}{n \sum x_i^2 - (\sum x_i)^2} \end{Bmatrix} \tag{2.79}$$

2.2.4　函数的变换和简化

1. 积分的变量代换、分部积分、求导法则

变量代换是计算积分的一个重要技巧. 一重、二重和多重积分的变量代换可以分别表示为

$$\int f(x)\mathrm{d}x = \int f(x(u)) \frac{\mathrm{d}x}{\mathrm{d}u} \mathrm{d}u \tag{2.80}$$

$$\iint f(x,y)\mathrm{d}x\mathrm{d}y = \iint f(x(u,v), y(u,v)) \left| \frac{\partial(x,y)}{\partial(u,v)} \right| \mathrm{d}u\mathrm{d}v \tag{2.81}$$

$$\iint \cdots \int f(\boldsymbol{x})\mathrm{d}\boldsymbol{x} = \iint \cdots \int f(\boldsymbol{x}(\boldsymbol{u})) \left| \frac{\partial \boldsymbol{x}}{\partial \boldsymbol{u}} \right| \mathrm{d}\boldsymbol{u} \tag{2.82}$$

式中，雅可比行列式 (Jacobi determinant) 定义为

$$\frac{\partial(x,y)}{\partial(u,v)} = \begin{vmatrix} \dfrac{\partial x}{\partial u} & \dfrac{\partial x}{\partial v} \\[3mm] \dfrac{\partial y}{\partial u} & \dfrac{\partial y}{\partial v} \end{vmatrix} \tag{2.83}$$

例如，将直角坐标系转化为柱坐标系或球坐标系时，分别有

$$\frac{\partial(x,y,z)}{\partial(r,\varphi,z)} = r \tag{2.84}$$

$$\frac{\partial(x,y,z)}{\partial(r,\theta,\varphi)} = r^2 \sin\theta \tag{2.85}$$

分部积分[①]是计算积分重要的、基本的方法，其原理可以表示为

$$\mathrm{d}(uv) = v\mathrm{d}u + u\mathrm{d}v \quad \Rightarrow \quad \int u\mathrm{d}v = uv - \int v\mathrm{d}u \tag{2.86}$$

在应用中，需要根据被积函数 $f(x)$ 的特点，将其分成两个部分，如令 $f(x) = p(x)q(x)$，并获得 $Q(x) = \int q(x)\mathrm{d}x$，然后由下式进行计算：

$$\int f(x)\mathrm{d}x = \int p(x)(Q(x))'\mathrm{d}x = p(x)Q(x) - \int p'(x)Q(x)\mathrm{d}x \tag{2.87}$$

[①] 分部积分的"分部"指的是把被积函数分成两个部分. 因此，不要误写为"分步"或"分布"积分.

对于含参变量的常义积分,其求导法则称为莱布尼茨公式,写为

$$\frac{\mathrm{d}}{\mathrm{d}t}\int_{a(t)}^{b(t)} f(t,\tau)\mathrm{d}\tau = \int_{a(t)}^{b(t)} \frac{\partial f(t,\tau)}{\partial t}\mathrm{d}\tau + f(t,b(t))b'(t) - f(t,a(t))a'(t) \tag{2.88}$$

例 2.9 利用数学软件求反常积分①

$$F = \int_1^\infty x\mathrm{e}^{-x^2}\operatorname{arcsec} x\,\mathrm{d}x \tag{2.89}$$

对于该问题,如使用 Mathematica 数学软件直接计算,并不能有实质性收获,但如果先进行分部积分,则数学软件可以将结果转化成较为简洁的形式. 由于原式的被积函数包括三个因子,所以需要根据经验进行分部积分. 可行的方案为

$$F = -\frac{1}{2}\int_1^\infty \operatorname{arcsec} x\,\mathrm{d}\mathrm{e}^{-x^2} = \frac{1}{2}\int_1^\infty \frac{\mathrm{e}^{-x^2}}{x\sqrt{x^2-1}}\mathrm{d}x = \frac{1}{2}\int_0^\infty \frac{\mathrm{e}^{-t^2-1}}{t^2+1}\mathrm{d}t \tag{2.90}$$

式中,$t = \sqrt{x^2-1}$. 对于上式后两个等号的任一形式,使用数学软件 Mathematica,都有

$$F = \frac{\pi}{4}\operatorname{erfc}(1) \approx 0.123543 \tag{2.91}$$

2. 场论和几个积分定理

标量场 Φ 的梯度为

$$\operatorname{grad}\Phi = \nabla\Phi = \frac{\partial\Phi}{\partial\boldsymbol{x}} = \frac{\partial\Phi}{\partial x}\boldsymbol{i} + \frac{\partial\Phi}{\partial y}\boldsymbol{j} + \frac{\partial\Phi}{\partial z}\boldsymbol{k} \tag{2.92}$$

式中,∇ 为哈密顿算符,$\boldsymbol{x} = x\boldsymbol{i} + y\boldsymbol{j} + z\boldsymbol{k}$.

矢量场 $\boldsymbol{u}$ 的散度和旋度分别定义为

$$\operatorname{div}\boldsymbol{u} = \nabla\cdot\boldsymbol{u} = \frac{\partial}{\partial\boldsymbol{x}}\cdot\boldsymbol{u} = \frac{\partial u_x}{\partial x} + \frac{\partial u_y}{\partial y} + \frac{\partial u_z}{\partial z} \tag{2.93}$$

$$\operatorname{rot}\boldsymbol{u} = \nabla\times\boldsymbol{u} = \frac{\partial}{\partial\boldsymbol{x}}\times\boldsymbol{u} = \begin{vmatrix} \boldsymbol{i} & \boldsymbol{j} & \boldsymbol{k} \\ \frac{\partial}{\partial x} & \frac{\partial}{\partial y} & \frac{\partial}{\partial z} \\ u_x & u_y & u_z \end{vmatrix} \tag{2.94}$$

场论中常用关系式

$$\nabla\cdot(\nabla\times\boldsymbol{u}) = 0 \tag{2.95}$$

$$\nabla\cdot(\boldsymbol{a}\times\boldsymbol{b}) = \boldsymbol{b}\cdot(\nabla\times\boldsymbol{a}) - \boldsymbol{a}\cdot(\nabla\times\boldsymbol{b}) \tag{2.96}$$

$$\nabla\times(\Phi\boldsymbol{u}) = \Phi\nabla\times\boldsymbol{u} - \boldsymbol{u}\times\nabla\Phi \tag{2.97}$$

$$\nabla\times(\nabla\times\boldsymbol{u}) = \nabla(\nabla\cdot\boldsymbol{u}) - \Delta\boldsymbol{u} \tag{2.98}$$

式中,$\boldsymbol{a},\boldsymbol{b},\boldsymbol{u}$ 为矢量,Φ 为标量,Δ 为拉普拉斯算符 (Laplacian)

$$\Delta = \nabla^2 = \nabla\cdot\nabla = \frac{\partial^2}{\partial x^2} + \frac{\partial^2}{\partial y^2} + \frac{\partial^2}{\partial z^2} \tag{2.99}$$

———

① 反常积分,也称广义积分,包括无穷限广义积分 (积分上限或下限为无穷) 和瑕积分 (被积函数含有瑕点,即被积函数无界).

格林定理 (Green's theorem)：设函数 $P(x, y, z)$ 和 $Q(x, y, z)$ 在平面区域 D 上有连续的一阶偏微商，则有

$$\iint\limits_{D} \left(\frac{\partial Q}{\partial x} - \frac{\partial P}{\partial y} \right) \mathrm{d}x\mathrm{d}y = \oint\limits_{L} P\mathrm{d}x + Q\mathrm{d}y \tag{2.100}$$

式中，L 的环行方向要求区域 D 始终在其左侧. 上式称为格林公式，它将平面闭区域的二重积分转化为了其边界的曲线积分.

斯托克斯定理 (Stokes theorem)：若矢量 $\boldsymbol{u}(\boldsymbol{x})$ 在分片光滑曲面 S 上有连续的一阶偏微商，则有

$$\iint\limits_{S} (\nabla \times \boldsymbol{u}) \cdot \mathrm{d}\boldsymbol{S} = \oint\limits_{\partial S} \boldsymbol{u} \cdot \mathrm{d}\boldsymbol{x} \tag{2.101}$$

式中，$\mathrm{d}\boldsymbol{x} = \mathrm{d}x\mathrm{d}y\mathrm{d}z$ 表示坐标空间的体积元，$\mathrm{d}\boldsymbol{S} = \boldsymbol{i}\mathrm{d}y\mathrm{d}z + \boldsymbol{j}\mathrm{d}x\mathrm{d}z + \boldsymbol{k}\mathrm{d}x\mathrm{d}y$ 表示坐标空间的面积元. 该定理将曲面积分与沿曲面边界的曲线积分联系起来，当曲面退化为平面时，该定理则退化为格林定理.

高斯定理 (Gauss's theorem)：若矢量 $\boldsymbol{u}(\boldsymbol{x})$ 在有界闭区域 Ω 上有连续的一阶偏微商，则有

$$\iiint\limits_{\Omega} \nabla \cdot \boldsymbol{u}\mathrm{d}\boldsymbol{x} = \oint_{\partial \Omega} \boldsymbol{u} \cdot \mathrm{d}\boldsymbol{S} \tag{2.102}$$

式中，$\mathrm{d}\boldsymbol{x} = \mathrm{d}x\mathrm{d}y\mathrm{d}z$ 表示坐标空间的体积元，$\mathrm{d}\boldsymbol{S} = \boldsymbol{i}\mathrm{d}y\mathrm{d}z + \boldsymbol{j}\mathrm{d}x\mathrm{d}z + \boldsymbol{k}\mathrm{d}x\mathrm{d}y$ 表示坐标空间的面积元. 高斯定理将空间区域内的三重积分转化为边界的曲面积分.

3. 勒让德变换

将函数 $f(x)$ 的导数（斜率）记为

$$k = \frac{\mathrm{d}f(x)}{\mathrm{d}x} \tag{2.103}$$

然后引入一个新的函数

$$g(k) = kx - f(x) \tag{2.104}$$

注意：由于 k 表示 $f(x)$ 的导数，所以 k 和 x 并非独立变量. 此时，考察新函数 $g(k)$ 关于自变量 k 的导数，可以发现它正好给出的是 x，推导过程为

$$\frac{\mathrm{d}g(k)}{\mathrm{d}k} = \frac{\mathrm{d}x}{\mathrm{d}k}k + x - \frac{\mathrm{d}f(x)}{\mathrm{d}x}\frac{\mathrm{d}x}{\mathrm{d}k} = \frac{\mathrm{d}x}{\mathrm{d}k}k + x - k\frac{\mathrm{d}x}{\mathrm{d}k} = x \tag{2.105}$$

可见，函数 $f(x)$ 的导数是 k，而函数 $g(k)$ 的导数是 x，我们称满足这种对偶性质的函数 $f(x)$ 和 $g(k)$ 为勒让德变换对，而式 (2.104) 称为勒让德变换 (Legendre transformation). 因此，原空间上函数 $f(x)$ 所包含的信息都可以对应在对偶空间上的函数 $g(k)$ 上. 勒让德变换在物理和力学中有广泛的应用. 在应用中，可能会取 $g(k) = f(x) - kx$ 这样的定义，它只会影响斜率的符号，不会带来实质性影响.

2.2.5 复变函数和解析函数

将自变量和因变量扩展到复数域上, 其对应关系称为复变函数. 若某复变函数在定义域内处处可微, 则称其为解析函数. 因此, 解析函数只是一类特殊但非常有用的复变函数. 它的实部和虚部不是相互独立的, 二者之间满足的关系称为柯西-黎曼 (Cauchy-Riemann, C-R) 方程, 其推导如下. 考虑一复变函数 $f(z)$, 并将其表示成实部和虚部两项分开的形式:

$$f(z) = \xi(x,y) + \mathrm{i}\eta(x,y) \tag{2.106}$$

式中, 自变量 $z = x + \mathrm{i}y$, 且 x, y 均为实数. 若 $f(z)$ 是解析函数, 则可以将 $f(z)$ 的一阶导数记为

$$f'(z) = a(x,y) + \mathrm{i}b(x,y) \tag{2.107}$$

式中, a 和 b 为实函数, 以下根据导数来求其值. 将 $f(z + \Delta z)$ 做泰勒展开, 保留到线性项

$$f(z + \Delta z) = f(z) + f'(z)\Delta z + \cdots \tag{2.108}$$

式中, $\Delta z = \Delta x + \mathrm{i}\Delta y$, Δx 和 Δy 分别为 x 和 y 的增量. 记

$$\begin{cases} \Delta\xi = \xi(x + \Delta x, y + \Delta y) - \xi(x,y) \\ \Delta\eta = \eta(x + \Delta x, y + \Delta y) - \eta(x,y) \end{cases} \tag{2.109}$$

将以上式子联立, 可得

$$\Delta\xi + \mathrm{i}\Delta\eta = (a\Delta x - b\Delta y) + \mathrm{i}(b\Delta x + a\Delta y) + \cdots \tag{2.110}$$

因此, 可以求出

$$\begin{cases} \Delta\xi = a\Delta x - b\Delta y + \cdots \\ \Delta\eta = b\Delta x + a\Delta y + \cdots \end{cases} \tag{2.111}$$

对式 (2.109) 做泰勒展开, 同样保留到线性项, 可以有

$$\begin{cases} \Delta\xi = \dfrac{\partial\xi}{\partial x}\Delta x + \dfrac{\partial\xi}{\partial y}\Delta y + \cdots \\ \Delta\eta = \dfrac{\partial\eta}{\partial x}\Delta x + \dfrac{\partial\eta}{\partial y}\Delta y + \cdots \end{cases} \tag{2.112}$$

比较以上二式, 有

$$\frac{\partial\xi}{\partial x} = a, \quad \frac{\partial\xi}{\partial y} = -b, \quad \frac{\partial\eta}{\partial x} = b, \quad \frac{\partial\eta}{\partial y} = a \tag{2.113}$$

由此, 即得 C-R 方程

$$\frac{\partial\xi}{\partial x} = \frac{\partial\eta}{\partial y}, \quad \frac{\partial\xi}{\partial y} = -\frac{\partial\eta}{\partial x} \tag{2.114}$$

考虑到解析函数具有任意阶导数, 那么其实部和虚部也具有任意阶连续偏导数. 因此, 由 C-R 方程, 可以进一步得到拉普拉斯方程

$$\frac{\partial^2\xi}{\partial x^2} + \frac{\partial^2\xi}{\partial y^2} = 0, \quad \frac{\partial^2\eta}{\partial x^2} + \frac{\partial^2\eta}{\partial y^2} = 0 \tag{2.115}$$

即解析函数的实部 ξ 和虚部 η 均为调和函数. 我们把由 C-R 方程联系着的调和函数 ξ 和 η 称为共轭调和函数. 若复变函数 $f(z)$ 在 z_0 处不解析, 但在 z_0 的某个去心邻域 $0 < |z - z_0| < \delta$ 内解析, 则称 z_0 为 $f(z)$ 的孤立奇点. 例如, $z = 0$ 是 $1/z$ 的孤立奇点. 若总有 $\delta \to 0$, 即不论多小的去心邻域内总有奇点存在, 则奇点不孤立. 对于孤立奇点 z_0, 可以在其邻域内展成洛朗级数 (Laurent series)

$$f(z) = \sum_{n=-\infty}^{\infty} c_n (z - z_0)^n, \quad c_n = \frac{1}{2\pi\mathrm{i}} \oint_C \frac{f(\zeta)}{(\zeta - z_0)^{n+1}} \mathrm{d}\zeta \tag{2.116}$$

式中, c_n 为常系数, C 为围绕 z_0 点的任意闭路. 根据负幂次项的数目 N 可将孤立奇点分成可去奇点 ($N = 0$, 此时洛朗展开式退化为泰勒展开式)、m 阶极点 (N 有限, $-m$ 为最低阶项的序数) 和本性奇点 ($N \to \infty$) 三种类型. 某些实变函数的积分问题可以转化为复变函数问题来解决. 如果复变函数 $f(z)$ 在曲线 C_0 所围成的区域内解析, 则其围道积分为零, 否则其围道积分不一定为零. 从洛朗级数可见, 该围道积分与洛朗展开式中的系数 c_{-1} 有直接的联系. 如果该系数不为零, 意味着函数 $f(z)$ 曲线在 C_0 所围成的区域内不是解析的, 因此将系数 c_{-1} 称为 $f(z)$ 在 z_0 的留数 (或残数), 记为

$$\mathrm{Res}\,[f(z), z_0] = c_{-1} = \frac{1}{2\pi\mathrm{i}} \oint_{C_0} f(z)\mathrm{d}z \tag{2.117}$$

注意: 上式只考虑了 z_0 为简单闭曲线 C_0 内唯一孤立奇点的情况. 若 z_0 是 $f(z)$ 的 m 阶极点, 则有

$$\mathrm{Res}\,[f(z), z_0] = \frac{1}{(m-1)!} \lim_{z \to z_0} \frac{\mathrm{d}^{m-1}}{\mathrm{d}z^{m-1}} [f(z)(z - z_0)^m] \tag{2.118}$$

若 z_0 是可去奇点, 只需在上式中取 $m = 1$. 若 z_0 是本性奇点, 则只能由洛朗级数得到留数. 对于曲线 C_0 内含有多个孤立奇点的情况, 围道积分由留数定理给出

$$\oint_c f(z)\mathrm{d}z = 2\pi\mathrm{i} \sum_{k=1}^{n} \mathrm{Res}\,[f(z), z_k] \tag{2.119}$$

式中, $z_k(k = 1, 2, \cdots, n)$ 为 $f(z)$ 在 C_0 内的所有孤立奇点.

例 2.10 一些反常积分的计算

$$\mathrm{erf}(\infty) = \frac{2}{\sqrt{\pi}} \int_0^{\infty} \mathrm{e}^{-t^2} \mathrm{d}t = \frac{1}{\sqrt{\pi}} \int_{-\infty}^{\infty} \mathrm{e}^{-t^2} \mathrm{d}t = 1 \tag{2.120}$$

$$\mathrm{S}(\infty) = \int_0^{\infty} \sin\frac{\pi}{2}t^2 \, \mathrm{d}t = \frac{1}{2} \int_{-\infty}^{\infty} \sin\frac{\pi}{2}t^2 \, \mathrm{d}t = \frac{1}{2} \tag{2.121}$$

$$\mathrm{C}(\infty) = \int_0^{\infty} \cos\frac{\pi}{2}t^2 \, \mathrm{d}t = \frac{1}{2} \int_{-\infty}^{\infty} \cos\frac{\pi}{2}t^2 \, \mathrm{d}t = \frac{1}{2} \tag{2.122}$$

$$\mathrm{Si}(\infty) = \int_0^{\infty} \frac{\sin t}{t} \, \mathrm{d}x = \frac{1}{2} \int_{-\infty}^{\infty} \frac{\sin t}{t} \, \mathrm{d}t = \frac{\pi}{2} \tag{2.123}$$

(1) 采用坐标变换, 有

$$\mathrm{erf}(\infty) = \frac{1}{\sqrt{\pi}} \sqrt{\int_{-\infty}^{\infty} \mathrm{e}^{-x^2} \mathrm{d}x \int_{-\infty}^{\infty} \mathrm{e}^{-y^2} \mathrm{d}y} = \frac{1}{\sqrt{\pi}} \sqrt{\int_0^{2\pi} \int_0^{\infty} \mathrm{e}^{-r^2} r \, \mathrm{d}r \, \mathrm{d}\theta} = 1 \tag{2.124}$$

(2) 由欧拉公式,有

$$S(\infty) + i\,C(\infty) = \frac{1}{2}\int_{-\infty}^{\infty} e^{i\pi t^2/2}\,dt = \frac{e^{i\pi/4}}{\sqrt{2\pi}}\int_{-\infty}^{\infty} e^{-v^2}\,dv = \frac{1+i}{2}\,erf(\infty) = \frac{1+i}{2} \quad (2.125)$$

(3) 由欧拉公式和留数定理,有

$$Si(\infty) = Im\left(\frac{1}{2}\int_{-\infty}^{\infty}\frac{e^{it}}{t}\,dt\right) = Im\left(\frac{1}{4}\oint_c \frac{e^{iz}}{z}\,dz\right) = Im\left(\frac{2\pi i}{4}\,Res\left[\frac{e^{iz}}{z},0\right]\right) = \frac{\pi}{2} \quad (2.126)$$

也可以采用拉普拉斯变换,即

$$Si(\infty) = \lim_{s\to 0}\int_0^{\infty}\sin t\cdot\frac{e^{-st}}{t}\,dt = \lim_{s\to 0}\int_0^{\infty}\frac{e^{it}-e^{-it}}{2i}\left(\int_s^{\infty} e^{-pt}\,dp\right)dt$$
$$= \frac{1}{2i}\int_0^{\infty}\int_0^{\infty}\left(e^{(i-p)t}-e^{(-i-p)t}\right)dt\,dp = \int_0^{\infty}\frac{1}{p^2+1}\,dp = \frac{\pi}{2} \quad (2.127)$$

2.3 方程及其解法

2.3.1 代数方程和超越方程

由未知数和常数的代数运算式组成的方程称为代数方程 (algebraic equation)[1], 例如一元 n 次方程的一般形式为

$$a_n x^n + \cdots + a_1 x + a_0 = 0 \quad (2.128)$$

式中, x 为未知数, n 为正整数, $a_k(k=0,1,\cdots,n)$ 为常系数,且 $a_n \neq 0$. 根据阿贝尔定理 (Abel theorem), 对于 $n \geqslant 5$, 方程无一般的根式解. 线性方程的解最为简单, 高次方程有时候也存在形式简单的解, 这要求其系数较为特殊. 如果系数不是很特殊, 即使对于二次方程, 方程的解有时候使用起来也不是很方便. 包含超越函数的方程称为超越方程 (transcendental equation),如 $x + \sin x = 0$. 超越方程通常没有公式解. 解的存在性可以用零点定理来判断.

例 2.11 椭圆方程的几种表示形式及其特征量

在直角坐标系中,一般形式的椭圆方程可以写作

$$Ax^2 + Bxy + Cy^2 + Dx + Ey + F = 0, \quad B^2 < 4AC \quad (2.129)$$

式中,A,B,C,D,E,F 为常数.

[1] 古代中国将解方程的方法称为"天元术". "天"是未知数,即变量;"元"是次方. 因此,"天元"相当于未知数 x 的一次方. 此外,用"人"表示常数,而"天、上、高、层、垒、汉、霄、明、仙"依次表示 x 的升次幂,"地、下、低、减、落、逝、泉、暗、鬼"依次表示 x 的降次幂.

标准形式的椭圆方程在直角坐标系中给出：

$$\frac{(x - x_0)^2}{a^2} + \frac{(y - y_0)^2}{b^2} = 1 \tag{2.130}$$

式中，(x_0, y_0) 为椭圆的中心，a 和 b 分别为长半轴和短半轴. 也可以采用参数形式表示为

$$\begin{cases} x = x_0 + a\cos\theta \\ y = y_0 + b\sin\theta \end{cases} \tag{2.131}$$

若原点位于一个焦点上，在极坐标系中椭圆方程可以表示为

$$r = \frac{q}{1 + e\cos\varphi} \tag{2.132}$$

式中，$q = b^2/a$ 为焦点参数，$e = \sqrt{1 - b^2/a^2}$ 为离心率.

椭圆的周长为

$$C = 4\int_{x_0}^{x_0+a} \sqrt{1 + y'^2}\,\mathrm{d}x = 4a\int_0^1 \sqrt{1 + \frac{b^2}{a^2}\frac{t^2}{1-t^2}}\,\mathrm{d}t = 4a\mathrm{E}(1 - b^2/a^2) \tag{2.133}$$

式中，$\mathrm{E}(k) = \mathrm{E}(\pi/2, k)$ 为第二类完全椭圆积分.

椭圆的面积为

$$S = 4\int_{x_0}^{x_0+a} (y - y_0)\,\mathrm{d}x = 4ab\int_0^1 \sqrt{1 - t^2}\,\mathrm{d}t = \pi ab \tag{2.134}$$

2.3.2　线性、非线性方程（组）的解法

线性方程和二次方程的求根公式是简单而常用的，这里不赘述.

1. 线性方程组

关于 $x_i(i = 1, 2, \cdots, n)$ 的线性方程组

$$a_{i1}x_1 + a_{i2}x_2 + \cdots + a_{in}x_n = b_i, \quad i = 1, 2, \cdots, n \tag{2.135}$$

的求解，可以利用线性代数的知识来处理. 定义系数矩阵和列向量 $\boldsymbol{x} = \{x_1, x_2, \cdots, x_n\}^{\mathrm{T}}$ 与 $\boldsymbol{b} = \{b_1, b_2, \cdots, b_n\}^{\mathrm{T}}$，上述线性方程组可以写为

$$\boldsymbol{A} \cdot \boldsymbol{x} = \boldsymbol{b} \tag{2.136}$$

若 $\boldsymbol{b} = \boldsymbol{0}$，称为齐次线性方程组，否则称为非齐次线性方程组.

如果系数行列式不为零，则系数矩阵存在逆，得到方程组的解

$$\boldsymbol{x} = \boldsymbol{A}^{-1} \cdot \boldsymbol{b} \tag{2.137}$$

特别地，对于齐次线性方程组，只有零解.

如果系数行列式为零，对于非齐次线性方程组，方程无解，而对于齐次线性方程组，方程有无穷多组解. 一个常用的推论是，如果齐次线性方程组有非零解，则其系数行列式必为零.

2. 非线性方程(组)

非线性方程的求解问题等价于函数的零点问题. 判断解的存在性可以采用零点定理.
零点定理:设函数 $f(x)$ 在闭区间 $[a,b]$ 上连续,且 $f(a)$ 与 $f(b)$ 异号,那么在区间 (a,b) 内
至少有函数 $f(x)$ 的一个零点. 若函数 $f(x)$ 存在零点,可以通过构造迭代格式进行数值求
解. 只有合适的迭代格式才能获得收敛的结果. 若构造一迭代格式

$$x_{\#(k+1)} = \varphi(x_{\#k}) \tag{2.138}$$

自初值 $x_{\#0}$ 开始迭代,那么判断迭代格式的收敛性有两个要素:其一,迭代式的导数有限制
$|\varphi'(x)| < 1$;其二,初值充分接近收敛值,即 $|x_{\#0} - x^*| < \rho$,其中 x^* 为收敛值,ρ 足够小.

牛顿迭代格式具有最好的收敛性,其思想起源于单变量函数的泰勒展开的线性近似.
例如,考虑非线性方程:

$$f(x) = 0 \tag{2.139}$$

将其在 $x_{\#k}$ 附近作线性化近似,有

$$0 \equiv f(x) \approx f(x_{\#k}) + f'(x_{\#k})(x - x_{\#k}) \tag{2.140}$$

由此可以得到牛顿迭代格式:

$$x_{\#(k+1)} = x_{\#k} - \frac{f(x_{\#k})}{f'(x_{\#k})}, \quad k = 0,1,2,\cdots \tag{2.141}$$

该方法可以推广到非线性方程组:

$$f(x_1, x_2, \cdots, x_n) = \mathbf{0} \tag{2.142}$$

由多变量函数的泰勒展开:

$$0 \equiv f_i(\boldsymbol{x}^{\#(k+1)}) \approx f_i(\boldsymbol{x}^{\#k}) + \sum_j \frac{\partial f_i(\boldsymbol{x}^{\#k})}{\partial x_j}\left(x_j^{\#(k+1)} - x_j^{\#k}\right), \quad i = 1,2,\cdots,n \tag{2.143}$$

式中,上标 $\#(k+1)$ 表示第 $k+1$ 次迭代. 可以构造牛顿-拉弗森 (Newton-Raphson, NR)
迭代格式:

$$\boldsymbol{x}^{\#(k+1)} = \boldsymbol{x}^{\#k} - [J_{ij}^{\#k}]^{-1}\boldsymbol{f}^{\#k}, \quad k = 0,1,2,\cdots \tag{2.144}$$

式中,$J_{ij}^{\#k}$ 为雅可比矩阵 (Jocabi matrix),其元素为

$$J_{ij} = \frac{\partial f_i}{\partial x_j} \tag{2.145}$$

2.3.3 常微分方程(组)的解法

1. 几种常微分方程的一般解法

由函数 $y = y(x)$ 及其导数组成的方程称为常微分方程. 例如,n 阶微分方程的一般形
式为

$$F(x, y, y', y'', \cdots, y^{(n)}) = 0 \tag{2.146}$$

或者写出 $y^{(n)}$ 的显式形式:

$$y^{(n)} = G(x, y, y', y'', \cdots, y^{(n-1)}) \tag{2.147}$$

如果微分方程是关于函数 $y = y(x)$ 及其导数的线性组合关系式,则称其为 n 阶线性微分方程,其一般形式为

$$a_0(x)y^{(n)} + a_1(x)y^{(n-1)} + \cdots + a_{n-1}(x)y' + a_n(x)y = f(x) \tag{2.148}$$

式中,$f(x)$ 为非齐次项. 如果 $f(x) \equiv 0$,则方程称为线性齐次方程.

常微分方程的形式多样,没有一般的解法. 通常非线性方程比线性方程的解法更复杂,难以获得显式解. 这里只探讨几种较特殊形式方程的一般解法. 常用的一阶和二阶微分方程将分别在2.4节和2.5节详细介绍.

考虑形如

$$y^{(n)} = f(x) \tag{2.149}$$

的不显含未知量的方程,可以对其逐次进行积分,以获得方程的通解:

$$y(x) = \int^x \cdots \left(\int^x f(x)\mathrm{d}x + C_1 \right) \cdots \mathrm{d}x + C_n \tag{2.150}$$

式中,$C_k(k = 1, 2, \cdots, n)$ 为积分常数.

考虑一种形如

$$y^{(n)} = f(y^{(n-1)}) \tag{2.151}$$

的不显含自变量的方程,可以令 $z(x) = y^{(n-1)}(x)$,将方程改写为 $z' = f(z)$,然后由分离变量法（见2.4节）可求出 $z(x)$,但可能是隐式形式. 若 $z(x)$ 可以写成显式的形式,则可以积分 $n - 1$ 次,获得方程的通解:

$$y(x) = \int^x \cdots \left(\int^x z(x)\mathrm{d}x + C_1 \right) \cdots \mathrm{d}x + C_{n-1} \tag{2.152}$$

式中,$C_k(k = 1, 2, \cdots, n - 1)$ 为积分常数.

考虑另一种形如

$$y^{(n)} = f(y^{(n-2)}) \tag{2.153}$$

的不显含自变量的方程,此时令 $z(x) = y^{(n-2)}(x)$,则方程可改写为

$$z'' = f(z) \tag{2.154}$$

两边同乘于 $\mathrm{d}z$,有

$$\frac{1}{2}\mathrm{d}(z')^2 = f(z)\mathrm{d}z \quad \Rightarrow \quad z' = \pm 2\int f(z)\mathrm{d}z \tag{2.155}$$

由分离变量法（见2.4节）可求出 $z(x)$. 若 $z(x)$ 可以写成显式的形式,则可以积分 $n - 2$ 次,获得方程的通解:

$$y(x) = \int^x \cdots \left(\int^x z(x)\mathrm{d}x + C_1 \right) \cdots \mathrm{d}x + C_{n-2} \tag{2.156}$$

式中,$C_k(k = 1, 2, \cdots, n - 2)$ 为积分常数.

例 2.12   简单单摆周期的精确解

简单单摆摆角的控制方程为

$$\begin{cases} \ddot{\theta} + \omega_0^2 \sin \theta = 0, \quad \omega_0 = \sqrt{g/L} \\ \theta(0) = \theta_m, \quad \dot{\theta}(0) = 0 \end{cases} \tag{2.157}$$

式中,g 为重力加速度,L 为摆长,θ_m 为初始摆角.

微分方程不显含自变量. 将微分方程两边乘于 $\dot{\theta}$,然后进行一次积分,得

$$\frac{1}{2}\dot{\theta}^2 - \omega_0^2 \cos \theta = C \tag{2.158}$$

式中,常数 C 可以用定解条件确定,即 $C = -\omega_0^2 \cos \theta_m$. 因此,可以得到

$$\dot{\theta} = \pm\sqrt{2\omega_0^2 (\cos \theta - \cos \theta_m)} \tag{2.159}$$

或者

$$\dot{\theta} = \pm 2\omega_0 \sqrt{\sin^2(\theta_m/2) - \sin^2(\theta/2)} \tag{2.160}$$

令 $k = \sin(\theta_m/2)$ 和 $k \sin \phi = \sin(\theta/2)$,上式可以改写为

$$\dot{\phi} = \pm\omega_0\sqrt{1 - k^2\sin^2\phi} \tag{2.161}$$

采用分离变量法(见2.4.1节),可得

$$\int \frac{\mathrm{d}\phi}{\sqrt{1 - k^2\sin^2\phi}} = \pm\omega_0 t \tag{2.162}$$

由定解条件,有 $\phi(0) = 0$,可以进一步得到

$$t = \frac{1}{\omega_0}\int_0^\phi \frac{\mathrm{d}\varphi}{\sqrt{1 - k^2\sin^2\varphi}} = \frac{1}{\omega_0}\mathrm{F}(\phi, k) \tag{2.163}$$

式中,$\mathrm{F}(\cdot,\cdot)$ 为第一类椭圆函数. 当 $\theta = \theta_m$ 时,$\sin \phi = 1$,即 $\phi = \pi/2$. 因此,简单单摆的周期为

$$T = \frac{4}{\omega_0}\int_0^{\pi/2} \frac{\mathrm{d}\varphi}{\sqrt{1 - k^2\sin^2\varphi}} = \frac{4}{\omega_0}\mathrm{F}(\pi/2, k) = \frac{4}{\omega_0}\mathrm{K}(k) \tag{2.164}$$

式中,$\mathrm{K}(\cdot)$ 为第一类完全椭圆函数,定义为 $\mathrm{K}(k) = \mathrm{F}(\pi/2, k)$. 注意:第一类和第二类完全椭圆函数在 Mathematica 软件分别用 EllipticK[m] 和 EllipticE[m] 进行计算;类似地,在 MATLAB 中用 [K; E] = ellipke(m) 进行计算,其中 $m = k^2$.

2. 常微分方程组的解法

n 阶微分方程 (2.147) 可以转化为一阶微分方程组:

$$\begin{cases} y_i(x) = y_{i-1}'(x), \quad i = 1, 2, \cdots, n \\ y_n(x) = f(x, y_0, y_1, y_2, \cdots, y_{n-1}) \end{cases} \tag{2.165}$$

式中,$y_0(x) = y(x)$. 而一般地,一阶微分方程组可以写成

$$y_i' = f_i(x, y_0, y_1, y_2, \cdots, y_{n-1}), \quad i = 0, 1, \cdots, n-1 \tag{2.166}$$

或

$$\boldsymbol{y}' = \boldsymbol{f}(x, \boldsymbol{y}), \quad \boldsymbol{y} = \{y_0, y_1, \cdots, y_{n-1}\}, \quad \boldsymbol{f} = \{f_0, f_1, \cdots, f_{n-1}\} \tag{2.167}$$

对于初值问题:

$$\begin{cases} \dot{\boldsymbol{y}} = \boldsymbol{f}(t, \boldsymbol{y}) \\ \boldsymbol{y}(t_0) = \boldsymbol{y}_0 \end{cases} \tag{2.168}$$

这里介绍一种非线性方程组的数值解法——龙格-库塔方法 (Runge-Kutta (R-K) method). 该方法具有精度高、收敛性好、稳定性好、可变步长等优点. 如经典四阶 R-K 算法的迭代格式为

$$\boldsymbol{y}_{\#(n+1)} = \boldsymbol{y}_{\#n} + \frac{h}{6}(\boldsymbol{k}_1 + 2\boldsymbol{k}_2 + 2\boldsymbol{k}_3 + \boldsymbol{k}_4) \tag{2.169}$$

式中,h 为时间步长,则有

$$\begin{cases} \boldsymbol{k}_1 = \boldsymbol{f}(t_{\#n}, \boldsymbol{y}_{\#n}) \\ \boldsymbol{k}_2 = \boldsymbol{f}(t_{\#n} + h/2, \boldsymbol{y}_{\#n} + \boldsymbol{k}_1 h/2) \\ \boldsymbol{k}_3 = \boldsymbol{f}(t_{\#n} + h/2, \boldsymbol{y}_{\#n} + \boldsymbol{k}_2 h/2) \\ \boldsymbol{k}_4 = \boldsymbol{f}(t_{\#n} + h, \boldsymbol{y}_{\#n} + \boldsymbol{k}_3 h) \end{cases} \tag{2.170}$$

对于线性齐次方程组

$$y_i' = \sum_{j=1}^n a_{ij} y_j, \quad i = 1, 2, \cdots, n \tag{2.171}$$

形式解:

$$y_i = A_i \mathrm{e}^{kx} \tag{2.172}$$

式中,A_i 和 k 为常数. 代入方程,整理得

$$kA_i = \sum_{j=1}^n a_{ij} A_j \quad \Rightarrow \quad \sum_{j=1}^n (a_{ij} - k\delta_{ij}) A_j = 0 \tag{2.173}$$

若 A_i 全为零,上式成立,但此时得到的解是平庸的. 为得到非平庸解,即 A_i 不能全为零,那么方程组必相关,即其系数行列式为零,由此得到特征方程:

$$|a_{ij} - k\delta_{ij}| = 0 \tag{2.174}$$

该方程存在 n 个特征根. 如果 k 是特征方程的一个根,则 e^{kx} 是原微分方程的一个基本解. 也就是说,原微分方程组 (2.171) 的求解问题转化为代数方程 (2.174) 的求解问题. 若所有特征根相异,方程的通解为

$$y_i = \sum_{j=1}^n C_{ij} \mathrm{e}^{k_j x} \tag{2.175}$$

式中, C_{ij} 为待定系数. 若特征根中有重根,需要利用刘维尔公式 (Liouville formula) 找到所有线性无关的基本解,这里直接给出结论. 如果特征方程有实重根,则对于每个 m 重根 k, 其线性无关的 m 个基本解为

$$e^{kx}, \ xe^{kx}, \ x^2e^{kx}, \cdots, x^{m-1}e^{kx} \tag{2.176}$$

若特征方程有复重根,则对于每个 m 重共轭复根 $\alpha \pm \mathrm{i}\beta$,其线性无关的 $2m$ 个基本解为

$$e^{\alpha x} \cos \beta x, xe^{\alpha x} \cos \beta x, \cdots, x^{m-1}e^{\alpha x} \cos \beta x; \quad e^{\alpha x} \sin \beta x, xe^{\alpha x} \sin \beta x, \cdots, x^{m-1}e^{\alpha x} \sin \beta x \tag{2.177}$$

方程的通解为所有基本解的线性组合.

2.3.4 拟线性偏微分方程的解法

1. 一阶拟线性偏微分方程

考虑一阶拟线性偏微分方程:

$$\boldsymbol{a}(\boldsymbol{x},y) \cdot \frac{\partial y}{\partial \boldsymbol{x}} = f(\boldsymbol{x},y), \quad \boldsymbol{x} = \{x_1, x_2, \cdots, x_n\}, \quad \boldsymbol{a} = \{a_1, a_2, \cdots, a_n\} \tag{2.178}$$

可以通过拉格朗日特征线方法将其转化为一阶常微分方程组.

原方程包含的 $\partial y/\partial x_i$ 表示的是在 $\boldsymbol{x}$ 坐标中沿着 x_i 方向的偏导数,则方程的左侧表示的是所有这样的偏导数的某种线性组合,需注意的是原方程关于 y 不一定是线性的. 我们设想在 $\boldsymbol{x}$ 坐标中找到一条曲线,y 沿着该曲线的方向导数正好代表了这种线性组合,那么曲线在 $\boldsymbol{x}$ 坐标点上的方向就是一个特征方向,此时偏微分方程的求解就可以转化为常微分方程沿曲线的特征方向上的积分,这条曲线就称为特征线.

假设存在一个参量 s,它是自变量 $\boldsymbol{x}$ 的函数,记为 $s = s(\boldsymbol{x})$,该函数表示的是在 $\boldsymbol{x}$ 坐标空间中的一条曲线,因此曲线上的点可以描述为 $\boldsymbol{x} = \boldsymbol{x}(s)$. 此时,沿着该曲线可以将 $y(\boldsymbol{x})$ 表示成参量 s 的函数,即 $y(\boldsymbol{x}(s)) = y(s)$,其全微分可以表示为

$$\mathrm{d}\boldsymbol{x} \cdot \frac{\partial y}{\partial \boldsymbol{x}} = \mathrm{d}y \tag{2.179}$$

即有导数

$$\frac{\mathrm{d}\boldsymbol{x}}{\mathrm{d}s} \cdot \frac{\partial y}{\partial \boldsymbol{x}} = \frac{\mathrm{d}y}{\mathrm{d}s} \tag{2.180}$$

将上式和式 (2.178) 进行比较,如果令

$$\frac{\mathrm{d}\boldsymbol{x}}{\mathrm{d}s} = \boldsymbol{a}(\boldsymbol{x},y) \tag{2.181}$$

则有

$$\frac{\mathrm{d}y}{\mathrm{d}s} = f(\boldsymbol{x},y) \tag{2.182}$$

亦即沿着曲线 $s = s(\boldsymbol{x})$，我们可以把偏微分方程转化成一个包含 $n+1$ 个方程的一阶常微分方程组：

$$\begin{cases} \dfrac{\mathrm{d}\boldsymbol{x}}{\mathrm{d}s} = \boldsymbol{a}(\boldsymbol{x}, y) \\ \dfrac{\mathrm{d}y}{\mathrm{d}s} = f(\boldsymbol{x}, y) \end{cases} \Leftrightarrow \quad \mathrm{d}s = \frac{\mathrm{d}x_1}{a_1(\boldsymbol{x}, y)} = \cdots = \frac{\mathrm{d}x_n}{a_n(\boldsymbol{x}, y)} = \frac{\mathrm{d}y}{f(\boldsymbol{x}, y)} \tag{2.183}$$

这样的一条曲线 $s = s(\boldsymbol{x})$ 就称为特征线，其中 s 可以是曲线的弧长，上式称为特征方程.

例 2.13 特征线方法的应用

求下列方程的解：

$$\begin{cases} \dfrac{\partial u}{\partial t} + x\dfrac{\partial u}{\partial x} = x^2 \\ u(x, 0) = x \end{cases} \tag{2.184}$$

特征线方程为

$$\frac{\mathrm{d}t}{1} = \frac{\mathrm{d}x}{x} = \frac{\mathrm{d}u}{x^2} \tag{2.185}$$

则有

$$\begin{cases} \mathrm{d}t = \dfrac{1}{x}\mathrm{d}x \\ \mathrm{d}u = x\mathrm{d}x \end{cases} \Rightarrow \begin{cases} t = \ln x + C_1 \\ u = \dfrac{1}{2}x^2 + C_2 \end{cases} \Rightarrow \begin{cases} C_1 = t - \ln x \\ C_2 = u - \dfrac{1}{2}x^2 \end{cases} \tag{2.186}$$

式中，C_1 和 C_2 为积分常数. 特征线就是由这两个式子分别确定的曲面的交线，即积分常数之间存在约束关系，不妨记为 $C_2 = f(C_1)$，其形式待定. 因此，可以得到

$$u = \frac{1}{2}x^2 + f(t - \ln x) \tag{2.187}$$

由定解条件 $u(x, 0) = x$，有

$$x = \frac{1}{2}x^2 + f(-\ln x) \tag{2.188}$$

令 $\xi = -\ln x$，上式可以改写成

$$f(\xi) = \mathrm{e}^{-\xi} - \frac{1}{2}\mathrm{e}^{-2\xi} \tag{2.189}$$

结合上式，式 (2.187) 可以进一步整理得到原方程的解为

$$u(x, t) = \frac{1}{2}x^2\left(1 - \mathrm{e}^{-2t}\right) + x\mathrm{e}^{-t} \tag{2.190}$$

2. 二阶拟线性偏微分方程

考虑二阶拟线性偏微分方程

$$a\left(\frac{\partial z}{\partial x}, \frac{\partial z}{\partial y}\right)\frac{\partial^2 z}{\partial x^2} + b\left(\frac{\partial z}{\partial x}, \frac{\partial z}{\partial y}\right)\frac{\partial^2 z}{\partial x \partial y} + c\left(\frac{\partial z}{\partial x}, \frac{\partial z}{\partial y}\right)\frac{\partial^2 z}{\partial y^2} = 0 \tag{2.191}$$

可以通过变量代换将其转化为二阶线性偏微分方程.

定义勒让德变换:

$$u(p,q) = px + qy - z(x,y), \quad p = \frac{\partial z}{\partial x}, \quad q = \frac{\partial z}{\partial y} \tag{2.192}$$

式中, p 和 q 可视为独立变量,但可能与 x 和 y 均有关. 在几何上, $px + qy - z = u$ 表示的是曲面 $z(x,y)$ 的切平面. 在 p-q 空间中,函数 $u(p,q)$ 的偏导数为

$$\frac{\partial u}{\partial p} = x + p\frac{\partial x}{\partial p} + q\frac{\partial y}{\partial p} - \left(\frac{\partial z}{\partial x}\frac{\partial x}{\partial p} + \frac{\partial z}{\partial y}\frac{\partial y}{\partial p}\right) = x \tag{2.193}$$

$$\frac{\partial u}{\partial q} = p\frac{\partial x}{\partial q} + y + q\frac{\partial y}{\partial q} - \left(\frac{\partial z}{\partial x}\frac{\partial x}{\partial q} + \frac{\partial z}{\partial y}\frac{\partial y}{\partial q}\right) = y \tag{2.194}$$

因此,存在式 (2.192) 的对偶关系

$$z(x,y) = px + qy - u(p,q), \quad x = \frac{\partial u}{\partial p}, \quad y = \frac{\partial u}{\partial q} \tag{2.195}$$

考虑雅可比矩阵 (Jacobian matrix)

$$\boldsymbol{J} = \begin{bmatrix} \dfrac{\partial p}{\partial x} & \dfrac{\partial p}{\partial y} \\ \dfrac{\partial q}{\partial x} & \dfrac{\partial q}{\partial y} \end{bmatrix} = \begin{bmatrix} \dfrac{\partial^2 z}{\partial x^2} & \dfrac{\partial^2 z}{\partial x\partial y} \\ \dfrac{\partial^2 z}{\partial x\partial y} & \dfrac{\partial^2 z}{\partial y^2} \end{bmatrix}, \quad \boldsymbol{J}' = \begin{bmatrix} \dfrac{\partial x}{\partial p} & \dfrac{\partial x}{\partial q} \\ \dfrac{\partial y}{\partial p} & \dfrac{\partial y}{\partial q} \end{bmatrix} = \begin{bmatrix} \dfrac{\partial^2 u}{\partial p^2} & \dfrac{\partial^2 u}{\partial p\partial q} \\ \dfrac{\partial^2 u}{\partial p\partial q} & \dfrac{\partial^2 u}{\partial q^2} \end{bmatrix} \tag{2.196}$$

因为 $\boldsymbol{J} \cdot \boldsymbol{J}' = \boldsymbol{I}$,所以可以得到

$$\begin{bmatrix} \dfrac{\partial^2 z}{\partial x^2} & \dfrac{\partial^2 z}{\partial x\partial y} \\ \dfrac{\partial^2 z}{\partial x\partial y} & \dfrac{\partial^2 z}{\partial y^2} \end{bmatrix} = \begin{bmatrix} \dfrac{\partial^2 u}{\partial p^2} & \dfrac{\partial^2 u}{\partial p\partial q} \\ \dfrac{\partial^2 u}{\partial p\partial q} & \dfrac{\partial^2 u}{\partial q^2} \end{bmatrix}^{-1} = \frac{1}{D} \begin{bmatrix} \dfrac{\partial^2 u}{\partial q^2} & -\dfrac{\partial^2 u}{\partial p\partial q} \\ -\dfrac{\partial^2 u}{\partial p\partial q} & \dfrac{\partial^2 u}{\partial p^2} \end{bmatrix} \tag{2.197}$$

式中,

$$D = \begin{vmatrix} \dfrac{\partial^2 u}{\partial p^2} & \dfrac{\partial^2 u}{\partial p\partial q} \\ \dfrac{\partial^2 u}{\partial p\partial q} & \dfrac{\partial^2 u}{\partial q^2} \end{vmatrix} \tag{2.198}$$

因此,式 (2.191) 可以转化为二阶线性偏微分方程

$$a(p,q)\frac{\partial^2 u}{\partial q^2} - b(p,q)\frac{\partial^2 u}{\partial p\partial q} + c(p,q)\frac{\partial^2 u}{\partial p^2} = 0 \tag{2.199}$$

2.4 一阶微分方程的解法

2.4.1 一阶可分离变量的微分方程

若一阶微分方程可以写成如下形式:

$$y' = f(x)g(y) \tag{2.200}$$

则可以将其与因变量和自变量相关的项分别置于等号两侧,从而实现变量的分离,即写为

$$\frac{1}{g(y)}\mathrm{d}y = f(x)\mathrm{d}x \tag{2.201}$$

其中,假设 $f(x)$ 和 $g(y)$ 是连续的函数,且 $g(y) \neq 0$. 将上式两边同时积分得

$$\int \frac{1}{g(y)}\mathrm{d}y = \int f(x)\mathrm{d}x \tag{2.202}$$

该方法称为分离变量法,它是由莱布尼茨于 1691 年发现的.

例 2.14　分离变量法的应用

求下列方程的解

$$\begin{cases} y' + y = ay^2 \\ y(0) = 1 \end{cases} \tag{2.203}$$

式中,a 为常数.

微分方程可以改写为

$$\left(\frac{a}{ay-1} - \frac{1}{y} \right) \mathrm{d}y = \mathrm{d}x \tag{2.204}$$

两边积分得

$$\ln |ay-1| - \ln |y| = x + C \tag{2.205}$$

式中,C 为待定常数. 结合定解条件,有 $C = \ln |a-1|$. 因此,方程的解为

$$y(x) = \frac{\mathrm{e}^{-x}}{1 - a\left(1 - \mathrm{e}^{-x}\right)} \tag{2.206}$$

2.4.2　一阶齐次型微分方程

若一阶微分方程可以写成如下形式:

$$y' = \varphi(y/x) \tag{2.207}$$

则称为一阶齐次型方程,其解法由莱布尼茨发展而来. 该类方程可以先采用变量代换化成可分离变量的形式,即令 $u = y/x$,有 $y' = xu' + u$,进而上述一阶齐次型方程可以化为

$$xu' + u = \varphi(u) \tag{2.208}$$

上式可以采用分离变量法求解,即有

$$\int \frac{\mathrm{d}u}{\varphi(u) - u} = \int \frac{\mathrm{d}x}{x} \tag{2.209}$$

例 2.15 莱特希尔方程 (Lighthill equation) 的精确解

函数 $y(x)$ 满足如下莱特希尔方程

$$\begin{cases} (x+\varepsilon y)\,y' + y = x \\ y(1) = 1 \end{cases} \tag{2.210}$$

式中,ε 为常数,且 $\varepsilon > -1$.

微分方程可以改写为

$$y' = \frac{1 - y/x}{1 + \varepsilon y/x} \tag{2.211}$$

因此,这是一个一阶齐次型微分方程. 令 $u(x) = y(x)/x$,上式可以写作

$$xu' + u = \frac{1-u}{1+\varepsilon u} \tag{2.212}$$

可以将上式进行变量分离,得到

$$\frac{1+\varepsilon u}{1 - 2u - \varepsilon u^2}\mathrm{d}u = \frac{1}{x}\mathrm{d}x \tag{2.213}$$

对上式两边积分,可以得到

$$-\frac{1}{2}\ln\left|1 - 2u - \varepsilon u^2\right| = \ln|x| + C \tag{2.214}$$

式中,C 为常数. 结合定解条件 $u(1)=1$,有

$$C = -\frac{1}{2}\ln(1+\varepsilon) \tag{2.215}$$

因此,可以得到

$$\varepsilon u^2 + 2u - 1 = (1+\varepsilon)\,x^{-2}, \quad u(1) = 1 \tag{2.216}$$

或者

$$u(x) = \frac{1}{\varepsilon}\left[-1 + \sqrt{(1+\varepsilon)\,(1+\varepsilon x^{-2})}\right] \tag{2.217}$$

由于 $y = xu$,最后得到

$$y(x) = \frac{1}{\varepsilon}\left[-x + \sqrt{(1+\varepsilon)\,(x^2+\varepsilon)}\right] \tag{2.218}$$

2.4.3 一阶线性微分方程

若一阶微分方程可以写成如下的形式:

$$y' + p(x)y = q(x) \tag{2.219}$$

则方程是线性的. 如果 $q(x) = 0$,方程称为一阶线性齐次微分方程,它可以采用分离变量法求得

$$y(x) = A\mathrm{e}^{-\int p(x)\mathrm{d}x} \tag{2.220}$$

对于 $q(x) = 0$, 系数 A 为常数; 而对于 $q(x) \neq 0$, 上式可以作为形式上的解, 只需将 A 当作 x 的函数, 即令

$$y(x) = A(x)\mathrm{e}^{-\int p(x)\mathrm{d}x} \tag{2.221}$$

将该形式解代入式 (2.219), 有

$$A'(x) = q(x)\mathrm{e}^{\int p(x)\mathrm{d}x} \tag{2.222}$$

两边积分, 可得

$$A(x) = \int q(x)\mathrm{e}^{\int p(x)\mathrm{d}x}\mathrm{d}x + C \tag{2.223}$$

式中, C 为常数. 这一方法称为常数变易法.

例 2.16　采用常数变易法求式 (2.203) 的解

该问题的微分方程是非线性的, 但仍然可以采用常数变易法来求解. 在微分方程中略去 ay^2 项, 方程变成线性的, 其解为

$$y(x) = C\mathrm{e}^{-x} \tag{2.224}$$

式中, C 为常数. 对于原微分方程, 我们考虑 C 是 x 的函数, 即

$$y(x) = C(x)\mathrm{e}^{-x} \tag{2.225}$$

将该形式解代入原微分方程, 有

$$C'(x) = aC^2(x)\mathrm{e}^{-x} \tag{2.226}$$

采用分离变量法, 可以得到

$$C(x) = \frac{1}{a\mathrm{e}^{-x} + D} \tag{2.227}$$

式中, D 为常数. 进一步结合定解条件, 有 $D = 1 - a$. 因此, 同样可以得到式 (2.206).

2.4.4　伯努利方程

形如

$$y' + p(x)y = q(x)y^n, \quad n \neq 0, 1 \tag{2.228}$$

的方程称为伯努利方程 (Bernoulli equation), 可以通过变量代换化为一阶线性微分方程.

将方程两边同除以 y^n, 并改写为

$$\frac{1}{1-n}\frac{\mathrm{d}y^{1-n}}{\mathrm{d}x} + p(x)y^{1-n} = q(x) \tag{2.229}$$

因此, 如果令 $z(x) = y^{1-n}$, 则有一阶线性微分方程

$$z' + (1-n)p(x)z = (1-n)q(x) \tag{2.230}$$

然后, 可以利用上节介绍的常数变易法进行求解.

2.4.5 全微分方程 (恰当方程)

如果一阶微分方程

$$p(x,y)\mathrm{d}x + q(x,y)\mathrm{d}y = 0 \tag{2.231}$$

的左边是某个函数 $u(x,y)$ 的全微分,即

$$\mathrm{d}u = p(x,y)\mathrm{d}x + q(x,y)\mathrm{d}y, \quad \frac{\partial u}{\partial x} = p(x,y), \quad \frac{\partial u}{\partial y} = q(x,y) \tag{2.232}$$

则将其称为全微分方程或恰当方程. 该全微分方程的解为 $u(x,y) = C$,其中 C 为常数. 完整微分条件为

$$\frac{\partial^2 u}{\partial x \partial y} = \frac{\partial^2 u}{\partial y \partial x} \quad \Leftrightarrow \quad \frac{\partial p(x,y)}{\partial y} = \frac{\partial q(x,y)}{\partial x} \tag{2.233}$$

注意:完整微分的积分与路径无关,只与路径始末端点的取值有关.

如果式 (2.231) 不是全微分方程,则可考虑引入某个因子 $\lambda(x,y)$,使得

$$\lambda(x,y)p(x,y)\mathrm{d}x + \lambda(x,y)q(x,y)\mathrm{d}y = 0 \tag{2.234}$$

成为全微分方程,其中 $\lambda(x,y)$ 称为积分因子.

2.5 二阶微分方程的解法

2.5.1 二阶线性齐次微分方程

考虑二阶线性齐次微分方程

$$y'' + p(x)y' + q(x)y = 0 \tag{2.235}$$

方程存在两个基本解,分别记为 $y_1(x)$ 和 $y_2(x)$,但其形式并不容易给出. 若两个基本解是已知的,通过线性叠加即可得到方程的一般解:

$$y(x) = c_1 y_1(x) + c_2 y_2(x) \tag{2.236}$$

式中,c_1 和 c_2 为常数.

若已知一个基本解 $y_1(x)$,我们可以通过如下方法求另一个基本解 $y_2(x)$. 令

$$w(x) = \begin{vmatrix} y_1(x) & y_2(x) \\ y'_1(x) & y'_2(x) \end{vmatrix} = y_1(x)y'_2(x) - y'_1(x)y_2(x) \neq 0 \tag{2.237}$$

称为朗斯基行列式 (Wronski determinant). 因为 $y_1(x)$ 与 $y_2(x)$ 是不相关的,所以上述行列式的值不为零. 对朗斯基行列式 (2.237) 求导数,并结合原方程,可以得到

$$w'(x) = y_1(x)y''_2(x) - y''_1(x)y_2(x) = -p(x)w(x) \tag{2.238}$$

采用分离变量法可以得到

$$w(x) = \mathrm{e}^{-\int p(x)\mathrm{d}x} \tag{2.239}$$

该式称为刘维尔公式 (Liouville formula). 结合朗斯基行列式 (2.237),有

$$\left(\frac{y_2(x)}{y_1(x)}\right)' = \frac{1}{(y_1(x))^2}\mathrm{e}^{-\int p(x)\mathrm{d}x} \tag{2.240}$$

因此,可以得到

$$y_2(x) = y_1(x)\int \frac{1}{(y_1(x))^2}\mathrm{e}^{-\int p(x)\mathrm{d}x}\mathrm{d}x \tag{2.241}$$

例 2.17　由一个基本解获得另一个基本解

考虑方程:

$$y'' + py' + \frac{1}{4}p^2y = 0 \tag{2.242}$$

若已知方程有一个基本解 $y_1(x) = \mathrm{e}^{-px/2}$,其中 p 为常数,求另一基本解.

由式 (2.241),另一基本解为

$$y_2(x) = \mathrm{e}^{-px/2}\int \mathrm{e}^{px}\mathrm{e}^{-px+C}\mathrm{d}x = \mathrm{e}^{-px/2}\left(\mathrm{e}^C x + D\right) \tag{2.243}$$

式中,C 和 D 为常数. 不妨取常数 $C = 0$ 和 $D = 0$,得到与 $y_1(x)$ 无关的基本解 $y_2(x) = x\mathrm{e}^{-px/2}$.

2.5.2　二阶线性齐次常系数微分方程

对于二阶线性齐次常系数微分方程:

$$y'' + py' + qy = 0 \tag{2.244}$$

式中,p 和 q 为常数. 假设形式解:

$$y(x) = c\mathrm{e}^{kx} \tag{2.245}$$

式中,c 为常数且 $c \neq 0$,否则为平庸解. 将形式解代入方程,有

$$\left(k^2 + pk + q\right)c\mathrm{e}^{kx} = 0 \tag{2.246}$$

考虑到 x 的任意性,要求括号内的部分为零,由此可得两个特征根:

$$k_{1,2} = \frac{1}{2}\left[-p \pm \sqrt{p^2 - 4q}\right] \tag{2.247}$$

若两特征根相异,对应的基本解为 $\mathrm{e}^{k_1 x}$ 和 $\mathrm{e}^{k_2 x}$,方程的通解由基本解线性叠加得到

$$y = c_1\mathrm{e}^{k_1 x} + c_2\mathrm{e}^{k_2 x} \tag{2.248}$$

式中,c_1 和 c_2 为常数.

若两特征根相同,即当 $p^2 = 4q$,有 $k_1 = k_2 = -p/2$,此时我们得到的特征根是重根,即只找到了原方程的一个基本解 $e^{-px/2}$. 由例2.17,可以得到另一基本解 $xe^{-px/2}$. 所以,原方程的通解为

$$y = (c_1 + c_2 x) e^{-px/2} \tag{2.249}$$

式中,c_1 和 c_2 为常数.

2.5.3 二阶线性微分方程

对于非齐次方程

$$y'' + p(x)y' + q(x)y = f(x) \tag{2.250}$$

如果对应的齐次方程可解,那么剩下的任务只是求非齐次方程的特解. 常数变易法为确定该特解提供了一般性技巧.

假设对应的齐次方程的解为 $y(x) = c_1 y_1(x) + c_2 y_2(x)$,我们采用常数变易法来求非齐次方程的解. 令非齐次方程的形式解为

$$y(x) = c_1(x)y_1(x) + c_2(x)y_2(x) \tag{2.251}$$

式中,$c_1(x)$ 和 $c_2(x)$ 是未定的函数. 式 (2.251) 的一阶导数为

$$y'(x) = c_1'(x)y_1(x) + c_2'(x)y_2(x) + c_1(x)y_1'(x) + c_2(x)y_2'(x) \tag{2.252}$$

未定的 $c_1(x)$ 和 $c_2(x)$ 提供了可调的自由度,我们可以通过对其施加约束,使得式 (2.251) 的二阶导数中不出现 $c_1(x)$ 和 $c_2(x)$ 的二阶导数,即引入限制条件

$$c_1'(x)y_1(x) + c_2'(x)y_2(x) = 0 \tag{2.253}$$

此时,式 (2.251) 的二阶导数为

$$y''(x) = c_1'(x)y_1'(x) + c_2'(x)y_2'(x) + c_1(x)y_1''(x) + c_2(x)y_2''(x) \tag{2.254}$$

将上述式子代入原方程,整理得到

$$c_1'(x)y_1'(x) + c_2'(x)y_2'(x) + c_1(x)L(y_1(x)) + c_2(x)L(y_2(x)) = f(x) \tag{2.255}$$

式中,L 为微分算子,即 $L(y) = y'' + p(x)y' + q(x)y$. 因为 $L(y_1(x)) = 0$ 和 $L(y_2(x)) = 0$,所以联立求解式 (2.253) 和式 (2.255),可得

$$\begin{cases} c_1'(x) = \dfrac{f(x)y_2(x)}{w(x)} \\ c_2'(x) = -\dfrac{f(x)y_1(x)}{w(x)} \end{cases} \Rightarrow \begin{cases} c_1(x) = -\displaystyle\int \dfrac{f(x)y_2(x)}{w(x)}\mathrm{d}x \\ c_2(x) = \displaystyle\int \dfrac{f(x)y_1(x)}{w(x)}\mathrm{d}x \end{cases} \tag{2.256}$$

式中,$w(x)$ 定义同式 (2.237). 方程的特解为

$$y_0(x) = -y_1(x)\int \frac{f(x)y_2(x)}{w(x)}\mathrm{d}x + y_2(x)\int \frac{f(x)y_1(x)}{w(x)}\mathrm{d}x \tag{2.257}$$

或写成

$$y_0(x) = -\int^x f(t) \frac{y_1(x)y_2(t) - y_1(t)y_2(x)}{y_1(t)y'_2(t) - y'_1(t)y_2(t)} \mathrm{d}t \qquad (2.258)$$

因此, 原方程的通解为

$$y(x) = y_0(x) + C_1 y_1(x) + C_2 y_2(x) \qquad (2.259)$$

式中, C_1 和 C_2 为常数.

下面举个例子. 为加深理解, 我们不打算直接套用上述结果.

例 2.18 *常数变易法的应用*

求下列方程:

$$\begin{cases} y'' + y = 1/x \\ y(\pi) = 0, \quad y'(\pi) = 0 \end{cases} \qquad (2.260)$$

微分方程对应的齐次方程有两个基本解 $\sin x$ 和 $\cos x$. 采用常数变易法, 假设微分方程的一般解为

$$y(x) = c_1(x)\sin x + c_2(x)\cos x \qquad (2.261)$$

施加约束条件

$$c'_1(x)\sin x + c'_2(x)\cos x = 0 \qquad (2.262)$$

将以上两式及其二阶导数代入微分方程, 可得

$$c'_1(x)\cos x - c'_2(x)\sin x = 1/x \qquad (2.263)$$

将上述两式联立, 有

$$\begin{cases} c'_1(x) = \dfrac{\cos x}{x} \\ c'_2(x) = -\dfrac{\sin x}{x} \end{cases} \Rightarrow \begin{cases} c_1(x) = \displaystyle\int^x \dfrac{\cos t}{t}\mathrm{d}t \\ c_2(x) = -\displaystyle\int^x \dfrac{\sin t}{t}\mathrm{d}t \end{cases} \qquad (2.264)$$

因此, 微分方程的通解为

$$y(x) = C_1\sin x + C_2\cos x + \int_\pi^x \frac{\sin(x-t)}{t}\mathrm{d}t \qquad (2.265)$$

结合定解条件有 $C_1 = C_2 = 0$, 则原方程的解为

$$y(x) = \int_\pi^x \frac{\sin(x-t)}{t}\mathrm{d}t \qquad (2.266)$$

2.5.4 二阶施图姆–刘维尔型微分方程

考虑二阶施图姆-刘维尔型微分方程 (second-order Sturm-Liouville differential equation)

$$\left(p(x)y'(x)\right)' + \left(\lambda w(x) - q(x)\right)y(x) = 0 \qquad (2.267)$$

式中, λ 为参数, $p(x)$ 和 $w(x)$ 为正的实值函数, $q(x)$ 为实值函数. 通过引入新的自变量 s 和因变量 u, 可以将这类微分方程转化为刘维尔正规形式 (Liouville normal form):

$$u''(s) + (\lambda - Q(s))\, u(s) = 0 \tag{2.268}$$

下面给出其证明.

令新的自变量和因变量分别为

$$s = s(x), \quad u(s) = y(x)/g(x) \tag{2.269}$$

式中, $s(x)$ 和 $g(x)$ 为待定函数. 将上式代入式 (2.267), 整理得

$$\left[(s')^2 gp\right] u'' + \left[(s'gp)' + s'g'p\right] u' + \left[\lambda wg - qg + (g'p)'\right] u = 0 \tag{2.270}$$

比较上式和刘维尔正规形式 (2.268), 可得

$$\begin{cases} (s'gp)' + s'g'p = 0 \\ wg = (s')^2 gp \\ Q(s) = -\dfrac{-qg + (g'p)'}{wg} \end{cases} \tag{2.271}$$

由式 (2.271a), 有

$$g = C(s'p)^{-1/2} \tag{2.272}$$

式中, C 为常数, 可取 $C = 1$. 由式 (2.271b), 有

$$s' = \pm\sqrt{w/p} \tag{2.273}$$

其中正负号只需保留一个, 不妨保留正号. 因此, 变换关系为

$$\begin{cases} g(x) = (w(x)p(x))^{-1/4} \\ s(x) = \displaystyle\int \sqrt{w(x)/p(x)}\,\mathrm{d}x \\ Q(s) = \dfrac{g(x)q(x) - g'(x)p'(x) - g''(x)p(x)}{w(x)g(x)} \end{cases} \tag{2.274}$$

可见, 式 (2.267) 可以转化为刘维尔正规形式. 如果 $Q(s)$ 为常数, 刘维尔正规形式是容易求解的; 而如果 $Q(s)$ 不为常数, 刘维尔正规形式的求解还可能存在困难, 例 12.14 提供了一种近似求解方法.

考虑二阶微分方程

$$a(x)y''(x) + b(x)y'(x) + (\lambda c(x) + d(x))\, y(x) = 0 \tag{2.275}$$

它可以通过系数的调整转化为二阶施图姆-刘维尔微分方程式 (2.267). 可以先将式 (2.267) 写成

$$p(x)y''(x) + p'(x)y'(x) + (\lambda w(x) - q(x))\, y(x) = 0 \tag{2.276}$$

由于上式二阶导数和一阶导数的系数之间存在关联, 所以不能直接把上面两式的系数一一对应来实现方程形式的转换. 可以令两个式子的各项系数对应成比例, 比值提供了可调整的自由度, 即

$$\frac{p(x)}{a(x)} = \frac{p'(x)}{b(x)} = \frac{w(x)}{c(x)} = \frac{-q(x)}{d(x)} \tag{2.277}$$

因此, 变换关系为

$$p(x) = \exp\left(\int \frac{b(x)}{a(x)} \mathrm{d}x\right), \quad w(x) = \frac{c(x)}{a(x)} p(x), \quad q(x) = -\frac{d(x)}{a(x)} p(x) \tag{2.278}$$

习　题

2.1　陶哲轩曾于 2008 年在其博客上提出了一个机场数学题:在机场中你可能会遇到如下的情况, 试判断采用何种策略可以尽可能快地从 A 点到达 B 点. 假设 A 和 B 之间只有一条路线, 且在路线上的某些区域配备有平地上的电动扶梯 (水平扶梯), 你可以在水平扶梯上站立、行走或跑动.

(1)　假设鞋带散了, 你需要在到达 B 点前停下来系上鞋带, 请问你应该选择在水平扶梯上系鞋带, 还是在没有上水平扶梯时系鞋带? 假定两种情形下, 系鞋带的时长相同.

(2)　假设你有一定的力气可以用来奔跑, 请问你应该选择在水平扶梯上跑, 还是在没有上水平扶梯时跑? 假定两种情形下, 可奔跑的时长一样.

2.2　对于正数 a 和 b, 由不等式 $(a - b)^2 \geqslant 0$ 导出式 (2.6) 中的各不等式.

2.3　若 m 阶方阵 $\boldsymbol{S}$ 和 n 阶方阵 $\boldsymbol{T}$ 均可逆, $\boldsymbol{C}$ 为 $m \times n$ 矩阵, $\boldsymbol{O}$ 为 $n \times m$ 零矩阵, 试证明 $m + n$ 阶方阵

$$\boldsymbol{U} = \begin{bmatrix} \boldsymbol{S} & \boldsymbol{C} \\ \boldsymbol{O} & \boldsymbol{T} \end{bmatrix}$$

的逆矩阵为

$$\boldsymbol{U}^{-1} = \begin{bmatrix} \boldsymbol{S}^{-1} & -\boldsymbol{S}^{-1} \cdot \boldsymbol{C} \cdot \boldsymbol{T}^{-1} \\ \boldsymbol{O} & \boldsymbol{T}^{-1} \end{bmatrix}$$

2.4　求圆方程. 提示:结果可用矩阵形式表示.

(1)　经过不共线三点的圆方程, 其中给定的点的坐标记为 $(x_i, y_i), i = 1, 2, 3$.

(2)　使用平面内 n 个点拟合圆方程, 其中给定点的坐标记为 $(x_i, y_i), i = 1, 2, \cdots, n$, 且 $n > 3$.

2.5　已知平面上一个凸多边形各顶点坐标 (x_i, y_i), 其中 $i = 1, 2, \cdots, n$, 各顶点按逆时针顺序排列. 试用线性代数的知识证明该多边形的面积公式

$$S = \frac{1}{2}\left(\begin{vmatrix} x_1 & y_1 \\ x_2 & y_2 \end{vmatrix} + \begin{vmatrix} x_2 & y_2 \\ x_3 & y_3 \end{vmatrix} + \cdots + \begin{vmatrix} x_n & y_n \\ x_1 & y_1 \end{vmatrix} \right)$$

2.6　在实数域内, 求函数 $(\ln x)^{2\ln x / \ln \ln x}$ 的定义域, 并化简.

2.7 函数 $y = x\mathrm{e}^x$ 的反函数称为朗伯 W 函数 (Lambert W function),记为 $x = W(y)$. 有些包含幂指函数、对数函数的超越方程也能使用朗伯 W 函数来表示. 试用朗伯 W 函数表示下列方程的解,其中 a 为常数.

(1) $x^x = a, \quad a > 0$;

(2) $x \ln x = a$;

(3) $\ln x = ax, \quad a > 0$;

(4) $x + \ln x = a$;

(5) $2^x = ax, \quad a > 0$.

2.8 求下列极限值

(1) $\displaystyle \lim_{p \to +\infty} \left(1 + \frac{x}{p}\right)^p$;

(2) $\displaystyle \lim_{p \to +\infty} p\left(x^{1/p} - 1\right), \quad x > 0$;

(3) $\displaystyle \lim_{x \to 1} \frac{|x - 1|}{\sqrt{x - 1 - \ln x}}$;

(4) $\displaystyle \lim_{x \to +\infty} \frac{x}{\sqrt{x^2 - 1}}$.

2.9 设函数 $f(x)$ 在 $[0, +\infty)$ 上可导,且 $\displaystyle \lim_{x \to +\infty} (f(x) + xf'(x)) = a$,试求 $\displaystyle \lim_{x \to +\infty} f'(x)$.

2.10 求下列函数在 $x \to 0$ 的极限时 [19],其中 $\mathrm{B}(\cdot, \cdot)$ 为 Beta 函数.

$$f(x) = \left[\frac{16(1 - x)}{8 + x} \mathrm{B}(2 + x, 1 - x)(168\mathrm{B}(3 + x, 6))^{(2+x)/6} \right]^{1/x}$$

2.11 试证明

$$\lim_{m \to n} \frac{n \cos n\pi \sin m\pi - m \cos m\pi \sin n\pi}{(m^2 - n^2)\pi} = \frac{1}{2}$$

2.12 试证明如下式子

$$\begin{cases} \dfrac{1}{\pi} \displaystyle\int_{-\pi}^{\pi} \sin m\xi \sin n\xi \, \mathrm{d}\xi = \delta_{mn} \\[2mm] \dfrac{1}{\pi} \displaystyle\int_{-\pi}^{\pi} \cos m\xi \cos n\xi \, \mathrm{d}\xi = \delta_{mn} \\[2mm] \dfrac{1}{\pi} \displaystyle\int_{-\pi}^{\pi} \sin m\xi \cos n\xi \, \mathrm{d}\xi = 0 \end{cases}$$

式中,m 和 n 为整数,δ_{mn} 为克罗内克记号 (Kronecker symbol)

$$\delta_{mn} = \begin{cases} 1, & m = n \\ 0, & m \neq n \end{cases}$$

2.13 试证明

$$\sum_{k=1}^{n} \sin k\theta = \frac{\cos(\theta/2) - \cos[(n + 1/2)\theta]}{2\sin(\theta/2)}$$

2.14 试求如下级数和

$$\sum_{m=1}^{N} \sin mx \, \sin m\xi$$

2.15 采用分部积分法证明泰勒展开式

$$f(x) = \sum_{n=0}^{\infty} \frac{f^{(n)}(x_0)}{n!}(x - x_0)^n$$

2.16 试求如下积分:

$$I_n = \int_0^1 (x \ln x)^n \, \mathrm{d}x$$

然后证明如下式子①:

$$\int_0^1 \frac{1}{x^x} \, \mathrm{d}x = \sum_{n=1}^{\infty} \frac{1}{n^n}, \quad \int_0^1 x^x \, \mathrm{d}x = \sum_{n=1}^{\infty} \frac{(-1)^{n+1}}{n^n}$$

2.17 试证明如下积分:

$$\int_0^\infty \frac{x^{n-1}}{\mathrm{e}^x - a} \, \mathrm{d}x = \Gamma(n) \sum_{k=1}^{\infty} \frac{a^{k-1}}{k^n}, \quad |a| \leqslant 1, \quad n > 1$$

式中, a 为实数, n 为正实数.

2.18 试证明如下积分:

$$\int_{-\infty}^{\infty} \mathrm{e}^{-\lambda \sigma^2} \sigma^{2n} \, \mathrm{d}\sigma = \lambda^{-(n+1/2)} \Gamma(n + 1/2)$$

式中, λ 为正数, n 为正整数.

2.19 求下列微分方程的通解.

(1) $\dfrac{\mathrm{d}^2 r}{\mathrm{d}t^2} = \dfrac{a}{r^3} - \dfrac{b}{r^2}$;

(2) $y''(x) - 2y'(x) + y(x) = 2\mathrm{e}^x$;

(3) $\ddot{y}(t) + y(t) = a \cos t + b \sin t + c \cos 3t + d \sin 3t$.

2.20 求下列微分方程的通解 $f(s)$.

(1) $2s(4f''(s) + f'(s)) + 4f'(s) + f(s) = 0$;

(2) $4s^2 f^{(4)}(s) + 12sf^{(3)}(s) + (3 + 4s^2)f''(s) = 0$.

2.21 求下列微分方程的精确解 $y(t)$.

(1) $\ddot{y} + \omega_0^2 y = \dfrac{1}{6}\omega_0^2 \cos^3(\omega_0 t)$, $y(0) = 0$, $\dot{y}(0) = 0$;

(2) $\ddot{y} + \varepsilon \dot{y} + y = 0$, $y(0) = 0$, $\dot{y}(0) = 1$.

2.22 求下列微分方程的精确解 $y(x)$.

---

① 这二式看上去工整得不可思议,居然是正确的,它们被称为"大二学生之梦"(Sophomore's dream). 有"大二"必先有"大一",不过"大一学生之梦"(Freshman's dream) $(x+y)^n = x^n + y^n$ 并不恒成立.

(1) $y' + y = \varepsilon y^2,\quad y(0) = 1;$

(2) $(x + \varepsilon y)\, y' + y = 0,\quad y(1) = 1;$

(3) $\varepsilon y'' + 2y' + y = 0,\quad y(0) = 0,\quad y(1) = 1;$

(4) $\varepsilon y'' + (1 + \varepsilon)\, y' + y = 0,\quad y(0) = 0,\quad y(1) = 1.$

2.23   函数 $A(r)$ 和 $B(r)$ 满足如下常微分方程组,试求其通解.

$$\begin{cases} \dfrac{A''}{2} - \dfrac{A'}{4}\left(\dfrac{A'}{A} + \dfrac{B'}{B}\right) + \dfrac{A'}{r} = 0 \\[3mm] \dfrac{A''}{2} - \dfrac{A'}{4}\left(\dfrac{A'}{A} + \dfrac{B'}{B}\right) - \dfrac{AB'}{rB} = 0 \\[3mm] 1 - B + \dfrac{r}{2}\left(\dfrac{A'}{A} - \dfrac{B'}{B}\right) = 0 \end{cases}$$

第 3 章 渐近分析

鉴于问题可能具有的复杂性, 用来描述结果的函数往往也是复杂的, 因此使用一些简单的函数来描述复杂函数的极限行为对于理解问题具有重要的作用. 描述函数在所关注点附近的极限行为, 称为渐近分析[①]. 例如, 函数 $y = \sqrt{1+x^2}$ 在 $x \to 0$ 时渐近于直线 $y = 1$, 随着 x 的增大, 函数逐渐增大, 并渐近于直线 $y = x$, 如图3.1所示. 可见, 对于函数 $y = \sqrt{1+x^2}$, 在 $x = 0$ 附近, 可以用 $y = 1$ 来近似, 而当 $x \gg 1$ 时, 可以用 $y = x$ 来估计. 通过对函数渐近行为的把握, 可以方便我们掌握函数的主导项, 进而了解问题背后的主导因素和物理机制.

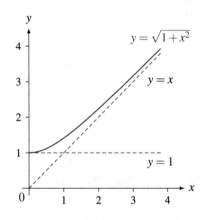

图 3.1 函数 $y = \sqrt{1+x^2}$ 及其渐近线

本章只介绍显式函数以及用积分表示的函数的渐近分析方法, 对于用方程表示的函数的渐近分析, 我们将在后续的章节详细介绍. 本章首先介绍函数的渐近表示方法, 同时引出渐近展开的概念, 随后针对一些不能给出显式结果的积分式, 介绍分部积分法和鞍点法等渐近分析方法.

---

① 这里的"渐近"不要误写成"渐进". "渐近"的含义是逐渐逼近, 强调往确切的目标靠近的过程; 而"渐进"的含义是逐步前进, 着重强调发展的过程.

3.1 函数的渐近表示

3.1.1 函数的等价量近似

函数的取值可能随着自变量的变化不断地发生着变化,因此要比较两个函数的大小,只能在给定的自变量下进行, 但我们可能希望在给定的区域或某个点附近对函数的大小进行估计. 显然,逐点进行比较是繁琐的. 如果一个问题中存在不同的竞争因素,而这些因素在某一参数的某一局部变化范围内的相对大小清楚,则可以由此忽略一些次要因素的影响,而首先考虑那些重要因素产生的影响. 因此,我们不仅希望对某些函数的相对大小有较为准确的估计,有时候也希望对某些函数的相对大小有较为粗略的估计. 前者引出等价量近似的概念,后者引出函数量阶表示的方法.

定义 3.1 如果函数 $f(x)$ 和 $g(x)$ 满足

$$\lim_{x \to x_0} \frac{f(x)}{g(x)} = 1 \tag{3.1}$$

则称函数 $f(x)$ 在 $x \to x_0$ 时与函数 $g(x)$ 具有等价量近似,记为

$$f(x) \sim g(x), \quad x \to x_0 \tag{3.2}$$

读作 $f(x)$ 在 $x \to x_0$ 时渐近于 $g(x)$.

例 3.1 常用的等价量近似

尽管对数函数、指数函数、三角函数等常用函数的性质是很清楚的,但在对问题的主要影响因素进行把握时,我们宁愿使用更加简单的幂次函数进行估计. 如下是一些常用的等价量近似

$$\ln(1+x) \sim x, \quad x \to 0 \tag{3.3}$$

$$(e^x - 1) \sim x, \quad x \to 0 \tag{3.4}$$

$$\sin x \sim x, \quad x \to 0 \tag{3.5}$$

$$(1 - \cos x) \sim \frac{1}{2} x^2, \quad x \to 0 \tag{3.6}$$

例 3.2 典型的等价量近似

斯特林公式:

$$n! = \Gamma(n+1) = \int_0^\infty t^n e^{-t} \, dt \sim \sqrt{2\pi n}(n/e)^n, \quad n \gg 1 \tag{3.7}$$

补余误差函数:

$$\mathrm{erfc}(x) = \frac{2}{\sqrt{\pi}} \int_x^\infty e^{-t^2} \, dt \sim \frac{e^{-x^2}}{\sqrt{\pi}x}, \quad x \gg 1 \tag{3.8}$$

例 3.3　普朗克公式的等价量近似

考察如下普朗克公式在 $\lambda \to 0$ 与 $\lambda \to \infty$ 两种情形下的等价量近似:

$$u(\lambda, T) = \frac{B\lambda^{-5}}{e^{A/(\lambda T)} - 1} \tag{3.9}$$

式中, A, B 和 T 均为与 λ 无关的正数.

为获得等价量近似, 可以将那些一个个项中相对小量依次略去, 直到不能再略去为止. 这里分子已经不能再简化了, 因此只需要考察分母中两项的相对大小. 当 $\lambda \to 0$ 时, $e^{A/(\lambda T)} \gg 1$, 可以得到

$$u(\lambda, T) \sim B\lambda^{-5}e^{-A/(\lambda T)}, \quad \lambda \to 0 \tag{3.10}$$

当 $\lambda \to \infty$ 时, $A/(\lambda T) \to 0$, 可见 $e^{A/(\lambda T)} \sim 1$, 即分母中的两项是等价量, 这就需要考察二者差值的等价量近似. 由式 (3.4), 可得 $e^{A/(\lambda T)} - 1 \sim A/(\lambda T)$, 因此有

$$u(\lambda, T) \sim \frac{B}{A}\lambda^{-4}T, \quad \lambda \to \infty \tag{3.11}$$

例 3.4　函数的等价量相似

对于 $x \to x_0$, 若 $f(x) \sim g(x)$, 是否有
(1) $e^{f(x)} \sim e^{g(x)}$;
(2) $\ln |f(x)| \sim \ln |g(x)|$;
(3) $f'(x) \sim g'(x)$;
(4) $\int_{x_0}^{x} f(x)\,\mathrm{d}x \sim \int_{x_0}^{x} g(x)\,\mathrm{d}x$.

对于那些成立的情况, 我们将给出证明; 而对于不成立的情况, 我们只需要举出反例即可. 需要注意的是那些不总是成立的情况并不意味着一定不成立.

(1) 该问题看似成立, 但不是总成立的. 例如, 考虑 $f(x) = 1/x$ 和 $g(x) = 1/x + \ln 2$, 当 $x \to 0$ 时, 有 $f(x) \sim g(x)$, 而

$$\lim_{x \to 0} \frac{e^{1/x}}{e^{1/x + \ln 2}} = \frac{1}{2} \neq 1 \tag{3.12}$$

实际上, 对于 $x \to x_0$, 只有当 $|f(x) - g(x)| \ll 1$ 时, 才有 $e^{f(x)} \sim e^{g(x)}$, 因为存在如下条件:

$$\lim_{x \to x_0} \frac{e^{f(x)}}{e^{g(x)}} = \lim_{x \to x_0} e^{f(x) - g(x)} = e^{\lim_{x \to x_0}(f(x) - g(x))} = e^0 = 1 \tag{3.13}$$

注意, 此时并未要求 $f(x) \sim g(x)$. 例如, 考虑 $f(x) = x^2$ 和 $g(x) = 2x$, 当 $x \to 0$ 时, 有

$$\lim_{x \to 0} \frac{e^{x^2}}{e^{2x}} = 1 \tag{3.14}$$

而

$$\lim_{x \to 0} \frac{x^2}{2x} \overset{0/0}{=\!=\!=} \lim_{x \to 0} \frac{2x}{2} = 0 \neq 1 \tag{3.15}$$

因此, 不管是正问题还是逆问题, 都不一定成立.

(2) 由 (1) 已经表明,该问也不是总成立的. 例如,考虑 $f(x) = 1 + x^2$ 和 $g(x) = 1 + 2x$, 当 $x \to 0$ 时,有 $f(x) \sim g(x)$,而

$$\lim_{x \to 0} \frac{\ln(1 + x^2)}{\ln(1 + 2x)} \overset{0/0}{=} \lim_{x \to 0} \frac{2x/(1 + x^2)}{2/(1 + 2x)} = 0 \neq 1 \tag{3.16}$$

实际上, 对于 $x \to x_0$, 除了要求 $f(x) \sim g(x)$ 外, 还需要求 $\lim\limits_{x \to x_0} |g(x)| \neq 1$, 才能导出 $\ln|f(x)| \sim \ln|g(x)|$,即

$$\lim_{x \to x_0} \frac{\ln|f(x)|}{\ln|g(x)|} = \lim_{x \to x_0} \frac{\ln|f(x)/g(x)|}{\ln|g(x)|} + 1 = 1 \tag{3.17}$$

(3) 该问也不是总成立的. 例如,仍考虑 $f(x) = 1 + x^2$ 和 $g(x) = 1 + 2x$,当 $x \to 0$ 时, 有 $f(x) \sim g(x)$,而

$$\lim_{x \to 0} \frac{(1 + x^2)'}{(1 + 2x)'} = \lim_{x \to 0} \frac{2x}{2} = 0 \neq 1 \tag{3.18}$$

(4) 该问总是成立的,因为

$$\lim_{x \to x_0} \frac{\int_{x_0}^{x} f(x)\,\mathrm{d}x}{\int_{x_0}^{x} g(x)\,\mathrm{d}x} \overset{0/0}{=} \lim_{x \to x_0} \frac{f(x)}{g(x)} = 1 \tag{3.19}$$

例 3.5 隐函数的等价量近似

考虑 x 的隐函数

$$x = \mathrm{e}^{-x/\varepsilon}, \quad 0 < \varepsilon \ll 1 \tag{3.20}$$

试证明

$$x \sim \varepsilon \ln \varepsilon^{-1} \tag{3.21}$$

(1) 先证明 $0 < x \ll 1$. 由式 (3.20),显然有 $x > 0$,且

$$\varepsilon = \frac{x}{\ln(1/x)} \tag{3.22}$$

考虑到 $0 < \varepsilon \ll 1$,由上式,有 $x \ll \ln(1/x)$,再结合 $x > 0$,有 $\ln(1/x) \gg 0$. 因此,我们可以得到

$$0 < x \ll 1, \quad \lim_{\varepsilon \to 0^+} x = 0 \tag{3.23}$$

(2) 再证明 $x \sim \varepsilon \ln \varepsilon^{-1}$. 基于上述认识,可以转化为分析 $x \to 0^+$ 的极限,即

$$\lim_{\varepsilon \to 0^+} \frac{x}{\varepsilon \ln \varepsilon^{-1}} = \lim_{x \to 0^+} \frac{x}{\frac{x}{\ln(1/x)} \ln \frac{\ln(1/x)}{x}} = \lim_{u \to +\infty} \frac{u}{u + \ln u} = 1 \tag{3.24}$$

式中,$u = \ln(1/x)$,当 $x \to 0^+$,有 $u \to +\infty$.

3.1.2 函数的小 o 表示

正如前面所述,对于某些函数我们可能只需要判断它是不是相对较小,如果确实相对较小,我们则有理由先不去管它的影响. 本小节和下一小节分别介绍两种方式来粗略地表示某些函数的量阶.

定义 3.2 如果函数 $f(x)$ 和 $g(x)$ 满足

$$\lim_{x \to x_0} \frac{f(x)}{g(x)} = 0 \tag{3.25}$$

则称函数 $f(x)$ 在 $x \to x_0$ 时是函数 $g(x)$ 的高阶小量,记为

$$f(x) = o(g(x)), \quad x \to x_0 \tag{3.26}$$

即对于任意常数 $\varepsilon > 0$,当 $x \to x_0$ 时,有 $|f(x)| \leqslant \varepsilon |g(x)|$.

如果函数 $f(x)$ 在 $x \to x_0$ 时可以用函数的某一等价量 $\varphi(x)$ 近似表示,即

$$f(x) \sim \varphi(x), \quad x \to x_0 \tag{3.27}$$

则我们可以将函数 $f(x)$ 表示为

$$f(x) = \varphi(x) + o(\varphi(x)), \quad x \to x_0 \tag{3.28}$$

这样表示的好处是,在数学推导过程中我们可以粗略地将一些不重要的、相对小的量用小 o 进行表示.

例 3.6 *常见的一些小 o 表示*

对函数采用小 o 表示时,通常喜欢用幂函数等初等函数的形式. 不过,小 o 的估计是粗糙的,因此不必苛求用简单函数来表示. 一些常见的例子如下:

$$\ln x = o(x), \quad x \to \infty \tag{3.29}$$
$$\mathrm{e}^{-x} = o(1), \quad x \to \infty \tag{3.30}$$
$$\sin x = o(x), \quad x \to \infty \tag{3.31}$$
$$\cos x = o(x), \quad x \to \infty \tag{3.32}$$

3.1.3 函数的大 O 表示

定义 3.3 如果函数 $f(x)$ 和 $g(x)$ 满足

$$\lim_{x \to x_0} \frac{f(x)}{g(x)} = A \tag{3.33}$$

式中,A 为某个有限的常数,则称函数 $f(x)$ 在 $x \to x_0$ 时至多与函数 $g(x)$ 同阶(或同量级),记为

$$f(x) = O(g(x)), \quad x \to x_0 \tag{3.34}$$

即存在正的、有限的常数 K,当 $x \to x_0$ 时,有 $|f(x)| \leqslant K|g(x)|$.

由式 (3.33) 确定函数 $f(x)$ 的量阶时,原则上函数 $g(x)$ 可以有非常多的选择,但我们往往倾向于选择初等函数,如幂函数、指数函数、对数函数及其组合,以帮助我们快速进行识别可能存在的多个函数的相对量阶大小. 因此,需要从简单而方便的原则出发去定义一个标准的函数集 [20].

幂函数是较为简单的初等函数,我们对其性质和图像有着较为清晰的了解,因此常常使用幂函数来表示一些复杂函数的量阶. 但需要注意的是, 某些函数的量阶并不能用幂函数的形式来表示. 例如,$\ln x$ 在 $x \to \infty$ 时,对于任意 $p > 0$,有

$$\lim_{x \to \infty} \frac{\ln x}{x^p} = \lim_{x \to \infty} \frac{x^{-1}}{px^{p-1}} = 0, \quad \lim_{x \to \infty} \frac{\ln x}{x^0} = \infty \tag{3.35}$$

这说明在 $x \to \infty$ 时,函数 $\ln x$ 比任何幂函数 x^p 更慢速地趋于无穷,即 $\ln x = o(x^p)$,其中 $p > 0$. 又如,e^x 在 $x \to \infty$ 时,对于任意 $p > 0$,有

$$\lim_{x \to \infty} \frac{\mathrm{e}^x}{x^p} = \infty \tag{3.36}$$

这说明在 $x \to \infty$ 时, 函数 e^x 比任何幂函数 x^p 更快速地趋于无穷, 即 $x^p = o(\mathrm{e}^x)$,其中 $p > 0$. 因此,标准的函数集除了幂函数外,还需要补充其他函数,如含对数函数的类型

$$\ln x, \quad \ln \ln x, \quad (\ln x)^{-1}, \quad x^{-1}\ln x, \quad \cdots \quad (x \to \infty) \tag{3.37}$$

或

$$\ln x^{-1}, \quad \ln \ln x^{-1}, \quad \left(\ln x^{-1}\right)^{-1}, \quad x \ln x^{-1}, \quad \cdots \quad (x \to 0) \tag{3.38}$$

和含指数函数的类型

$$\mathrm{e}^x, \quad \mathrm{e}^{-x}, \quad \mathrm{e}^{-x^2}, \quad \mathrm{e}^{\mathrm{e}^x}, \quad \mathrm{e}^{-\mathrm{e}^x}, \quad \cdots \quad (x \to \infty) \tag{3.39}$$

或

$$\mathrm{e}^{1/x}, \quad \mathrm{e}^{-1/x}, \quad \mathrm{e}^{-1/x^2}, \quad \mathrm{e}^{\mathrm{e}^{1/x}}, \quad \mathrm{e}^{-\mathrm{e}^{1/x}}, \quad \cdots \quad (x \to 0) \tag{3.40}$$

对于量阶记号,在处理问题的过程中,我们可能用到如下的一些简单性质:

$$O\left(O(\varphi)\right) = O(\varphi), \quad O(\varphi)O(\psi) = O(\varphi\psi), \quad O(\varphi) + O(\varphi) = O(\varphi) \tag{3.41}$$

例 3.7 求函数 $\ln(1+x)$ 分别在 $x \to 0$ 和 $x \to \infty$ 时的量阶

当 $x \to 0$ 时,我们可以有

$$\ln(1+x) = O(x) \tag{3.42}$$

而当 $x \to \infty$ 时,有

$$\ln(1+x) = O(\ln x) \tag{3.43}$$

实际上,在 $x \to \infty$ 时,$\ln(1+x)$ 也可以用 $O(x)$ 表示,因为大 O 的定义式 (3.33) 未排除函数比的极限值为 0 的情况. 但总体上,用大 O 表示相对比用小 o 表示来得清晰,即表明我们对某些函数的把握较为清楚. 为了更清楚地识别函数的大小,还存在其他一些量阶符号[①].

例 3.8　用简单函数表示如下函数 $f(\varepsilon)$ 在 $\varepsilon \to \infty$ 的量阶

$$f(\varepsilon) = \ln \left[2 + \frac{\mathrm{e}^{\varepsilon} + \ln \varepsilon^{-1}}{3 - \sin \varepsilon} \right] \tag{3.44}$$

对于较复杂的函数,欲用简单函数表示其量阶,可以将那些单式中相对小量依次略去,直到不能再略去为止. 当 $\varepsilon \to 0$ 时,有 $\mathrm{e}^{\varepsilon} \sim 1 \ll \ln \varepsilon^{-1}$ 和 $\sin \varepsilon \sim \varepsilon \ll 1$,因此在原式中可以先略去 e^{ε} 和 $-\sin \varepsilon$,即有

$$f(\varepsilon) \sim \ln \left(2 + \frac{1}{3} \ln \varepsilon^{-1} \right), \quad \varepsilon \to 0 \tag{3.45}$$

因为 $\ln \varepsilon^{-1} \gg 1$,上式括号中的 2 这一项可以略去,即

$$f(\varepsilon) \sim \ln \left(\frac{1}{3} \ln \varepsilon^{-1} \right) = \ln \ln \varepsilon^{-1} - \ln 3, \quad \varepsilon \to 0 \tag{3.46}$$

进一步考虑 $\ln 3 \ll \ln \ln \varepsilon^{-1}$,有

$$f(\varepsilon) \sim \ln \ln \varepsilon^{-1}, \quad \varepsilon \to 0 \tag{3.47}$$

此时,式 (3.46) 已经不能再用更简单的函数来替代了. 因此,函数 $f(x)$ 的量阶可以表示为

$$f(\varepsilon) = O(\ln \ln \varepsilon^{-1}), \quad \varepsilon \to 0 \tag{3.48}$$

3.1.4　函数的渐近展开

函数与其等价量的差值并非恒等于零. 为了提高对函数的估计精度,我们可以进一步考察这个剩余量的等价量近似. 通过不断分析剩余量的等价量近似,可以构造一个式子,它对原函数有很好的近似,这个式子称为渐近展开式. 因此,对于渐近展开式,后一项的量级相对前一项的量级小得多,各项的量级构成了一个渐近序列. 在 19 世纪末,庞加莱 (Jules Henri Poincaré) 和斯蒂尔杰斯 (Thomas Joannes Stieltjes) 几乎同时提出了渐近级数 (asymptotic series) 的概念.

定义 3.4　渐近序列

设有函数序列 $\{\varphi(x)\}(n = 0, 1, 2, \cdots)$,当 $x \to x_0$ 时,$|\varphi_{n+1}(x)| \ll |\varphi_n(x)|$,则称 $\{\varphi(x)\}$ 构成了一个渐近序列. 例如,含整数次幂的渐近序列

$$1, \ x, \ x^2, \ x^3, \cdots \quad x \to 0 \tag{3.49}$$

[①] 除了大 O 和小 o 外,还有一些较不常用的量阶符号,如大 Ω、小 ω 和大 Θ. 定义大 O 的式 (3.33) 未排除 $A = 0$ 的情况,因此大 O 实际上可能包含小 o. 若 $A \neq 0$,则定义为大 Ω,即大 Ω 才是小 o 的否定. 若 A 为无穷,则定义为小 ω. 在计算机科学中,大 O 和大 Ω 分别用来表示严格上界和下界,大 Θ 用来表示二者的平均情况. 巴赫曼 (Paul Bachmann) 于 1892 年引入大 O,受此启发,朗道 (Edmund Landau) 于 1909 年引入小 o,二者现今都被称为朗道符号. 大 Ω 由 Hardy 和 Littlewood 于 1914 年引入,大 Θ 由高德纳引入.

或

$$1, \ x^{-1}, \ x^{-2}, \ x^{-3}, \cdots \quad x \to \infty \tag{3.50}$$

含分数次幂的渐近序列

$$x^{-1/2}, \ 1, \ x^{1/2}, \ x, \ x^{3/2}, \ x^2, \cdots \quad x \to 0 \tag{3.51}$$

含对数函数的渐近序列

$$1, \ x, \ \frac{x}{\ln x}, \ x^2, \ \frac{x^2}{\ln x}, \cdots \quad x \to 0 \tag{3.52}$$

定义 3.5　渐近级数的展开

对已知函数 $F(x)$,选择适当的渐近序列 $\{\varphi(x)\}$,如存在一组常数 $\{A_n\}$,使它对于任意的正整数 N,有

$$f(x) = \sum_{n=0}^{N} A_n \varphi_n(x) + R_N(x), \quad x \to x_0 \tag{3.53}$$

式中,余项

$$R_N(x) = o(\varphi_N(x)), \quad x \to x_0 \tag{3.54}$$

则称 $\sum_{n=0}^{\infty} A_n \varphi_n(x)$ 为 $f(x)$ 在庞加莱意义上的渐近级数展开式 (asymptotic series),记为

$$f(x) \sim \sum_{n=0}^{\infty} A_n \varphi_n(x), \quad x \to x_0 \tag{3.55}$$

对于函数 $f(x)$,如果给定渐近序列 $\{\varphi(x)\}$,则 $f(x)$ 的渐近级数的系数为

$$A_0 = \lim_{x \to x_0} \frac{f(x)}{\varphi_0(x)}, \quad A_n = \lim_{x \to x_0} \frac{f(x) - \sum\limits_{k=0}^{n-1} A_k \varphi_k(x)}{\varphi_n(x)}, \quad n = 1, 2, \cdots \tag{3.56}$$

因此,对于选定的渐近序列,渐近展开式的系数就是确定的,即渐近展开式的表示就确定下来了. 但如果选择不同的渐近序列,则同一函数是可以有不同的渐近展开式的.

最为常用的渐近序列是整幂函数

$$\varphi_n(x) = (x - x_0)^n, \quad n = 1, 2, \cdots \tag{3.57}$$

使用该渐近序列来表示的渐近展开被称为渐近幂级数展开,记为

$$f(x) \sim \sum_{n=0}^{\infty} A_n (x - x_0)^n, \quad x \to x_0 \tag{3.58}$$

例 3.9　求函数 $f(s)$ 在 $s \to \infty$ 时的渐近展开式,其中 $f(s)$ 为

$$f(s) = \frac{1 - \mathrm{e}^{-s}}{2 + \mathrm{e}^{-s}} \tag{3.59}$$

由于 e^{-s} 在 $s \to \infty$ 比任何幂函数都更快速地趋于 0,所以不能将其表示成关于 s 的幂函数的形式. 可以令 $x = \mathrm{e}^{-s}$,将函数改写为

$$f(s) = \frac{1 - x}{2 + x} = -1 + \frac{3}{2} \cdot \frac{1}{1 + x/2} \tag{3.60}$$

在 $x \to 0$ 时, 利用牛顿二项式定理, 可以得到

$$f(s) \sim -1 + \frac{3}{2} \sum_{n=0}^{\infty} (-1)^n \left(\frac{x}{2}\right)^n = \frac{1}{2} + 3 \sum_{n=1}^{\infty} \frac{(-1)^n}{2^{n+1}} x^n, \quad x \to 0 \tag{3.61}$$

将 $x = \mathrm{e}^{-s}$ 代入上式, 可以得到 $f(s)$ 在 $s \to \infty$ 时的渐近级数展开式

$$f(s) \sim \frac{1}{2} + 3 \sum_{n=1}^{\infty} \frac{(-1)^n}{2^{n+1}} \mathrm{e}^{-ns} = \frac{1}{2} - \frac{3}{4} \mathrm{e}^{-s} + \frac{3}{8} \mathrm{e}^{-2s} - \cdots, \quad s \to \infty \tag{3.62}$$

例 3.10　考察如下函数

$$\sigma(x) = \begin{cases} -\sqrt{x - \ln x - 1}, & 0 < x \leqslant 1 \\ +\sqrt{x - \ln x - 1}, & x \geqslant 1 \end{cases} \tag{3.63}$$

求其在 $x \to 1$ 时的渐近幂级数展开, 及其反函数 $x(\sigma)$ 在 $\sigma \to 0$ 时的渐近幂级数展开.

当 $x \to 1$ 时, 易见 $\sigma \to 0$. 假设在 $x = 1$ 附近, $\sigma(x)$ 的幂级数展开式为

$$\sigma \sim \sum_{n=1}^{\infty} a_n (x-1)^n = a_1(x-1) + a_2(x-1)^2 + a_3(x-1)^3 + \cdots, \quad x \to 1 \tag{3.64}$$

式中, a_n 为待定系数. 由式 (3.56), 系数 a_1 写为

$$a_1 = \lim_{x \to 1} \frac{\sigma - 0}{x - 1} = \lim_{x \to 1} \frac{\sqrt{x - \ln x - 1}}{|x - 1|} \tag{3.65}$$

尽管这是一个 $0/0$ 型的极限问题, 但采用洛必达法则并不能直接给出其极限值. 我们考虑 $\ln x$ 在 $x = 1$ 附近的泰勒展开

$$\ln x = \sum_{m=1}^{\infty} (-1)^{m-1} \frac{(x-1)^m}{m} = (x-1) - \frac{(x-1)^2}{2} + \frac{(x-1)^3}{3} - \cdots, \quad 0 < x \leqslant 2 \tag{3.66}$$

因此, 系数 a_1 可以写成

$$a_1 = \lim_{x \to 1} \sqrt{\frac{x - 1 - \ln x}{(x-1)^2}} = \lim_{x \to 1} \sqrt{\sum_{m=2}^{\infty} (-1)^m \frac{(x-1)^{m-2}}{m}} = \frac{1}{\sqrt{2}} \tag{3.67}$$

对于此题, 采用式 (3.56) 的求解思路逐一确定渐近级数的系数无疑是非常困难的, 于是我们不妨换一个思路.

为了方便, 我们将原式改写成

$$\sigma^2 = x - \ln x - 1 \tag{3.68}$$

由形式解 (3.64), 有

$$\sigma^2 = \sum_{k=1}^{\infty} \sum_{n=1}^{\infty} a_k a_n (x-1)^{k+n} = \sum_{k=1}^{\infty} \sum_{m=k+1}^{\infty} a_k a_{m-k} (x-1)^m = \sum_{m=2}^{\infty} \sum_{k=1}^{m-1} a_k a_{m-k} (x-1)^m \tag{3.69}$$

因此，将式 (3.69) 和式 (3.66) 代入式 (3.68)，可以得到

$$\sum_{m=2}^{\infty}\left[-\frac{(-1)^m}{m}+\sum_{k=1}^{m-1}a_k a_{m-k}\right](x-1)^m=0 \tag{3.70}$$

考虑到 x 取值的任意性，上式成立要求各阶系数为零，即

$$\sum_{k=1}^{m-1}a_k a_{m-k}=\frac{(-1)^m}{m},\quad m=2,3,\cdots \tag{3.71}$$

由原式，当 $x\geqslant 1$ 时，$\sigma\geqslant 0$，而当 $0<x\leqslant 1$ 时，$\sigma\leqslant 0$，这说明 $a_1>0$. 因此，对于 $m=2$，可以得到 $a_1=1/\sqrt{2}$，与式 (3.67) 的结果一致. 当 $m>2$ 时，由上式，可以得到递推式：

$$a_{m-1}=\frac{1}{2a_1}\left[\frac{(-1)^m}{m}-\sum_{k=2}^{m-2}a_k a_{m-k}\right],\quad m=3,4,\cdots \tag{3.72}$$

因此，可以逐一确定渐近级数的系数

$$a_1=\frac{1}{\sqrt{2}},\quad a_2=-\frac{1}{3\sqrt{2}},\quad a_3=\frac{7}{36\sqrt{2}},\quad a_4=-\frac{73}{540\sqrt{2}},\quad\cdots \tag{3.73}$$

将上式代入式 (3.64)，可以得到

$$\sigma\sim\frac{x-1}{\sqrt{2}}\left[1-\frac{1}{3}(x-1)+\frac{7}{36}(x-1)^2-\frac{73}{540}(x-1)^3+\cdots\right],\quad x\to 1 \tag{3.74}$$

假设 $x-1$ 关于 σ 的幂级数展开为

$$x-1\sim\sum_{n=1}^{\infty}b_n\sigma^n=b_1\sigma+b_2\sigma^2+\cdots,\quad \sigma\to 0 \tag{3.75}$$

式中，$b_n(n=1,2,\cdots)$ 为待定系数，且 $b_1>0$. 将上式代入式 (3.66)，有

$$\ln x=\sum_{m=1}^{\infty}\frac{(-1)^{m-1}}{m}\left(\sum_{n=1}^{\infty}b_n\sigma^n\right)^m \tag{3.76}$$

将以上两式代入式 (3.68)，可以得到

$$\sigma^2=\sum_{n=1}^{\infty}b_n\sigma^n+\sum_{m=1}^{\infty}\frac{(-1)^m}{m}\left(\sum_{n=1}^{\infty}b_n\sigma^n\right)^m \tag{3.77}$$

将其整理成关于 σ 的幂级数形式

$$\left(1-\frac{b_1^2}{2}\right)\sigma^2+\left(\frac{b_1^3}{3}-b_1b_2\right)\sigma^3-\left(\frac{b_1^4}{4}-b_1^2b_2+\frac{b_2^2}{2}+b_1b_3\right)\sigma^4$$
$$+\left[\frac{b_1^5}{5}-b_1^3b_2-b_2b_3+b_1\left(b_2^2+b_1b_3\right)-b_1b_4\right]\sigma^5-\left[\frac{b_1^6}{6}-b_1^4b_2+\frac{3}{2}b_1^2b_2^2\right.$$
$$\left.-\frac{1}{3}b_2^3+\left(b_1^3-2b_1b_2\right)b_3+\frac{1}{2}b_3^2+\left(b_2-b_1^2\right)b_4+b_1b_5\right]\sigma^6+\cdots=0 \tag{3.78}$$

对于任意的 σ, 上式成立要求各阶系数为零. 因此, 逐阶求解给出

$$b_1 = \sqrt{2}, \quad b_2 = \frac{2}{3}, \quad b_3 = \frac{\sqrt{2}}{18}, \quad b_4 = -\frac{2}{135}, \quad b_5 = \frac{\sqrt{2}}{1080}, \quad \cdots \tag{3.79}$$

因此, 可得

$$x - 1 \sim \sqrt{2}\sigma + \frac{2}{3}\sigma^2 + \frac{\sqrt{2}}{18}\sigma^3 - \frac{2}{135}\sigma^4 + \frac{\sqrt{2}}{1080}\sigma^5 + \cdots, \quad \sigma \to 0 \tag{3.80}$$

该例子表明对于预期的形式解, 通过合适的思路, 可能导出渐近级数展开式系数的递推关系, 以方便获得高阶的展开形式.

例 3.11 估算 $\ln 2$

渐近效果好的展开式, 其低阶项对结果起主要贡献. 通过选择合适的小参数, 可以获得渐近效果更好的展开式.

本例所需的展开式为墨卡托级数 (Mercator series)

$$\ln(1+x) = \sum_{n=1}^{\infty} (-1)^{n-1} \frac{x^n}{n}, \quad -1 < x \leqslant 1 \tag{3.81}$$

该式在 $x \to 0$ 时满足渐近性的要求.

(1) 方案一: 取 $x = 1$, 由式 (3.81), 可以得到交错调和级数:

$$\ln 2 = \ln(1+1) = \sum_{n=1}^{\infty} (-1)^{n-1} \frac{1}{n} = 1 - \frac{1}{2} + \frac{1}{3} - \frac{1}{4} + \frac{1}{5} - \cdots \tag{3.82}$$

该式正负项交替出现, 取有限项计算的结果在目标值附近振荡, 收敛速度极为缓慢. 取到前 73 项, 才首次精确到小数点后两位有效数字, 即 0.69, 但直到取到前 159 项, 这两位有效数字才不再发生变化.

(2) 方案二: 取 $x = -1/2$, 由式 (3.81), 有

$$\ln 2 = -\ln(1 - 1/2) = \sum_{n=1}^{\infty} \frac{1}{n \cdot 2^n} = \frac{1}{2} + \frac{1}{8} + \frac{1}{24} + \frac{1}{64} + \frac{1}{160} + \frac{1}{384} + \cdots \tag{3.83}$$

该式的收敛速度相对较高, 且各项都是正的, 随着计算项数的增加, 计算值单调递增地逼近目标值, 如取前 6 项, 即可精确到 0.69. 可见, 为获得较快的收敛速度, 需让低阶项尽可能地起主要贡献, 这就要求小参数尽可能地小.

(3) 方案三: 一种可能的方案是考虑如下形式的展开式:

$$\ln \frac{1+x}{1-x} = \sum_{m=0}^{\infty} \frac{2x^{2m+1}}{2m+1}, \quad -1 < x < 1 \tag{3.84}$$

该式可以容易地由式 (3.81) 推演而来. 此时, 取 $x = 1/3$, 有

$$\ln 2 = \ln \frac{1 + 1/3}{1 - 1/3} = \sum_{m=0}^{\infty} \frac{2}{2m+1} \cdot \frac{1}{3^{2m+1}} = \frac{2}{3} + \frac{2}{81} + \frac{2}{1215} + \cdots \tag{3.85}$$

只需计算前 2 项,即可精确到 0.69. 虽然这个方案的技巧性很强,但它可以启发我们寻找更一般化的方法.

我们先来看一下该方案的主要思路. 考虑在式 (3.81) 中取 $x = -1/3$,则有

$$\ln 2 - \ln 3 = \ln(1 - 1/3) = \sum_{n=1}^{\infty} \frac{1}{n \cdot 3^n} \tag{3.86}$$

不过,我们的目标是计算 $\ln 2$,但上式却包含了 $\ln 3$. 为了消去 $\ln 3$,可以考虑引入与该式线性无关的 $\ln 2$ 与 $\ln 3$ 组成的一个式子,如

$$2\ln 2 - \ln 3 = \ln(1 + 1/3) = \sum_{n=1}^{\infty} (-1)^{n-1} \frac{1}{n \cdot 3^n} \tag{3.87}$$

将以上二式相减即可得到式 (3.85). 由此,我们窥见了这个方法的一般性技巧,运用类似的技巧有可能得到更优的计算方案. 另外,在这个方案中,$1/3^n$ 随着 n 的增加是手工计算较为麻烦的. 基于这些认识,我们可能可以构造更加方便手工计算的高效率计算方法.

(4) 方案四:考虑到手工计算的便利性,可以有技巧性地选取小参数. 我们不妨先分析一下 $x = -0.1$ 的情况,其整数次幂可以非常容易地计算,而且每增加一项可以多精确一位有效数字. 由式 (3.81),有

$$\ln(1 - 0.1) = -\sum_{n=1}^{\infty} \frac{1}{n \cdot 10^n} \tag{3.88}$$

上式手工计算是很方便的,但是它给出的不是我们的计算目标 $\ln 2$ 的值. 不过,我们注意到

$$\ln(1 - 0.1) = \ln\frac{9}{10} = -\ln 2 + 2\ln 3 - \ln 5 = -\sum_{n=1}^{\infty} \frac{0.1^n}{n} \tag{3.89}$$

这说明,上式给出了 $\ln 2$、$\ln 3$ 和 $\ln 5$ 的一种线性组合的结果. 如果我们再选择两种线性组合的形式,则可以通过联立它们获得 $\ln 2$、$\ln 3$ 和 $\ln 5$ 的计算式. 选择小参数的方式取决于两方面的考虑,即保证计算格式的精度和追求手工计算的方便性. 例如,取 $x = 0.08$ 和 $x = -0.04$,分别有

$$\ln(1 + 0.08) = \ln\frac{27}{25} = 3\ln 3 - 2\ln 5 = \sum_{n=1}^{\infty} (-1)^{n-1}\frac{0.08^n}{n} \tag{3.90}$$

和

$$\ln(1 - 0.04) = \ln\frac{24}{25} = 3\ln 2 + \ln 3 - 2\ln 5 = -\sum_{n=1}^{\infty} \frac{0.04^n}{n} \tag{3.91}$$

因此,联立以上三式,可以得到

$$\ln 2 = -4\ln\frac{9}{10} + 3\ln\frac{27}{25} - \ln\frac{24}{25} = \sum_{n=1}^{\infty} [4 - 3(-0.8)^n + 0.4^n]\frac{0.1^n}{n} \tag{3.92}$$

该式容易进行手工计算,并且几乎是每多取一项就可以多增加一位有效数字. 例如,取前 2 项,可以精确到 0.69;取 10 项,已精确到小数点后 11 位.

3.2 分部积分法

3.2.1 基本思路

许多积分式不能给出显式的结果. 在例1.1中, 牛顿将被积函数展开后再逐次积分, 获得了某些积分的渐近展开式. 逐项积分具有很好的可应用性, 但该方法并非总是有效的. 因此, 本章余下部分将介绍两类方法——分部积分法和鞍点法, 它们对于某些类型的问题是很有效的. 我们不打算讨论各种方法的适用性, 因为在应用中我们往往可以根据经验或特征去选择合适的方法, 并通过结果的有效性来肯定推导过程中涉及的假设或技巧的有效性.

分部积分是计算积分的重要的、基本的方法, 其原理可以表示为

$$\mathrm{d}(uv) = v\,\mathrm{d}u + u\,\mathrm{d}v \quad \Rightarrow \quad \int u\,\mathrm{d}v = uv - \int v\,\mathrm{d}u \tag{3.93}$$

对于某些积分, 采用合适的方式进行分部积分, 可以得到有效的渐近展开式.

例 3.12 用分部积分法求下列积分的展开式:

$$f(x) = \int_0^\infty \mathrm{e}^{-xt} \cos t\,\mathrm{d}t, \quad x > 0 \tag{3.94}$$

$$g(x) = \int_0^\infty \mathrm{e}^{-xt} \sin t\,\mathrm{d}t, \quad x > 0 \tag{3.95}$$

(1) 方式一: 采用如下方式对 $f(x)$ 做一次分部积分, 有

$$f(x) = \int_{t=0}^{t=\infty} \cos t\,\mathrm{d}\left(-\frac{\mathrm{e}^{-xt}}{x}\right) = \frac{1}{x} - \frac{1}{x}\int_0^\infty \mathrm{e}^{-xt} \sin t\,\mathrm{d}t \tag{3.96}$$

继续分部积分, 可以得到

$$f(x) = \frac{1}{x} - \frac{1}{x^3} + \frac{1}{x^5} - \cdots = \sum_{k=1}^\infty \frac{(-1)^{k-1}}{x^{2k-1}} \tag{3.97}$$

类似地, 可以得到

$$g(x) = \frac{1}{x^2} - \frac{1}{x^4} + \frac{1}{x^6} - \cdots = \sum_{k=1}^\infty \frac{(-1)^{k-1}}{x^{2k}} \tag{3.98}$$

对于 $x > 1$, 这两个无穷级数都有极限值, 结果收敛, 但对于 $0 < x \leqslant 1$, 这两个无穷级数都是发散的. 实际上, 这两个无穷级数的数项是以 $-1/x^2$ 为公比的等比数列. 利用等比数列的求和公式, 可得

$$f(x) = \frac{1/x}{1 - (-1/x^2)} = \frac{x}{1 + x^2} \tag{3.99}$$

$$g(x) = \frac{1/x^2}{1 - (-1/x^2)} = \frac{1}{1 + x^2} \tag{3.100}$$

有趣的是,对于任意的 $x > 0$,上式给出的结果与原积分都是一致的. 式 (3.97) 和 (3.98) 对于 $0 < x \leqslant 1$ 是发散的,但利用等比数列求和公式却给出了收敛的结果,看来发散级数也可能变得有用. 这个例子也有助于我们理解有限级数与无穷级数的差异.

(2) 方式二:对 $f(x)$ 换一种方式做一次分部积分,有

$$f(x) = \int_{t=0}^{t=\infty} \mathrm{e}^{-xt} \,\mathrm{d}\sin t = 0 + x \int_0^\infty \mathrm{e}^{-xt} \sin t \,\mathrm{d}t \tag{3.101}$$

再做一次分部积分,有

$$f(x) = x \int_{t=0}^{t=\infty} \mathrm{e}^{-xt} \,\mathrm{d}(-\cos t) = x - x^2 \int_0^\infty \mathrm{e}^{-xt} \cos t \,\mathrm{d}t \tag{3.102}$$

继续分部积分,可以得到

$$f(x) = x - x^3 + x^5 - \cdots = \sum_{k=1}^\infty (-1)^{k-1} x^{2k-1} \tag{3.103}$$

类似地,可以得到

$$g(x) = 1 - x^2 + x^4 - x^6 + \cdots = \sum_{k=0}^\infty (-1)^k x^{2k} \tag{3.104}$$

这两个结果对于 $0 < x < 1$ 收敛,而对于 $x \geqslant 1$ 并不收敛. 有意思的是,利用等比数列求和公式,也可以分别给出式 (3.99) 和式 (3.100) 的结果. 式 (3.94) 的两种级数展开式为式 (3.97) 和式 (3.103);式 (3.95) 的两种级数展开式为式 (3.98) 和式 (3.104). 采用不同的分部积分方式,可能获得不同的渐近展开式,它们往往只在部分区间上才能收敛到原积分.

3.2.2 由分部积分法获得渐近展开式

选择合适的分部积分方式可能获得积分的有效的渐近展开式.

例 3.13 求下列反常积分的渐近展开式

$$f(x) = \int_0^\infty \frac{\mathrm{e}^{-u}}{x+u} \,\mathrm{d}u, \quad x \gg 1 \tag{3.105}$$

采用分部积分法,可得

$$f(x) = \int_{u=0}^{u=\infty} \frac{1}{x+u} \,\mathrm{d}(-\mathrm{e}^{-u}) = \frac{1}{x} - \int_0^\infty \frac{\mathrm{e}^{-u}}{(x+u)^2} \,\mathrm{d}u \tag{3.106}$$

可以初步判断上式的结果满足渐近性的要求. 类似地,继续分部积分可得

$$f(x) = \frac{1}{x} - \frac{1}{x^2} + \frac{2!}{x^3} - \cdots + (-1)^{n-1} \frac{(n-1)!}{x^n} + \cdots + (-1)^{N-1} \frac{(N-1)!}{x^N}$$
$$+ (-1)^N N! \int_0^\infty \frac{\mathrm{e}^{-u}}{(x+u)^{N+1}} \,\mathrm{d}u \tag{3.107}$$

记为

$$f(x) = S_N(x) + R_N(x), \tag{3.108}$$

式中,级数部分和 $S_N(x)$ 和余项 $R_N(x)$ 分别定义为

$$S_N(x) = \sum_{n=1}^{N} a_n(x) = \sum_{n=1}^{N} \frac{A_n}{x^n} \tag{3.109}$$

$$R_N(x) = (-1)^N N! \int_0^\infty \frac{\mathrm{e}^{-u}}{(x+u)^{N+1}} \mathrm{d}u \tag{3.110}$$

其中,$a_n(x)$ 为通项(一般项),A_n 为通项的系数,分别写为

$$a_n(x) = (-1)^{n-1} \frac{(n-1)!}{x^n}, \quad A_n = (-1)^{n-1}(n-1)!, \quad n = 1, 2, \cdots, N \tag{3.111}$$

当 $N \to \infty$ 时,$S_N(x)$ 对于所有给定的 x 值都是发散的,因为

$$\lim_{n \to \infty} \left| \frac{a_{n+1}(x)}{a_n(x)} \right| = \lim_{n \to \infty} \frac{n}{x} = \infty, \quad x \text{ 固定} \tag{3.112}$$

亦即收敛半径

$$R = \lim_{n \to \infty} \left| \frac{A_n}{A_{n+1}} \right| = \lim_{n \to \infty} \frac{1}{n} = 0 \tag{3.113}$$

因此,该展开式并不是一个收敛级数. 然而,对于固定的 N,当 $x \to \infty$ 时,余项可以略去,因为

$$|R_N(x)| = N! \int_0^\infty \frac{e^{-u}}{(x+u)^{N+1}} \mathrm{d}u \leqslant N! \int_0^\infty \frac{e^{-u}}{(x+0)^{N+1}} \mathrm{d}u = \frac{N!}{x^{N+1}} \to 0 \tag{3.114}$$

这说明,当 $x \to \infty$ 时,可以用无穷级数来近似原积分,写为

$$f(x) \sim \sum_{n=1}^{\infty} (-1)^{n-1} \frac{(n-1)!}{x^n}, \quad x \to \infty \tag{3.115}$$

该级数的后一项与前一项相比在 $x \to \infty$ 时可以忽略,即

$$\lim_{x \to \infty} \left| \frac{a_{n+1}(x)}{a_n(x)} \right| = \lim_{x \to \infty} \frac{n}{x} = 0, \quad n \text{ 固定} \tag{3.116}$$

因此,该级数具有渐近行为,我们称式 (3.115) 为原积分的渐近展开式.

例 3.14 对于给定的 x,分析渐近展开式 (3.115)

对于给定的 x 值,使用式 (3.115) 并不能获得收敛值. 正如上面已经指出,当 $N \to \infty$ 时,$S_N(x)$ 对于所有的 x 值都是发散的. 但这不意味着该级数没有用处. 事实上,由于该级数可能存在的渐近性使其大有用处. 首先,对于足够大的 x,我们可以用级数的首项来近似 $S_N(x)$,于是我们来观察一下余项与级数首项的关系:

$$\left| \frac{R_N(x)}{a_1(x)} \right| \leqslant \frac{N!/x^{N+1}}{1/x} = \frac{N!}{x^N} \tag{3.117}$$

其中与式 (3.114) 使用了相同的放缩技巧. 对于给定的 x,随着 N 的增加,上式右侧的值先减少后增加,因此如果选择合适的 N,可以使得上式右侧的值达到极小. 这说明,对于给

定的 x,可以选择合适的 N,使得余项相对较小,N 如果取得太大,造成的误差反而变大. 因此,对于渐近级数,并非项数取得越多越好. 对于给定的 x,存在一个最佳截断 (optimal truncation)N,再多取一项级数反而结果的误差变大.

对于给定的 x,我们至少需要要求

$$\left|\frac{a_{N+1}(x)}{a_N(x)}\right| = \frac{N}{x} \leqslant 1 \tag{3.118}$$

即 $N \leqslant x$. 对于这个例子,可以取的最佳截断 N 为 x 的下整数近似,即 $N = \lfloor x \rfloor$. 这里需要说明一下,按照渐近性要求,上式似乎应该使用 $\ll$ 的符号,但这里 x 是给定的,我们只需要 $|a_{N+1}(x)|$ 比 $|a_N(x)|$ 小即可. 需要说明的是,有时 $a_n(x)$ 包含随 x 不断变化的三角函数,此时需要适当调整截断条件. 对于给定的 x,函数 $f(x)$ 的渐近级数为

$$f(x) \sim \sum_{n=1}^{N} (-1)^{n-1} \frac{(n-1)!}{x^n}, \quad x \text{ 固定} \tag{3.119}$$

在表3.1中,对于不同的 x,当项数 N 逐渐增加时,级数 (3.119) 先逐渐趋于精确解附近,但最终还是发散的. 可见,对于有限的 x,上述级数展开式总是发散级数. 可以注意到,当 N 在 x 附近时,渐近级数的结果是较有效的近似解,并且对 N 的取值并不是很敏感. 因此,对于有限的 x,尽管存在一个最佳截断的项数 N 使得渐近级数结果的误差最小,但可能不必对截断项数多一项或少一项做太严格的限制.

表 3.1 $f(x)$ 的渐近解和精确解的比较

N	$f(5)$	$f(6)$	$f(7)$	$f(8)$
1	0.200000	0.166667	0.142857	0.125000
2	0.160000	0.138889	0.122449	0.109375
3	0.176000	0.148148	0.128280	0.113281
4	0.166400	0.143519	0.125781	0.111816
5	0.174080	0.146605	0.127209	0.112549
6	0.166400	0.144033	0.126189	0.112091
7	0.175616	0.146605	0.127063	0.112434
8	0.162714	0.143604	0.126189	0.112134
9	0.183357	0.147605	0.127188	0.112434
10	0.146199	0.141604	0.125903	0.112096
20	-1.01×10^3	-25.21840	-0.991711	0.037688
30	-8.10×10^9	-3.32×10^7	-3.16×10^5	-5.61×10^3
精确解	0.170422	0.145268	0.126641	0.112280

3.2.3　关于收敛性和渐近性的讨论

级数的"收敛性"和"渐近性"是两个截然不同的概念,二者的基本差异如图3.2所示.

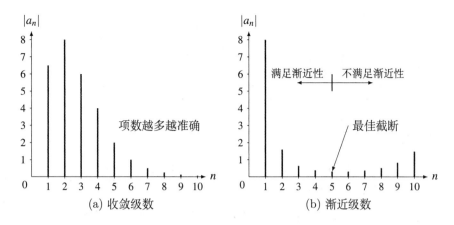

图 3.2　收敛级数和渐近级数的比较

级数的收敛性：对于给定的变量 x，项数 $N \to \infty$ 时，级数的部分和 S_N 存在极限．判断敛散性（收敛或发散性）是无穷级数研究中最基本的问题，已发展了许多判断方法．例如，可以采用达朗贝尔判别法 (d'Alembert's test) 来判断，如果

$$\lim_{n \to \infty} \left| \frac{a_{n+1}(x)}{a_n(x)} \right| < 1, \quad x \text{ 固定} \tag{3.120}$$

则级数绝对收敛．对于收敛级数，项数 n 足够大时，数项 $a_n(x)$ 必趋于零，并且项数 n 取得越多，结果越准确．

级数的渐近性：对于给定的项数 n，变量 $x \to x_0$ 时，后项相对前项可以忽略，即

$$\lim_{x \to x_0} \left| \frac{a_{n+1}(x)}{a_n(x)} \right| = 0, \quad n \text{ 固定} \tag{3.121}$$

值得注意的是，对于渐近展开式，并不要求数项 $a_n(x)$ 在 n 足够大的时候一定要趋于零．事实上，渐近展开式一般都是发散的．正因为如此，对于给定的变量 x，所取的项数 n 往往是有限的，否则 n 取越多，级数和的近似效果反而越差．也就是说，采用特定的渐近展开式来逼近某一函数，对于固定的 x，其精度受到了限制，适时地对展开式进行截断，结果可以保持一定的精度，但无法通过增加项数来提高精度．

总之，当采用一个级数来逼近某个函数时，级数的收敛性是指在自变量的某个定义域（区间），级数的部分和随项数增加时与函数值的关系．而级数的渐近性是指级数的项数固定时，级数和在自变量接近某个点时与函数在该点的值的关系．利用式 (3.121) 可以判断分部积分的方式是否能给出有效的渐近展开式，例如以下这种分部积分的方式不能给出渐近展开式．

例 3.15　关于求式 (3.105) 的渐近展开式的一种不成功的分部积分方式

采用如下形式，第一次分部积分给出

$$\begin{aligned}
f(x) &= \int_{u=0}^{u=\infty} \mathrm{e}^{-u} \, \mathrm{d} \ln(x+u) \\
&= -\ln x + \int_0^\infty \mathrm{e}^{-u} \ln(x+u) \, \mathrm{d} u
\end{aligned} \tag{3.122}$$

第二次分部积分给出

$$f(x) = -\ln x + \int_{u=0}^{u=\infty} e^{-u} d\left[(x+u)(\ln(x+u)-1)\right]$$

$$= -\ln x - x(\ln x - 1) + \int_0^\infty e^{-u}\left[(x+u)(\ln(x+u)-1)\right] du \tag{3.123}$$

可以检查发现

$$\lim_{x\to\infty}\left|\frac{-x(\ln x - 1)}{-\ln x}\right| = \lim_{x\to\infty} x\left(1 - \frac{1}{\ln x}\right) = \lim_{x\to\infty} x = \infty \tag{3.124}$$

即不能保证展开式的后一项相对于前一项为小量，展开式不具有渐近性. 因而，选择合适的分部积分方式，才能给出有效的渐近展开式.

3.3 鞍 点 法

3.3.1 一个启发性例子

某些含有大参数的积分可能不能给出显式结果，我们尝试着获得其渐近展开式. 例如，Gamma 函数

$$\Gamma(\alpha) = \int_0^\infty t^{\alpha-1} e^{-t} dt \tag{3.125}$$

在 $\alpha \gg 1$ 时的渐近展开. 该问题的解决，可以用来近似计算大数阶乘. 1774 年，拉普拉斯提出了一种方法，可以近似求解这类含有大参数的积分问题，称为拉普拉斯方法. 我们先以一个例子来阐述这个方法的思想，然后在复数域上从更一般的角度来探讨该方法的原理.

例 3.16 求函数 $I(\lambda)$ 在 $\lambda \gg 1$ 时的渐近展开

$$I(\lambda) = \int_0^\infty e^{-\lambda(x-\ln x-1)} dx \tag{3.126}$$

对于给定的 $\lambda > 0$，积分 $I(\lambda)$ 的被积函数随着 x 变化而急剧变化，我们期望在某个 x 点处，被积函数取到极大值，对积分 $I(\lambda)$ 有最大贡献. 记

$$f(x) = x - \ln x - 1 \tag{3.127}$$

易见，存在一个点 $x_0 = 1$ 使得 $f(x)$ 取到极小值，即该点满足

$$f'(x_0) = 0, \quad f''(x_0) > 0 \tag{3.128}$$

对于给定的 $\lambda > 0$，当 $f(x)$ 取到极小值时，$e^{-\lambda f(x)}$ 取到极大值. 因此，在 $x = 1$ 附近的积分对 $I(\lambda)$ 的贡献最大.

　　由于我们并不清楚被积函数的原函数,所以我们需要对被积函数做一定的近似,才能进行积分. 先观察一下函数 $f(x)$ 在 $x=1$ 附近的渐近展开

$$f(x) \sim \sum_{m=2}^{\infty} \frac{(-1)^m}{m} (x-1)^m = \frac{1}{2}(x-1)^2 - \frac{1}{3}(x-1)^3 + \cdots, \quad x \to 1 \tag{3.129}$$

可以注意到,当 $x \to 1$ 时,有 $f(x) = O[(x-1)^2]$,即与 $(x-1)^2$ 有关的这一项对原积分贡献最大,但其他项也会对积分产生影响. 因此,不妨引入一个新的自变量 σ,使得 $f(x) = \sigma^2$,此时 $\sigma = 0$ 附近被积函数的取值对积分有最大贡献. 新的自变量 σ 定义为

$$\sigma(x) = \begin{cases} -\sqrt{x - \ln x - 1}, & 0 < x \leqslant 1 \\ +\sqrt{x - \ln x - 1}, & x \geqslant 1 \end{cases} \tag{3.130}$$

此时,原式改写为

$$I(\lambda) = \int_{-\infty}^{\infty} \mathrm{e}^{-\lambda \sigma^2} \frac{\mathrm{d}\,x}{\mathrm{d}\,\sigma} \,\mathrm{d}\,\sigma \tag{3.131}$$

　　例3.10给出了 $x(\sigma)$ 在 $\sigma = 0$ 时的渐近幂级数展开,即式 (3.80). 进而,可得

$$\frac{\mathrm{d}x}{\mathrm{d}\sigma} = \sqrt{2} + \frac{4}{3}\sigma + \frac{\sqrt{2}}{6}\sigma^2 - \frac{8}{135}\sigma^3 + \frac{\sqrt{2}}{216}\sigma^4 + \cdots, \quad \sigma \to 0 \tag{3.132}$$

考虑到

$$I_m(\lambda) = \int_{-\infty}^{\infty} \mathrm{e}^{-\lambda \sigma^2} \sigma^m \,\mathrm{d}\,\sigma = \begin{cases} 0, & m = 2k+1 \\ \lambda^{-(k+1/2)} \Gamma(k+1/2), & m = 2k \end{cases} \tag{3.133}$$

式中,$k = 0, 1, 2, \cdots$. 因此,我们可以得到

$$I(\lambda) \sim \sqrt{2}\frac{\Gamma(1/2)}{\lambda^{1/2}} + \sqrt{2}\frac{\Gamma(3/2)}{6\lambda^{3/2}} + \sqrt{2}\frac{\Gamma(5/2)}{216\lambda^{5/2}} + \cdots, \quad \lambda \gg 1 \tag{3.134}$$

由式 (2.46),可以将上式进一步写作

$$I(\lambda) \sim \frac{\sqrt{2\pi}}{\lambda^{1/2}} + \frac{\sqrt{2\pi}}{12\lambda^{3/2}} + \frac{\sqrt{2\pi}}{288\lambda^{5/2}} + \cdots, \quad \lambda \gg 1 \tag{3.135}$$

该渐近展开即使只保留一项对于 $\lambda > 1$ 都有很好的近似效果,相对误差不超过 10%.

　　可见,被积函数在某点上的取值可能对积分贡献最大,我们期望将被积函数在该点附近作泰勒展开来简化积分,这就是拉普拉斯方法的基本思想.

3.3.2　拉普拉斯方法

　　考虑如下形式的积分

$$F(\lambda) = \int_a^b \mathrm{e}^{-\lambda f(x)} g(x) \,\mathrm{d}\,x, \quad \lambda \gg 1 \tag{3.136}$$

式中,$f(x)$ 和 $g(x)$ 为连续可微的实函数. 设在定义域 $[a, b]$ 内存在一点 x_0,使得 $f'(x_0) = 0$ 和 $f''(x_0) > 0$. 如果定义域有多个这样的点,只需要在不同点上分别进行渐近积分,再累加就可以得到原积分的近似结果.

记 $\sigma^2(x) = f(x) - f(x_0)$,引入新的自变量

$$\sigma(x) = \begin{cases} -\sqrt{f(x) - f(x_0)}, & x \leqslant x_0 \\ +\sqrt{f(x) - f(x_0)}, & x \geqslant x_0 \end{cases} \tag{3.137}$$

原积分可以重新写为

$$F(\lambda) = \mathrm{e}^{-\lambda f(x_0)} \int_{\sigma(a)}^{\sigma(b)} \mathrm{e}^{-\lambda \sigma^2} Q(\sigma) \, \mathrm{d}\sigma \tag{3.138}$$

式中,

$$Q(\sigma) = g(x) \frac{\mathrm{d}x}{\mathrm{d}\sigma} = \frac{2\sigma g(x)}{f'(x)} \tag{3.139}$$

积分的主要贡献来自于 $\sigma = 0$ 点,可以将积分上下限拓展到无穷,并利用 $\sigma^2(x) = f(x) - f(x_0)$ 的微分关系:

$$F(\lambda) \sim \mathrm{e}^{-\lambda f(x_0)} \int_{-\infty}^{\infty} \mathrm{e}^{-\lambda \sigma^2} Q(\sigma) \, \mathrm{d}\sigma \tag{3.140}$$

式中,$Q(\sigma)$ 函数可以展开成关于 σ 的幂级数形式

$$Q(\sigma) = \sum_{m=0}^{\infty} \frac{Q^{(m)}(0)}{m!} \sigma^m \tag{3.141}$$

因此,通过逐项积分,我们可以得到

$$F(\lambda) \sim \mathrm{e}^{-\lambda f(x_0)} \sum_{k=0}^{\infty} \frac{Q^{(2k)}(0)}{(2k)!} \lambda^{-(2k+1)/2} \Gamma(k + 1/2), \quad \lambda \gg 1 \tag{3.142}$$

例 3.17 Gamma 函数的斯特林近似 (Stirling's approximation)

考虑 $\alpha \gg 1$,根据上面的认识,将积分式 (3.125) 化成标准型

$$\Gamma(\alpha) = \int_0^{\infty} \mathrm{e}^{(\alpha-1)\ln t - t} \, \mathrm{d}x = \int_0^{\infty} \mathrm{e}^{-\alpha G(t,\alpha)} \, \mathrm{d}t \tag{3.143}$$

式中,

$$G(t, \alpha) = -\ln t + \frac{t + \ln t}{\alpha} \tag{3.144}$$

G 对 t 的极值点位于 $t_0 = \alpha - 1$. 此时极值点的位置与 α 相关. 为将极值点固定,引入一个新的自变量

$$x = \frac{t}{\alpha - 1} \tag{3.145}$$

将式 (3.143) 改写为

$$\Gamma(\alpha) = (\alpha - 1)^{\alpha} J(\alpha - 1) \tag{3.146}$$

式中,

$$J(\lambda) = \int_0^{\infty} \mathrm{e}^{-\lambda x} x^{\lambda} \, \mathrm{d}x = \mathrm{e}^{-\lambda} \int_0^{\infty} \mathrm{e}^{-\lambda(x - \ln x - 1)} \, \mathrm{d}x \tag{3.147}$$

令 $g(x) = 1, f(x) = x - \ln x - 1, f(x)$ 的极小值点位于 $x_0 = 1$,此时 $f(x_0) = 0, f''(x_0) = 1$. 由式 (3.142),有

$$\Gamma(\alpha) \sim (\alpha - 1)^{\alpha} \mathrm{e}^{-(\alpha-1)} \sqrt{\frac{2\pi}{\alpha - 1}}, \quad \alpha \gg 1 \tag{3.148}$$

由此,给出斯特林公式:

$$n! = \Gamma(n+1) \sim \sqrt{2\pi n} n^n \mathrm{e}^{-n} \tag{3.149}$$

例 3.18 Gamma 函数的高阶近似

考虑积分式 (3.147),令

$$\sigma^2 \equiv f(x) - f(x_0) = x - \ln x - 1 \tag{3.150}$$

引入新的变量

$$\sigma = \begin{cases} -\sqrt{x - \ln x - 1}, & 0 < x \leqslant 1 \\ +\sqrt{x - \ln x - 1}, & x \geqslant 1 \end{cases} \tag{3.151}$$

例 3.10 给出了 $x(\sigma)$ 在 $\sigma \to 0$ 时的渐近幂级数展开,即式 (3.80). 进而,可得

$$\frac{\mathrm{d}x}{\mathrm{d}\sigma} = \sqrt{2} + \frac{4}{3}\sigma + \frac{\sqrt{2}}{6}\sigma^2 - \frac{8}{135}\sigma^3 + \frac{\sqrt{2}}{216}\sigma^4 + \cdots, \quad \sigma \to 0 \tag{3.152}$$

因此,可以得到

$$J(\lambda) = \mathrm{e}^{-\lambda} \int_{-\infty}^{\infty} \mathrm{e}^{-\lambda\sigma^2} \frac{\mathrm{d}x}{\mathrm{d}\sigma} \mathrm{d}\sigma \sim \mathrm{e}^{-\lambda} \sqrt{\frac{2\pi}{\lambda}} \left(1 + \frac{1}{12\lambda} + \frac{1}{288\lambda^2} + \cdots \right) \tag{3.153}$$

将上式代入式 (3.146),可以得到

$$\Gamma(\alpha) \sim (\alpha - 1)^{\alpha} \mathrm{e}^{-(\alpha-1)} \sqrt{\frac{2\pi}{\alpha - 1}} \left[1 + \frac{1}{12(\alpha - 1)} + \frac{1}{288(\alpha - 1)^2} + \cdots \right] \tag{3.154}$$

当 α 为大的整数时,可以给出大整数 n 的阶乘的高阶近似

$$n! = \Gamma(n+1) \sim \sqrt{2\pi n}\, n^n \mathrm{e}^{-n} \left(1 + \frac{1}{12n} + \frac{1}{288n^2} + \cdots \right) \tag{3.155}$$

更精确地,可以得到

$$\ln n! \sim \ln \left(\sqrt{2\pi n} n^n \mathrm{e}^{-n} \right) + \sum_{k=1}^{\infty} \frac{B_{2k}}{2k(2k-1)n^{2k-1}} \tag{3.156}$$

式中,B_{2k} 为伯努利数(见习题 3.3.3.4).

3.3.3 最陡下降法(负梯度法)

我们考虑一个一般性的问题,即求如下积分 $F(\lambda)$ 在 λ 很大时的渐近展开式

$$F(\lambda) = \int_c \mathrm{e}^{-\lambda f(z)} g(z) \mathrm{d}z, \quad \lambda \gg 1 \tag{3.157}$$

式中, $f(z)$ 和 $g(z)$ 为复平面 $z = x + \mathrm{i}y$ 上的解析函数, c 为积分路径.

被积函数中 $\mathrm{e}^{-\lambda f(z)}$ 的行为严重影响积分值. 记

$$f(z) = \xi(x, y) + \mathrm{i}\eta(x, y), \quad \xi, \eta \in \mathbb{R} \tag{3.158}$$

则

$$\mathrm{e}^{-\lambda f(z)} = \mathrm{e}^{-\lambda \xi(x,y)} \left[\cos\left(\lambda \eta(x, y)\right) - \mathrm{i} \sin\left(\lambda \eta(x, y)\right) \right] \tag{3.159}$$

若 ξ 在 $z = z_0$ 点取到最小值, 则 $\mathrm{e}^{-\lambda \xi(x,y)}$ 达到最大值, 对积分值起主要贡献. 因此, 可以由

$$\frac{\mathrm{d}\xi}{\mathrm{d}z} = 0 \tag{3.160}$$

来确定 z_0. 需要注意的是:其一, z_0 点可能并不位于积分路径 c 上;其二, 需要将 $f(z)$ 的实部和虚部分开才能进行上式的计算, 很不方便.

由于被积函数是解析函数, 积分值只依赖于路径的起点和终点, 而与积分的路径没有关系, 所以可以对积分路径进行适当选择. 通过对积分路径进行变换, 使得在某一路径上正好经过 z_0 点, 此时对于大的 λ 值, 积分的主要贡献来源于该积分路径上的一小部分.

在 ξ 的等值线上, 有

$$\mathrm{d}\xi = \frac{\partial \xi}{\partial x}\mathrm{d}x + \frac{\partial \xi}{\partial y}\mathrm{d}y = 0 \quad \Rightarrow \quad \left. \frac{\mathrm{d}y}{\mathrm{d}x} \right|_{\xi = \mathrm{const}} = -\frac{\partial \xi / \partial x}{\partial \xi / \partial y} \tag{3.161}$$

类似地, 在 η 的等值线上, 有

$$\mathrm{d}\eta = \frac{\partial \eta}{\partial x}\mathrm{d}x + \frac{\partial \eta}{\partial y}\mathrm{d}y = 0 \quad \Rightarrow \quad \left. \frac{\mathrm{d}y}{\mathrm{d}x} \right|_{\eta = \mathrm{const}} = -\frac{\partial \eta / \partial x}{\partial \eta / \partial y} \tag{3.162}$$

根据解析函数的性质, 即区域内处处可微, 有 C-R 方程 (2.114), 即

$$\frac{\partial \xi}{\partial x} = \frac{\partial \eta}{\partial y}, \quad \frac{\partial \xi}{\partial y} = -\frac{\partial \eta}{\partial x} \tag{3.163}$$

由以上三式, 可以得到

$$\left. \frac{\mathrm{d}y}{\mathrm{d}x} \right|_{\xi = \mathrm{const}} \left. \frac{\mathrm{d}y}{\mathrm{d}x} \right|_{\eta = \mathrm{const}} = -1 \tag{3.164}$$

此式说明 ξ 和 η 的等值线正交. 沿着 $\eta = \mathrm{const}$ 的线, ξ 有最速下降;反之亦然. 选择过 z_0 点的积分路径 c', 使 ξ 在 z_0 点有最陡下降, 如图3.3(a) 所示. 正因为如此, 该方法被称为最陡下降法. 又因为沿负梯度方向函数的值快速下降, 所以该方法也被称为负梯度法. 在积分路径 c' 上, $\eta = \mathrm{const}$, 即有

$$\frac{\mathrm{d}\eta}{\mathrm{d}z} = 0 \tag{3.165}$$

因此, 式 (3.160) 和式 (3.165) 表明, 可以直接采用

$$\frac{\mathrm{d}f(z)}{\mathrm{d}z} = 0 \tag{3.166}$$

来确定 z_0.

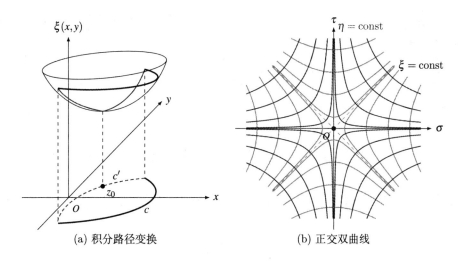

(a) 积分路径变换　　　　　　　(b) 正交双曲线

图 3.3　最陡下降法示意图

在 z_0 点附近, 被积函数的取值对积分有最大贡献, 不妨引入复平面 $s = \sigma + \mathrm{i}\tau$, 使得

$$f(z) = f(z_0) + s^2 \tag{3.167}$$

即有

$$\begin{cases} \xi(z) = \xi(z_0) + \sigma^2 - \tau^2 \\ \eta(z) = \eta(z_0) + 2\sigma\tau \end{cases} \tag{3.168}$$

在 s 复平面上, 沿着实轴 $\tau = 0$, 有 $\xi(z) = \xi(z_0) + \sigma^2$, 其在 $s = 0$ 时取得最小值; 而沿着虚轴, 即 $\sigma = 0$, 有 $\xi(z) = \xi(z_0) - \tau^2$, 其在 $\tau = 0$ 时取得最大值. 沿着 $\sigma^2 = \tau^2$, $\xi(z) = \xi(z_0)$ 为等值. 在 s 复平面上 ξ 的等值线为 $\sigma^2 - \tau^2 = \mathrm{const}$, 而 η 的等值线为 $\sigma\tau = \mathrm{const}$, 是两组正交的双曲线, 如图 3.3(b) 所示. 它们的三维图均为马鞍面, 如图 3.4 所示. z_0 点为鞍点, 因此该方法也称鞍点法 (saddle point method). 沿着实轴, 即 $\tau = 0$, η 为等值线, 而 ξ 可最快速地下降到鞍点.

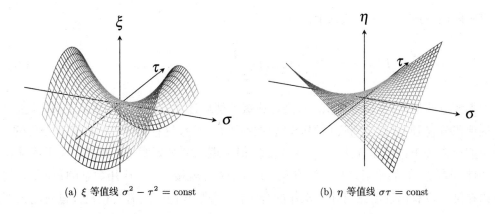

(a) ξ 等值线 $\sigma^2 - \tau^2 = \mathrm{const}$　　　　(b) η 等值线 $\sigma\tau = \mathrm{const}$

图 3.4　马鞍面

将积分变换到路径 c' 上, 并将积分上下限分别扩展到正负无穷. 因为积分的主要贡献

来源于 z_0 点附近, 远离该点的贡献很小, 所以可以将积分上下限分别扩展到正负无穷以方便积分时的计算. 原积分改写成

$$F(\lambda) = \mathrm{e}^{-\lambda f(z_0)} \int_{c'} \mathrm{e}^{-\lambda s^2} g(z(s)) \frac{\mathrm{d}z}{\mathrm{d}s} \, \mathrm{d}s \approx \mathrm{e}^{-\lambda f(z_0)} \int_{-\infty}^{\infty} \mathrm{e}^{-\lambda s^2} Q(s) \, \mathrm{d}s \tag{3.169}$$

式中, 函数 $Q(s)$ 的表达式为

$$Q(s) = g(z(s)) \frac{\mathrm{d}z}{\mathrm{d}s} = g(z(s)) \frac{2s}{f'(z(s))} \tag{3.170}$$

其中利用了式 (3.167) 的微分关系. 将 $Q(s)$ 在 $s=0$ 点作泰勒展开

$$Q(s) = \sum_{m=0}^{\infty} \frac{Q^{(m)}(0)}{m!} s^m \tag{3.171}$$

式中, $Q^{(m)}(0)$ 由式 (3.170) 给出, 例如

$$Q(0) = \lim_{s \to 0} \frac{2sg(z)}{f'(z)} = \lim_{s \to 0} \frac{2sg'(z)\frac{\mathrm{d}z}{\mathrm{d}s} + 2g(z)}{f''(z)\frac{\mathrm{d}z}{\mathrm{d}s}} = \frac{2(g(z_0))^2}{f''(z_0)Q(0)} \tag{3.172}$$

即

$$Q(0) = \frac{2g(z_0)}{\sqrt{2f''(z_0)}} \tag{3.173}$$

因此, 我们可以得到

$$F(\lambda) \sim \mathrm{e}^{-\lambda f(z_0)} \sum_{m=0}^{\infty} \frac{Q^{(m)}(0)}{m!} I_m(\lambda) \tag{3.174}$$

式中, $I_m(\lambda)$ 见式 (3.133). 因此, 我们可以进一步得到

$$F(\lambda) \sim \mathrm{e}^{-\lambda f(z_0)} \sum_{k=0}^{\infty} \frac{Q^{(2k)}(0)}{(2k)!} \lambda^{-(2k+1)/2} \Gamma((2k+1)/2), \quad \lambda \gg 1 \tag{3.175}$$

考虑首阶近似, 将式 (3.172) 代入上式, 得

$$F(\lambda) \sim \mathrm{e}^{-\lambda f(z_0)} g(z_0) \sqrt{\frac{2\pi}{\lambda f''(z_0)}} + \cdots, \quad \lambda \gg 1 \tag{3.176}$$

值得注意的是, 与牛顿将被积函数展开成级数然后逐项进行积分的想法类似, 这里也采用了逐项积分, 但同样没有对逐项积分的合法性进行讨论, 这样的操作可能是有条件的. 文献中可能存在关于该操作合法性的一些定理, 但定理的完全证明是困难的. 关于逐项积分的合法性, 我们遵循的原则是只要没有充分理由怀疑, 就接受. 从应用数学的角度, 我们完全可以在疑点没有出现前认可相关操作的合法性, 否则我们可能需要花费大量时间去纠结此类问题, 以至于偏离我们的初衷. 即使一些数学操作可能存疑, 如果所得的渐近展开可以很好地表征我们所关心的问题, 那么我们只管大胆地推进相关的研究工作去理解问题背后的物理机制.

3.3.4　驻相法

考虑如下形式的积分:

$$F(\lambda) = \int_a^b e^{i\lambda p(x)} q(x) \,\mathrm{d}\,x, \quad \lambda \gg 1 \tag{3.177}$$

式中, $p(x)$ 和 $q(x)$ 为连续可微的实函数. 求积分 $F(\lambda)$ 在 λ 很大时的渐近展开式.

当 λ 很大时, $e^{i\lambda p(x)}$ 剧烈振荡, 在积分时可能正负抵消, 但当 $p(x)$ 达到极值点时, $e^{i\lambda p(x)}$ 变化较平坦, 对积分起主要贡献. 使 $p'(x) = 0$ 的点称为驻定相位点, 采用在其邻近的积分来近似原积分的方法称为驻定相位法 (驻相法, stationary phase method).

若 $p(x)$ 在区间 (a, b) 上有一点 $x = x_0$ 使得 $p'(x_0) = 0$, 则将 $p(x)$ 和 $q(x)$ 在 $x = x_0$ 附近作泰勒展开, 有

$$\begin{cases} p(x) = p(x_0) + \dfrac{1}{2}p''(x_0)(x-x_0)^2 + \cdots \\ q(x) = q(x_0) + q'(x_0)(x-x_0) + \dfrac{1}{2}q''(x_0)(x-x_0)^2 + \cdots \end{cases} \tag{3.178}$$

只保留首阶近似, 有

$$F(\lambda) \sim e^{i\lambda p(x_0)} q(x_0) \int_{-\infty}^{\infty} e^{i\lambda \frac{1}{2} p''(x_0)(x-x_0)^2} \,\mathrm{d}\,x \tag{3.179}$$

利用积分式 (2.120), 有

$$F(\lambda) \sim e^{i\lambda p(x_0)} \frac{\sqrt{2\pi}\,q(x_0)}{\sqrt{-i\lambda p''(x_0)}}, \quad \lambda \gg 1 \tag{3.180}$$

实际上, 该结果已包含在式 (3.176) 中.

例 3.19　贝塞尔函数的渐近表示

求 n 阶贝塞尔函数

$$J_n(\lambda) = \frac{1}{\pi} \int_0^\pi \cos(\lambda \sin\theta - n\theta) \,\mathrm{d}\,\theta \tag{3.181}$$

在 $\lambda \gg 1$ 的渐近表示.

利用欧拉公式, 式 (3.181) 可以改写为

$$J_n(\lambda) = \frac{1}{\pi} \operatorname{Re}\left(\int_0^\pi e^{i\lambda \sin\theta} e^{-in\theta} \,\mathrm{d}\,\theta \right) \tag{3.182}$$

由式 (3.177), 记 $p(\theta) = \sin\theta, q(\theta) = e^{-in\theta}, 0 \leqslant \theta \leqslant \pi$, 则驻相点位于 $\theta = \pi/2$ 处. 由驻相法, 有

$$J_n(\lambda) \sim \frac{1}{\pi} \operatorname{Re}\left(e^{i\lambda} \frac{\sqrt{2\pi} e^{-in\pi/2}}{\sqrt{i\lambda}} \right) = \sqrt{\frac{2}{\pi\lambda}} \cos\left(\lambda - \frac{\pi}{4} - \frac{n\pi}{2} \right), \quad \lambda \gg 1 \tag{3.183}$$

例 3.20 艾里函数的渐近表示

求艾里函数 (Airy function)

$$\text{Ai}(x) = \frac{1}{\pi} \int_0^\infty \cos\left(t^3/3 + xt\right) \mathrm{d}\, t \tag{3.184}$$

在 $x \to -\infty$ 时的渐近表示.

利用欧拉公式, 式 (3.184) 的积分可以改写为

$$\text{Ai}(x) = \frac{1}{2\pi} \text{Re}\left[\int_{-\infty}^\infty \mathrm{e}^{\mathrm{i}\left(t^3/3 + xt\right)} \mathrm{d}\, t\right] = \frac{\sqrt{-x}}{2\pi} \text{Re}\left[\int_{-\infty}^\infty \mathrm{e}^{\mathrm{i}\,(-x)^{3/2}\left(u^3/3 - u\right)} \mathrm{d}\, u\right] \tag{3.185}$$

式中, $u = t/\sqrt{-x}$. 记 $\lambda = (-x)^{3/2}$, $p(u) = u^3/3 - u$, $g(u) = 1$, 存在两个驻相点 $u = \pm 1$. 对于驻相点 $u = 1$, 有 $p(1) = -2/3$ 和 $p''(1) = 2$; 对于驻相点 $u = -1$, 有 $p(-1) = 2/3$ 和 $p''(-1) = -2$. 因此, 由驻相法, 可以得到

$$\text{Ai}(x) \sim \frac{\sqrt{-x}}{2\pi} \text{Re}\left[\frac{\mathrm{e}^{\mathrm{i}\,(-x)^{3/2}(-2/3)}\sqrt{\pi}}{\sqrt{-\mathrm{i}\,(-x)^{3/2}}} + \frac{\mathrm{e}^{\mathrm{i}\,(-x)^{3/2}(2/3)}\sqrt{\pi}}{\sqrt{\mathrm{i}\,(-x)^{3/2}}}\right] \tag{3.186}$$

再利用欧拉公式, 进一步给出

$$\text{Ai}(x) \sim \frac{1}{\sqrt{\pi}(-x)^{1/4}} \cos\left[\frac{2}{3}(-x)^{3/2} - \frac{\pi}{4}\right], \quad x \to -\infty \tag{3.187}$$

习　题

3.1　对于 $0 < \varepsilon \ll 1$, 试比较下列各组函数的量阶大小.

(1) $\varepsilon \ln \varepsilon^{-1}$ 与 e^ε;　(2) $\ln\ln \varepsilon^{-1}$ 与 $\ln \varepsilon^{-1}$.

3.2　试用简单函数 (如幂级数、指数函数、对数函数) 来表示当 $\varepsilon \to 0$ 时如下函数的量阶.

(1) $\sqrt{\varepsilon^2 + \varepsilon} - \varepsilon$;　(2) $\sqrt{\varepsilon + \varepsilon^2} - \sqrt{\varepsilon}$;　(3) $\dfrac{1 - \sin\varepsilon}{1 - \cos\varepsilon}$;　(4) $\sin 2\varepsilon - 2\varepsilon$;

(5) $\text{arcsinh}\,\varepsilon$;　(6) $\mathrm{e}^{-\cosh(1/\varepsilon)}$;　(7) $\mathrm{e}^{\varepsilon^2} - \mathrm{e}^\varepsilon$;　(8) $\displaystyle\int_0^\varepsilon \mathrm{e}^{-\varepsilon s} \mathrm{d}\, s$;

(9) $\ln\left[1 + \dfrac{\ln(1 + \varepsilon)}{1 + \varepsilon}\right]$;　(10) $\ln\left\{1 + \dfrac{\ln[(1 + \varepsilon)/\varepsilon]}{1 - \varepsilon}\right\}$.

3.3　将下列式子展成 ε 的幂级数形式, 其中 $0 < \varepsilon \ll 1$, 要求展开式精确到 $O(\varepsilon^2)$.

(1) $\tan\left(\dfrac{\pi}{4} + \varepsilon\right)$;　(2) $\dfrac{2\cos\varepsilon}{\sqrt{1 - \sin\varepsilon}}$;　(3) $\ln(\mathrm{e}^\varepsilon + \sqrt{1 + \varepsilon})$;　(4) $\ln(\mathrm{e} + \ln(1 + \varepsilon))$;

(5) $10^{2 + \varepsilon}$;　(6) $\exp\left(\dfrac{1 + \varepsilon}{1 - \varepsilon}\right)$;　(7) $\displaystyle\int_0^\varepsilon \mathrm{e}^{-\sin x} \mathrm{d}\, x$.

3.4　求下列极限值

(1) $\displaystyle\lim_{x \to 1^-} \frac{1 - x}{\sqrt{x - 1 - \ln x}}$;　(2) $\displaystyle\lim_{x \to 1^+} \frac{x - 1}{\sqrt{x - 1 - \ln x}}$.

3.5　函数 $y(x;\varepsilon) = x^2 + 2\varepsilon, 0 < x < 1, 0 < \varepsilon \ll 1$,试确定 $\dfrac{\mathrm{d}^2 y}{\mathrm{d}x^2}, \dfrac{\mathrm{d}y}{\mathrm{d}x}, y$ 关于 ε 的量级.

3.6　若正数 x 满足 $\varepsilon \ln x = 0$,其中 $0 < \varepsilon \ll 1$ 且 $\lim\limits_{\varepsilon \to 0} x = 0$,试比较当 $\varepsilon \to 0$ 时 x, ε 和 $\varepsilon \ln \varepsilon^{-1}$ 的量阶大小.

3.7　若 $\mathrm{e}^{-x} + \mathrm{e}^{-x/\varepsilon} = 1, 0 < \varepsilon \ll 1$,求证:$x \sim \varepsilon \ln \varepsilon^{-1}$.

3.8　估算下列式子,要求不能使用计算器,精度越高越好.

(1) $\sqrt[5]{1006}$;　(2) $\sqrt[14]{1391237759766345}$;　(3) 0.99^{365};　(4) 1.01^{365};　(5) e^{-5};　(6) e^{2000}.

3.9　估算下列式子,可以使用计算器.

(1) $2000!$;　(2) C_{2000}^{1000}.

3.10　若 $s \gg 1$,试求如下函数 $F(s)$ 关于 s 的量级.

$$F(s) = \int_1^s \frac{1}{2\sqrt{r}} \mathrm{e}^{(r-s)/4} \,\mathrm{d}r$$

3.11　若 $\lambda \gg 1$,试求如下函数 $G(\lambda)$ 关于 λ 的等价量近似 [21].

$$G(\lambda) = \int_0^1 \left[x^{-1/3} + \lambda \left(x - x^3 \right) \right]^{2/3} \left(3x^2 - 1 \right) \mathrm{d}x$$

3.12　函数 $x/(\mathrm{e}^x - 1)$ 在 $x \to 0$ 时的渐近展开式为

$$\frac{x}{\mathrm{e}^x - 1} \sim \sum_{n=1}^{\infty} \frac{B_n}{n!} x^n, \quad x \to 0$$

式中,B_n 为伯努利数 (Bernoulli number). 试给出伯努利数 B_n.

3.13　函数 $\operatorname{sech} x$ 在 $x \to 0$ 时的渐近展开式为

$$\operatorname{sech} x \equiv \frac{2}{\mathrm{e}^x + \mathrm{e}^{-x}} \sim \sum_{n=0}^{\infty} \frac{E_n}{n!} x^n, \quad x \to 0$$

式中,E_n 为欧拉数. 试给出欧拉数 E_n.

3.14　简单单摆的周期可以表示为

$$T = \frac{4}{\sqrt{g/L}} \int_0^{\pi/2} \frac{\mathrm{d}\varphi}{\sqrt{1 - k^2 \sin^2 \varphi}}, \quad k = \sin(\theta_\mathrm{m}/2)$$

式中,g 为重力加速度,L 为摆长,θ_m 为初始摆角. 试求周期 T 在 $k \to 0$ 时的渐近展开式.

3.15　求下列积分在 $x \gg 1$ 时的渐近展开式,并讨论对于给定的大 x 时的最佳截断.

(1) $\displaystyle\int_x^{\infty} t^2 \mathrm{e}^{-t^2} \,\mathrm{d}t$;　(2) $\displaystyle\int_x^{\infty} \mathrm{e}^{-t} \ln t \,\mathrm{d}t$;　(3) $\displaystyle\int_x^{\infty} \frac{\mathrm{e}^{x-t}}{t} \,\mathrm{d}t$;

(4) $\displaystyle\int_x^{\infty} \frac{\cos xt}{t} \,\mathrm{d}t$;　(5) $\displaystyle\int_x^{\infty} \frac{\sin xt}{t} \,\mathrm{d}t$.

3.16 试证明余弦积分在 $x \to 0$ 时的渐近展开式为

$$\mathrm{Ci}(x) = -\int_x^\infty \frac{\cos t}{t} \,\mathrm{d}t = \gamma + \ln x + \int_0^x \frac{\cos t - 1}{t} \,\mathrm{d}t \sim \gamma + \ln x + \sum_{k=1}^\infty \frac{(-x^2)^k}{2k(2k)!}, \quad x \to 0$$

3.17 试证明菲涅耳积分 (Fresnel integral) 在 $x \gg 1$ 时的渐近展开式为

$$S(x) = \int_0^x \sin\frac{\pi t^2}{2} \,\mathrm{d}t \sim \frac{1}{2} - \sum_{k=0}^\infty \frac{(-1)^k (2k+1)!!}{\pi^{k+1}(2k+1)x^{2k+1}} \cos\frac{\pi(x^2+k)}{2}, \quad x \to \infty$$

$$C(x) = \int_0^x \cos\frac{\pi t^2}{2} \,\mathrm{d}t \sim \frac{1}{2} + \sum_{k=0}^\infty \frac{(-1)^k (2k+1)!!}{\pi^{k+1}(2k+1)x^{2k+1}} \sin\frac{\pi(x^2+k)}{2}, \quad x \to \infty$$

对于给定的大 x,讨论最佳截断.

注:菲涅耳积分也常常被定义成如下形式:

$$S_1(x) = \sqrt{\frac{2}{\pi}} \int_0^x \sin t^2 \,\mathrm{d}t = S(x\sqrt{2/\pi}), \quad C_1(x) = \sqrt{\frac{2}{\pi}} \int_0^x \cos t^2 \,\mathrm{d}t = C(x\sqrt{2/\pi})$$

或者

$$S_2(x) = \frac{1}{\sqrt{2\pi}} \int_0^x \frac{\sin t}{\sqrt{t}} \,\mathrm{d}t = S(\sqrt{2x/\pi}), \quad C_2(x) = \frac{1}{\sqrt{2\pi}} \int_0^x \frac{\cos t}{\sqrt{t}} \,\mathrm{d}t = C(\sqrt{2x/\pi})$$

3.18 试证明正态分布函数在 $x \gg 1$ 时的渐近展开式为

$$\Phi(x) = \frac{1}{\sqrt{2\pi}} \int_0^x \mathrm{e}^{-t^2/2} \,\mathrm{d}t \sim \frac{1}{2} - \frac{\mathrm{e}^{-x^2/2}}{\sqrt{2\pi}} \sum_{k=0}^\infty \frac{(-1)^k (2k+1)!!}{(2k+1)x^{2k+1}}, \quad x \to \infty$$

并对于给定的大 x,讨论最佳截断.

注:由上式,可得补余误差函数在 $x \gg 1$ 时的渐近展开式,如下

$$\mathrm{erfc}(x) = \frac{2}{\sqrt{\pi}} \int_x^\infty \mathrm{e}^{-t^2} \,\mathrm{d}t \sim \frac{\mathrm{e}^{-x^2}}{\sqrt{\pi}} \sum_{k=0}^\infty \frac{(-1)^k (2k+1)!!}{2^k (2k+1)x^{2k+1}}, \quad x \to \infty$$

或者道森积分 (Dawson integral) 在 $x \gg 1$ 时的渐近展开式,如下

$$F(x) = \int_0^x \mathrm{e}^{t^2-x^2} \,\mathrm{d}t \sim \sum_{k=0}^\infty \frac{(-1)^k (2k+1)!!}{2^{k+1}(2k+1)x^{2k+1}} = \frac{1}{2x} + \frac{1}{4x^3} + \cdots, \quad x \to \infty$$

3.19 用驻相法求下列积分在 $x \gg 1$ 时首阶近似.

(1) $\displaystyle\int_0^1 \mathrm{e}^{\mathrm{i}xt^3} \,\mathrm{d}t$;　　(2) $\displaystyle\int_0^1 \mathrm{e}^{\mathrm{i}x(t-\sin t)} \,\mathrm{d}t$;　　(3) $\displaystyle\int_0^1 \cos xt^4 \tan t \,\mathrm{d}t$.

第4章　引力与物质模型

大到无外,小到无内①.

　　人类认知和活动的疆域在不断地扩大,但宇宙之大,粒子之小,自然演化之神奇,人类前所未有地认识到自身的无知. 关于宇宙的起源、演化和宿命,以及时空本源、光的本性、量子纠缠、大脑机制等等一系列问题,我们尚无法肯定我们已经真正地了解了,自然还有太多的未解之谜,但应用数学的参与使我们的认识不断深入.

　　科学的发现往往不是循规蹈矩的结果,然而一些经典的案例可能为我们提供科学研究的范式,值得我们去细细品味. 牛顿发现万有引力的例子是实施应用数学过程的典范,我们将从开普勒总结出的经验规律中抽丝剥茧出背后隐藏的万有引力规律,它可以解释苹果落地、月球运行、潮汐变化等等现象. 然而,包括牛顿在内的许多人都深深地困惑,为何物体之间存在着超距作用,引力的本质到底是什么. 爱因斯坦提出的广义相对论,让我们认识到引力只是物质的存在造成时空弯曲的结果,他提供了理论研究的另一种范式,从概念性的猜想出发构筑一套自洽的理论框架,然后再寻求实验证据. 这两个案例都是关于宏观乃至宇观的例子,我们进一步探讨热运动的本质和原子实在性的证据,试图窥见微观和宏观的联系. 最后,我们将探讨量子力学的理论框架,这是一个从解去猜测方程的有意思的案例,先是普朗克通过经验拟合的黑体辐射公式提出了"量子"概念,然后是薛定谔从自由粒子的波传播猜出了波动方程,而后狄拉克 (Paul Adrien Maurice Dirac) 鬼斧神工地将狭义相对论和量子力学融合在一起.

　　物质的本质是什么? 如何描述物质的运动? 在牛顿的理论中,物质的实体是由空间中的点来描述的. 在麦克斯韦的电磁理论中,实体是由时空中的场来决定的. 这些描述不可避免地需要用到参考系,经验表明选择合适的参考系可以使物理规律的描述更加简洁. 例如,地心说和日心说选择了不同的参考系,前者需要采用本轮、偏心圆和均轮等来描述天体的运动规律,而后者对于行星围绕太阳只需要使用椭圆来描述其运动规律. 就是这样开始相对性的思考,让我们能够不断地发展出新的认识.

　　本章以万有引力的发现、热本质的认识、原子实在性的证据和量子力学的发明等经典案例,来阐述应用数学处理问题的过程. 理论的建立可能源于经验事实,也可能基于一些假定的基本概念,但它们最终都需要用可获得的经验事实或实验数据来检验,也只能通过实践检验我们才能肯定物理模型的真实性和可靠性.

---

　　① "至大无外,谓之大一;至小无内,谓之小一." 出自《庄子·天下》. 大到无外,小到无内,则为太极. 太极概括了大与小的两极,太的一点表示小的意思.

4.1 万有引力的发现

4.1.1 宇宙中心之争

天空不空,亘久未变.

我们用肉眼所能看到的天空与古人看到的并无太大差异. 如果愿意的话,我们也可以通过直接观测天空,归纳出许多关于太阳、月亮以及其他许多星体的运行规律. 当然,有些天文现象并不是我们每个人都可能经历的,因此通过阅读前人积累的天文观察数据可以帮助我们获得更为丰富的认识. 但是要从这些数据中想象出宇宙的中心以及我们地球所处的位置就需要高度抽象的智慧.

中国古代文明对于宇宙有着深刻的认识. 战国秦汉时期的天文学家石申和甘德的著述是现存于世的最早的天文学著作,称为《甘石星经》,但也仅有部分著作内容留存. 从《唐开元占经》等典籍引录的内容可见,两位先贤及其门徒通过长期的星空观测,建立了恒星区划命名,总结了行星运动规律,测制了世界上最早的星表. 东汉科学家张衡的"宇之表无极,宙之端无穷"体现了无限宇宙思想. 中国古人对宇宙的认识也存在许多虚幻,如盖天说、浑天说、宣夜说. 其他古文明里也存在着许多类似的想象,如古印度认为整个世界由站在巨龟上的四头大象撑起,而巨龟则站在一条头咬尾的大蛇上方. 霍金在《时间简史》中也提到一个关于无限乌龟塔的宇宙观. 而今,宇宙大爆炸学说已经成为宇宙学中最有影响力的一种学说. 该学说的主要观点是宇宙起源于一个致密炽热的奇点,在 137 亿年前的一次大爆炸后的极短时间内形成了各种基本粒子和原子,然后在不断的膨胀和冷却中复合成气体并逐渐凝聚成星云,进而演化出各式各样的恒星和星系,最终形成了此时此刻的宇宙.

公元前 4 世纪,亚里士多德 (Aristotle) 已认识到运行的天体是物质的实体,大地是球形的,我们身处宇宙的中心. 公元 2 世纪,托勒密 (Claudius Ptolemy) 继承了亚里士多德等人的学说,通过大量的天文观察和大地测量以及前人 400 年间的观察成果,系统总结和提出了基于本轮、偏心圆和均轮等复杂天体运动的宇宙结构学说——地心说,编制了 1028 颗恒星的位置表,测算了地月距离,编纂了天文学和数学百科全书《天文学大成》. 地心说以人类自身为中心去规定各星体的运动,看起来是一个很简练的模型,容易取得普遍的共识,这极大地推动了人类文明的进步. 然而,此后的很长时间里,对于那些不能被解释的天文现象,天文学家所能做的工作只是对地心说的修修补补,这极其严重地限制了天文学研究的发展.

公元前 3 世纪,阿利斯塔克 (Aristarchus) 提出了最早的日心说,并近似测定了日地距离与月地距离的比值,但他的学说遭到了排斥,日心说长久不见天日. 直到 16 世纪初,哥白尼从大量积累下来的天文观察资料中,认识到地心说的修修补补只会让模型越来越复杂,需要设想一个更简练的解释. 哥白尼意识到地球在宇宙中可能并不特殊,于是开始考虑地球的运转问题. 通过更多的天文观测,哥白尼建立了以地动假设为前提的数学描述,确立了新的宇宙结构学说——日心说,并于 1543 年出版了巨著《天体运行论》,从而促成了天文学的彻底革命. 原来地球也只是一颗行星,它围绕着太阳不停地运动. 可是我们为什么察觉不到地球在动? 在伽利略①提出惯性定律和相对性原理之前,这个问题并不能得到回答.

1576 年,第谷 (Tycho Brahe) 在汶岛建造天堡观象台,开始了长期的天文观测,同时也系统记录了气象数据. 他是望远镜问世前最后一位仅依靠肉眼进行长期观测的天文学家. 经过 20 多年的天文观测,第谷发现了许多新的天文现象,并提出了日心-地不动的宇宙模型. 该模型认为地球是静止的宇宙中心,太阳和月球围绕地球运行,而其他星星围绕太阳运行. 1599 年,第谷移居布拉格,并建立了新的天文台. 次年,第谷邀请开普勒 (Johannes Kepler) 做助手. 又一年,第谷去世,他未能亲眼看清他的观测数据背后所隐匿着的天体运行规律.

1609 年,开普勒从第谷的火星位置资料中总结出关于行星围绕太阳做椭圆运动的两个定律,但并未证实第谷的日心-地不动的宇宙模型,而是证实了哥白尼的日心说. 开普勒在发表的《新天文学》著作中公开了这两个定律,并指出它们同样适用于其他的行星以及月球的运动. 随后又历经了 9 年的反复计算,开普勒从第谷的行星观察数据中总结出了第三定律,于 1619 年发表在《宇宙的和谐》这一著作中. 开普勒关于行星运动的三大定律为哥白尼的日心说提供了最坚实的证据②,也为牛顿发现万有引力定律奠定了基础.

1632 年,伽利略出版著作《关于托勒密和哥白尼两大世界体系的对话》,他基于自己发现的惯性定律、落体定律和相对性原理③等力学研究新成果论证了地球的自转,并分析了行星的圆形轨道运动以论证太阳是宇宙的中心. 伽利略并未接受开普勒的行星椭圆轨道运动,他还不能意识到开普勒三大定律的重要性,此后许多哲学家开始思考行星为何能在特定的轨道上运动.

1644 年,笛卡儿在著作《哲学原理》中提出了旋涡说,他认为所有的空间充满着流体("以太"),由于相互挤压,流体产生了旋涡,太阳周围的巨大旋涡带动了行星运动,行星处于各自较小的旋涡之中. 尽管旋涡说对于简单的现象都给不出有效的解释,但是它将行星运动归结为力学的原因,这具有重要的哲学意义 [22].

"自然与自然规律隐匿在暗夜之中

上帝说,让牛顿出世吧!

一切遂大放光明."

——英国诗人蒲柏 (Alexander Pope)

4.1.2　行星运动定律及其数学表述

开普勒猜测了圆形、卵形等多种轨道,经过艰苦计算,最终发现行星运动轨道是一个椭圆,并且只用七个椭圆就把当时已知的行星运动轨道描述出来了. 基于如此简单的世界体系,他骄傲地宣称他窥见了"上帝的秘密".

开普勒行星运动三大定律可以表述为

① 1610 年,伽利略第一次记录下了望远镜在科学研究中的应用,观察到了月球表面的山峦和火山口、木星的卫星、太阳黑子等 [22].

② 实际上,地心说与日心说在某种意义上都是正确的学说. 它们只是代表了不同观点,以地球或太阳为中心,在数学上只是选择了不同的参考点,然后分别建立起一个坐标系,对其他星体的运行规律进行描述. 但是,不同的处理方式,所描述的规律将大为不同,显然采用日心说可以非常方便地对太阳系中的各行星采用相同的动力学规律进行描述.

③ 早在公元 100 年前后,东汉著作《尚书纬·考灵曜》已记载有:"地恒动不止而人不知,譬如人在大舟中,闭牖而坐,舟行而不觉也."

(1) 行星以太阳为一焦点在各自的轨道上做椭圆运动,称为椭圆定律.

(2) 相同时间里从太阳到行星的矢量扫过的面积相同,称为面积定律.

(3) 行星轨道周期的平方与长半轴的立方成正比,称为周期定律,也称调和定律.

考虑到行星比太阳小得多,而太阳的半径比行星到太阳的距离又小得多,因此可以将行星和太阳都当作质点. 如图4.1所示,采用以太阳为原点的极坐标 (r, φ) 对开普勒行星运动三大定律进行数学描述.

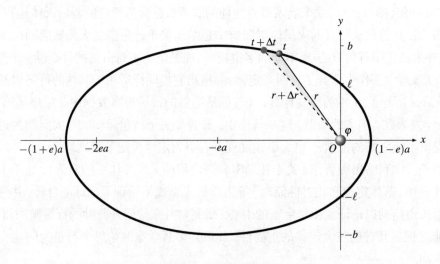

图 4.1   行星轨道运动

对于某个行星,以其到太阳的距离为 r,以太阳指向近日点为极轴,行星的位置矢量与极轴的夹角为 φ,则椭圆定律可以描述为

$$r(\varphi) = \frac{\ell}{1 + e\cos\varphi} \tag{4.1}$$

式中,ℓ 为焦点参数,e 为离心率. 若椭圆的长半轴长度为 a,短半轴长度为 b,则焦点参数为 $\ell = b^2/a$,离心率为 $e = \sqrt{1 - b^2/a^2}$.

根据面积定律,面积速度可以表示为

$$\lim_{\Delta t \to 0} \frac{\Delta A}{\Delta t} = \lim_{\Delta t \to 0} \frac{(r + \Delta r) \cdot r \sin \Delta\varphi}{2\Delta t} = \frac{1}{2} r^2 \dot{\varphi} \equiv \eta \tag{4.2}$$

式中,A 为面积,t 为时间,η 为常数,Δ 表示取增量.

周期定律可以表示为

$$a^3 = kT^2 \tag{4.3}$$

式中,T 为行星的运行周期,k 称为开普勒常量.

4.1.3 万有引力定律的导出

我们无时无刻都在感受着万有引力的作用,但它如此自然地存在,以至于我们很难意识到它的普遍性. 在牛顿之前,没有人试图将苹果落地与日月星辰的运行联系在一起. 在苹果树下,牛顿思考着为何苹果落地而月球不落地,并最终通过数学演绎窥见了二者之间的联系——万有引力定律,这一隐匿在各种不同现象背后的统一规律支配着世间的万物.

万有引力定律已为我们所熟知,它的发现在科学史上具有奠基性的意义. 如果只是运用万有引力定律来检验开普勒定律,可能我们并不能获得太多有用的认识. 事实上,万有引力的发现可以说是应用数学过程的最成功案例之一. 现在,姑且让我们忘掉万有引力定律,我们将进入一段应用数学分析过程之旅,试着重新发现引力和万有引力定律.

上节已经在极坐标系中采用清晰而简洁的数学语言描述了开普勒定律. 为了进一步描述行星的有向运动,我们选择更为熟悉的直角坐标系来处理矢量之间的关系. 仍以太阳所在的位置作为原点,以行星指向近日点的方向为 x 轴,在行星轨道所在的平面中取垂直于 x 轴的方向为 y 轴,如图4.1建立一个直角坐标系,它与极坐标系的转换关系为

$$\begin{cases} x = r \cos \varphi \\ y = r \sin \varphi \end{cases} \tag{4.4}$$

利用该关系,容易得到

$$x\dot{y} - y\dot{x} = r^2\dot{\varphi} \tag{4.5}$$

由此,面积定律 (4.2) 在直角坐标系下可以重新写为

$$x\dot{y} - y\dot{x} = 2\eta \tag{4.6}$$

注意到,面积速度 η 为常数,将上式两边对时间求导,可得

$$x\ddot{y} - y\ddot{x} = 0 \tag{4.7}$$

为了弄清楚上述式子的含义,我们将其转化为用矢量表示的形式. 根据上述定义,记行星的位矢为

$$\boldsymbol{r} = x\boldsymbol{i} + y\boldsymbol{j} \tag{4.8}$$

并将在轨道平面内与该位矢垂直的矢量定义为

$$\boldsymbol{t} = -y\boldsymbol{i} + x\boldsymbol{j} \tag{4.9}$$

则式 (4.6) 和式 (4.7) 可以分别表示为

$$\boldsymbol{r} \times \dot{\boldsymbol{r}} = 2\eta\boldsymbol{k} \tag{4.10}$$
$$\ddot{\boldsymbol{r}} \cdot \boldsymbol{t} = 0 \tag{4.11}$$

式中,$\dot{\boldsymbol{r}}$ 和 $\ddot{\boldsymbol{r}}$ 分别为行星的速度和加速度矢量. 式 (4.10) 意味着开普勒第二定律等价于角动量守恒定律,其中 2η 表示单位质量行星以太阳为原点的角动量. 式 (4.11) 说明加速度矢量 $\ddot{\boldsymbol{r}}$ 和矢量 $\boldsymbol{t}$ 是相互垂直的,又因为矢径 $\boldsymbol{r}$ 和矢量 $\boldsymbol{t}$ 也是相互垂直的,它们都在同一平面内,所以加速度矢量 $\ddot{\boldsymbol{r}}$ 与矢径 $\boldsymbol{r}$ 平行,即

$$\ddot{\boldsymbol{r}} \,/\!/\, \boldsymbol{r} \tag{4.12}$$

也就是说,行星的加速度永远指向(或者背向)太阳.

那么是什么原因导致行星的加速度一直指向(或者背向)太阳的呢? 理性的思索告诉我们,太阳对行星施加了某种作用. 根据牛顿运动第三定律,行星也将对太阳施加对等的作用. 因此,开普勒第二定律背后隐藏的秘密已经暴露无遗,那就是太阳和行星之间存在着某种相互作用,尽管它们相距遥远. 实际上,牛顿在获得这一认识之前已经意识到超距作用的存在,他发现无论是在高楼顶上还是高山之巅,我们都一样受到重力的作用,因此他认定这个力可以延伸得更远,比如月球[1]. 但是超距作用并不能像笛卡儿的漩涡说那样容易地被接受. 当时的人们能很容易地理解旋涡是"流体"挤压的结果,而令人疑惑的是如果没有接触何以产生相互作用,也因此牛顿对超距作用心存疑虑.

在相互作用下,太阳使行星产生了多大的加速度? 由例2.1可知,在极坐标系中,行星的加速度可以表示为

$$\begin{cases} a_r = \ddot{r} - r\dot{\varphi}^2 \\ a_\varphi = 2\dot{r}\dot{\varphi} + r\ddot{\varphi} \end{cases} \tag{4.13a}$$
$$\tag{4.13b}$$

由于加速度矢量与矢径平行,所以切线加速度 $a_\varphi = 0$. 将椭圆定律 (4.1) 对时间求一次导数,并结合面积定律 (4.2),可得

$$\dot{r} = \frac{\ell e\dot{\varphi}\sin\varphi}{(1+e\cos\varphi)^2} = \frac{r^2\dot{\varphi}}{\ell}e\sin\varphi = \frac{2\eta}{\ell}e\sin\varphi \tag{4.14}$$

继续对时间再求一次导数,并结合椭圆定律 (4.1) 和面积定律 (4.2),可得

$$\ddot{r} = \frac{2\eta}{\ell}e\dot{\varphi}\cos\varphi = \frac{4\eta^2}{r^2}\left(\frac{1}{r} - \frac{1}{\ell}\right) \tag{4.15}$$

因此,将上式以及面积定律 (4.2) 代入式 (4.13a),可以将径向加速度表示为

$$a_r = -\frac{4\eta^2}{\ell r^2} \tag{4.16}$$

由此可见,行星径向加速度与径向距离的平方成反比. 式 (4.16) 中的负号表示行星径向加速度指向太阳,因此太阳对行星施加的作用指向太阳自己,这样的超距离作用被称为"引力". 值得注意的是,式 (4.16) 仅仅是通过对观察到的行星运动轨道的分析得到的. 进一步结合牛顿运动第二定律,可以得到太阳作用在行星上的引力为

$$F = -ma_r = \frac{4m\eta^2}{\ell r^2} \tag{4.17}$$

式中,m 为行星的质量[2],负号表示引力与矢径方向相反. 这个式子已经表明引力与距离的平方成反比,但是式中的参数 η 和 ℓ 依赖于具体的行星轨道,不具有一般性. 为此,还需考虑开普勒第三定律,它是不可或缺的.

---

[1] 牛顿可能在 1679 年前并未推导出万有引力定律,一个可能的证据是他思考重力延伸到月球时,并没有意识到力随着距离在减弱. 1679~1680 年,牛顿与胡克 (Robert Hooke) 恢复通信期间提到了引力问题,胡克发现牛顿错误地将引力看成不随距离变化的常量,并纠正了他. 胡克把这一消息传到皇家学会,牛顿觉得颜面尽失,再次反目. 不过牛顿也声称他在 1660 年代就用行星的圆形轨道得到了引力与距离平方成反比的关系. 所以很难确切地知道牛顿是在何时导出了万有引力定律.

[2] 从这里的处理方式来看,我们没有必要区分"引力质量"和"惯性质量".

由面积定律 (4.2),可以得到行星的运行周期:

$$T = \frac{\pi ab}{\eta} = \frac{\pi\sqrt{\ell a^3}}{\eta} \tag{4.18}$$

结合周期定律 (4.3),有

$$\ell = \frac{\eta^2}{\pi^2 k} \tag{4.19}$$

式中,开普勒常量 k 与具体行星并无关系. 因此,式 (4.17) 可以写作

$$F = \frac{Km}{r^2} \tag{4.20}$$

式中,$K = 4\pi^2 k$ 为常量,它与具体的行星无关,即对于太阳系各行星,K 是一个普适的常量. 那么 K 与什么因素有关呢? 可以预见,它与太阳本身的质量是有关系的.

根据牛顿第三定律,作用力是相互的. 既然作用力的大小与行星质量成正比,也必然与太阳的质量成正比. 或者也可以利用叠加原理来理解,如果太阳的质量加倍,其作用应是单个太阳作用的两倍. 因此,令 $K = GM$,其中 G 为常量,M 为太阳的质量,则有

$$F = \frac{GMm}{r^2} \tag{4.21}$$

常量 G 与具体的太阳和行星都没有关系, 这意味着任何有质量的两个物体都可能受到式 (4.21) 的支配. 该式就是我们熟知的万有引力定律,G 称为万有引力常量. 当然,要从引力定律上升到万有引力定律,需要大量的实验证据. 万有引力定律于 1687 年随着《自然哲学的数学原理》的出版而公之于众, 在著作中牛顿分析了自由落体运动、月球运动、潮汐和岁差等现象,表明引力无处不在,从而奠定了万有引力定律的基础.

实际上, 牛顿发现万有引力定律的过程远比上述过程要曲折得多. 牛顿关于引力的研究开始于 1665—1666 年. 那时候伦敦爆发大瘟疫,剑桥大学校园关闭,牛顿被迫回到家乡,两年的静心思考使他在数学、力学和光学领域创造了一系列奇迹. 然而,牛顿是否在这一时期就完成或部分完成了万有引力定律的推导? 如果已经完成,为何 20 多年中都没有公布[①]? 相关问题存在一些解释, 这里不做考证, 仅对与处理万有引力问题的应用数学过程做些说明. 在牛顿的时代, 很多概念尚不够明晰, 甚至有些概念很混乱, 如力与能、力与功、质量与重量、向心力与离心力等之间的关系, 这些都可能成为牛顿思考的羁绊. 此外, 微积分尚不成熟, 牛顿直到 1685 年才解决了一个困惑他多年的问题, 他证明了两个均匀球体之间的吸引力与将质量集中到球体各自中心点上二者之间的吸引力是相同的, 这为他解释包括苹果落地在内的落体运动问题提供了基础. 尽管牛顿利用当时可以获得的一些实验数据对相关理论预测进行了校验,但万有引力常量在当时还无法给出.

1798 年,卡文迪许 (Henry Cavendish) 基于扭秤实验测出了万有引力常量的数值,证实了万有引力定律. 他的测试给出万有引力常量 G 为 6.754×10^{-11} N$\cdot$m^2/kg^2,目前最新值

───────────────────────────

① 胡克有可能较早猜到了万有引力与距离平方成反比, 所以他极力与牛顿争优先权. 他们先后就反射望远镜的发明权、光的色彩复合、薄板颜色、万有引力定律等的优先权吵翻数次. 胡克是如何得出引力与距离平方成反比的认识, 他始终没有拿出证据, 尽管他也声称该引力关系导致了行星的椭圆轨道.

为 6.67259×10^{-11} N·m²/kg²,二者很接近. 卡文迪许还进一步计算出了地球的质量和平均密度[①],因而他被称为"第一个称量地球的人".

实验测量万有引力常量的极端困难在于引力是很弱的力,并且无法隔离其他物体的影响,因而其测量方法非常有限. 扭秤法及其改进形式仍是最精确的方法,不过近年来也出现了一些其他的动力学方法 [23]. 例如,1998 年施瓦茨 (Joshua P. Schwarz) 等人 [24] 提出了自由落体法,该方法在实验中引入500 kg 钨环造成了局部重力场的改变,然后通过分析自由下落物体的摄动加速度来获得万有引力常量.

尽管万有引力常量是最早被发现的基本物理常量, 但由于其测量精度难以提高, 且尚未发现它与其他基本物理常量有确定的联系, 所以目前并未将其作为用来定义国际单位制 (SI) 的基本常量.

4.1.4　万有引力定律的应用

"万物之始,大道至简,衍化至繁. "[②]

开普勒基于第谷积累的大量天文数据,归纳出了行星运动的三大定律. 从经验上获取规律是一种有效的思维方式, 是人类根深蒂固的认知途径. 开普勒并非第一个从经验上或实验上去挖掘背后机制的人,但他无疑是最成功的一个,让复杂的地心说模型被几个椭圆就能描述的日心说模型取代,从而产生了深远的影响,这样的科学研究方式被称为"开普勒范式". 需要说明的是, 地心说并非错误的学说, 它与日心说的不同之处只是选择了不同的参考系. 参考系的不同选择, 只是导致描述众多星体相对运动的难易程度不同而已,无所谓对错. 正如奥卡姆剃刀 (Occam's razor) 定律所指出的"如无必要,勿增实体",理论越简洁,可能更能触及事物的本质.

牛顿进一步挖掘出隐匿在行星运动定律背后更加一般的规律,即支配了任意物体之间的引力作用. 在牛顿之前, 没有人意识到苹果落地与月球绕地球运动的机制是一致的. 牛顿挖掘出了支配行星运动的一般性规律,并成功地运用到许许多多的问题中. 这种科学研究方式被称为"牛顿范式",它试图找到那些推动事物运行的最简单的规律,即第一性原理.

牛顿范式指引了科学的发展方向,科学也因此取得了前所未有的成就. 但开普勒范式也并未被完全取代,它一直都是科学研究的重要方式,随着大数据时代的到来,机器学习和人工智能的发展,开普勒范式又开始焕发新机.

例 4.1　验证行星的能量守恒定律,并探讨引力势及其微分方程

在极坐标系中,由式 (2.11),行星的动能可以写作

$$E_k = \frac{1}{2}mv^2 = \frac{1}{2}m\left[\dot{r}^2 + (r\dot{\varphi})^2\right] \tag{4.22}$$

---

① 计算地球质量需要进一步知道地球的半径和重力加速度. 公元前 200 多年,古希腊的哲学家埃拉托色尼 (Eratosthenes) 精确地测量了地球的周长,他给出的结果为39 360 km,与当前的赤道周长40 076 km 非常接近. 该方法被称为"立竿见影"法,在同一经度上选择两个城市,当太阳直射一个城市时,根据另一个城市的塔影长度,计算出地球的周长. 1590 年,伽利略设计斜面滚球实验测量了重力加速度. 当然,伽利略还发现了单摆的周期与摆长的平方成正比,利用单摆也可以测量重力加速度.

② 出自老子的《道德经》.

将上式结合式 (4.14) 和式 (4.2),可得

$$E_k = 2m\eta^2 \left(\frac{e^2}{\ell^2} \sin^2\varphi + \frac{1}{r^2} \right) = GMm \left(\frac{1}{r} + \frac{e^2 - 1}{2\ell} \right) \tag{4.23}$$

其中利用了行星的面积速度:

$$\eta = \pi\sqrt{\frac{\ell}{k}} = \frac{1}{2}\sqrt{K\ell} = \frac{1}{2}\sqrt{GM\ell} \tag{4.24}$$

若将引力势能零点定义在无穷远处,则由万有引力定律 (4.21),行星的引力势能为

$$E_p = \int_r^\infty F(r_1)\, d\, r_1 = -\frac{GMm}{r} \tag{4.25}$$

因此,行星的总能量为

$$E_t = E_k + E_p = GMm\frac{e^2 - 1}{2\ell} = -\frac{GMm}{2a} \tag{4.26}$$

该结果与行星位置无关,因此对于特定的行星,其总能量守恒.

1777 年,拉格朗日 (Joseph-Louis Lagrange) 提出了引力势的概念,即质量 M 的物体周围的引力势为

$$\Phi(\boldsymbol{r}) = -\frac{GM}{r} \tag{4.27}$$

式中,质点离开物体 M 的距离 $r = |\boldsymbol{r}|$. 质量 m 的物体受到质量 M 的物体的引力可以写为

$$\boldsymbol{F} = -m\nabla\Phi(\boldsymbol{r}) = -\frac{GMm}{r^3}\boldsymbol{r} \tag{4.28}$$

式中, 负号表示引力的方向与矢径的方向相反. 如果物体 M 在空间 Ω 中的质量分布为 $\rho(\boldsymbol{r})$,可以根据叠加原理,计算引力势:

$$\Phi(\boldsymbol{r}) = -\int_\Omega \frac{G\rho(\boldsymbol{r}_0)}{|\boldsymbol{r} - \boldsymbol{r}_0|}\, d\,\boldsymbol{r}_0 \tag{4.29}$$

式中,$d\,\boldsymbol{r}_0$ 为体积元. 矢量 $\nabla\Phi(\boldsymbol{r})$ 在有界闭区域 V 上有连续的一阶偏微商,由高斯定理 (2.102) 和高斯重力定律 (习题 4.2),有

$$\iiint_V \nabla \cdot \nabla\Phi(\boldsymbol{r})\, d\,\boldsymbol{r} = \oiint_{\partial V} \nabla\Phi(\boldsymbol{r}) \cdot d\,\boldsymbol{S} = 4\pi G \iiint_V \rho(\boldsymbol{r})\, d\,\boldsymbol{r} \tag{4.30}$$

如果所考察的点在空间 Ω 外,可以得到

$$\nabla^2\Phi = 0 \tag{4.31}$$

这是拉普拉斯于 1782 年推导出的引力势所满足的微分方程,称为拉普拉斯方程,需注意它只适用于空间 Ω 外. 如果所考察的点在空间 Ω 内,可以得到

$$\nabla^2\Phi = 4\pi G\rho \tag{4.32}$$

这是泊松 (Simeon-Denis Poisson) 于 1812 年建立的物体内部引力势的方程,称为泊松方程.

例 4.2 由万有引力定律反求行星的运行轨道

牛顿在公布发现万有引力定律之前,胡克、哈雷 (Edmond Halley) 等已经意识到引力与距离的平方成反比的关系. 1684 年,哈雷访问牛顿时提出:如果引力与距离平方成反比,行星的轨道是什么? 牛顿回答是一个椭圆,并在三个月后给哈雷寄去了解答细节. 哈雷第一次看到了数学演绎的证据,也因此他极力地推动和资助了《自然哲学的数学原理》的出版.

考虑行星受到太阳的引力 $F(r)$ 的作用,行星的加速度总是指向太阳. 在以太阳为原点的极坐标系 (r, φ) 上,行星的径向和切向的加速度分别为

$$a_r = -F(r)/m, \quad a_\varphi = 0 \tag{4.33}$$

因此,由式 (4.13) 和上式,行星的运动方程可以写为

$$\begin{cases} \ddot{r} - r\dot{\varphi}^2 = -\dfrac{F(r)}{m} & (4.34a) \\ 2\dot{r}\dot{\varphi} + r\ddot{\varphi} = 0 & (4.34b) \end{cases}$$

由环向运动方程 (4.34b),可以得到

$$\dot{\varphi} = \frac{2\eta}{r^2} \tag{4.35}$$

式中,η 为常数. 将上式代入径向运动方程 (4.34a),可以得到

$$\ddot{r} = \frac{4\eta^2}{r^3} - \frac{F(r)}{m} \tag{4.36}$$

这是一个关于 $r(t)$ 的非线性微分方程. 由于 r 和 φ 都是时间 t 的函数,则轨道方程可表示为 $r(\varphi)$. 因此,我们考虑消去时间 t 来获得 $r(\varphi)$ 的控制方程. 由于

$$\dot{r} = \dot{\varphi}\frac{\mathrm{d}r}{\mathrm{d}\varphi} = \frac{2\eta}{r^2}\frac{\mathrm{d}r}{\mathrm{d}\varphi} \tag{4.37}$$

$$\ddot{r} = \dot{\varphi}\frac{\mathrm{d}\dot{r}}{\mathrm{d}\varphi} = \frac{2\eta}{r^2}\frac{\mathrm{d}}{\mathrm{d}\varphi}\left(\frac{2\eta}{r^2}\frac{\mathrm{d}r}{\mathrm{d}\varphi}\right) = \frac{4\eta^2}{r^2}\frac{\mathrm{d}}{\mathrm{d}\varphi}\left(\frac{1}{r^2}\frac{\mathrm{d}r}{\mathrm{d}\varphi}\right) = -\frac{4\eta^2}{r^2}\frac{\mathrm{d}^2 r^{-1}}{\mathrm{d}\varphi^2} \tag{4.38}$$

所以式 (4.36) 可改写为

$$\frac{\mathrm{d}^2 r^{-1}}{\mathrm{d}\varphi^2} + r^{-1} = \frac{r^2 F(r)}{4\eta^2 m} \tag{4.39}$$

考虑万有引力定律 (4.21),并令 $u = r^{-1}$,则上式可以写为

$$\frac{\mathrm{d}^2 u}{\mathrm{d}\varphi^2} + u = \frac{GM}{4\eta^2} \tag{4.40}$$

该式称为比耐方程 (Binet's equation),它是一个关于 $u(\varphi)$ 的线性微分方程,其一般解为

$$u(\varphi) = \frac{1}{\ell}\left(1 + A\cos\varphi + B\sin\varphi\right) \tag{4.41}$$

式中,$\ell = 4\eta^2/(GM)$,A 和 B 为常数. 令 $e = \sqrt{A^2 + B^2}$ 和 $\varphi_0 = \arctan(B/A)$,则行星的轨道方程为

$$r(\varphi) = \frac{1}{u(\varphi)} = \frac{\ell}{1 + e\cos(\varphi - \varphi_0)} \tag{4.42}$$

对于 $e < 1$,该轨道方程描述了行星的椭圆轨道. 但上述推导仅要求 $e > 0$,而没有要求 $e < 1$. 实际上,若 $e = 1$,轨道是抛物线型的;若 $e > 1$,轨道是双曲线型的. 因此,除了周期性的椭圆轨道,式 (4.42) 还预言了存在非周期性的轨道情形,有些彗星就属于这种情况.

1705 年,哈雷出版了著作《彗星天文学论说》,他基于牛顿力学方法分析了1337~1698 年间被记载的 24 颗彗星的运行轨道,发现曾在 1531 年、1607 年以及 1682 年出现的彗星原来是同一颗,并预言该彗星将于 1758 年底或 1759 年初回归. 虽然哈雷没能亲眼见证彗星回归的那一天,但他因预言成真而成功冠名了这颗彗星——"哈雷彗星". 该彗星的轨道周期约为 76 年,最近一次过近日点是 1986 年 2 月 9 日,下次回归是 2061 年.

例 4.3 多体问题

考虑 N 个质点在相互之间引力作用下的运动,忽略质点之间的碰撞,由牛顿运动定律可以得到质点运动的控制方程

$$\begin{cases} m_i\ddot{\boldsymbol{x}}_i = \sum_{j \neq i} \boldsymbol{F}_{ij}, \quad i = 1, 2, \cdots, N \\ \boldsymbol{x}_i(0) = \boldsymbol{x}_i^{(0)}, \quad \dot{\boldsymbol{x}}_i(0) = \boldsymbol{v}_i^{(0)} \end{cases} \tag{4.43}$$

式中,m_i 为质点 i 的质量,$\boldsymbol{x}_i$、$\dot{\boldsymbol{x}}_i$ 和 $\ddot{\boldsymbol{x}}_i$ 分别为质点 i 的位置、速度和加速度,$\boldsymbol{x}_i^{(0)}$ 和 $\boldsymbol{v}_i^{(0)}$ 分别为质点 i 的初始位置和初始速度,$\boldsymbol{F}_{ij}$ 为质点 i 受到质点 j 的作用力,例如万有引力作用

$$\boldsymbol{F}_{ij} = -\frac{Gm_i m_j}{|\boldsymbol{x}_i - \boldsymbol{x}_j|^3}(\boldsymbol{x}_i - \boldsymbol{x}_j) \tag{4.44}$$

微分方程组 (4.43) 描述了一个初值问题,在给定初值的条件下将给出确定性的结果. 即使把质点的碰撞以及其他相互作用考虑进来,这样的多体问题仍是一个确定性的问题. 原则上可以求出系统任意时刻的各质点的位置和速度,但多体问题的求解是困难的,特别是解析解尤为困难,即使对于三体问题[①]目前也未完全找到所有稳定的闭式解.

经典力学描述了一个确定性的宇宙[②],但是我们真的处在一个确定性的宇宙中吗? 如果宇宙的过去和未来是确定的,那么我们此刻的思考也是被决定了的吗? 我们有着许多不确定的生活经验,这似乎有悖于一个确定性的宇宙理论,但又有着许多确定的生活经验,一定有什么东西还隐匿在其中[③].

[①] 1899 年,庞加莱因求出特殊情形下三体问题的周期解获奥斯卡二世 (Oscar II) 奖金. 中国科幻作家刘慈欣的系列长篇科幻小说《三体》描绘了一个由三个恒星构成的复杂宇宙体系,并在其中的一颗行星上孕育了高度发达的三体文明 (原则上,这是一个四体问题),该作品获得了第 73 届雨果奖最佳长篇小说奖.

[②] 1814 年,拉普拉斯认为宇宙现在的状态是其过去的果以及未来的因,他提出如果一个"智者"能够知道宇宙中每个原子确切的位置和动量,那么使用牛顿定律则可以展现宇宙的过去和未来. 该"智者"被称为拉普拉斯妖 (Démon de Laplace).

[③] 爱因斯坦在 4~5 岁的时候从父亲那里得到了一个指南针,他惊奇于指南针以如此确定的方式工作,与其一般的经验不符合. 12 岁时,爱因斯坦阅读了欧几里得 (Euclid) 平面几何,他惊奇于许多几何命题的明晰性和确定性. 这些经历给了他深刻而持久的印象,他开始有意识地思考,一定有什么东西深深地隐匿在事物的后面.

4.2 引力本质的诠释

4.2.1 时空观的演变

时空弯曲,物质运动.

空间和时间对于我们来说是如此自然的存在,我们可能想当然地认为空间是无界的固有存在,而时间是无尽的岁月洪流.

1905 年[①],爱因斯坦提出了狭义相对论 (Special Relativity),认为时间不是独立于空间的维度,并发现了质量与能量之间的当量关系. 1915 年,爱因斯坦进一步提出了广义相对论 (General Relativity),指出物质的存在造成了时空的弯曲,而时空弯曲驱使了物质运动. 这一深奥的理论,起源于人类对时空观的思考,而在这当中爱因斯坦的工作就是一个关于物理定律的再创作. 如果存在外星生命,那些智慧生命所发现的自然规律不应该与我们地球人所发现的有本质的区别,甚至它们在形式上可能是一样的.

1632 年,伽利略在《两种新科学的对话》中提出了相对性原理,指出在匀速运动的封闭船舱里的人并不能判断出船是动的还是不动的,即便开展力学实验,如自由落体,也分辨不出来船的运动状态.

1687 年,牛顿在《自然哲学的数学原理》中对绝对时间和绝对空间都作了明确的表述,并采用旋转水桶实验来"证明"绝对空间的存在. 牛顿认为,"绝对的、真正的和数学的时间自身在流逝着,且因其本性而均匀地、与任何其他外界事物无关地流逝着","绝对空间,就其本性而言,是与外界任何事物无关的,处处均匀,永不变动". 牛顿的绝对时空观认为时间和空间的度量与惯性参照系的运动状态无关,牛顿力学的规律在任何惯性参考系中都具有相同的形式 (称为经典力学的相对性原理或伽利略相对性原理),可通过伽利略变换进行转化. 考虑两个惯性系 S 和 S',其中 S' 系相对于 S 系的速度为 $\boldsymbol{u} = u\boldsymbol{i}$,则伽利略变换写为

$$x' = x - ut, \quad y' = y, \quad z' = z, \quad t' = t \tag{4.45}$$

伽利略逆变换为

$$x = x' + ut', \quad y = y', \quad z = z', \quad t = t' \tag{4.46}$$

记质点的坐标在 S 和 S' 系中分别为 $r = x\boldsymbol{i} + y\boldsymbol{j} + z\boldsymbol{k}$ 和 $r' = x'\boldsymbol{i} + y'\boldsymbol{j} + z'\boldsymbol{k}$,由伽利略变换,有质点的速度和加速度的变换关系分别为 $\dot{r}' = \dot{r} - \boldsymbol{u}$ 和 $\ddot{r}' = \ddot{r}$. 记 $\boldsymbol{F}$ 和 $\boldsymbol{F}'$ 分别为质点在 S 和 S' 系中的惯性力,m 和 m' 分别为质点在 S 和 S' 系中的质量. 在牛顿力学中,力与参考系无关,$\boldsymbol{F}' = \boldsymbol{F}$,质量与运动无关,$m' = m$,对于在 S 系中的牛顿定律 $\boldsymbol{F} = m\ddot{r}$,在 S' 系中可写成 $\boldsymbol{F}' = m'\ddot{r}'$,形式没有变化. 对于 A 和 B 两个事件,在 S 和 S' 系可以观察到两事件的时间间隔和位置间隔分别一样,这就是"绝对时间"和"绝对空间"的含义.

1739 年,休谟 (David Hume) 在《人性论》一书中探讨了时间和空间的关系,他认为时间不可能单独出现,它不过是一些实体存在的方式. 1883 年,马赫在《力学史评》一书中批

───────────────────────────────

① 这一年被称为科学史上的又一个"奇迹年",爱因斯坦完成了 5 篇具有科学革命意义的论文,即《分子大小的新测定》《热的分子运动论所要求的静止液体中悬浮颗粒的运动》《论动体的电动力学》《物体的惯性同它所含的质量有关吗?》和《关于光的产生和转化的一个试探性观点》.

判了牛顿的旋转水桶实验,他认为根本不存在绝对空间和绝对运动,而时间和空间的量度与物质运动有关. 1849 年,菲佐 (Armand Hippolyte Louis Fizeau) 首创了在实验室条件下测定光速的方法;1859 年,进一步发表了流动液体中的光速实验,发现光速并不受流体运动的影响. 1887 年,迈克耳孙 (Albert Abraham Michelson) 和莫雷 (Edward Morley) 通过实验证明"以太"并不存在,并且在真空中,光速在任何参考系中都是不变的. 爱因斯坦认为休谟和马赫的思想深刻地影响了他,从而成就了狭义相对论的建立.

4.2.2　狭义相对论概略

马赫认为绝对时间和绝对空间是不存在的.

爱因斯坦将伽利略相对性原理进行推广,指出一切物理定律在所有惯性系中都是相同的,称为狭义相对性原理;而真空中的光速对于任何观察者而言都是不变的,称为光速不变原理. 然后,基于这两条基本假设,爱因斯坦重新导出了洛伦兹变换 (Lorentz transformation) 公式,建立了狭义相对论. 尽管马赫否定了绝对惯性系的地位,但是爱因斯坦在建立狭义相对论时仍保留了惯性系的地位.

狭义相对论指出,物理定律在任何惯性参考系中都具有相同的形式,可通过洛伦兹变换进行转化. 考虑两个惯性系 S 和 S′,引入闵可夫斯基空间 (Minkowski space) 四维矢量 $\bar{s} = \mathrm{i}ct + x\boldsymbol{i} + y\boldsymbol{j} + z\boldsymbol{k}$,上述两条基本假设要求时空变换关系满足:

$$(\mathrm{d}\bar{s}')^2 = (\mathrm{d}\bar{s})^2 \tag{4.47}$$

的线性变换,其中 c 为光在真空中的传播速度. 若 S′ 系相对于 S 系的速度只有在 x 轴方向的速度 v,则线性变换(洛伦兹变换)为

$$t' = \varGamma\left(t - vx/c^2\right), \quad x' = \varGamma\left(x - vt\right), \quad y' = y, \quad z' = z \tag{4.48}$$

式中,系数 $\varGamma$ 为

$$\varGamma = \frac{1}{\sqrt{1 - v^2/c^2}} \tag{4.49}$$

洛伦兹变换是闵可夫斯基空间中的正交变换,一个四维矢量从 S 系变换到 S′ 系对应于闵可夫斯基空间的转动. 时空间隔 $\mathrm{d}s$ 可以写作

$$\mathrm{d}s = \sqrt{(\mathrm{d}\bar{s})^2} = \sqrt{-c^2(\mathrm{d}t)^2 + v^2(\mathrm{d}t)^2} = \mathrm{i}\,cdt/\varGamma \tag{4.50}$$

质点 m 在 S 系和 S′ 系的速度分别为

$$v_x = \frac{\mathrm{d}x}{\mathrm{d}t}, \quad v_y = \frac{\mathrm{d}y}{\mathrm{d}t}, \quad v_z = \frac{\mathrm{d}z}{\mathrm{d}t} \tag{4.51}$$

和

$$v'_x = \frac{\mathrm{d}x'}{\mathrm{d}t'}, \quad v'_y = \frac{\mathrm{d}y'}{\mathrm{d}t'}, \quad v'_z = \frac{\mathrm{d}z'}{\mathrm{d}t'} \tag{4.52}$$

由洛伦兹变换,从 S 系变换到 S′ 系的速度变换为

$$v'_x = \frac{v_x - v}{1 - vv_x/c^2}, \quad v'_y = \varGamma v_y, \quad v'_z = \varGamma v_z \tag{4.53}$$

放置在 S′ 系固定在 x' 轴上长度为 l_0 的尺子,在 S 系将观察到该尺子的长度为 $l = l_0/\Gamma < l_0$,这表明运动的尺子在运动方向上比其静止时短,即存在"尺缩效应"[1]. 放置在 S′ 系的时钟的时间周期为 τ_0,在 S 系将观察到该时钟的时间周期为 $\tau = \tau_0/\Gamma < \tau_0$,这表明运动的时钟比其静止时慢,即存在"钟慢效应". 这些认识实际上洛伦兹已得到过,但他错误地认为这些效应是相对于"以太"而言的. 在爱因斯坦看来,"以太"的概念是多余的,而洛伦兹变换是正确的、有用的.

在闵可夫斯基空间,将 S 系的四维矢量记为

$$\bar{s} = \bar{x}^0 \boldsymbol{i}_0 + \bar{x}^1 \boldsymbol{i}_1 + \bar{x}^2 \boldsymbol{i}_2 + \bar{x}^3 \boldsymbol{i}_3 = \bar{x}^\mu \boldsymbol{i}_\mu \tag{4.54}$$

式中,$\bar{x}^0 = ct$, $\bar{x}^1 = x$, $\bar{x}^2 = y$, $\bar{x}^3 = z$,并采用爱因斯坦求和约定,即重复脚标 μ 表示对其取遍 $0,1,2,3$ 后求和. 参考系的基矢两两正交,即 $\boldsymbol{i}_\mu \cdot \boldsymbol{i}_\nu = \eta_{\mu\nu}$,其中 $\eta_{\mu\nu} = \mathrm{diag}(-1,1,1,1)$. 在闵可夫斯基空间中,两个事件的时空间隔 $\mathrm{d}s$ 写为

$$(\mathrm{d}s)^2 = (\mathrm{d}\bar{s}) \cdot (\mathrm{d}\bar{s}) = (\boldsymbol{i}_\mu \mathrm{d}\bar{x}^\mu) \cdot (\boldsymbol{i}_\nu \mathrm{d}\bar{x}^\nu) = \eta_{\mu\nu} \mathrm{d}\bar{x}^\mu \mathrm{d}\bar{x}^\nu \tag{4.55}$$

注意区分上标表示指标还是指数,不要混淆了. 从 S 系到 S′ 系的线性变换可以写为

$$\bar{x}'^\mu = L^\mu_{\ \nu} \bar{x}^\nu \tag{4.56}$$

式中,系数 $L^\mu_{\ \nu}$ 满足 $\eta_{\mu\nu} L^\mu_{\ \alpha} L^\nu_{\ \beta} = \eta_{\alpha\beta}$,即有

$$[L^\mu_{\ \nu}] = \begin{bmatrix} \Gamma & -\Gamma v/c & 0 & 0 \\ -\Gamma v/c & \Gamma & 0 & 0 \\ 0 & 0 & 1 & 0 \\ 0 & 0 & 0 & 1 \end{bmatrix} \tag{4.57}$$

考虑与运动的坐标系 S′ 固联的钟,引入固有时 τ 使得 $(\mathrm{d}\tau)^2 = -(\mathrm{d}s)^2/c^2$,则式 (4.55) 可以重新写为

$$\eta_{\mu\nu} \frac{\mathrm{d}\bar{x}^\mu}{\mathrm{d}\tau} \frac{\mathrm{d}\bar{x}^\nu}{\mathrm{d}\tau} = -c^2 \tag{4.58}$$

对于质量为 m 的质点,定义四维速度 U^μ 和四维动量 P^μ:

$$U^\mu = \frac{\mathrm{d}\bar{x}^\mu}{\mathrm{d}\tau}, \quad P^\mu = mU^\mu \tag{4.59}$$

从式 (4.57) 可见,四维速度 U^μ 和四维动量 P^μ 都是四维矢量. 由式 (4.50),有 $\mathrm{d}\tau = \mathrm{d}t/\Gamma$,因此,四维动量写为

$$\boldsymbol{P} = (P^0, P^1, P^2, P^3) = (\Gamma mc, \Gamma mv_x, \Gamma mv_y, \Gamma mv_z) \tag{4.60}$$

此时,质点的动量可以写成

$$\boldsymbol{p} = (p_x, p_y, p_z) = (\Gamma mv_x, \Gamma mv_y, \Gamma mv_z) \tag{4.61}$$

---

[1] 1909 年,艾伦费斯特 (Paul Ehrenfest) 提出了转盘佯谬:设想一个高速旋转的圆盘,周长由于尺缩效应将变短,而圆盘直径不变,这就意味着周长与直径的比值将小于常数 π. 转盘佯谬深刻地启发了爱因斯坦,他意识到引力和加速度不能被糅合进狭义相对论中,他需要一种数学(非欧几何)来描述被引力弯曲的时空.

四维力:

$$\boldsymbol{F} = (f^0, f^1, f^2, f^3) = (W/c, f_x, f_y, f_z) \tag{4.62}$$

式中, W 为功率密度. 牛顿第二定律可以写为

$$\boldsymbol{F} = \frac{\mathrm{d}\boldsymbol{P}}{\mathrm{d}t} \tag{4.63}$$

根据牛顿第一定律, 对于不受力的质点, 若其在参考系中保持静止或做匀速直线运动, 则该参考系为惯性参考系. 那么如何定义 "质点不受力", 这似乎要求事先存在 "惯性系", 而定义 "惯性系" 又要求 "质点不受力", 于是我们陷入了一个循环定义的窘境. 爱因斯坦意识到所有的运动是相对的, 惯性系无法被定义, "相对论" 存在基础性缺陷. 此外, 麦克斯韦的电磁理论与 "相对论" 相符, 而万有引力定律却无法融入 "相对论" 的框架中. 对这些困难的反复推敲和思考, 爱因斯坦将物理学引向了突破性的发展, 建立了广义相对论, 而上述 "相对论" 也因而降格为狭义相对论. 麦克斯韦的电磁理论是在法拉第的 "场" 概念的基础上发展起来的, 这启发了爱因斯坦对万有引力定律的改造.

例 4.4 爱因斯坦质能关系

考虑质量为 m 的质点在力 F 的作用下从静止开始运动, 质点的总能量可以写为

$$E = E_0 + \int_0^x F\,\mathrm{d}x = E_0 + \int_0^x \frac{\mathrm{d}p}{\mathrm{d}t}\,\mathrm{d}x = E_0 + \int_0^v v\,\mathrm{d}\frac{mv}{\sqrt{1-v^2/c^2}} \tag{4.64}$$

式中, E_0 为质点静止的能量. 上式可以进一步写为

$$E = E_0 + mc^2 \int_{\tilde{v}=0}^{\tilde{v}=v/c} \tilde{v}\,\mathrm{d}\frac{\tilde{v}}{\sqrt{1-\tilde{v}^2}} = E_0 + mc^2 \int_0^{v/c} \frac{\tilde{v}\,\mathrm{d}\tilde{v}}{(1-\tilde{v}^2)^{3/2}} \tag{4.65}$$

整理得

$$E = E_0 + mc^2\,(\Gamma - 1) \tag{4.66}$$

根据上式, 质点的总能量和静止 $(v=0)$ 时的能量分别为

$$E = \Gamma mc^2 \tag{4.67}$$

和

$$E_0 = mc^2 \tag{4.68}$$

这就是著名的爱因斯坦质能关系.

将式 (4.67) 两边平方, 可以整理成

$$E^2 = \left(\frac{mv}{\sqrt{1-v^2/c^2}}\right)^2 c^2 + m^2 c^4 \tag{4.69}$$

或者写为

$$E^2 = p^2 c^2 + m^2 c^4 \tag{4.70}$$

式中, $p^2 = p_x^2 + p_y^2 + p_z^2$. 由式 (4.60) 和式 (4.67), 易见 $P^0 = E/c$, 所以四维动量也可以写作

$$P^\mu = (E/c, p_x, p_y, p_z) \tag{4.71}$$

对于光子, 其质量为 0, 因此其能量和动量的关系为 $E = pc$.

4.2.3 广义相对论概略

惯性系本身并非必要,而物理规律的可认识性才具有普遍意义.

爱因斯坦将相对性原理进行了推广,从惯性系推广到了任何参考系,从而提出了"广义相对性原理":物理定律在任何参考系中都具有相同的形式. 进一步地,爱因斯坦通过封闭电梯自由下落的思想实验,意识到物体无法区分引力作用和惯性作用. 于是,爱因斯坦提出了惯性场与引力场的局域等效——"等效原理",并大胆猜测万有引力可能起源于质量对时空的弯曲. 马赫认为时空几何不能先验地给定,而应当由物质及其运动所决定,爱因斯坦将其称为马赫原理. 经过多方请教[1],爱因斯坦掌握了用来描述时空几何的工具——黎曼几何,并成功导出了广义相对论的场方程.

在由参考基 e_μ 构成一个曲线坐标系中,位置矢量 s 及其微分矢量 ds 可以分别表示为

$$s = s^\mu e_\mu = s^\mu \frac{\partial \bar{x}^\alpha}{\partial x^\mu} i_\alpha, \quad ds = \frac{\partial s}{\partial x^\mu} dx^\mu = \frac{\partial \bar{s}}{\partial x^\mu} dx^\mu = e_\mu dx^\mu \tag{4.72}$$

式中,x^μ 为曲线坐标. 于是,时空间隔 ds 可以表示为

$$(ds)^2 = (ds) \cdot (ds) = (e_\mu dx^\mu) \cdot (e_\nu dx^\nu) = g_{\mu\nu} dx^\mu dx^\nu \tag{4.73}$$

式中,$g_{\mu\nu} = e_\mu \cdot e_\nu$ 称为时空的度量张量.

爱因斯坦的目标是建立物质和时空几何的联系方程,而直接对万有引力公式进行改造并不能成功. 他坚信他需要的是场的观点. 于是,所有的希望都寄托在了隐含万有引力公式的场方程 (式4.32). 在该方程式中,$\nabla^2 = \delta^{ij}\partial_i\partial_j = \partial^j\partial_j$. 方程左边是引力势的二阶微分,右边反映了质量分布,因此该方程可以理解为物质的空间分布决定了引力势的空间分布. 爱因斯坦认识到黎曼几何和张量分析(见第 4 章附录)是描述时空弯曲的利器,相对论的推广将采用张量方程的形式. 质量密度 ρ 的张量推广记为 $T_{\mu\nu}$,称为能量-动量张量 (energy-momentum tensor),例如对于理想流体,$T_{\mu\nu} = \mathrm{diag}(\rho c^2, p, p, p)$,其中 ρ 为流体密度,p 为流体压强. 也就是说,能量和动量都可以引起时空弯曲,即作为引力的来源. 引力势 Φ 的张量推广取决于时空的度规 $g_{\mu\nu}$,那么根据式 (4.32) 的张量推广的可能形式,猜测其为 $\partial^\sigma \partial_\sigma g_{\mu\nu}$. 也就是说,爱因斯坦认为物质的空间分布决定了时空度规. 然而,$\partial^\sigma \partial_\sigma g_{\mu\nu}$ 并非张量,我们需要的是一个对称的 2 维张量 $G_{\mu\nu}$,称为爱因斯坦张量,它反映了时空的弯曲情况. 经过艰难的努力,可以猜测引力场方程(见第 4 章附录)

$$G_{\mu\nu} \equiv R_{\mu\nu} - \frac{1}{2} g_{\mu\nu} R = \kappa T_{\mu\nu} \tag{4.74}$$

式中,$R_{\mu\nu}$ 为黎曼曲率张量缩并后的里奇张量 (Ricci tensor),R 为曲率标量,κ 为常量. 然后,在静态的弱场近似(例4.5)下,结合方程 (式4.32) 得到 $\kappa = 8\pi G/c^4$. 因此,可以得到爱因斯坦引力场方程

$$G_{\mu\nu} = \frac{8\pi G}{c^4} T_{\mu\nu} \tag{4.75}$$

---

[1] 1913 年,爱因斯坦向自己的大学同学格罗斯曼 (Grossmann Marcell) 求助,从而得知黎曼几何和张量分析可能是他所要的数学工具,但几经努力两人的合作没有导向正确的方程. 1915 年,爱因斯坦与希尔伯特进行了探讨,二人几乎同时得到了类似的方程,不过希尔伯特没有占功,他坦言爱因斯坦首创了广义相对论,深刻地揭示了该理论背后隐含的物理思想.

考虑到对称条件,爱因斯坦引力场方程是一个包含 10 个方程的二阶非线性微分方程组,求解难度可想而知,实际上求解引力场方程的本质就是求解时空度规 $g_{\mu\nu}$.

爱因斯坦引力场方程就这样被猜测着推导出来了,它看上去不是严格的数学演绎,也不是物理定理的直接推理,而是物理上深层次认识的结果. 狭义相对论是基于相对性原理和光速不变原理的数学推演,广义相对论是基于广义相对论原理(又称广义协变原理)和等效原理而创立的关于时空与物质相互作用的新理论.

牛顿认为引力与质量相关,质量越大,引力越大,但对超距作用没有科学的解释. 爱因斯坦同样指出了引力与质量的关系,但他给了超距作用一个合适的解释,质量引起了空间的弯曲,空间弯曲造成了物质运动状态的改变.

爱因斯坦在发表广义相对论时,提出了 3 个可以验证理论的实验:引力红移(太阳表面的原子光谱会因为钟慢效应发生红移)、水星进动(水星轨道近日点的进动),以及光线偏折(遥远恒星射来的光在太阳附近会发生偏折). 后来,爱因斯坦还提出了 2 个实验:雷达回波延缓(从地球发射的雷达波,掠过太阳表面到达其他天体,反射回来时,将由于时空弯曲导致时间延缓)和引力波探测(如果引力源的天体做非球对称运动,则时空弯曲将导致引力波的传播)[①].

对于具有一般性的问题,求解爱因斯坦引力场方程是极其困难的. 1915 年,爱因斯坦考虑一个不带电、不旋转的球对称物体,给出了近似解,获得了水星进动的解答. 1916 年,史瓦西找到了真空场的一个稳定球对称精确解(例4.5),从而可以计算出光线在太阳重力场作用下改变的角度. 1919 年,爱丁顿 (Sir Arthur Stanley Eddington) 带领英国科学考察队在西非通过日全食的机会拍摄到了远处星体位置确实有差别. 1929 年,哈勃 (Edwin Powell Hubble) 发现了河外星系的谱线红移现象. 1974 年,赫尔斯 (Russell Hulse) 和泰勒 (Joseph Taylor) 通过对脉冲双星 PSR B1913+16 的长期观测和理论推测,证实公转周期的变化与引力辐射相关,间接证明了引力波的存在.

例 4.5　静态的弱场近似

考虑弱引力场的情况,此时时空弯曲程度较小,可以将度规写成

$$g_{\mu\nu} = \eta_{\mu\nu} + h_{\mu\nu}, \quad |h_{\mu\nu}| = O(h) \ll 1 \tag{4.76}$$

式中,$\eta_{\mu\nu}$ 为闵可夫斯基度规,即 $\eta_{\mu\nu} = \eta^{\mu\nu} = \mathrm{diag}(-1,1,1,1)$;$h_{\mu\nu}$ 为度规扰动,h 是对度规扰动的估计. 可以证明

$$g^{\mu\nu} = \eta^{\mu\nu} + h^{\mu\nu}, \quad |h^{\mu\nu}| = O(h) \ll 1 \tag{4.77}$$

---

①爱因斯坦在引力波的认识上存在反复. 实际上,1905 年,在狭义相对论诞生之前,庞加莱已猜测可能存在以光速传播的引力波. 1916 年,爱因斯坦在给史瓦西 (Karl Schwarzschild) 的信中认为可能不存在引力波. 不过,他于 1918 年发表的《论引力波》中认为可能推导出了真实的引力波. 1936 年,他与罗森 (Nathan Rosen) 完成一篇论文,认为不存在引力波,投给《物理评论 (*Physical Review*)》,但一份长达 10 页的评审意见认为该论文存在问题. 编辑部的意见是修改后才能发表,爱因斯坦感到被冒犯了,给编辑部去信:"我很抱歉,不知道贵刊还要审稿,我并没有授权你们将我的稿件发给他人评阅. 请将稿件退回给我. "后来,爱因斯坦将论文进行了修改,题名《论引力波》改投它刊,文中感谢了他的同事罗伯逊 (Howard P. Robertson) 指出的错误. 此后,爱因斯坦再也没有给《物理评论》投过稿.

其中, $h^{00} = -h_{00} + O(h^2)$. 考虑 $T_{\mu\nu} = \mathrm{diag}(\rho c^2, 0, 0, 0)$, 其中 ρ 为密度. 由于 $T = g^{\mu\nu}T_{\mu\nu} = (-1 + h^{00})\rho c^2$, 所以将式 (4.74) 两边同乘于 $g^{\mu\nu}$, 有 $R = \kappa\rho c^2 (1 - h^{00})$, 进一步可以得到

$$R_{00} = \frac{1}{2}g_{00}R + \kappa T_{00} = \frac{1}{2}\kappa\rho c^2 \left(1 + h_{00} + h^{00} - h_{00}h^{00}\right) = \frac{1}{2}\kappa\rho c^2 + O(h^2) \tag{4.78}$$

考虑静态引力场, 即引力场不随时间发生变化, 这意味着度规对时间的偏导数为 0, 即对 x^0 的偏导数为 0.

由式 (4.279), 第二类克里斯托弗记号 $\varGamma^\alpha_{\mu\nu}$ 可以近似为

$$\varGamma^\beta_{\mu\sigma} = \frac{1}{2}\eta^{\beta\nu}\left(\frac{\partial h_{\mu\nu}}{\partial x^\sigma} + \frac{\partial h_{\nu\sigma}}{\partial x^\mu} - \frac{\partial h_{\mu\sigma}}{\partial x^\nu}\right) + O(h^2) \tag{4.79}$$

由式 (4.283) 和式 (4.284), 可以得到

$$R_{00} \equiv R^\alpha_{0\alpha0} = \frac{\partial \varGamma^i_{00}}{\partial x^i} + \varGamma^i_{\beta i}\varGamma^\beta_{00} - \varGamma^i_{\beta0}\varGamma^\beta_{0i} = \frac{\partial \varGamma^i_{00}}{\partial x^i} + O(h^2) \tag{4.80}$$

式中, i 的取值为 $1, 2, 3$, 而 β 的取值为 $0, 1, 2, 3$. 由以上两式, 经过计算简化, 可以得到

$$R_{00} = -\frac{1}{2}\nabla^2 h_{00} + O(h^2) \tag{4.81}$$

由式 (4.78) 和式 (4.81), 可得

$$\nabla^2 h_{00} = -\kappa c^2 \rho \tag{4.82}$$

将上式与式 (4.32) 进行比较, 有

$$h_{00} = -\frac{2\varPhi}{c^2}, \quad g_{00} = -1 - \frac{2\varPhi}{c^2}, \quad \kappa = \frac{8\pi G}{c^4} \tag{4.83}$$

例 4.6 史瓦西度规

设想一个球形的天体其外部时空也具有球对称性, 球坐标 $(x^0, x^1, x^2, x^3) = (ct, r, \theta, \varphi)$, 球对称度规张量的所有非对角分量均为零. 考虑静态情况, 不失一般性, 可以将该球对称度规写作

$$(\mathrm{d}s)^2 = -A(r)(c\mathrm{d}t)^2 + B(r)(\mathrm{d}r)^2 + r^2(\mathrm{d}\theta)^2 + r^2\sin^2\theta(\mathrm{d}\varphi)^2 \tag{4.84}$$

式中, A 和 B 为 r 的函数. 因此, 度规张量的对角线上的分量为

$$g_{00} = -A(r), \quad g_{11} = B(r), \quad g_{22} = r^2, \quad g_{33} = r^2\sin^2\theta \tag{4.85}$$

以及

$$g^{00} = -\frac{1}{A(r)}, \quad g^{11} = \frac{1}{B(r)}, \quad g^{22} = \frac{1}{r^2}, \quad g^{33} = \frac{1}{r^2\sin^2\theta} \tag{4.86}$$

由式 (4.279), 可以计算出第二类克里斯托弗记号 $\varGamma^\alpha_{\mu\nu}$ 的所有非零分量

$$\begin{aligned} &\varGamma^0_{01} = \varGamma^0_{10} = \frac{A'}{2A}, \quad \varGamma^1_{00} = \frac{A'}{2B}, \quad \varGamma^1_{11} = \frac{B'}{2B}, \quad \varGamma^1_{22} = -\frac{r}{B}, \quad \varGamma^1_{33} = -\frac{r}{B}\sin^2\theta, \\ &\varGamma^2_{12} = \varGamma^2_{21} = r^{-1}, \quad \varGamma^2_{33} = -\sin\theta\cos\theta, \quad \varGamma^3_{13} = \varGamma^3_{31} = r^{-1}, \quad \varGamma^3_{23} = \varGamma^3_{32} = \mathrm{ctan}\,\theta \end{aligned} \tag{4.87}$$

进一步地,由式 (4.284),可以计算出里奇张量的所有可能的非零分量:

$$R_{00} = \frac{1}{B}\left[\frac{A''}{2} - \frac{A'}{4}\left(\frac{A'}{A} + \frac{B'}{B}\right) + \frac{A'}{r}\right] \tag{4.88}$$

$$R_{11} = -\frac{1}{A}\left[\frac{A''}{2} - \frac{A'}{4}\left(\frac{A'}{A} + \frac{B'}{B}\right) - \frac{AB'}{rB}\right] \tag{4.89}$$

$$R_{22} = -\frac{1}{B}\left[1 - B + \frac{r}{2}\left(\frac{A'}{A} - \frac{B'}{B}\right)\right] \tag{4.90}$$

$$R_{33} = R_{22}\sin^2\theta \tag{4.91}$$

由真空场方程 $R_{\mu\nu} = 0$,可以得到一个由三个常微分方程组成的方程组,但这三个方程只有两个是独立的(习题 2.23),其解可以写为

$$A = k\left(1 - \frac{R_S}{r}\right), \quad B = \left(1 - \frac{R_S}{r}\right)^{-1} \tag{4.92}$$

式中,k 和 R_S 为常数. 如考虑平直时空度规,将有 $k = 1$. 因此,取 $k = 1$,弱场近似下 $R_S = 2GM/c^2$,称为史瓦西半径. 因此,史瓦西度规写为

$$(\mathrm{d}s)^2 = -\left(1 - \frac{2GM}{c^2 r}\right)(c\mathrm{d}t)^2 + \left(1 - \frac{2GM}{c^2 r}\right)^{-1}(\mathrm{d}r)^2 + r^2(\mathrm{d}\theta)^2 + r^2\sin^2\theta(\mathrm{d}\varphi)^2 \tag{4.93}$$

4.2.4 万有引力定律的修正

1840 年代,勒威耶 (Urbain Le Verrier) 研究了太阳系各行星轨道的变化情况,并编写了星历表. 他发现水星轨道的近日点存在异常的进动,示意图如图4.2所示. 在考虑其他已知行星对水星进动的影响下,牛顿力学的预测值与实际值相差 43 角秒/世纪,这困扰了天文学家很多年. 1859 年,勒威耶猜测可能在水星轨道内还有一颗更加靠近太阳的行星,称为祝融星或火神星 (Vulcan). 然而,那颗行星一直没有被发现. 天文学家还有其他猜测,如牛顿万有引力定律略微偏离平方反比的关系,或者太阳可能是扁球形的,但都缺乏进一步的证据[25].

图 4.2 行星轨道的进动示意图(太阳系各行星的轨道很接近圆,进动也很小)

1915 年,爱因斯坦将广义相对论应用于计算水星轨道,表明考虑空间弯曲对水星近日点确实有影响,从而计算出额外的进动

$$\Delta\varphi = \frac{6\pi GM}{\ell c^2} \tag{4.94}$$

式中,ℓ 是行星轨道的焦点参数. 这很好地解释了水星近日点的进动问题. 当然,如果把牛顿万有引力定律修改成

$$F = \frac{GMm}{r^2}\left(1 + \frac{3L^2}{c^2 r^2}\right) \tag{4.95}$$

式中,L 为单位质量的角动量(恒量),c 为光速. 同样可以解释水星近日点的进动问题. 但这样的万有引力修正公式,我们很难从实验的角度猜到,也很难获得实验数据来表征. 实际上,这个式子只是爱因斯坦引力场方程在弱场下的一阶精度近似(例4.7). 此外,需要注意的是,式 (4.95) 中包含一个参数 L,该参数不是物理常量,也不是物质的内禀量,因而式 (4.95) 不是一个普适的公式,即不存在普遍意义的万有引力修正公式. 广义相对论是一种关于万有引力本质的理论,"引力"只是物质的存在引起空间弯曲的反映,它并非物理实在.

牛顿基于开普勒从大量的天文观察数据中总结出的行星运动规律,运用数学演绎发现了万有引力定律. 爱因斯坦更多地是利用思想实验和数学演绎提出了相对论,尽管前人已经积累了大量的事实和实验认识. 基本概念以及它们之间的关系是理论的前提,它们可能从不同的途径导出理论,但在逻辑上是自洽的,即理论本身具有"内在完备性". 但理论不能同经验事实相矛盾,也就是说理论必须用可获得的经验事实来验证. 然而,无论经验事实有多少,仅仅凭借经验很难指引人们获得广义相对论中的场方程,它是经过思维认识上的高度提炼以及数学逻辑演绎的严密论证才找到的.

例 4.7　行星运动方程的广义相对论修正

如果某曲线的切向量场正好是沿该曲线的平移矢量场,则该曲线称为测地线. 引入固有时 $\mathrm{d}\tau = \mathrm{i}\,\mathrm{d}s/c$,质点的测地线可以写为

$$\frac{\mathrm{d}^2 x^\mu}{\mathrm{d}\tau^2} + \Gamma^\mu_{\alpha\beta}\frac{\mathrm{d}x^\alpha}{\mathrm{d}\tau}\frac{\mathrm{d}x^\beta}{\mathrm{d}\tau} = 0 \tag{4.96}$$

试在弱场近似下导出行星轨道的广义相对论修正方程.

在史瓦西度规下,考虑式 (4.84),由测地线方程 (4.96) 可以得到行星的运动方程

$$\frac{\mathrm{d}^2 ct}{\mathrm{d}\tau^2} + \frac{A'}{A}\frac{\mathrm{d}r}{\mathrm{d}\tau}\frac{\mathrm{d}ct}{\mathrm{d}\tau} = 0 \tag{4.97}$$

$$\frac{\mathrm{d}^2 r}{\mathrm{d}\tau^2} + \frac{A'}{2B}\left(\frac{\mathrm{d}ct}{\mathrm{d}\tau}\right)^2 + \frac{B'}{2B}\left(\frac{\mathrm{d}r}{\mathrm{d}\tau}\right)^2 - \frac{r}{B}\left(\frac{\mathrm{d}\theta}{\mathrm{d}\tau}\right)^2 - \frac{r}{B}\sin^2\theta\left(\frac{\mathrm{d}\varphi}{\mathrm{d}\tau}\right)^2 = 0 \tag{4.98}$$

$$\frac{\mathrm{d}^2\theta}{\mathrm{d}\tau^2} + \frac{2}{r}\frac{\mathrm{d}r}{\mathrm{d}\tau}\frac{\mathrm{d}\theta}{\mathrm{d}\tau} - \sin\theta\cos\theta\left(\frac{\mathrm{d}\varphi}{\mathrm{d}\tau}\right)^2 = 0 \tag{4.99}$$

$$\frac{\mathrm{d}^2\varphi}{\mathrm{d}\tau^2} + \frac{2}{r}\frac{\mathrm{d}r}{\mathrm{d}\tau}\frac{\mathrm{d}\varphi}{\mathrm{d}\tau} + 2\frac{\cos\theta}{\sin\theta}\frac{\mathrm{d}\theta}{\mathrm{d}\tau}\frac{\mathrm{d}\varphi}{\mathrm{d}\tau} = 0 \tag{4.100}$$

我们可能期望行星的运动轨迹是经过恒星中心的某一轨道面，最简单猜测 θ 为常数，其中 $0 \leqslant \theta \leqslant \pi$. 由式 (4.99)，可以得到 θ 为 0、π 或者 $\pi/2$，显然只有 $\theta = \pi/2$ 所在的轨道面过恒星的中心. 此时，式 (4.98) 和式 (4.100) 可以分别重新写为

$$2B\frac{\mathrm{d}^2 r}{\mathrm{d}\tau^2} + B'\left(\frac{\mathrm{d}r}{\mathrm{d}\tau}\right)^2 + A'\left(\frac{\mathrm{d}ct}{\mathrm{d}\tau}\right)^2 - 2r\left(\frac{\mathrm{d}\varphi}{\mathrm{d}\tau}\right)^2 = 0 \tag{4.101}$$

$$\frac{\mathrm{d}^2\varphi}{\mathrm{d}\tau^2} + \frac{2}{r}\frac{\mathrm{d}r}{\mathrm{d}\tau}\frac{\mathrm{d}\varphi}{\mathrm{d}\tau} = 0 \tag{4.102}$$

对式 (4.97) 和式 (4.102)，分别做一次积分可以得到

$$A\frac{\mathrm{d}ct}{\mathrm{d}\tau} = \frac{E}{c} \tag{4.103}$$

$$r^2\frac{\mathrm{d}\varphi}{\mathrm{d}\tau} = L \tag{4.104}$$

式中，E 和 L 为常数，它们的物理意义分别是单位质量具有的能量和单位质量具有的角动量. 将式 (4.103) 和式 (4.104) 代入式 (4.101)，并做一次积分可以得到

$$B\left(\frac{\mathrm{d}r}{\mathrm{d}\tau}\right)^2 + \frac{L^2}{r^2} - \frac{E^2}{Ac^2} = -Q \tag{4.105}$$

式中，Q 为常数. 对于固有时 $\mathrm{d}\tau = \mathrm{i}\mathrm{d}s/c$，将 $\theta = \pi/2$、式 (4.103)、式 (4.104) 和式 (4.105) 代入式 (4.84)，可以得到

$$Q = c^2 \tag{4.106}$$

由式 (4.104)，可以得到

$$\frac{\mathrm{d}r}{\mathrm{d}\tau} = \frac{\mathrm{d}\varphi}{\mathrm{d}\tau}\frac{\mathrm{d}r}{\mathrm{d}\varphi} = \frac{L}{r^2}\frac{\mathrm{d}r}{\mathrm{d}\varphi} \tag{4.107}$$

由例4.6，有 $A = 1/B = 1 - R_{\mathrm{S}}/r$ 以及 $R_{\mathrm{S}} = 2GM/c^2$，因此式 (4.105) 可以写成

$$\left(\frac{\mathrm{d}r}{\mathrm{d}\varphi}\right)^2 = \frac{E^2 r^4}{L^2 c^2} - \left(1 - \frac{2GM}{c^2 r}\right)\left(r^2 + \frac{Qr^4}{L^2}\right) \tag{4.108}$$

令 $u(\varphi) = r^{-1}$，并考虑式 (4.106)，上式可以改写成

$$\left(\frac{\mathrm{d}u}{\mathrm{d}\varphi}\right)^2 = \frac{E^2}{L^2 c^2} - \left(1 - \frac{2GM}{c^2}u\right)\left(u^2 + \frac{c^2}{L^2}\right) \tag{4.109}$$

为了与式 (4.40) 进行直接比较，将两边对 φ 求导，可以得到

$$\frac{\mathrm{d}^2 u}{\mathrm{d}\varphi^2} + u = \frac{GM}{L^2} + \frac{3GM}{c^2}u^2 \tag{4.110}$$

这是广义相对论在弱场近似下对行星轨道的修正. 与式 (4.40) 相比，式 (4.110) 是非线性方程. 由于式 (4.110) 的修正项是非线性项，所以难以给出精确解，我们将在本书后半部分中给出该方程的多种近似求解方法.

　　如果式 (4.110) 等号右边的第二项可以忽略，则它将退化到牛顿力学下的式 (4.40)，这要求

$$\eta = \frac{1}{2}L \tag{4.111}$$

进一步比较式 (4.110) 和式 (4.39),可以得到万有引力的修正公式 (4.95). 需要注意的是,在广义相对论中,角动量为常数,但轨道切向上的受力实际上不再为 0,因此上述万有引力的修正公式只是一阶近似而已.

4.3 热本质的认识

4.3.1 热的本质之争

空气非空,冷暖自知.

我们对于冷与热有着与生俱来的感受,但人类经历了很长时间才真正地弄清楚了热的本质. 如今, 我们已经清楚, 燃烧现象是一种伴随着发光和发热的复杂化学反应过程, 而摩擦生热是在相互摩擦的物体之间由于表面分子的碰撞引起的机械能向内能转化的物理过程,原始人所掌握的钻木取火技术就是利用了这两个现象. 人类正是对燃烧和摩擦生热等热现象的不断理解,才逐渐澄清了热的本质.

17 世纪末,贝歇尔 (Johann Joachim Becher) 和施塔尔 (Georg Ernst Stahl) 集成并创立了燃素说,认为燃烧是物体吸收和释放燃素的过程,燃素是细小而活泼的微粒,无处不在. 该学说统治了 100 多年,直到 1777 年,拉瓦锡 (Antoine-Laurent de Lavoisier) 发现了氧气在燃烧中的作用,提出了燃烧的氧化说,才推翻了燃素说.

1770 年代,舍勒 (Carl Wilhelm Scheele) 和普里斯特利 (Joseph Priestley) 发现了氧气. 1783 年,普里斯特利提出了热质说,认为热质是一种无质量的气体,热质会从高温物体流动到低温物体,使低温物体的温度升高,也可以穿过固体或液体的孔隙释放出去,使固体或液体本身的温度降低.

1798 年,伦福德 (Benjamin Thompson, Count Rumford) 发表关于摩擦生热的炮筒钻孔实验研究,指出金属块与等重的金属屑的热容量是相同的, 从而提出热不可能是一种物质, 而是一种运动, 明确反对热质说,并确立了热的运动学说. 1799 年, 戴维 (Humphry Davy) 发表了一个实验研究, 在真空容器中两块冰相互摩擦融化成水, 因水的比热比冰高,否定了 "热质守恒" 的假说,进一步推翻了热质说. 然而,又经过许多科学家的努力,直到 19 世纪中期随着热力学理论的建立和分子运动论的提出,热质说才被完全取代.

4.3.2 分子运动论概略

1858 年,克劳修斯 (Rudolf Julius Emanuel Clausius) 提出分子平均自由程的概念,并基于热的分子运动假说导出了相关公式. 1860 年,麦克斯韦提出了平衡态气体分子的速度分布律. 1868 年,玻尔兹曼建立了重力场中平衡态气体分子的速度分布律. 1872 年,玻尔兹曼进一步建立了非平衡态分子运动论. 1877 年,还提出了玻尔兹曼公式,该式指出了熵函数

S 与系统微观状态数 W 的关系,写为

$$S = k_B \ln W \tag{4.112}$$

式中,k_B 为玻尔兹曼常量,该常量于 1900 年由普朗克引入.

对于由大量分子组成的系统,由于相互靠近的分子之间存在着剧烈的相互作用,分子的状态处于剧烈的变动之中,所以跟踪所有分子状态来确定系统的状态是困难的. 尽管原则上可以使用式 (4.43) 结合分子相互作用势来刻画系统的演化过程,但如此大型的微分方程组的求解是困难的. 即使是现今,采用直接数值模拟也会因时间步长的限制引起误差,分子动力学模拟方法采用系综理论的办法做了修正,能在一定程度上描绘出系统的演化过程.

在宏观意义上,我们并不关心具体分子的运动轨迹. 一方面,我们不必盯着所有的分子跟踪它们的运动轨迹;另一方面,为了反映分子运动行为对宏观统计行为的影响,我们又不能完全摒弃分子的假设. 受凯特勒的"平均人"思想的启发,玻尔兹曼提出了一个方法,倘若能计算出系统中处于每一种状态的分子的数目,那么就可能通过统计方法获得系统的宏观状态. 系统中所有分子的运动状态急剧地变化,这主要是因为分子之间的频繁碰撞. 因此,分析模型时必须考虑分子之间的相互作用.

为了简化分析,以下我们考虑稀薄的单原子分子气体问题 [26]. 对于单原子分子,可以将其看作质点. 对于稀薄气体,可以只考虑两个分子之间的相互作用,而不考虑三个及三个以上分子同时发生相互作用的情况. 此外,这里考虑最简单的分子相互作用模型——分子弹性碰撞模型.

例 4.8 分子弹性碰撞模型

将发生碰撞的两个分子分别看作两个质点,其质量分别为 m_1 和 m_2,速度分别为 v_1 和 v_2,发生弹性碰撞后速度分别为 v_1^* 和 v_2^*,如图4.3所示. 由这两个质点组成的系统,碰撞前后满足动量守恒和能量守恒,分别写为

$$m_1 v_1 + m_2 v_2 = m_1 v_1^* + m_2 v_2^* \tag{4.113}$$
$$m_1 v_1^2 + m_2 v_2^2 = m_1 v_1^{*2} + m_2 v_2^{*2} \tag{4.114}$$

对于对心、无摩擦、弹性碰撞,碰撞力与碰撞方向同向或反向. 因此,可令

$$v_1^* - v_1 = \lambda_1 n, \quad v_2^* - v_2 = \lambda_2 n \tag{4.115}$$

式中,n 为碰撞方向的单位矢量. 结合动量守恒关系 (4.113) 和能量守恒关系 (4.114),可以得到

$$\lambda_1 = 2k_1 (v_2 - v_1) \cdot n, \quad \lambda_2, = -2k_2 (v_2 - v_1) \cdot n \tag{4.116}$$

式中,$k_1 = m_1/(m_1 + m_2)$ 和 $k_2 = m_2/(m_1 + m_2)$. 因此,碰撞后的速度为

$$\begin{cases} v_1^* = v_1 + 2k_2 [(v_2 - v_1) \cdot n] n \\ v_2^* = v_2 - 2k_1 [(v_2 - v_1) \cdot n] n \end{cases} \tag{4.117}$$

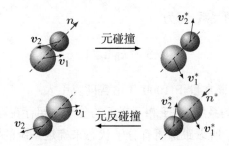

图 4.3   分子的元碰撞和元反碰撞

为方便使用,可以证明如下性质.

性质 1   两质点的相对速度不因碰撞而改变

$$(v_2^* - v_1^*)^2 = (v_2 - v_1)^2 \tag{4.118}$$

性质 2   在碰撞方向上两质点的相对速度变号

$$(v_1^* - v_2^*) \cdot (-n) = (v_1 - v_2) \cdot n \tag{4.119}$$

性质 3(反碰撞)   两个质点分别以 v_1^* 和 v_2^* 在 $n^* = -n$ 方向上碰撞后的速度分别变为 v_1 和 v_2

$$\begin{cases} v_1 = v_1^* + 2k_2 \left[(v_2^* - v_1^*) \cdot n^* \right] n^* \\ v_2 = v_2^* - 2k_1 \left[(v_2^* - v_1^*) \cdot n^* \right] n^* \end{cases} \tag{4.120}$$

性质 4   对于如下两个雅可比行列式 (Jacobian determinant)

$$J = \frac{\partial(v_{1x}^*, v_{1y}^*, v_{1z}^*, v_{2x}^*, v_{2y}^*, v_{2z}^*)}{\partial(v_{1x}, v_{1y}, v_{1z}, v_{2x}, v_{2y}, v_{2z})}, \quad J^* = \frac{\partial(v_{1x}, v_{1y}, v_{1z}, v_{2x}, v_{2y}, v_{2z})}{\partial(v_{1x}^*, v_{1y}^*, v_{1z}^*, v_{2x}^*, v_{2y}^*, v_{2z}^*)} \tag{4.121}$$

由于式 (4.117) 和式 (4.120) 具有线性和对称性,可以证明

$$J^* = J, \quad J^* J = 1, \quad |J| = |J^*| = 1 \tag{4.122}$$

例 4.9   分子发生碰撞的条件

实际分子有一定大小,两分子发生碰撞是有条件的. 若分子 1 处在空间体积元 $x \sim x + \mathrm{d}x$ 内,则分子 2 必须在其附近,发生碰撞时分子 2 的中心必位于以分子 1 为中心的虚球上,如图4.4所示. 虚球的半径为

$$R_{12} = R_1 + R_2 \tag{4.123}$$

式中,R_1 和 R_2 分别为两分子的半径. 进一步地,两分子相对速度 $v_1 - v_2$ 与碰撞方向 n 的夹角 θ 应满足:

$$0 \leqslant \theta \leqslant \pi/2 \tag{4.124}$$

两个分子都处于运动中,在 t 到 $t + \mathrm{d}t$ 的时间内,分子 2 运动到分子 1 的虚球上,碰撞就可能发生.

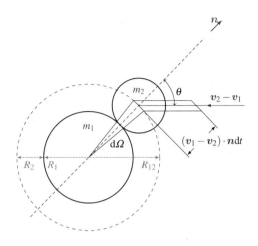

图 4.4　分子发生碰撞的条件

考虑在 $\mathrm{d}t$ 时间内, 以 $\boldsymbol{n}$ 为轴线的立体角元 $\mathrm{d}\Omega = \sin\theta\,\mathrm{d}\theta\,\mathrm{d}\varphi$ 内, 分子 2 要与分子 1 发生碰撞, 则要求分子 2 位于底面积为 $R_{12}^2\,\mathrm{d}\Omega$ 和高为 $(\boldsymbol{v}_1-\boldsymbol{v}_2)\cdot\boldsymbol{n}\,\mathrm{d}t$ 的柱体内, 其中 $0\leqslant\theta\leqslant\pi/2$ 和 $0\leqslant\varphi\leqslant 2\pi$. 柱体的体积为

$$R_{12}^2(\boldsymbol{v}_1-\boldsymbol{v}_2)\cdot\boldsymbol{n}\,\mathrm{d}\Omega\,\mathrm{d}t = \Lambda\,\mathrm{d}\Omega\,\mathrm{d}t \tag{4.125}$$

式中, $\Lambda = R_{12}^2(\boldsymbol{v}_1-\boldsymbol{v}_2)\cdot\boldsymbol{n}$.

4.3.3　非平衡态稀薄气体分子的分布

1. 气体分子分布的描述

一个系统中存在大量粒子, 粒子的位置和速度不断地发生变化. 如果以所有粒子的位置和速度 (或动量) 分量构成一个 $6N$ 维的相空间, 则空间中的一个点对应于系统的一个状态, 通常情形下系统的演化过程对应于相空间的一条连续的曲线, 但如果考虑粒子之间的碰撞, 并且假设碰撞瞬间完成, 则系统的演化过程将对应于空间中或连续或离散的一系列点. 原则上可以盯着相空间的某处数出系统处于该状态的次数, 对于整个相空间各处都进行类似的操作, 则可以获得系统状态在相空间上的分布函数. 这种描述方式被称为系综统计方法, 限于篇幅, 这里介绍另一种方法.

为了较方便地描述粒子碰撞对系统演化的影响, 这里将采用由空间坐标 $\boldsymbol{x} = (x,y,z)$ 和速度坐标 $\boldsymbol{v} = (v_x,v_y,v_z)$ 构成的 6 维相空间 $(\boldsymbol{x},\boldsymbol{v})$ 来描述粒子分布情况. 将相空间体积元 $\mathrm{d}\boldsymbol{x}\,\mathrm{d}\boldsymbol{v}$ 内的分子视为同一状态, 其中位形空间的体积元为 $\mathrm{d}\boldsymbol{x} = \mathrm{d}x\,\mathrm{d}y\,\mathrm{d}z$, 速度空间的体积元为 $\mathrm{d}\boldsymbol{v} = \mathrm{d}v_x\,\mathrm{d}v_y\,\mathrm{d}v_z$. 问题的关键就是确定处于该状态的分子数:

$$f(\boldsymbol{x},\boldsymbol{v},t)\,\mathrm{d}\boldsymbol{x}\,\mathrm{d}\boldsymbol{v} \tag{4.126}$$

式中, 分布函数 $f(\boldsymbol{x},\boldsymbol{v},t)$ 表示在 t 时刻处于状态 $(\boldsymbol{x},\boldsymbol{v})$ 的分子数密度. 系统的分子数 N 与分布函数的关系为

$$\iint f(\boldsymbol{x},\boldsymbol{v},t)\,\mathrm{d}\boldsymbol{x}\,\mathrm{d}\boldsymbol{v} = N \tag{4.127}$$

式中,积分是关于整个相空间的定积分,其中省略了积分限(下同). 经过 $\mathrm{d}t$ 之后,在相空间中同一体积元 $\mathrm{d}x\mathrm{d}v$ 内增加的分子数为

$$f(x,v,t+\mathrm{d}t)\,\mathrm{d}x\mathrm{d}v - f(x,v,t)\,\mathrm{d}x\mathrm{d}v = \frac{\partial f}{\partial t}\mathrm{d}t\mathrm{d}x\mathrm{d}v \tag{4.128}$$

为了确定分布函数,我们需要了解分布函数产生变化的原因. 一方面,由于分子处于运动之中,分子随着时间的变化从相空间中一处运动到另一处,从而导致 $\mathrm{d}x\mathrm{d}v$ 内的分子数发生变化. 另一方面,由于相互靠近的分子将产生排斥作用,分子的速度随即发生变化,因而 $\mathrm{d}x\mathrm{d}v$ 内的分子数也会发生变化. 因此,分子分布函数随时间变化可以写为

$$\frac{\partial f}{\partial t} = \left(\frac{\partial f}{\partial t}\right)_{\mathrm{d}} + \left(\frac{\partial f}{\partial t}\right)_{\mathrm{c}} \tag{4.129}$$

式中,下标 d 和 c 分别表示分子运动漂移和分子碰撞引起的变化部分,对应的项分别称为漂移项和碰撞项.

这里先直接写出漂移项和碰撞项的表达式,其推导过程分别见例4.10和例4.11. 漂移项为

$$\left(\frac{\partial f}{\partial t}\right)_{\mathrm{d}} = -v\cdot\frac{\partial f}{\partial x} - \frac{F}{m}\cdot\frac{\partial f}{\partial v} \tag{4.130}$$

式中,F 为分子受到的作用力,例如重力或电磁力. 上式右侧两项分别表示分子速度及其变化引起的分子状态变化. 碰撞项为

$$\left(\frac{\partial f}{\partial t}\right)_{\mathrm{c}} = \iint (f^*f_2^* - f\,f_2)\,\mathrm{d}v_2\Lambda\mathrm{d}\Omega \tag{4.131}$$

式中,f 与 f^* 分别表示碰撞前与碰撞后分子处于 (x,v) 状态下的分布函数,下标 2 表示分子 2(而分子 1 的下标略去). 上式右侧表示在可发生碰撞的两分子中一个分子在碰撞前或碰撞后正好处于 (x,v) 状态时的贡献.

将漂移项和碰撞项的表达式代入式 (4.129),可以得到

$$\frac{\partial f}{\partial t} + v\cdot\frac{\partial f}{\partial x} + \frac{F}{m}\cdot\frac{\partial f}{\partial v} = \iint (f^*f_2^* - f\,f_2)\,\mathrm{d}v_2\Lambda\mathrm{d}\Omega \tag{4.132}$$

该式称为玻尔兹曼积分微分方程 (Boltzmann integral differential equation). 该式描述了系统分布函数 $f(x,v,t)$ 的演化过程. 20 世纪 80 年代,在此基础上发展出了一种计算流体力学方法,称为格子玻尔兹曼方法 (lattice Boltzmann method).

例 4.10 *漂移项的推导*

先考虑一维的情形,由于分子运动漂移,在 $\mathrm{d}t$ 时间内,相空间体积元 $\mathrm{d}x\mathrm{d}v_x$ 内,增加的分子数为

$$\left(\frac{\partial f}{\partial t}\right)_{\mathrm{d}}\mathrm{d}t\mathrm{d}x\mathrm{d}v_x = +f(x,v_x,t)v_x\mathrm{d}t\mathrm{d}v_x - f(x+\mathrm{d}x,v_x,t)v_x\mathrm{d}t\mathrm{d}v_x$$
$$+ f(x,v_x,t)\frac{\mathrm{d}v_x}{\mathrm{d}t}\mathrm{d}t\mathrm{d}x - f(x,v_x+\mathrm{d}v_x,t)\frac{\mathrm{d}v_x}{\mathrm{d}t}\mathrm{d}t\mathrm{d}x \tag{4.133}$$

式中, 正号表示流入, 负号表示流出. 做泰勒展开, 并保留到线性项, 有

$$\left(\frac{\partial f}{\partial t}\right)_{\mathrm{d}} \mathrm{d}t\,\mathrm{d}x\,\mathrm{d}v_x = -v_x \frac{\partial f}{\partial x}\,\mathrm{d}x\,\mathrm{d}t\,\mathrm{d}v_x - \frac{F_x}{m}\frac{\partial f}{\partial v_x}\,\mathrm{d}v_x\,\mathrm{d}t\,\mathrm{d}x \tag{4.134}$$

式中, $F_x = m\dot{v}_x$. 对于三维的情形, 可以推广得到, 由于分子运动漂移, 在 $\mathrm{d}t$ 时间内, 相空间体积元 $\mathrm{d}\boldsymbol{x}\mathrm{d}\boldsymbol{v}$ 内, 增加的分子数为

$$\left(\frac{\partial f}{\partial t}\right)_{\mathrm{d}} \mathrm{d}t\,\mathrm{d}\boldsymbol{x}\,\mathrm{d}\boldsymbol{v} = -\boldsymbol{v}\cdot\frac{\partial f}{\partial \boldsymbol{x}}\,\mathrm{d}\boldsymbol{x}\,\mathrm{d}t\,\mathrm{d}\boldsymbol{v} - \frac{\boldsymbol{F}}{m}\cdot\frac{\partial f}{\partial \boldsymbol{v}}\,\mathrm{d}\boldsymbol{v}\,\mathrm{d}t\,\mathrm{d}\boldsymbol{x} \tag{4.135}$$

式中, $\boldsymbol{F} = m\dot{\boldsymbol{v}}$. 将上式两边同除于 $\mathrm{d}t\,\mathrm{d}\boldsymbol{x}\,\mathrm{d}\boldsymbol{v}$, 即得式 (4.130).

例 4.11　碰撞项的推导

碰撞项有两部分贡献, 一部分是碰撞前分子 1 的速度为 $\boldsymbol{v}$, 在碰撞后变成了其他状态, 不在所考虑的体积元 $\mathrm{d}\boldsymbol{x}\mathrm{d}\boldsymbol{v}$ 内, 这样的碰撞称为元碰撞, 对碰撞项是负的贡献; 另一部分是碰撞后分子 1 的速度为 $\boldsymbol{v}$, 位于所考虑的体积元 $\mathrm{d}\boldsymbol{x}\mathrm{d}\boldsymbol{v}$ 内, 这样的碰撞称为元反碰撞, 对碰撞项是正的贡献.

由于在体积元 $\mathrm{d}\boldsymbol{x}\mathrm{d}\boldsymbol{v}$ 内, 分子有分布函数 $f(\boldsymbol{x}, \boldsymbol{v}, t)$, 所以碰撞的可能性还取决于体积元中分子的个数. 对于考虑稀薄气体, 可以假设两分子的速度分布是独立的. 以下先计算元碰撞数和元反碰撞数.

元碰撞数: 在 $\mathrm{d}t$ 时间内, 在体积元 $\mathrm{d}\boldsymbol{x}$ 内, 速度间隔 $\mathrm{d}\boldsymbol{v}_1$ 内的分子与速度间隔 $\mathrm{d}\boldsymbol{v}_2$ 内的分子在以 $\boldsymbol{n}$ 为轴线的立体角 $\mathrm{d}\Omega$ 内的碰撞次数:

$$f_1\,\mathrm{d}\boldsymbol{v}_1 \cdot f_2\,\mathrm{d}\boldsymbol{v}_2 \cdot R_{12}^2(\boldsymbol{v}_1 - \boldsymbol{v}_2)\cdot\boldsymbol{n}\,\mathrm{d}\Omega\,\mathrm{d}t\cdot\mathrm{d}\boldsymbol{x} = f_1 f_2\,\mathrm{d}\boldsymbol{v}_1\,\mathrm{d}\boldsymbol{v}_2 \Lambda\,\mathrm{d}\Omega\,\mathrm{d}t\,\mathrm{d}\boldsymbol{x} \tag{4.136}$$

式中, $\Lambda = R_{12}^2(\boldsymbol{v}_1 - \boldsymbol{v}_2)\cdot\boldsymbol{n}$.

元反碰撞数: 在 $\mathrm{d}t$ 时间内, 在体积元 $\mathrm{d}\boldsymbol{x}$ 内, 速度间隔 $\mathrm{d}\boldsymbol{v}_1^*$ 内的分子与速度间隔 $\mathrm{d}\boldsymbol{v}_2^*$ 内的分子在以 $\boldsymbol{n}^* = -\boldsymbol{n}$ 为轴线的立体角 $\mathrm{d}\Omega$ 内的碰撞次数:

$$f_1^*\,\mathrm{d}\boldsymbol{v}_1^* \cdot f_2^*\,\mathrm{d}\boldsymbol{v}_2^* \cdot R_{12}^2(\boldsymbol{v}_1^* - \boldsymbol{v}_2^*)\cdot\boldsymbol{n}^*\,\mathrm{d}\Omega\,\mathrm{d}t\cdot\mathrm{d}\boldsymbol{x} = f_1^* f_2^*\,\mathrm{d}\boldsymbol{v}_1^*\,\mathrm{d}\boldsymbol{v}_2^* \Lambda^*\,\mathrm{d}\Omega\,\mathrm{d}t\,\mathrm{d}\boldsymbol{x} \tag{4.137}$$

式中, $\Lambda^* = R_{12}^2(\boldsymbol{v}_1^* - \boldsymbol{v}_2^*)\cdot\boldsymbol{n}^*$. 由式 (4.122), 有 $\mathrm{d}\boldsymbol{v}_1^*\,\mathrm{d}\boldsymbol{v}_2^* = |J|\,\mathrm{d}\boldsymbol{v}_1\,\mathrm{d}\boldsymbol{v}_2 = \mathrm{d}\boldsymbol{v}_1\,\mathrm{d}\boldsymbol{v}_2$. 由式 (4.119), 有 $\Lambda^* = \Lambda$.

因此, 碰撞引起体积元 $\mathrm{d}\boldsymbol{v}_1\,\mathrm{d}r$ 内分子的变化为

$$\left(\frac{\partial f_1}{\partial t}\right)_{\mathrm{c}}\mathrm{d}\boldsymbol{x}_2\,\mathrm{d}\boldsymbol{v}_1\,\mathrm{d}t = \left[\iint (-f_1 f_2 + f_1^* f_2^*)\,\mathrm{d}\boldsymbol{v}_2 \Lambda\,\mathrm{d}\Omega\right]\mathrm{d}\boldsymbol{x}_2\,\mathrm{d}\boldsymbol{v}_1\,\mathrm{d}t \tag{4.138}$$

式中, 负号表示元碰撞的贡献是负的, 正号表示元反碰撞的贡献是正的, 积分遍历了分子 2 的所有可能性. 将上式两边消去 $\mathrm{d}\boldsymbol{x}_2\,\mathrm{d}\boldsymbol{v}_1\,\mathrm{d}t$, 并略去下标 1, 即得式 (4.131).

2. 系统趋于平衡态的方向

为描述系统趋于平衡态的方向特性,玻尔兹曼定义了一个泛函

$$H(t) = \iint f(\boldsymbol{x}, \boldsymbol{v}, t) \ln f(\boldsymbol{x}, \boldsymbol{v}, t) \, \mathrm{d}\boldsymbol{x} \, \mathrm{d}\boldsymbol{v} \tag{4.139}$$

称为 H 函数,然后考察该函数随时间的变化率

$$\dot{H} = \frac{\mathrm{d}H}{\mathrm{d}t} = \frac{\mathrm{d}}{\mathrm{d}t} \iint f \ln f \, \mathrm{d}\boldsymbol{x} \, \mathrm{d}\boldsymbol{v} = \iint (1 + \ln f) \frac{\partial f}{\partial t} \, \mathrm{d}\boldsymbol{x} \, \mathrm{d}\boldsymbol{v} \tag{4.140}$$

考虑到玻尔兹曼积分微分方程 (4.132),上式可以写作

$$\dot{H} = \iint (1 + \ln f) \left[-\boldsymbol{v} \cdot \frac{\partial f}{\partial \boldsymbol{x}} - \frac{\boldsymbol{F}}{m} \cdot \frac{\partial f}{\partial \boldsymbol{v}} - \iint (f f_2 - f^* f_2^*) \, \mathrm{d}\boldsymbol{v}_2 \varLambda \mathrm{d}\varOmega \right] \mathrm{d}\boldsymbol{x} \, \mathrm{d}\boldsymbol{v} \tag{4.141}$$

如下可以证明上式中括号中的前两项对应的结果均为 0,即

$$\int (1 + \ln f) \boldsymbol{v} \cdot \frac{\partial f}{\partial \boldsymbol{x}} \, \mathrm{d}\boldsymbol{x} = \int \frac{\partial}{\partial \boldsymbol{x}} \cdot (\boldsymbol{v} f \ln f) \, \mathrm{d}\boldsymbol{x} = \oint (\boldsymbol{v} f \ln f) \cdot \mathrm{d}\boldsymbol{A} = 0 \tag{4.142}$$

$$\int (1 + \ln f) \frac{\boldsymbol{F}}{m} \cdot \frac{\partial f}{\partial \boldsymbol{v}} \, \mathrm{d}\boldsymbol{v} = \int \frac{\partial}{\partial \boldsymbol{v}} \cdot \left(\frac{\boldsymbol{F}}{m} f \ln f \right) \mathrm{d}\boldsymbol{v} = \oint \left(\frac{\boldsymbol{F}}{m} f \ln f \right) \cdot \mathrm{d}\boldsymbol{B} = 0 \tag{4.143}$$

式中,$\mathrm{d}\boldsymbol{A}$ 和 $\mathrm{d}\boldsymbol{B}$ 分别表示位形空间和速度空间的面积元,两式均采用了高斯定理,并且考虑了分子不能穿透器壁,即 f 在器壁上为零,并且 f 在速度无穷大时为零. 因此,分子运动漂移对 $\dot{H}$ 没有贡献,只有分子碰撞才可能有贡献. 因此,可以得到

$$\dot{H} = -\iint \iint (1 + \ln f_1)(f_1 f_2 - f_1^* f_2^*) \, \mathrm{d}\boldsymbol{v}_1 \mathrm{d}\boldsymbol{v}_2 \varLambda \mathrm{d}\varOmega \mathrm{d}\boldsymbol{x} \tag{4.144}$$

式中,下标 1 和 2 分别表示分子 1 和分子 2.

为判断系统的演化方向,玻尔兹曼巧妙地利用了碰撞与反碰撞的对称性,对式 (4.144) 做了进一步处理. 将分子 1 和分子 2 的编号交换,这不会引起 $\dot{H}$ 的变化,即有

$$\dot{H} = -\iint \iint (1 + \ln f_2)(f_2 f_1 - f_2^* f_1^*) \, \mathrm{d}\boldsymbol{v}_2 \mathrm{d}\boldsymbol{v}_1 \varLambda \mathrm{d}\varOmega \mathrm{d}\boldsymbol{x} \tag{4.145}$$

将式 (4.144) 和式 (4.145) 相加,再除以 2,可得

$$\dot{H} = -\frac{1}{2} \iint \iint [2 + \ln(f_1 f_2)](f_1 f_2 - f_1^* f_2^*) \, \mathrm{d}\boldsymbol{v}_1 \mathrm{d}\boldsymbol{v}_2 \varLambda \mathrm{d}\varOmega \mathrm{d}\boldsymbol{x} \tag{4.146}$$

进一步考虑到碰撞与反碰撞的对称性,将 $\boldsymbol{v}_1$ 和 $\boldsymbol{v}_2$ 的位置分别与 $\boldsymbol{v}_1^*$ 和 $\boldsymbol{v}_2^*$ 的位置分别交换,上式可以重新写成

$$\dot{H} = -\frac{1}{2} \iint \iint [2 + \ln(f_1^* f_2^*)](f_1^* f_2^* - f_1 f_2) \, \mathrm{d}\boldsymbol{v}_1^* \mathrm{d}\boldsymbol{v}_2^* \varLambda^* \mathrm{d}\varOmega \mathrm{d}\boldsymbol{x} \tag{4.147}$$

考虑到 $\mathrm{d}\boldsymbol{v}_1^* \mathrm{d}\boldsymbol{v}_2^* = |J| \mathrm{d}\boldsymbol{v}_1 \mathrm{d}\boldsymbol{v}_2 = \mathrm{d}\boldsymbol{v}_1 \mathrm{d}\boldsymbol{v}_2$ 和 $\varLambda^* = R_{12}^2 (\boldsymbol{v}_1^* - \boldsymbol{v}_2^*) \cdot \boldsymbol{n}^* = \varLambda$,上式可以进一步写为

$$\dot{H} = -\frac{1}{2} \iint \iint [2 + \ln(f_1^* f_2^*)](f_1^* f_2^* - f_1 f_2) \, \mathrm{d}\boldsymbol{v}_1 \mathrm{d}\boldsymbol{v}_2 \varLambda \mathrm{d}\varOmega \mathrm{d}\boldsymbol{x} \tag{4.148}$$

将式 (4.146) 和式 (4.148) 相加,再除以 2,可得

$$\dot{H} = -\frac{1}{4} \iint \iint \left[\ln\left(f_1 f_2\right) - \ln\left(f_1^* f_2^*\right)\right]\left(f_1 f_2 - f_1^* f_2^*\right) \mathrm{d}\boldsymbol{v}_1 \mathrm{d}\boldsymbol{v}_2 \Lambda \, \mathrm{d}\Omega \, \mathrm{d}\boldsymbol{x} \tag{4.149}$$

上式右侧的被积函数可以写成

$$F(\xi, \eta) = (\xi - \eta)\left(\mathrm{e}^\xi - \mathrm{e}^\eta\right) \tag{4.150}$$

式中,$\xi = \ln\left(f_1 f_2\right), \eta = \ln\left(f_1^* f_2^*\right)$. 当 $\xi > \eta$ 时,有 $\mathrm{e}^\xi > \mathrm{e}^\eta$,即 $F > 0$. 同样地,当 $\xi < \eta$ 时,有 $F > 0$. 只有当 $\xi = \eta$ 时,$F = 0$. 因此,总是有 $F \geqslant 0$,亦即

$$\frac{\mathrm{d}H}{\mathrm{d}t} \leqslant 0 \tag{4.151}$$

其中等号只在 $f_1 f_2 = f_1^* f_2^*$ 时才能取得. 该式指出了系统趋于平衡态的方向,即 H 函数在趋于平衡态的过程中不断减小,在平衡态时达到极小,称为 H 定理[1].

　　显然,H 定理与孤立系统熵增原理具有对应性,它们都指出了系统趋于平衡态的方向,反映了宏观不可逆性[2]. 需要注意的是,孤立系统熵增原理具有普遍性,而 H 定理的普遍性并未得到证实,因为上述推导只适用于稀薄的单原子分子气体. 近年来,非平衡态统计物理得到了极大发展,但仍存在许多挑战,远未成熟.

4.3.4　平衡态稀薄气体分子的分布

　　由 H 定理指出,只有当两分子分布函数满足

$$f_1 f_2 = f_1^* f_2^* \tag{4.152}$$

时,H 取到极小值,系统达到平衡态. 该式意味着元碰撞与元反碰撞正好相等而抵消,称为细致平衡. 显然,系统要达到平衡态,必须细致平衡,这称为细致平衡原理,但系统达到平衡态还要求分布函数不再随时间发生变化,即

$$\frac{\partial f}{\partial t} = 0 \tag{4.153}$$

将式 (4.152) 和式 (4.153) 代入玻尔兹曼积分微分方程 (4.132),可以得到

$$v \cdot \frac{\partial f}{\partial \boldsymbol{x}} + \frac{\boldsymbol{F}}{m} \cdot \frac{\partial f}{\partial v} = 0 \tag{4.154}$$

由式 (4.152) 和式 (4.154) 可见,系统达到平衡时,由分子碰撞和运动引起的分布函数的改变将分别自行抵消.

---

　　[1] 这是一个神奇的定理,整个推导过程的技巧性非常强,多少有凑的嫌疑,获得称赞的同时也招致了很多批评. 1876 年,洛施密特 (Johann Josef Loschmidt) 提出了一个悖论,力学运动是可逆的,即具有时间反演性,基于此系统将可能熵减,有悖于熵增原理或 H 定理. 面对同事的批评,玻尔兹曼的反驳是,H 定理是一个统计规律,不是力学规律,系统熵增过程并不一定单调,只是对于一个宏观系统,出现熵增比出现熵减的可能性要大得多.

　　[2] 物理学家艾伦菲斯特 (Paul Ehrenfest) 夫妇提出了一个生动的模型,一只很干净的狗,和另一只有大量跳蚤的狗,两只狗亲密接触,每只跳蚤都可以在两只狗之间自由来往 (微观可逆),很快两只狗都不干净了 (宏观不可逆). 该模型称为艾伦菲斯特模型或 dog-flea 模型.

为获得分布函数,我们需要将式 (4.152) 和式 (4.154) 联立进行求解. 式 (4.154) 是一个线性齐次偏微分方程,而式 (4.152) 不是线性方程,因此考虑将式 (4.152) 和式 (4.154) 分别改写成

$$\ln f_1 + \ln f_2 = \ln f_1^* + \ln f_2^* \tag{4.155}$$

$$v \cdot \frac{\partial \ln f}{\partial \boldsymbol{x}} + \frac{\boldsymbol{F}}{m} \cdot \frac{\partial \ln f}{\partial v} = 0 \tag{4.156}$$

此时,对于 $\ln f$,这两个方程都是线性的. 对于线性方程,如果找到方程可能的特解,那么其线性组合也是方程的解. 式 (4.155) 反映了碰撞前后的守恒关系,而我们知道碰撞过程中粒子数、动量和能量分别守恒,因此式 (4.155) 有 5 个特解:

$$\ln f = 1, \ mv_x, \ mv_y, \ mv_z, \ \frac{1}{2}mv^2 \tag{4.157}$$

通解为

$$\ln f = C_1 + C_2 mv_x + C_3 mv_y + C_4 mv_z + C_5 \frac{1}{2}mv^2 \tag{4.158}$$

式中,$C_i(i = 1, 2, 3, 4, 5)$ 为与速度 v 无关的量. 通解也可以写成

$$\ln f = \alpha - \beta \frac{1}{2}m (\boldsymbol{v} - \boldsymbol{v}_0) \cdot (\boldsymbol{v} - \boldsymbol{v}_0) \tag{4.159}$$

式中,α, β 和 $\boldsymbol{v}_0$ 为与速度 v 无关的量,它们还需满足式 (4.156). 将通解代入式 (4.156),有

$$-\frac{1}{2}m\boldsymbol{v} \cdot \boldsymbol{v} \left(\boldsymbol{v} \cdot \frac{\partial \beta}{\partial \boldsymbol{x}} \right) + \boldsymbol{v} \cdot \frac{\partial \beta}{\partial \boldsymbol{x}} m \boldsymbol{v} \cdot \boldsymbol{v}_0 + \beta m \boldsymbol{v} \cdot \frac{\partial}{\partial \boldsymbol{x}} (\boldsymbol{v} \cdot \boldsymbol{v}_0)$$
$$+ \left(\frac{\partial \alpha}{\partial \boldsymbol{x}} - \frac{\partial \beta}{\partial \boldsymbol{x}} \frac{1}{2} m \boldsymbol{v}_0 \cdot \boldsymbol{v}_0 - \frac{\beta m}{2} \frac{\partial \boldsymbol{v}_0 \cdot \boldsymbol{v}_0}{\partial \boldsymbol{x}} - \beta \boldsymbol{F} \right) \cdot \boldsymbol{v} + \beta \boldsymbol{F} \cdot \boldsymbol{v}_0 = 0 \tag{4.160}$$

该式已整理成关于 $\boldsymbol{v}$ 的幂次展开形式. 上式对于任意 $\boldsymbol{v}$ 都成立,因此关于 $\boldsymbol{v}$ 的各幂次项都应为零,即有

$$\frac{\partial \beta}{\partial \boldsymbol{x}} = 0, \quad \boldsymbol{v} \cdot \frac{\partial}{\partial \boldsymbol{x}} (\boldsymbol{v} \cdot \boldsymbol{v}_0) = 0, \quad \frac{\partial}{\partial \boldsymbol{x}} \left(\alpha - \frac{\beta}{2} m \boldsymbol{v}_0 \cdot \boldsymbol{v}_0 \right) - \beta \boldsymbol{F} = 0, \quad \boldsymbol{F} \cdot \boldsymbol{v}_0 = 0 \tag{4.161}$$

可见,β 为常数,$\boldsymbol{v}_0$ 为刚性运动速度,可以表示为

$$\boldsymbol{v}_0 = \boldsymbol{u} + \boldsymbol{\omega} \times \boldsymbol{x}, \quad \boldsymbol{F} \cdot \boldsymbol{v}_0 = 0 \tag{4.162}$$

式中,$\boldsymbol{u}$ 为恒定的平动速度,$\boldsymbol{\omega}$ 为恒定的转动加速度. 若考虑保守势场 $\boldsymbol{F} = -\nabla \varphi$,则 α 可以表示为

$$\alpha = \alpha_0 + \beta \left(\frac{1}{2} m \boldsymbol{v}_0 \cdot \boldsymbol{v}_0 - \varphi \right) \tag{4.163}$$

式中,α_0 为常数. 因此,可以得到

$$f(\boldsymbol{x}, \boldsymbol{v}) = \exp \left\{ \alpha_0 - \beta \left[\frac{1}{2} m (\boldsymbol{v} - \boldsymbol{v}_0) \cdot (\boldsymbol{v} - \boldsymbol{v}_0) - \frac{1}{2} m \boldsymbol{v}_0 \cdot \boldsymbol{v}_0 + \varphi \right] \right\} \tag{4.164}$$

常数 β 反映了平衡态系统中各处均一的量,因此可以断定它与系统温度有关. 原则上可以将 β 称为温度,但这将与经验不符合. 经验上,温度越高,分布函数关于速度的分布越分散,β 的值越小,不妨记为

$$\beta = \frac{1}{k_{\mathrm{B}}T} \tag{4.165}$$

式中,T 为温度,k_{B} 称为玻尔兹曼常量. 常数 $\exp(\alpha_0)$ 反映了系统的可叠加性,它与系统的粒子数正相关,可以由式 (4.127) 求出

$$\alpha_0 = \ln N - \ln \iint \exp\left\{ -\frac{m}{2k_{\mathrm{B}}T}[(\boldsymbol{v}-\boldsymbol{v}_0)\cdot(\boldsymbol{v}-\boldsymbol{v}_0) - \boldsymbol{v}_0\cdot\boldsymbol{v}_0 + 2\varphi/m] \right\} \mathrm{d}\boldsymbol{x}\,\mathrm{d}\boldsymbol{v} \tag{4.166}$$

进而得到在保守势场中的玻尔兹曼分布律:

$$f(\boldsymbol{x},\boldsymbol{v}) = \frac{N \exp\left\{ -\frac{m}{2k_{\mathrm{B}}T}[(\boldsymbol{v}-\boldsymbol{v}_0)\cdot(\boldsymbol{v}-\boldsymbol{v}_0) - \boldsymbol{v}_0\cdot\boldsymbol{v}_0 + 2\varphi/m] \right\}}{\iint \exp\left\{ -\frac{m}{2k_{\mathrm{B}}T}[(\boldsymbol{v}-\boldsymbol{v}_0)\cdot(\boldsymbol{v}-\boldsymbol{v}_0) - \boldsymbol{v}_0\cdot\boldsymbol{v}_0 + 2\varphi/m] \right\} \mathrm{d}\boldsymbol{x}\,\mathrm{d}\boldsymbol{v}} \tag{4.167}$$

由分布函数可以计算某个物理量 Q 的统计平均值:

$$\langle Q \rangle = \frac{\iint Q(\boldsymbol{x},\boldsymbol{v})f(\boldsymbol{x},\boldsymbol{v})\,\mathrm{d}\boldsymbol{x}\,\mathrm{d}\boldsymbol{v}}{\iint f(\boldsymbol{x},\boldsymbol{v})\,\mathrm{d}\boldsymbol{x}\,\mathrm{d}\boldsymbol{v}} = \frac{1}{N}\iint Q(\boldsymbol{x},\boldsymbol{v})f(\boldsymbol{x},\boldsymbol{v})\,\mathrm{d}\boldsymbol{x}\,\mathrm{d}\boldsymbol{v} \tag{4.168}$$

例 4.12 麦克斯韦速度分布律和能量均分定理

若系统没有外场作用 $\varphi = 0$,也没有整体刚性运动速度 $\boldsymbol{v}_0 = 0$,可以得到

$$\alpha_0 = \ln N - \ln\left\{ V\left[\int_{-\infty}^{+\infty} \exp\left(-\frac{mv_x^2}{2k_{\mathrm{B}}T}\right)\mathrm{d}\boldsymbol{v}_x\right]^3 \right\} = \ln\left[\frac{N}{V}\left(\frac{m}{2\pi k_{\mathrm{B}}T}\right)^{3/2}\right] \tag{4.169}$$

式中,V 为系统体积. 此时,平衡态气体分子的速度分布写作

$$f(\boldsymbol{v})\,\mathrm{d}\boldsymbol{v} = \frac{N}{V}\left(\frac{m}{2\pi k_{\mathrm{B}}T}\right)^{3/2}\exp\left(-\frac{m\boldsymbol{v}\cdot\boldsymbol{v}}{2k_{\mathrm{B}}T}\right)\mathrm{d}\boldsymbol{v} \tag{4.170}$$

对于理想气体,该式称为麦克斯韦速度分布律,而对于实际气体,称为麦克斯韦-玻尔兹曼速度分布律. 1920 年,斯特恩 (Otto Stern) 设计分子束实验验证了气体分子按速率分布的麦克斯韦统计规律.

在 x 方向上,粒子的平均动能为

$$\left\langle \frac{1}{2}mv_x^2 \right\rangle = \int_{-\infty}^{+\infty} \frac{1}{2}mv_x^2\left(\frac{m}{2\pi k_{\mathrm{B}}T}\right)^{1/2}\exp\left(-\frac{mv_x^2}{2k_{\mathrm{B}}T}\right)\mathrm{d}v_x = \frac{1}{2}k_{\mathrm{B}}T \tag{4.171}$$

更一般地,可以证明,对于处于温度 T 的经典平衡态系统,粒子能量中的每一个平方项的统计平均值为 $k_{\mathrm{B}}T/2$,称为能量均分定理 (equipartition theorem)[①]. 由此,可以得到三维空间

———
[①] 1845 年,瓦塔斯顿 (J.J. Waterston) 提出分子速度的方均值与分子的质量成反比,这是能量均分定理的最初形式. 但当他将一篇论文提交到英国皇家学会时却遭到了拒稿,理由是有位审稿人认为其论文胡说八道. 直到 40 多年后,由于瑞利勋爵的赏识才于 1892 年刊登在学会会刊上,瑞利在序文中指出:当时未刊登该论文是一件十分不幸的事情,这导致对该问题的研究延误了 40 多年.

中单个粒子的平均动能

$$\left\langle \frac{1}{2}m\boldsymbol{v}\cdot\boldsymbol{v}\right\rangle = \frac{3}{2}k_{\mathrm{B}}T \tag{4.172}$$

能量均分定理曾被用于计算固体的热容量. 固体的原子在其平衡位置做振动. 考虑一由 N 个原子组成的温度为 T 的固体,假设可以将其看作 $3N$ 个相互独立的简谐振动,每个振子的能量可以写作

$$\varepsilon_i = \frac{1}{2m}p_i^2 + \frac{1}{2}m\omega_i^2 q_i^2, \quad i = 1, 2, \cdots, 3N \tag{4.173}$$

式中,ω_i 为简正频率,q_i 为简正坐标,p_i 为正则动量. 由能量均分定理,该固体的内能为

$$U = 3N\left(\frac{1}{2}k_{\mathrm{B}}T + \frac{1}{2}k_{\mathrm{B}}T\right) = 3Nk_{\mathrm{B}}T \tag{4.174}$$

定容热容量为

$$C_V = \left(\frac{\partial U}{\partial T}\right)_{V,N} = 3Nk_{\mathrm{B}} \tag{4.175}$$

该结果与 1819 年发现的杜隆-珀蒂定律 (Dulong-Petit law) 一致,但在低温下失效.

分子运动论预测了一些与实验一致的结果,但在低温固体比热、双原子气体比热、金属比热等许多方面不能解释实验结果.

那么,原子是真实存在的吗? 分子运动论是否只是一种观点?

19 世纪 80 年代,马赫开始对原子论进行尖锐的批判,他认为原子是思维的产物,不能被感官感知, 原子论没有给出比经验更多的东西. 1891 年前后,奥斯特瓦尔德 (Friedrich Wilhelm Ostwald) 认为能量是唯一实在的,物质不是能量的附载体,而是能量的表现形式. 1895 年,他在一次会议上演讲时公开反对原子论,当即遭到玻尔兹曼的强烈反对. 自此,马赫和奥斯特瓦尔德成为了反对原子假说的代表性人物,与玻尔兹曼等人产生了持久性的争论[①].

4.4　原子实在性的证据

4.4.1　无规运动之谜

无规运动,永不停息.

清晨第一缕阳光透过窗户,连慵懒的空气都变得焦躁起来,平日里那些看不见的精灵,一个个抖擞着四处游荡. 或许,你也有过这样的经验,但你可曾设想统计一下尘埃颗粒的运动规律? 1827 年,布朗 (Robert Brown) 将花粉中迸射出来的微小颗粒置入水溶液中,观察到了这些悬浮颗粒的无规则运动,并使用显微镜记录下了花粉颗粒的运动轨迹. 统计表明,

---

① 玻尔兹曼几乎是孤军奋战,这些论战一定程度损害了玻尔兹曼的身心健康. 1906 年,玻尔兹曼在的里雅斯特附近的杜伊诺度假时结束了自己的生命.

颗粒离开参考点的位移 r 的平方的平均值与时间 t 成正比,或写成均方根位移与时间的关系,如

$$\sqrt{\langle r^2 \rangle} \propto t^{1/2} \tag{4.176}$$

通常定向机械运动的均方根位移应该与时间的一次方成正比(见例4.13),而布朗颗粒的均方根位移却与时间的 1/2 次方成正比. 鉴于该统计规律的独特性,这个被无数人观察到过的现象被称为布朗运动.

布朗颗粒为何不能静静地待在某处? 布朗运动的机制是什么? 曾经有种观点认为,颗粒可能在做"有意识"的运动. 这种观点在当时是很蛊惑人心的,但在现在已经是不值一驳了. 1876 年,拉姆塞 (William Ramsay) 提出布朗运动是由于微粒与运动分子碰撞导致的. 1877 年,德耳索 (Delsaulx) 进一步解释布朗运动是由于布朗颗粒受到大量分子碰撞产生的不平衡作用而引起的. 然而,他们的观点并未及时得到重视,而且在当时也没有合适的模型来表征这样的机制. 现在,我们知道这样的观点是正确的,而且知道只有那些直径在 $0.1 \sim 1\,\mu m$ 的微小颗粒才能在气体或液体中发生布朗运动,这样的颗粒每秒经受着 $10^{15} \sim 10^{19}$ 次分子碰撞才表现出宏观的无规则运动.

在 19 世纪末,想拿出分子碰撞的证据是困难的,但到了 20 世纪初,多个理论模型很快被发展起来,并最终通过实验证实了上述认识. 1905 年,爱因斯坦将分子运动论应用于解释布朗运动的机制,建立了扩散理论. 1906 年,斯莫陆绰斯基 (Marian Smoluchowski) 通过理论分析给出了统计解释. 1908 年,朗之万 (Paul Langevin) 发展了布朗运动的涨落理论,该理论成为布朗运动的现代理论.

例 4.13　小球沉降实验

作为定向运动的一个例子,我们考虑小球在黏稠液体中的沉降实验. 质量为 m 的小球在重力、浮力以及液体的黏滞力共同作用下运动,其速度 v 的控制方程可以由牛顿运动定律给出

$$\begin{cases} m\dfrac{\mathrm{d}v}{\mathrm{d}t} = -\eta v + mg - \rho V g \\ v(0) = 0 \end{cases} \tag{4.177}$$

式中,t 为时间,g 为重力加速度,V 为小球的体积,ρ 为液体的密度,η 为黏性摩擦系数. 求解方程 (4.177),可以得到

$$v(t) = \frac{mg - \rho V g}{\eta}\left(1 - \mathrm{e}^{-\eta t/m}\right) \tag{4.178}$$

对于黏性大的液体,上式括号中的第二项随时间增长并快速地趋于零,因此加速下落一段时间后,小球进入几乎匀速下落的状态,该极限速度为

$$U \equiv v|_{t \to \infty} = \frac{mg - \rho V g}{\eta} \tag{4.179}$$

显然,此时小球的位移近似与时间的一次方成正比.

利用式 (4.179),可以通过小球沉降实验来确定液体的黏性摩擦系数 η. 对于半径为 a 的小球,由斯托克斯黏滞公式 (Stokes viscocity formula),有

$$\eta = 6\pi\mu a \tag{4.180}$$

式中,μ 为黏性系数. 由此,可以通过该实验来确定液体的黏性系数 μ.

4.4.2 随机走动模型

布朗运动是微小颗粒在液体或者气体中的无规则运动. 颗粒的运动轨迹是三维的,运动方向是随机的,因此在正交坐标系中,三个方向的运动可以视为相互独立的. 这使得我们可以只关注某个直线 (不妨记为 x 轴) 上的情况,即我们可以采用一维模型来分析颗粒的运动情况. 此时,颗粒的随机运动行为表现为沿着 x 轴正向和负向移动的可能性是相同的,如同一枚硬币公平地抛出正面或反面的概率都是 1/2. 为了方便分析,我们把颗粒运动过程的时间分割成一个个固定的时间间隔 Δt,在每个 Δt 内颗粒移动的距离为固定值 Δx,但移动的方向是不确定的. 经过这样处理,就可以通过数步子来分析颗粒运动的统计规律,如同观察醉汉沿着街道不规则地来回走动,在某段时间内有多大的概率可以回到家. 这样的模型称为一维无偏随机走动模型,相关的理论称为爱因斯坦-斯莫陆绰斯基理论.

我们关心的问题是一个颗粒在 x 轴上从原点出发做随机运动,经过时间 t 之后,位于某一处 x 的概率 $u(x,t)$. 这相当于在一维无偏随机走动模型中,考察颗粒在移动了 N 步之后,位于离开出发点右侧 l 步的概率 $w(l,N)$,其中

$$N = t/\Delta t, \quad l = x/\Delta x \tag{4.181}$$

在这 N 步中,如果有 k 步向右,即有 $N - k$ 步向左,其中 $0 \leqslant k \leqslant N$,但最后一步正好落在 l 处,则要求

$$l = k - (N - k) = 2k - N \tag{4.182}$$

或者

$$k = (N + l)/2 \tag{4.183}$$

这说明,只有 k 取特定的值时,移动 N 步后才能正好落在 l 处,即位移才能为 l. 由于 k 只能取整数,即 $k = 0, 1, 2, \cdots, N$,所以由式 (4.183) 可见,l 与 N 必须同奇偶. 这说明如果 N 是奇数,颗粒最后将不会落在位于离开出发点为偶数步的位置,反之亦然,即位移 l 的有效取值是 $-N, -N + 2, \cdots, N - 2, N$,相邻两个有效值的间隔为 2. 因此,欲求概率 $w(l,N)$,等价于求在 N 步随机走动中有 k 步向右的概率 a_k,其中 k 的值由式 (4.183) 给出.

在 N 步随机走动中,每一步都可以向左或向右,即每一步的可能性为 2,因此每一步的可能选择都会造成总路径数翻倍,即总路径数为 2^N. 在这些可能的路径中,只有一部分路径是包含 k 步向右和余下的 $N - k$ 步向左的情况,向右的 k 步可以是 N 步中的任意 k 步. 计算这部分的路径数,等价于计算从 N 个不同的球中取出 k 个但不排序时的组合数

$$\frac{N \cdot (N - 1) \cdots (N - k + 1)}{k!} = \frac{N!}{k!\,(N - k)!} \equiv C_N^k \tag{4.184}$$

因此, N 步随机走动中有 k 步向右的概率为

$$a_k = \frac{C_N^k}{2^N}, \quad k = 0, 1, 2, \cdots, N \tag{4.185}$$

或者, N 步随机走动后落在 l 处的概率为

$$w(l, N) = a_k = \frac{C_N^k}{2^N}, \quad k = (N + l) / 2 \tag{4.186}$$

容易验算对于 l 取遍所有可能值的概率之和为 1.

在获得概率 $w(l, N)$ 的显式解后, 我们可以求出某个量 Q 的统计平均值, 也称期望值

$$\langle Q \rangle = \sum_{\substack{l=-N \\ (\Delta l = 2)}}^{N} Q w(l, N) = \sum_{k=0}^{N} Q a_k = \sum_{k=0}^{N} \frac{C_N^k}{2^N} Q \tag{4.187}$$

式中, 第一个求和号中的 $(\Delta l = 2)$ 表示该求和中 l 的步长为 2.

例 4.14　求关于向右步数 k 的 n 阶矩, 其中 n 为正整数

以 a_k 作为系数, 定义一个关于某一自变量 ξ 的幂级数

$$G(\xi) = \sum_{k=0}^{N} a_k \xi^k \tag{4.188}$$

利用该函数, 可以有

$$G'(1) = \sum_{k=0}^{N} a_k k = \langle k \rangle \tag{4.189}$$

$$G''(1) = \sum_{k=0}^{N} a_k k (k-1) = \langle k (k-1) \rangle = \langle k^2 \rangle - \langle k \rangle \tag{4.190}$$

$$\cdots$$

这说明可以用函数 $G(\xi)$ 的各阶导数在 $\xi = 1$ 上的取值来表示 k 的 n 阶矩 $\langle k^n \rangle$, 正因为这样的性质, 该函数 $G(\xi)$ 被称为生成函数 (generating function) 或母函数[①].

利用二项式定理, 生成函数 (4.188) 可以写成闭式形式:

$$G(\xi) = \sum_{k=0}^{N} \frac{C_N^k}{2^N} \xi^k = \frac{1}{2^N} \sum_{k=0}^{N} C_N^k \xi^k = \frac{(1 + \xi)^N}{2^N} \tag{4.191}$$

因此, 结合该闭式形式, 由式 (4.189) 和式 (4.190), 有

$$\langle k \rangle = G'(1) = \frac{N}{2} \tag{4.192}$$

和

$$\langle k^2 \rangle = G''(1) + \langle k \rangle = \frac{N(N-1)}{4} + \frac{N}{2} = \frac{N^2 + N}{4} \tag{4.193}$$

依此类推, 可以得到 k 的各阶矩.

---

① 生成函数的思想是由欧拉在 1740 年代研究自然数的分解和合成时提出来的. 1812 年, 拉普拉斯发展了这一思想, 在《概率的分析理论》一书中明确提出了生成函数的计算.

例 4.15 求与位移相关的期望值 $\langle l \rangle$ 和 $\langle l^2 \rangle$,并由此分析布朗运动

利用式 (4.182),可以得到

$$\langle l \rangle = \langle 2k - N \rangle = 2\langle k \rangle - N \tag{4.194}$$

将式 (4.192) 代入上式,有

$$\langle l \rangle = 0 \tag{4.195}$$

此式表明,平均位移为零. 这正是我们所预期的,无偏随机走动中向右和向左是等概率的.

类似地,利用式 (4.182),可以得到

$$\langle l^2 \rangle = \langle 4k^2 - 4kN + N^2 \rangle = 4\langle k^2 \rangle - 4N\langle k \rangle + N^2 \tag{4.196}$$

将式 (4.192) 和式 (4.193) 代入上面的式子,有

$$\langle l^2 \rangle = N^2 + N - 2N^2 + N^2 = N \tag{4.197}$$

将式 (4.181) 代入上式,有

$$\langle x^2 \rangle = 2Dt \tag{4.198}$$

式中,参数 D 定义为

$$D = \frac{(\Delta x)^2}{2\Delta t} \tag{4.199}$$

式 (4.198) 与布朗运动规律式 (4.176) 一致. 式 (4.198) 反映了颗粒随机走动中偏离原点能力的统计规律,其值越大反映出颗粒统计上运动范围更大,即粒子可以扩散到更大范围中,因此参数 D 是对颗粒扩散行为的直接表征,将其称为扩散系数 (diffusion coefficient). 如果考虑三维的情况,则有

$$\langle \boldsymbol{x} \cdot \boldsymbol{x} \rangle = \langle x^2 + y^2 + z^2 \rangle = 3\langle x^2 \rangle = 6Dt \tag{4.200}$$

上式的推导利用了三个坐标轴方向上随机运动的独立性.

参数 D 可以通过布朗运动实验确定出来,这也表明无偏随机走动模型成功地解释了布朗运动现象. 颗粒受到溶液中大量分子碰撞造成的不平衡作用,从而形成了随机运动. 随机走动模型在某种程度上表征了随机作用下颗粒的无规则运动,但并未直接表征分子碰撞这个微观机制,参数 D 也因此不能反映出微观的物理机制. 只有将微观分子碰撞机制纳入模型,才能进一步建立宏观统计参数 D 与微观参数的关系.

4.4.3 无规运动统计规律的导出

在例4.13中,当小球足够小,但尺寸还是比液体分子大得多时,就是我们考虑的布朗运动颗粒,其受到的大量分子的碰撞力将不能忽略,碰撞力的合力可以视为随机力 $\tilde{\boldsymbol{F}}(t)$,它与颗粒的位置和速度没有必然联系. 此时,颗粒的运动将不能保持在一个方向上. 考虑到颗粒较小,我们可以认为颗粒受到的重力和浮力近似相互抵消. 因此,颗粒的运动方程可以写为

$$m\frac{\mathrm{d}\boldsymbol{v}}{\mathrm{d}t} = -\eta\boldsymbol{v} + \tilde{\boldsymbol{F}}(t) \tag{4.201}$$

该式称为朗之万方程 (Langevin equation).

由于随机力未知, 我们并不能对朗之万方程 (4.201) 进行直接的求解, 因此也没办法直接考察颗粒位移相关量的长时间统计行为. 玻尔兹曼提出利用大量的多次测量代替长时间的跟踪测量, 然后计算统计平均可以获得对应量的宏观可测量. 基于这样的考虑, 首先将式 (4.201) 两侧同时与颗粒的位移 $\boldsymbol{x}$ 进行点积, 可以得到

$$m\frac{\mathrm{d}\left(\boldsymbol{x}\cdot\boldsymbol{v}\right)}{\mathrm{d}t} - m\boldsymbol{v}\cdot\boldsymbol{v} = -\eta\boldsymbol{x}\cdot\boldsymbol{v} + \boldsymbol{x}\cdot\tilde{\boldsymbol{F}}(t) \tag{4.202}$$

然后考虑对大量的颗粒取总平均:

$$m\frac{\mathrm{d}\langle\boldsymbol{x}\cdot\boldsymbol{v}\rangle}{\mathrm{d}t} - m\langle\boldsymbol{v}\cdot\boldsymbol{v}\rangle = -\eta\langle\boldsymbol{x}\cdot\boldsymbol{v}\rangle + \left\langle\boldsymbol{x}\cdot\tilde{\boldsymbol{F}}(t)\right\rangle \tag{4.203}$$

式中, 等号左侧第一项假定了统计平均的计算与时间导数可以交换顺序. 由于随机力 $\tilde{\boldsymbol{F}}(t)$ 与颗粒的位置和速度没有必然联系, 所以可以认为 $\left\langle\boldsymbol{x}\cdot\tilde{\boldsymbol{F}}(t)\right\rangle = 0$. 系统宏观上处于平衡态, 因此我们可以近似利用能量均分定理来计算 $m\langle\boldsymbol{v}\cdot\boldsymbol{v}\rangle$, 即由式 (4.172) 有

$$m\langle\boldsymbol{v}\cdot\boldsymbol{v}\rangle = 3k_\mathrm{B}T \tag{4.204}$$

式中, k_B 为玻尔兹曼常量, T 为温度. 因此, 式 (4.203) 可以简化为

$$\frac{\mathrm{d}}{\mathrm{d}t}\langle\boldsymbol{x}\cdot\boldsymbol{v}\rangle + \frac{\eta}{m}\langle\boldsymbol{x}\cdot\boldsymbol{v}\rangle = \frac{3k_\mathrm{B}T}{m} \tag{4.205}$$

将上式视为 $\langle\boldsymbol{x}\cdot\boldsymbol{v}\rangle$ 关于 t 的一阶微分方程, 其解为

$$\langle\boldsymbol{x}\cdot\boldsymbol{v}\rangle = C\mathrm{e}^{-\eta t/m} + \frac{3k_\mathrm{B}T}{\eta} \tag{4.206}$$

黏滞作用在很短的时间内就可以使上式右侧第一项趋于零, 因此可以得到

$$\langle\boldsymbol{x}\cdot\boldsymbol{v}\rangle = \frac{3k_\mathrm{B}T}{\eta} \tag{4.207}$$

另一方面, 利用式 (4.200), 可以得到

$$\langle\boldsymbol{x}\cdot\boldsymbol{v}\rangle = \frac{1}{2}\left\langle\frac{\mathrm{d}\left(\boldsymbol{x}\cdot\boldsymbol{x}\right)}{\mathrm{d}t}\right\rangle = \frac{1}{2}\frac{\mathrm{d}}{\mathrm{d}t}\langle\boldsymbol{x}\cdot\boldsymbol{x}\rangle = 3D \tag{4.208}$$

因此, 由以上两式, 有

$$D = \frac{k_\mathrm{B}T}{\eta} \tag{4.209}$$

该式称为爱因斯坦关系, 它表征了宏观扩散系数 D 与微观参数 k_B 的统计关系. 此外, 该统计关系 (4.209) 表明, 温度越高, 扩散越激烈; 黏性越大, 扩散越缓慢.

在揭开原子实在性的证据之前, 我们应该稍微停下来思考一下. 分子碰撞的随机力并未体现到最后的统计结果中, 德耳索指出的布朗运动是由于分子碰撞不平衡引起的, 这样的机制在上述分析中起到怎样的作用? 事实上, 正是由于大量分子的碰撞造成了平衡态系统的统计规律 (4.204), 宏观观察结果正是大量微观运动的统计结果.

4.4.4 无规运动统计规律的检验

由爱因斯坦关系 (4.209) 和斯托克斯黏滞公式 (4.180),有

$$k_{\mathrm{B}} = \frac{6\pi\mu aD}{T} \tag{4.210}$$

该式等号右侧都是些宏观可测的量,而等号左侧的 k_{B} 是一个微观参数. 这个式子说明我们可以通过宏观测量来获得微观参数. 因此,布朗粒子像一个放大器一样,让我们可以窥见微观.

1908 年,皮兰 (Jean Baptiste Perrin) 通过测量 $\langle \boldsymbol{x} \cdot \boldsymbol{x} \rangle$ 随 t 的变化获得 D,在很大的 T, μ, a 范围内确定了 k_{B},实验验证了爱因斯坦发现的统计规律[①]. 通过证实该微观参数确实为常量,从而肯定了玻尔兹曼关于分子运动论认识的正确性,表明原子确实是客观存在的,微观世界是由原子组成的. 因此,布朗运动为分子运动论提供了有力证据.

为什么皮兰实验的意义如此之深远? 液体或气体可以非常均匀地、连续地分散在容器中,我们肉眼完全不能窥见其中可能的任何间隙,在过去的很长时间里众多的科学家或哲学家总是在连续和不连续 (原子) 的观点之间来回摇摆. 布朗颗粒就像放大镜一样,让我们真切地感知到了微观的不连续性.

公元前约 400 年,古希腊哲学家留基伯 (Leucippus) 和德谟克利特 (Democritus) 提出了原子的概念,他们认为原子是不可再分的物质微粒. 在同时期的战国时期,墨子也认为物质剖分是有极限的,"非半弗斫,则不动,说在端"(《墨经·经下》). 公元前 300 多年,亚里士多德则认为空间是连续的,物质无限可分. 同期战国时期的惠施、庄子、公孙龙等也有类似观点,如"一尺之棰,日取其半,万事不竭"(《庄子·天下篇》). 可见,关于原子存在性的认知并非一个不证自明的观点. 在西方,很长时间里,原子论一直被视为一种哲学观,没有人观察到过原子本尊的模样. 直到 1807 年,道尔顿 (John Dalton) 才明确提出了原子假说,发现了化学上的倍比定律,科学界才真正开始严肃地探讨原子的存在性问题. 1811 年,阿伏伽德罗 (Amedeo Avogadro) 提出同温同压下,相同体积的任何气体分子数也相同,称为阿伏伽德罗定律. 玻尔兹曼笃信原子是存在的,但他遭受了太多的责难,正如我们在4.3节已经指出的. 由于缺少实验的证据,玻尔兹曼无法自圆其说.

皮兰在 1908 年的实验中不仅计算出了玻尔兹曼常量 k_{B},还计算出了给定物理条件下的分子的个数,命名了阿伏伽德罗常量 N_{A},其计算式 (见例5.3) 为

$$N_{\mathrm{A}} = R/k_{\mathrm{B}} \tag{4.211}$$

式中,R 为普适气体常量. 1907 年,斯维德伯格 (Theodor Svedberg) 发明超速离心机,实现蛋白质摩尔质量的测定. 他们被称为"称量原子质量"的人[②].

1858 年, 普吕克 (Julius Plücker) 发现了阴极射线; 1897 年, J.J. 汤姆孙 (Joseph John Thomson) 计算出了阴极射线粒子的质量-电荷比例,就此发现电子. 1895 年,伦琴

---

① 可惜玻尔兹曼未能亲眼见证这一分子运动论的有力证据.

② 1926 年,皮兰和斯维德伯格分别获得诺贝尔物理学奖和化学奖. 值得一提的是,这两个工作都使用了流体力学著名的斯托克斯公式.

(Wilhelm Conrad Rontgen) 发现 X 射线. 1896 年, 贝克勒尔 (Antoine Henri Becquerel) 发现铀原子核的天然放射性. 1898 年, 居里夫妇 (Marie Cuire & Pierre Cuire) 发现放射性更强的钋和镭. 一系列研究暗示着原子存在着内部结构, 并不是 "不可分割的".

1907 年, J.J. 汤姆孙凭借自己的想象力, 认为电子在原子中就像葡萄干镶嵌在布丁上一样, 就此提出了汤姆孙原子模型. 1910 年, 卢瑟福 (Ernest Rutherford) 试图通过 α 粒子轰击金箔的散射实验确定该模型的大小和性质, 可是少数 α 粒子居然偏转90° 以上, 甚至反弹. 这意味着原子大部分质量集中在核心并且带正电. 基于这样的认识, 次年汤姆孙提出了 "行星系统" 模型. 然而, 根据麦克斯韦理论, 这样的系统是不稳定的, 带负电的电子围绕着带正电的原子运转将会发生强烈的电磁辐射, 失去能量的电子将落入原子核, 进而造成原子的坍缩. 可是, 我们周围的原子一个个都是如此的稳定. 1912 年, 玻尔 (Niels Henrik David Bohr) 面对这样的处境, 经过长时间思考和抉择: 到底是放弃卢瑟福模型还是放弃麦克斯韦理论. 次年, 玻尔受巴尔末 (Johann Jakob Balmer) 公式的启发, 提出了核外电子分层排布的原子结构模型, 阐述了电子跃迁的量子化条件.

1909 年, 皮兰完成实验的第二年, 奥斯特瓦尔德根据皮兰实验以及当时关于电子的发现等事实, 迫不及待地转变了阵营, 承认了 "原子论", 并改写了他的化学教科书. 1910 年代, 马赫虽未明确承认原子的实在性, 但在新的著作中不再否定原子论, 并且在学术交流中多次肯定了原子论在描述上是实用的.

4.5　量子力学的发明

4.5.1　光的本性之争

光见得多, 捉摸不透.

光是我们平日里见得最多的东西, 但其本质并不是一下子就能看清楚的. 我们能看见物体, 不是因为我们眼睛发射出光去探测物体①, 而是因为物体发出或者反射的光进入到了我们的视网膜, 刺激感觉细胞产生电信号, 然后通过视神经传到大脑进行分析从而看到物体. 历史上, 这样的认识在经历很长时间的争辩后才得到普遍认可 [27].

公元前 1 世纪, 卢克莱修 (Titus Lucretius Carus) 提出光是从光源到达眼睛才被看到的, 但其观点始终不被接受. 公元 1000 年左右, 阿尔哈曾 (Alhazen) 从多方面论证了物体能被看见是因为物体反射的光进入了眼睛, 从而形成了正确的认识. 然而, 在历史上很长的一段时间内, 人类对光的认识只限于对某些简单现象和规律的描述.

公元前 5 世纪战国时期, 墨子在《墨经》中记载了光的投影、小孔成像等光学现象, 证明了光是沿直线传播的. 公元前 300 年左右, 欧几里得 (Euclid) 在《反射光学》中论述了光的直线传播定律和反射定律. 1621 年, 斯涅耳 (Willebrord Snell Van Roijen) 总结出了光的折

---

① 与人类不同, 蝙蝠能 "看见" 是因为它们能够发射超声波信号, 通过物体反射回来的信号辨别方位. 因此, 发射说也不是纯粹无稽之谈, 但关键在于 "眼睛" 对射入信号的处理.

射定律. 1662 年, 费马提出了光传播最短时间原理, 解释了光的许多性质, 从而确立光学成为一门物理学科.

1637 年, 笛卡儿提出光是一种压力, 并在某种被称为以太的媒介中传播. 1655 年, 格里马第 (Francesco Maria Grimaldi) 发现了光的衍射现象, 推测光具有类似水波的波动, 这是最早的光的"波动说". 1665 年, 胡克发表《显微术》[1], 指出光是某种快速的脉冲. 1672 年, 胡克进一步提出了光是横波的概念. 1690 年, 惠更斯在《光论》中提出了光的脉冲理论, 他认为光的运动不是物质微粒, 而是媒介 (以太) 的波动. 惠更斯奠定了波动说的重要基础, 但他错误地将子虚乌有的"以太"引入到波动说里了. 然而, 由于牛顿的影响过于强大, 波动说在长达一个世纪里几乎无法出头.

1600 年, 伽森狄 (Pierre Gassendi) 提出了光是由大量坚硬粒子组成的观点. 1672 年, 牛顿基于这一观点创立了光的"微粒说". 1704 年, 牛顿出版巨著《光学》[2], 阐述了光的色彩叠加和分散, 基于微粒说解释了牛顿环、薄膜透光、光的衍射等一系列现象, 并提出了许多不能为波动说所解释的问题. 至此, 微粒说一统天下, 但在其统治的近一个世纪里, 微粒说的缺陷也逐渐显露出来.

1800 年, 托马斯·杨 (Thomas Young) 发现了光的干涉现象和偏振性, 并于 1807 年进一步提出了双缝干涉实验. 1821 年, 菲涅耳 (Augustin-Jean Fresnel) 使用波动理论的数学方法成功解释了光的偏振, 确认了光是横波. 1850 年, 傅科 (Jean Bernard Leon Foucault) 实验测得光速, 否定了牛顿认为光速在高密度下变高的推测, 推翻了光的经典粒子理论. 1865 年, 麦克斯韦建立了麦克斯韦方程组, 预言了电磁波的存在, 并推测光是一种电磁波. 1888 年, 赫兹 (Heinrich Rudolf Hertz) 设计电波环装置发射和接收到了电磁波, 证实了麦克斯韦的预言. 至此, 光的波动说已经成长得无可撼动.

1900 年, 普朗克在黑体辐射问题的研究中提出了能量量子化概念[3]. 1905 年, 爱因斯坦提出了光量子假设, 解释了光电效应. 1916 年, 密立根 (Robert Andrews Millikan) 通过光电效应实验证实了光量子假设. 1923 年, 康普顿 (Arthur Holl Compton) 设计 X 射线散射实验验证了光子具有动量的假设, 从而证实了光的粒子性.

那么, 光到底是粒子还是波? 许多智慧的大脑在此问题上固执己见, 历史上经历了几番论战, 直到 20 世纪才逐渐地统一了认识. 实际上, 爱因斯坦并未抛弃波动说, 而是巧妙地将微粒说和波动说结合在一起, 并指出光既是波, 又是粒子, 具有波粒二象性. 这一思想可以使用爱因斯坦的光量子理论的两个基本方程来表示:

---

[1] 罗伯特·胡克 (Robert Hooke, 1635—1703) 是英国博物学家, 发明和制作了复合显微镜、反射望远镜等多种光学仪器, 并命名了"细胞 (cell)". 安东尼·列文虎克 (Antony van Leeuwenhoek, 1632—1723) 是荷兰显微镜学家, 第一个发现了微生物. 因与显微镜的不解之缘, 二人常被混淆.

[2] 1672 年, 牛顿因发明了反射式望远镜而当选英国皇家学会会员, 为此牛顿给学会寄去了一篇论文, 论述了白光是不同颜色光的混合, 并提出了光的微粒说, 但惨遭胡克的猛烈抨击, 胡克认为牛顿剽窃了他 1665 年关于色彩复合的思想. 牛顿怒火中烧, 长篇檄文对胡克进行回击, 撤回了所有准备在学会发表的文章, 并威胁退出学会. 后来两人又因引力问题再次闹翻, 直到胡克去世, 牛顿才愿意出版巨著《光学》.

[3] 1918 年, 普朗克因提出能量量子化概念获得诺贝尔物理学奖. 从 1907 年到 1919 年, 普朗克一共获得 74 人次提名, 其中爱因斯坦的提名发生在 1919 年. 1921 年, 由普朗克等 14 人的提名, 爱因斯坦因提出光电效应而获得诺贝尔物理学奖. 从 1910 年到 1922 年, 爱因斯坦一共获得 62 人次提名. 实际上, 普朗克在 1919 年、1921 年、1922 年共三次都提名了爱因斯坦. 像这种互为提名人的获奖者, 人们戏称为"共轭"诺贝尔奖. 1929 年, 两人还一同获得了第一届普朗克奖.

$$\begin{cases} E = h\nu \\ p = h/\lambda \end{cases} \tag{4.212}$$

式中,E 为能量,p 为动量,ν 为频率,λ 为波长,h 为普朗克常量. 方程的左边体现了光的粒子性,方程的右边反映了光的波动性,而这其中起着桥梁作用的是普朗克常量,这个常量是在黑体辐射研究中被发现的.

4.5.2　能量量子化的提出

那些看来是白色的物体,是因为它们发射或者反射着各种频率的光;而那些看来是黑色的物体,则是因为它们吸收了所有频率的光. 例如,晴日里从屋外透过窗户看不见屋内的东西,这是因为从窗外射入屋里的太阳光很难被反射出来. 能够吸收全部外来辐射的物体称为"黑体". 任何有温度的物体都会辐射电磁波,这种现象称为热辐射. 黑体同样会辐射电磁波,但作为一种理想物体,它的热辐射规律不依赖于物质的具体物性. 1862 年,基尔霍夫 (Gustav Robert Kirchhoff) 提出了黑体辐射的概念. 1879 年,斯特藩 (Josef Stefan) 从实验中总结发现黑体辐射能量通量密度与其温度的四次方成正比. 1884 年,玻尔兹曼从理论上推导出了这一关系式. 1881 年,兰利 (Samuel Pierpont Langley) 发明了热辐射计,可以精确地测量热辐射能量分布曲线. 伴随着电子、X 射线和放射性的发现,黑体辐射的系列研究叩开了一扇通往微观世界的大门.

1893 年,维恩 (Wilhelm Carl Werner Otto Fritz Franz Wien) 基于粒子观点和半经验方法运用热力学和电磁学理论导出了黑体辐射场能量密度分布:

$$u(\lambda, T) = B\lambda^{-5} e^{-A/(\lambda T)} \tag{4.213}$$

式中,T 为黑体温度,λ 为辐射波长,A 和 B 是经验参数. 该式称为维恩公式,其在短波段与实验符合较好,但在长波段明显偏离实验结果.

1900 年,瑞利 (Robert John Strutt, 4th Baron Rayleigh) 批评了维恩的粒子观点,并基于波的观点和经典的能量均分定理得到了空腔辐射场能量密度分布:

$$u(\lambda, T) = C\lambda^{-4} T \tag{4.214}$$

式中,C 为常数. 1905 年,金斯 (James Hopwood Jeans) 推导出常数 C 为 $8\pi k_B$,其中 k_B 为玻尔兹曼常量. 该式称为瑞利-金斯公式,其只在长波段同实验结果相符,而在短波段却与实验结果严重不符,一定温度下的辐射场总能量发散,即

$$U_T = V \int_0^\infty u(\lambda, T) \, \mathrm{d}\lambda \to \infty \tag{4.215}$$

这在物理学史上被称作"紫外灾难".

维恩公式和瑞利-金斯公式分别适用于短波段和长波段,没有一个式子能与实验结果完全符合. 粒子说与波动说的这一次交锋,终将迎来"拨云见日"[①]之人.

[①] 1900 年 4 月 27 日,英国物理学家开尔文 (William Thomson, Lord Kelvin) 在英国皇家学会做了题为《在热和光动力理论上空的 19 世纪的乌云》的演讲. "第一朵乌云"是以太说的破灭,"第二朵乌云"是能量均分定理的失效. 由于能量均分定理是瑞利-金斯公式的基础,所以能量均分定理的失效导致了"紫外灾难".

1900 年 10 月, 普朗克在 6 年的思考中集齐了上述两个公式. 尽管这两个公式明显不同, 但是它们又各自在一定范围内与实验结果相符. 想要从根本上调和两个公式的矛盾无疑是困难的, 于是普朗克就想先尝试着凑一个在所有波段上都能够拟合实验结果的式子出来. 通过内插法, 普朗克真的拼凑出了一个经验公式:

$$u(\lambda, T) = \frac{B\lambda^{-5}}{e^{A/(\lambda T)} - 1} \tag{4.216}$$

该式称为普朗克公式. 从例 3.3 可知, 维恩公式是普朗克公式在短波下的极限, 瑞利-金斯公式则是在长波下的极限, 这两个公式分别从两个极限逼近普朗克公式. 事实上, 普朗克公式好得不得了, 它竟然在每个波段都能够完全吻合于实验结果. 那么, 这到底意味着什么呢? 幸运的是, 普朗克没有满足于只是找到了一个拟合得不错的式子, 毕竟他已经思考了 6 年.

1900 年 12 月 14 日, 普朗克 [28] 提出了一个大胆的猜想, 辐射的能量不是连续的, 而是一份一份的, 有个最小的单位, 他将其称为 "能量子". 然后, 普朗克基于这样的假设, 运用统计物理和热力学的知识, 导出了普适的黑体辐射公式.

例 4.16 普朗克公式的导出

考虑一个体积为 V 的真空腔体, 腔壁温度为 T, 基尔霍夫指出辐射的能量密度和光谱组成与器壁的性质无关, 单色辐射的能量密度只是频率和温度的函数. 腔壁的热辐射使得腔内形成了电磁场, 在一定的温度下腔壁同电磁场达到平衡. 这个辐射场可以分解为一系列单色平面波的叠加, 也可以看作一个由许多振子组成的系统.

现考虑一个由 N 个圆频率为 ω 的谐振子组成的系统, 系统的能量为 U. 普朗克假设系统的能量可以分成一份份的能量元 (energieelement)ε, 总共 P 份, 即有

$$U = P\varepsilon \tag{4.217}$$

一个谐振子含若干份能量, 记为

$$\varepsilon_n = n\varepsilon, \quad n = 0, 1, 2, \cdots \tag{4.218}$$

通常做这样的分解不具有实质性意义, 因为是随意划分的, 除非这样的分解有条件. 若谐振子能量为 ε_n 的数目是 a_n, 则有

$$\begin{cases} \sum\limits_{n=0}^{\infty} a_n = N \\ \sum\limits_{n=0}^{\infty} a_n \varepsilon_n = P\varepsilon \end{cases} \tag{4.219}$$

式中, 求和遍历所有可能的情况, 但实际上, 当 n 大于某个值时, a_n 为零. 满足上式的分配方案有很多, 我们的目标是确定分配方案的数目. 将 P 份能量分配在 N 个谐振子上, 这相当于把 P 个不可分辨的球放入 N 个可分辨的盒子中, 采用隔板法可以得到分配方案的数目:

$$W = C_{N-1+P}^{P} = \frac{(N-1+P)!}{(N-1)!P!} \tag{4.220}$$

系统有这么多种可能的状态, 可以采用玻尔兹曼公式 (4.112) 来计算系统的熵

$$S = k_B \ln W = k_B \left[\ln (N - 1 + P)! - \ln (N - 1)! - \ln P! \right] \tag{4.221}$$

注意 N 和 P 都是大数, 直接计算大数阶乘是困难的, 因此采用斯特林公式 (3.7) 来近似, 研究表明只需取 $\ln m! \sim m \ln m$. 由此, 系统的熵可以写为

$$S = k_B \left[(N - 1 + P) \ln (N - 1 + P) - (N - 1) \ln (N - 1) - P \ln P \right] \tag{4.222}$$

由平衡态的热力学关系 (见第 5 章附录), 有

$$T = \left(\frac{\partial U}{\partial S} \right)_{N,V} \quad \Leftrightarrow \quad \frac{1}{T} = \left(\frac{\partial S}{\partial U} \right)_{N,V} \tag{4.223}$$

因此, 可以得到

$$\frac{1}{T} = \frac{1}{\varepsilon} \frac{\partial S}{\partial P} = \frac{k_B}{\varepsilon} \ln \frac{N - 1 + P}{P} \tag{4.224}$$

平衡态系统的温度 T 是确定的, 从上式反解出 P, 即有

$$P = \frac{N - 1}{e^{\varepsilon / k_B T} - 1} \tag{4.225}$$

至此, 我们发现能量份数 P 的值是确定的, 也就是说将上述处于平衡态的辐射系统的能量划分成一份份的能量元是可能的, 而且能量元 ε 的大小是确定的. 由于 P 和 U 成正比, 所以 P 与能量密度直接相关. 为了简化推导, 直接将上式在短波极限下与维恩公式 (4.213) 中对应部分直接进行比拟, 得到

$$e^{\varepsilon / k_B T} = e^{A / (\lambda T)} \tag{4.226}$$

即能量元 (后来被称为量子 (quantum)) 为

$$\varepsilon = A k_B / \lambda = h \nu = \hbar \omega \tag{4.227}$$

式中, λ 为波长, $\nu = c / \lambda$ 为频率, $\omega = 2\pi \nu$ 为圆频率, $h = A k_B / c$ 和 $\hbar = h / (2\pi)$ 分别称为普朗克常量和约化普朗克常量, 其中 c 为光速. 至此, 普朗克确立了 "能量量子化" 的概念, 并得到了他的黑体辐射公式 (推导过程略):

$$\rho_\nu \, \mathrm{d}\nu = \frac{h\nu}{e^{h\nu / (k_B T)} - 1} \cdot \frac{8\pi \nu^2}{c^3} \, \mathrm{d}\nu \tag{4.228}$$

需要说明的是, 上述推导并不严格, 如后来证明由于存在零点能, 式 (4.218) 的 $n\varepsilon$ 应为 $(n + 1/2)\varepsilon$. 包括爱因斯坦在内的许多物理学家从多个方面都曾试图给出普朗克公式更严格的推导过程. 在量子统计力学建立后, 将光子视为满足玻色分布的理想气体的推导过程已成为标准格式, 随便翻看一本统计物理的教科书都可能找到. 标准格式尽管很严密, 但是难于让人体会科学发现的过程. 上述推导尽管不严格, 但较真实地反映了普朗克是如何意识到能量量子化的必要性, 对于我们认识 "能量量子化" 概念的提出具有启发性. 实际上, 黎曼于 1854 年提出了流形的概念, 并将流形的部分称为量子 (quanta); 玻尔兹曼于 1877 年在

推导气体分子统计分布律也使用了能量元 (energieelement) 的假设,但在他们看来这只是作为数学上的技巧或近似,没有思考过物理实在. 然而,普朗克的能量子 (quantum) 被他证实是物理实在 $h\nu$.

1887 年,赫兹发现了光电效应. 1905 年,爱因斯坦提出的"光量子"假设解释了光电效应[①]. 1913 年,玻尔 (Niels Henrik David Bohr) 提出了电子在原子核外的量子化轨道,解决了原子结构的稳定性问题. 1916 年,索末菲 (Arnold Sommerfeld) 引入轨道的空间量子化等概念,解释了氢原子光谱和重元素 X 射线谱的精细结构[②]. 1924 年,德布罗意 (Louis Victor de Broglie) 提出了"物质波"假说[③],认为包括电子在内的一切物质都具有波粒二象性. 1927 年,戴维孙 (Clinton Joseph Davisson) 和革末 (Lester Germer) 通过电子束入射镍单晶完成了电子衍射实验,获得了电子的波长. 1927 年,G.P. 汤姆孙 (Sir George Paget Thomson) 通过电子束穿过金属薄片观察到了干涉现象. 这两项工作证实了电子的波动性.

1924 年,玻色 (Satyendra Nath Bose) 提出了"粒子全同性"的概念,进而玻色-爱因斯坦统计被提出[④]. 1925 年,泡利 (Wolfgang Ernst Pauli) 提出了不相容原理,次年费米 (Enrico Fermi)-狄拉克统计被提出. 1925 年,海森伯创立了矩阵力学;1926 年,薛定谔 (Erwin Schrödinger) 创立了波动力学;1942 年,费曼 (Richard Phillips Feynman) 提出了路径积分方法. 这是量子力学的三种形式,其中狄拉克于 1928 年给出了前两种形式在数学上等价的证明,并提出了狭义相对论与量子力学相结合的理论体系. 创立量子力学是一个不断思考和猜测的过程,玻恩 (Max Born) 将其称为猜测正确公式的艺术 (the art of guessing correct formulae). 以下分两节分别介绍薛定谔和狄拉克的量子力学的创立过程.

4.5.3 非相对论性量子力学概略

1925 年底,薛定谔通过爱因斯坦的论文了解到了德布罗意的工作. 1926 年初,德拜 (Peter Josef William Debye) 收到一份德布罗意的博士论文,并将它交给了薛定谔研读. 两周后,薛定谔在学术例会上介绍了这篇论文. 从玻尔原子模型,德布罗意开始思考电子的轨道为什么是量子化的,即不连续的,于是提出电子与光一样具有波粒二象性,并进一步推广到一切物质,从而提出了"物质波"假说. 关联粒子性和波动性的关系可以写作

$$\begin{cases} E = \hbar\omega \\ \boldsymbol{p} = \hbar\boldsymbol{k} \end{cases} \tag{4.229}$$

①1917 年,爱因斯坦进一步提出,处在高能级的电子可能受到光子激发跃迁到低能级上,进而辐射出强光,这种现象称为"受激辐射的光放大 (Light Amplification by Stimulated Emission of Radiation)",简称 LASER (钱学森将其翻译为"激光"). 1960 年,梅曼 (Theodore Harold Maiman) 制造出了世界上第一台激光器.
②索末菲是一位物理学大师,教导和培养了多位优秀的理论物理学家,包括多位诺贝尔物理学奖获得者. 他在 1917 年到 1951 年间获得了 84 人次的诺贝尔物理学奖提名,但未获奖. 值得一提的是,他作为提名人提名过两次,分别是 1918 年提名普朗克和 1922 年提名爱因斯坦.
③这个假说写在德布罗意的博士论文里. 传言该博士论文只有一页纸,但实际上有一百多页. 该博士论文不仅为德布罗意带来了 1929 年诺贝尔物理学奖,也催生了多个诺贝尔物理学奖.
④印度物理学家玻色在某一次讲课中,打算向学生展示从玻尔兹曼统计出发将导致"紫外灾难",但是他在推导时犯了一个简单的"错误",推出的结果与实验完全一致. 我们都知道抛两枚硬币得到正面都朝上的概率为 1/4,而他算成了 1/3,他的错误差不多就是这么简单. 玻色把这一发现写成论文《普朗克定律与光量子假说》,但是频频被拒稿. 于是,玻色直接写信给爱因斯坦请求审阅,后者将论文翻译成德文于 1924 年发表在《德国物理学刊》上,并附上了一篇进一步的研究.

式中, E 为能量, $\boldsymbol{p}$ 为动量, ω 为圆频率 (也可以用波长 λ 表示), $\boldsymbol{k}$ 为波矢, $\hbar$ 为约化普朗克常量. 该式后来被称为德布罗意关系, 实际上第一个式子来自普朗克的能量量子化, 第二个式子来自爱因斯坦的动量量子化. 薛定谔饶有兴致地介绍完德布罗意的工作, 德拜意味深长地点评道: 既然是波, 总该有个波动方程吧?! 又过了两周, 薛定谔在学术例会上报告了他找到的波动方程.

考虑最简单的不考虑相对论性的自由粒子, 它的粒子性可以用能量和动量描述, 而能量与动量之间存在一个关系式

$$E = \frac{\boldsymbol{p} \cdot \boldsymbol{p}}{2m} \tag{4.230}$$

式中, m 是粒子的质量. 接下来考虑如何描述自由粒子的波动性.

自由粒子的波动可以看作平面波. 先考虑一维情况, 一个沿着 x 方向传播的平面波可以用三角函数表示为 $A\cos(kx - \omega t)$ 或者 $A\sin(kx - \omega t)$, 又或者用复数形式表示为 $Ae^{i(kx-\omega t)}$, 其中 t 为时间, k 为波数, ω 为圆频率, A 为振幅. 对于三维的情况, 薛定谔写出一个在三维空间 $\boldsymbol{x}$ 上演化的函数:

$$\Psi(\boldsymbol{x}, t) = Ae^{i(\boldsymbol{k} \cdot \boldsymbol{x} - \omega t)} \tag{4.231}$$

称为波函数. 这是一个试图先构造出解再去找控制方程的典型案例, 至于解的形式是否合适, 取决于构造出的方程是否满足所需的要求.

于是, 将德布罗意关系 (4.229) 代入波函数, 得到

$$\Psi(\boldsymbol{x}, t) = Ae^{i(\boldsymbol{p} \cdot \boldsymbol{x} - Et)/\hbar} \tag{4.232}$$

这就是薛定谔构造出来的自由粒子在三维空间中的波函数. 利用该形式, 薛定谔很快推导出了一个自由粒子的波动方程.

将波函数对时间求一阶导数, 可得

$$\frac{\partial \Psi}{\partial t} = -\frac{iE}{\hbar} Ae^{i(\boldsymbol{p} \cdot \boldsymbol{x} - Et)/\hbar} = -\frac{i}{\hbar} E\Psi \tag{4.233}$$

该式表示波函数关于时间的线性特征值是 $-iE/\hbar$. 同理, 将波函数对空间求一阶导数, 可得

$$\nabla \Psi = \frac{\partial \Psi}{\partial \boldsymbol{x}} = \frac{i}{\hbar} \boldsymbol{p} Ae^{i(\boldsymbol{p} \cdot \boldsymbol{x} - Et)/\hbar} = \frac{i}{\hbar} \boldsymbol{p}\Psi \tag{4.234}$$

该式表示波函数关于空间的线性特征值是 $i\boldsymbol{p}/\hbar$. 这两个式子可以改写成

$$E\Psi = i\hbar \frac{\partial}{\partial t}\Psi, \quad \boldsymbol{p}\Psi = -i\hbar \nabla \Psi \tag{4.235}$$

可以看作能量和动量分别替换成微分的操作, 可以定义

$$\hat{E} = i\hbar \frac{\partial}{\partial t}, \quad \hat{\boldsymbol{p}} = -i\hbar \nabla \tag{4.236}$$

分别被称为能量算符和动量算符.

对于自由粒子的能量与动量关系 (4.230),利用式 (4.236),可以得到

$$i\hbar\frac{\partial \Psi}{\partial t} = -\frac{\hbar^2}{2m}\nabla^2\Psi \tag{4.237}$$

该式即为自由粒子的薛定谔方程. 可以注意到,薛定谔方程对时间是一阶微分,对于空间是二阶微分.

对于处于势场中的粒子,其能量和动量关系可以写为

$$E = \frac{\boldsymbol{p}\cdot\boldsymbol{p}}{2m} + V(\boldsymbol{x}) \tag{4.238}$$

式中,$V(\boldsymbol{x})$ 为势函数. 同样利用式 (4.236),可以得到

$$i\hbar\frac{\partial \Psi}{\partial t} = -\frac{\hbar^2}{2m}\nabla^2\Psi + V(\boldsymbol{x})\Psi \tag{4.239}$$

这就是粒子在三维势场中运动的薛定谔方程.

1926 年,玻恩提出了概率幅的概念,并给出了波函数的统计解释,即微观状态 Q 的统计平均值为

$$\langle Q\rangle = \frac{\displaystyle\int_\Omega Q|\Psi|^2\,\mathrm{d}\boldsymbol{x}}{\displaystyle\int_\Omega |\Psi|^2\,\mathrm{d}\boldsymbol{x}} \tag{4.240}$$

式中,Ω 为坐标空间.

薛定谔方程经历了严格的实验验证,成功地解释了量子物理的一个个实验结果,一切显得那么精巧. 但薛定谔方程天生存在不足,它无法解释量子的自旋. 其不足是否是因为薛定谔方程是非相对论性的? 薛定谔一开始努力的时候就向相对论的能量-动量关系进发,但他没能成功预测出氢原子能级,与实测能谱并不相符. 反而是非相对论性的薛定谔方程成功预测了氢原子能级.

薛定谔先找到可能有效的解,再去寻找一个可以推广到较普遍情形的控制方程,这个方程是微分形式的. 采用微分方程来描述物理过程,这是继牛顿思想出现以来的又一个顶峰. 它的出现很快取代了海森伯的矩阵力学形式,尽管后来证明二者是等价的. 那么波函数是什么? 是物理实体吗? 1926 年,玻恩提出了波函数的概率诠释,后来发展成"哥本哈根诠释 (Copenhagen interpretation)".

尽管量子力学已经结出硕果,但关于量子力学的解释一直存在很多争议. 例如,以玻尔为首的哥本哈根学派认为,观察将造成波函数坍缩,原本服从一定概率分布的量子态,坍缩成一个确定的量子态. 这一观点未获薛定谔[①]和爱因斯坦[②]的认同,但目前哥本哈根诠释已被公认是量子力学对世界本质的正统解释.

---

① 1935 年,薛定谔提出了一个思维实验,将一只猫放到装有少量镭和氰化物的封闭盒子里,镭存在一定的概率衰变,镭一旦衰变会触发装置击碎装有氰化物的瓶子,猫就会死去,而如果镭不发生衰变,猫就还活着. 根据哥本哈根诠释,在未打开盒子前,镭处于衰变和不衰变的两种状态的叠加,猫也理应处于活和死的叠加状态. 这只既死又活的猫被称为"薛定谔的猫".

② 爱因斯坦说:"上帝不会掷骰子的."玻尔回答:"别去指挥上帝该怎么做."

4.5.4 相对论性量子力学概略

采用算符代换可以容易地获得有用的量子力学方程,但需要注意保持方程的线性,因为可叠加性是波函数的基本性质.

考虑相对论性,自由粒子的能量与动量关系 (4.70) 可以写成

$$E = c\sqrt{\boldsymbol{p} \cdot \boldsymbol{p} + m^2 c^2} \tag{4.241}$$

式中,c 为光速,m 为粒子的质量. 对于式 (4.241),直接进行算符代换是不合适的,因为根号的存在导致了非线性. 因此,还是保持式 (4.70) 的形式,即

$$E^2 = \left(\boldsymbol{p} \cdot \boldsymbol{p} + m^2 c^2 \right) c^2 \tag{4.242}$$

此时利用算符代换,可以得到

$$\left(\mathrm{i}\hbar \frac{\partial}{\partial t} \right)^2 \Psi = \left[\left(-\mathrm{i}\hbar \frac{\partial}{\partial \boldsymbol{x}} \right) \cdot \left(-\mathrm{i}\hbar \frac{\partial}{\partial \boldsymbol{x}} \right) + m^2 c^2 \right] c^2 \Psi \tag{4.243}$$

即

$$\frac{1}{c^2} \frac{\partial^2 \Psi}{\partial t^2} - \nabla^2 \Psi + \mu^2 \Psi = 0 \quad \Leftrightarrow \quad \left(\Box - \mu^2 \right) \Psi = 0 \tag{4.244}$$

式中,$\mu = mc/\hbar$,$\Box = \eta^{\alpha\beta} \partial_\alpha \partial_\beta$. 这是克莱因 (Oskar Klein) 和戈登 (Walter Gordon) 于 1926 年提出的自由粒子相对论性波动方程,称为克莱因-戈登方程. 该方程虽然具有相对论性,但实践表明其能力反而不及非相对论性的薛定谔方程.

薛定谔方程对时间是一阶微分,对空间是二阶微分,而克莱因-戈登方程对时间和空间都是二阶微分. 二者的理论基础与能力的差别启发了狄拉克的工作. 狄拉克擅长从数学的角度去洞悉模型的差异,他的一贯风格是追求精确,而又惜字如金、沉默寡言[1]. 他注意到二者理论基础的差别在于能量-动量关系,而这两个关系在动量上都是二次方的,而在能量上存在一次的差异. 狄拉克断定薛定谔方程的成功在于其能量是一次方的,因此考虑相对论性下,必须保持这一诀窍. 于是,狄拉克回到了式 (4.241) 的能量-动量关系,此时比较棘手的问题是如何去掉该关系中的根号.

一个可能的尝试是将根式作近似展开,若考虑 $\boldsymbol{p} \cdot \boldsymbol{p} \ll m^2 c^2$,有

$$E = mc^2 + \frac{\boldsymbol{p} \cdot \boldsymbol{p}}{2m} - \frac{(\boldsymbol{p} \cdot \boldsymbol{p})^2}{8m^3 c^2} + \cdots \tag{4.245}$$

如果只保留前两项,相当于回到了薛定谔方程,其中常数项 mc^2 只是零点能定义的差别. 但是,如果不略去高阶项,所需面对的将是非常棘手的无穷阶微分方程,可见此路行不通.

另一个尝试是将根式的部分凑成一个完全平方式[2]. 这可能吗? 首先将式 (4.241) 写成

$$E = c\sqrt{p^2 + (mc)^2} \tag{4.246}$$

---

[1] 狄拉克沉默寡言,因此他在剑桥大学的同事们发明了一个单位,即狄拉克单位,表示一小时才说一个字.

[2] 通常 $(x + y)^n = x^n + y^n$ 并不恒成立,这个式子被称为"大一学生之梦"(Freshman's dream).

如果能在根式下补充上 $2pmc$, 则可以在根式下凑成一个完全平方式, 即可去掉根号. 但是如此添加上一项是毫无道理的, 除非所添加项的实际效果为零. 于是, 为了在根式下增加实际效果相当于零的项, 狄拉克想到了矩阵, 因为矩阵的乘积与其次序有关. 这一想法并不是首创, 实际上海森伯的矩阵力学就是利用了矩阵乘积的不可交换性, 可以说狄拉克巧妙地继承了海森伯矩阵力学和薛定谔波动力学二者的优势, 尽管海森伯矩阵力学几乎完全被抛弃了.

对于矩阵 $\boldsymbol{A}$ 和 $\boldsymbol{B}$, 其乘积 $\boldsymbol{A}\cdot\boldsymbol{B}$ 与 $\boldsymbol{B}\cdot\boldsymbol{A}$ 通常是不一样的. 考虑

$$(\boldsymbol{A}+\boldsymbol{B})\cdot(\boldsymbol{A}+\boldsymbol{B})=\boldsymbol{A}\cdot\boldsymbol{A}+\boldsymbol{A}\cdot\boldsymbol{B}+\boldsymbol{B}\cdot\boldsymbol{A}+\boldsymbol{B}\cdot\boldsymbol{B} \tag{4.247}$$

如果 $\boldsymbol{A}\cdot\boldsymbol{B}+\boldsymbol{B}\cdot\boldsymbol{A}$ 为零矩阵, 则有

$$(\boldsymbol{A}+\boldsymbol{B})^2=\boldsymbol{A}^2+\boldsymbol{B}^2 \tag{4.248}$$

将式 (4.241) 写成

$$E=c\sqrt{p_x^2+p_y^2+p_z^2+(mc)^2} \tag{4.249}$$

然后改写为

$$E\boldsymbol{I}=c\sqrt{(p_x\boldsymbol{\alpha}_x)^2+(p_y\boldsymbol{\alpha}_y)^2+(p_z\boldsymbol{\alpha}_z)^2+(mc\boldsymbol{\beta})^2} \tag{4.250}$$

式中, $\boldsymbol{I}$ 为单位矩阵 (其阶数可根据需要自行判断), $\boldsymbol{\alpha}_x,\boldsymbol{\alpha}_y,\boldsymbol{\alpha}_z,\boldsymbol{\beta}$ 为 4 阶方阵, 它们满足的关系为

$$\begin{cases}\boldsymbol{\alpha}_x^2=\boldsymbol{\alpha}_y^2=\boldsymbol{\alpha}_z^2=\boldsymbol{\beta}^2=\boldsymbol{I}\\ \boldsymbol{\alpha}_x\cdot\boldsymbol{\alpha}_y+\boldsymbol{\alpha}_y\cdot\boldsymbol{\alpha}_x=\boldsymbol{O}\\ \boldsymbol{\alpha}_y\cdot\boldsymbol{\alpha}_z+\boldsymbol{\alpha}_z\cdot\boldsymbol{\alpha}_y=\boldsymbol{O}\\ \boldsymbol{\alpha}_z\cdot\boldsymbol{\alpha}_x+\boldsymbol{\alpha}_x\cdot\boldsymbol{\alpha}_z=\boldsymbol{O}\\ (\boldsymbol{\alpha}_x+\boldsymbol{\alpha}_y+\boldsymbol{\alpha}_z)\cdot\boldsymbol{\beta}+\boldsymbol{\beta}\cdot(\boldsymbol{\alpha}_x+\boldsymbol{\alpha}_y+\boldsymbol{\alpha}_z)=\boldsymbol{O}\end{cases} \tag{4.251}$$

可以证明

$$\boldsymbol{\beta}=\begin{bmatrix}\boldsymbol{I}&\boldsymbol{O}\\\boldsymbol{O}&-\boldsymbol{I}\end{bmatrix},\quad \boldsymbol{\alpha}_j=\begin{bmatrix}\boldsymbol{O}&\boldsymbol{\sigma}_j\\\boldsymbol{\sigma}_j&\boldsymbol{O}\end{bmatrix},\quad j=x,y,z \tag{4.252}$$

式中, $\boldsymbol{\sigma}_x,\boldsymbol{\sigma}_y,\boldsymbol{\sigma}_z$ 为泡利矩阵 (见例2.3)

$$\boldsymbol{\sigma}_x=\begin{bmatrix}0&1\\1&0\end{bmatrix},\quad \boldsymbol{\sigma}_y=\begin{bmatrix}0&-i\\i&0\end{bmatrix},\quad \boldsymbol{\sigma}_z=\begin{bmatrix}1&0\\0&-1\end{bmatrix} \tag{4.253}$$

因此, 可以得到

$$E\boldsymbol{I}=c(p_x\boldsymbol{\alpha}_x+p_y\boldsymbol{\alpha}_y+p_z\boldsymbol{\alpha}_z+mc\boldsymbol{\beta}) \tag{4.254}$$

采用算符代换的方法, 立即可以得到

$$i\hbar\frac{\partial\boldsymbol{\Psi}}{\partial t}=-i\hbar c\left(\boldsymbol{\alpha}_x\cdot\frac{\partial\boldsymbol{\Psi}}{\partial x}+\boldsymbol{\alpha}_y\cdot\frac{\partial\boldsymbol{\Psi}}{\partial y}+\boldsymbol{\alpha}_z\cdot\frac{\partial\boldsymbol{\Psi}}{\partial z}\right)+mc^2\boldsymbol{\beta}\cdot\boldsymbol{\Psi} \tag{4.255}$$

或者写成

$$\begin{bmatrix} \mathrm{i}\,\mu + \partial_{ct} & 0 & \partial_z & \partial_x - \mathrm{i}\,\partial_y \\ 0 & \mathrm{i}\,\mu + \partial_{ct} & \partial_x + \mathrm{i}\,\partial_y & -\partial_z \\ \partial_z & \partial_x - \mathrm{i}\,\partial_y & -\mathrm{i}\,\mu + \partial_{ct} & 0 \\ \partial_x + \mathrm{i}\,\partial_y & -\partial_z & 0 & -\mathrm{i}\,\mu + \partial_{ct} \end{bmatrix} \begin{Bmatrix} \Psi_1 \\ \Psi_2 \\ \Psi_3 \\ \Psi_4 \end{Bmatrix} = \begin{Bmatrix} 0 \\ 0 \\ 0 \\ 0 \end{Bmatrix} \tag{4.256}$$

式中, $\boldsymbol{\Psi}$ 为旋量 (spinor), 它是狄拉克引入的四分量波函数. 该方程是狄拉克于 1928 年获得的自由粒子相对论性波动方程, 称为狄拉克方程[①], 它对时间和空间都是一阶微分. 可以进一步考虑力场中的狄拉克方程, 这里略去.

　　狄拉克方程综合了狭义相对论的能量-动量关系、波动力学和矩阵力学, 成功地将量子的自旋纳入到理论中, 推导出了所有已知的关于电子的属性, 解决了氢原子的精确能级问题, 也促进了量子场论的建立. 同时, 狄拉克方程的解隐含着存在负能量的量子态, 这在当时是不可理解的.

　　1930 年, 经过两年的冥思苦想, 狄拉克提出了 "空穴理论", 这是一个石破天惊的猜想, 他认为存在负能量的量子态, 只是还没被观测到而已. 这种量子态通常被电子所占据, 但由于电子遵循泡利不相容原理, 其他电子不能同时进驻到这些负能量的量子态, 因而这些负能量的量子态似乎没有起任何作用. 如果某个负能量态空出来, 它能表现出一个带正电的粒子的行为, 并称之为 "正电子". 他还指出, 在真空中充满着无限多的这种具有负能量的粒子态, 人们将其称为 "狄拉克海".

　　1932 年, 安德森 (Carl David Anderson) 在宇宙线中发现了正电子, 证实了狄拉克的预言. 正电子存在性的正确预测是近代理论物理的最辉煌成就之一, 此后各种反粒子 (反质子、反中子、反氢原子) 相继被发现, 或被成功制造出来.

　　狄拉克在大学时就读电子工程专业, 后来研究过广义相对论, 最后在量子力学研究取得了重大成就. 他曾经评论电子工程背景使得他敢于创造和使用一些可以处理理论物理的数学方法, 而不去理会相关方法在数学上的合法性.

附录　张量分析基础

　　张量分析是自然科学研究的强有力工具. 物理规律不依赖于参考系的选择, 但其数学表达总是依赖于具体的坐标系. 张量 (tensor) 是在不同的参考系中进行线性变换时能够保持线性性质的量. 倘若采用张量的语言来描述物理定律, 则可以保证其不随参考系变化的性质. 公元前 3 世纪, 欧几里得几何 (欧氏几何) 诞生. 自此, 我们习惯用平面直角坐标系来描述空间, 但空间可能是弯曲的. 1854 年黎曼几何诞生, 这为广义相对论的建立奠定了数学基础.

---

　　① 1933 年, 狄拉克与薛定谔因量子力学的工作分享了诺贝尔物理学奖. 得知获奖时, 狄拉克很抗拒, 他同卢瑟福坦言, 自己不想出名, 想拒绝这个奖. 卢瑟福对他说: "如果你真拒绝了, 只会更出名, 那时人们会不停地来絮叨你." 于是, 狄拉克只得去领了奖.

对于空间坐标轴的单位矢量 i_μ,如果两两正交,则称之为幺正基 (unitary basis) 或法化基 (normalized basis),这样的坐标轴构成了一个直角坐标系. 如果考虑笛卡儿三维空间,约定指标用拉丁字母表示,如 i,取值为 $1, 2, 3$;如果考虑闵可夫斯基四维时空,约定指标用希腊字母表示,如 μ,取值为 $0, 1, 2, 3$.

对于幺正基 i_μ,令 $i^\mu = i_\mu$,则有

$$i^\mu \cdot i_\nu = \delta_\nu^\mu = \begin{cases} 1, & \mu = \nu \\ 0, & \mu \neq \nu \end{cases} \tag{4.257}$$

式中,δ_ν^μ 为克罗内克记号. 任意矢量 $\boldsymbol{a}$ 在幺正基 i_μ 上的分解是唯一的,记为

$$\boldsymbol{a} = \bar{a}^\mu i_\mu, \quad \bar{a}^\mu = \boldsymbol{a} \cdot i^\mu \tag{4.258}$$

式中,$\bar{a}^\mu$ 为分解系数(这里用带横线的字母表示在直角坐标系下的分解);重复脚标遵守爱因斯坦求和约定(如果不求和,需要特别声明).

对于空间的点 P,其位置矢量记为 $\bar{\boldsymbol{s}} = \bar{x}^\mu i_\mu$,其中 $\bar{x}^\mu$ 为直角坐标. 通过某一变换关系 $x^\nu(\{\bar{x}^\mu\})$,引入曲线坐标 $\{x^\nu\}$,当 P 点沿着某一坐标线 x^μ 移动至邻近的一点时,位置矢量 $\bar{\boldsymbol{s}}$ 只随着 x^μ 发生变化. 因此,可以在 P 点上定义矢量:

$$\boldsymbol{e}_\mu = \lim_{\Delta x^\mu \to 0} \frac{\bar{\boldsymbol{s}}(x^\mu + \Delta x^\mu) - \bar{\boldsymbol{s}}(x^\mu)}{\Delta x^\mu} = \frac{\partial \bar{\boldsymbol{s}}}{\partial x^\mu} = \frac{\partial(\bar{x}^\alpha i_\alpha)}{\partial x^\mu} = \frac{\partial \bar{x}^\alpha}{\partial x^\mu} i_\alpha \tag{4.259}$$

这组矢量可以作为一组参考基 $\boldsymbol{e}_\mu$,但它不一定是幺正基. 也可以将幺正基 i_α 在参考基 $\boldsymbol{e}_\mu$ 上进行分解

$$i_\alpha = \frac{\partial \bar{\boldsymbol{s}}}{\partial \bar{x}^\alpha} = \frac{\partial \bar{\boldsymbol{s}}}{\partial x^\mu} \frac{\partial x^\mu}{\partial \bar{x}^\alpha} = \frac{\partial x^\mu}{\partial \bar{x}^\alpha} \boldsymbol{e}_\mu \tag{4.260}$$

参考基 $\boldsymbol{e}_\mu$ 构成一个曲线坐标系,在曲线坐标系中 P 点的位置矢量 $\boldsymbol{s} = s^\mu \boldsymbol{e}_\mu$(注意直角坐标系原点和曲线坐标系的原点可以不必重合,所以二者的位置矢量不必相等)是曲线坐标 x^μ 的矢量函数,即 $\boldsymbol{s} = \boldsymbol{s}(\{x^\mu\})$. 同时,可以设想从空间中选取另一组基 $\boldsymbol{e}_\mu$,使得

$$\boldsymbol{e}^\mu \cdot \boldsymbol{e}_\nu = \delta_\nu^\mu \tag{4.261}$$

当且仅当 $\boldsymbol{e}^\mu = \boldsymbol{e}_\mu$ 时,基 $\boldsymbol{e}_\mu$ 才是幺正基. 矢量 $\boldsymbol{a}$ 在基 $\boldsymbol{e}_\mu$ 上的分解在形式上与式 (4.258) 是一样的,即

$$\boldsymbol{a} = a^\mu \boldsymbol{e}_\mu, \quad a^\mu = \boldsymbol{a} \cdot \boldsymbol{e}^\mu \tag{4.262}$$

基 $\boldsymbol{e}_\mu$ 称为协变基 (covariant basis),而基 $\boldsymbol{e}^\mu$ 称为逆变基 (contravariant basis). 系数 a^μ 是矢量 $\boldsymbol{a}$ 投影到逆变基 $\boldsymbol{e}^\mu$ 上的大小,称为 $\boldsymbol{a}$ 的逆变分量. 类似地,矢量投影到协变基 $\boldsymbol{e}_\mu$ 上的数值可记为 a_μ,称为 $\boldsymbol{a}$ 的协变分量,即有

$$\boldsymbol{a} = a_\mu \boldsymbol{e}^\mu, \quad a_\mu = \boldsymbol{a} \cdot \boldsymbol{e}_\mu \tag{4.263}$$

由于协变基 $\boldsymbol{e}_\mu$ 和逆变基 $\boldsymbol{e}^\mu$ 都是矢量,所以它们也可以在选定的某组基上进行分解,

如

$$
\begin{cases}
\boldsymbol{e}_\mu = g_{\mu\nu}\boldsymbol{e}^\nu, & g_{\mu\nu} = \boldsymbol{e}_\mu \cdot \boldsymbol{e}_\nu \\
\boldsymbol{e}_\mu = g_\mu^{\cdot\nu}\boldsymbol{e}_\nu, & g_\mu^{\cdot\nu} = \boldsymbol{e}_\mu \cdot \boldsymbol{e}^\nu = \delta_\mu^\nu \\
\boldsymbol{e}^\mu = g^{\mu\nu}\boldsymbol{e}_\nu, & g^{\mu\nu} = \boldsymbol{e}^\mu \cdot \boldsymbol{e}^\nu \\
\boldsymbol{e}^\mu = g_{\cdot\nu}^\mu\boldsymbol{e}^\nu, & g_{\cdot\nu}^\mu = \boldsymbol{e}^\mu \cdot \boldsymbol{e}_\nu = \delta_\nu^\mu
\end{cases} \tag{4.264}
$$

式中，$g_{\mu\nu}$，$g_\mu^{\cdot\nu}$，$g^{\mu\nu}$，$g_{\cdot\nu}^\mu$ 称为分解系数，显然它们对应的矩阵都是对称的，对于同一个分解系数，其指标可以互换. 这些分解系数是同一个 2 阶张量 $\boldsymbol{g}$ 在不同基矢上的对应分量，该张量表示基矢在空间中的度量关系，称为度量张量 (metric tensor). 易见，$g^{\mu\tau}g_{\mu\nu} = \delta_\nu^\tau$.

考察矢量 $\boldsymbol{a}$ 对坐标 x^ν 的偏导数，有

$$
\frac{\partial \boldsymbol{a}}{\partial x^\nu} = \frac{\partial (a^\alpha \boldsymbol{e}_\alpha)}{\partial x^\nu} = \frac{\partial a^\alpha}{\partial x^\nu}\boldsymbol{e}_\alpha + a^\mu \frac{\partial \boldsymbol{e}_\mu}{\partial x^\nu} = \left(\frac{\partial a^\alpha}{\partial x^\nu} + a^\mu \Gamma_{\mu\nu}^\alpha\right)\boldsymbol{e}_\alpha \tag{4.265}
$$

式中，$\Gamma_{\mu\nu}^\alpha$ 是矢量 $\partial \boldsymbol{e}_\mu/\partial x^\nu$ 在协变基 $\boldsymbol{e}_\alpha$ 上作逆变分解的分解系数，写为

$$
\frac{\partial \boldsymbol{e}_\mu}{\partial x^\nu} = \Gamma_{\mu\nu}^\alpha \boldsymbol{e}_\alpha, \quad \Gamma_{\mu\nu}^\alpha = \boldsymbol{e}^\alpha \cdot \frac{\partial \boldsymbol{e}_\mu}{\partial x^\nu} \tag{4.266}
$$

分解系数 $\Gamma_{\mu\nu}^\alpha$ 称为第二类克里斯托弗记号 (Christoffel symbol). 式 (4.265) 可以记为

$$
\frac{\partial \boldsymbol{a}}{\partial x^\nu} = (\nabla_\nu a^\alpha)\boldsymbol{e}_\alpha, \quad \nabla_\nu a^\alpha \equiv \frac{\partial a^\alpha}{\partial x^\nu} + a^\mu \Gamma_{\mu\nu}^\alpha \tag{4.267}
$$

式中，$\nabla_\nu a^\alpha$ 称为矢量逆变分量 a^α 的协变导数. 类似地，我们可以得到

$$
\frac{\partial \boldsymbol{a}}{\partial x^\nu} = (\nabla_\nu a_\alpha)\boldsymbol{e}^\alpha, \quad \nabla_\nu a_\alpha \equiv \frac{\partial a_\alpha}{\partial x^\nu} - a_\mu \Gamma_{\alpha\nu}^\mu \tag{4.268}
$$

式中，$\nabla_\nu a_\alpha$ 称为矢量协变分量 a_α 的协变导数. $\nabla_\nu a^\alpha$ 和 $\nabla_\nu a_\alpha$ 是矢量 $\boldsymbol{a}$ 的梯度张量的不同分量. 对于一般的高阶张量 $A_{\alpha_1\cdots\alpha_m}^{\beta_1\cdots\beta_n}$，可以写出其协变导数的规则：

$$
\nabla_\nu A_{\alpha_1\cdots\alpha_m}^{\beta_1\cdots\beta_n} = \frac{\partial A_{\alpha_1\cdots\alpha_m}^{\beta_1\cdots\beta_n}}{\partial x^\nu} + \sum_{k=1}^n A_{\alpha_1\cdots\alpha_m}^{\beta_1\cdots\beta_{k-1}\mu\beta_{k+1}\cdots\beta_n}\Gamma_{\mu\nu}^{\beta_k} - \sum_{k=1}^m A_{\alpha_1\cdots\alpha_{k-1}\mu\alpha_{k+1}\cdots\alpha_m}^{\beta_1\cdots\beta_n}\Gamma_{\alpha_k\nu}^\mu \tag{4.269}
$$

由式 (4.259)，有

$$
\frac{\partial \boldsymbol{e}_\mu}{\partial x^\nu} = \frac{\partial}{\partial x^\nu}\left(\frac{\partial \bar{x}^\beta}{\partial x^\mu}\boldsymbol{i}_\beta\right) = \frac{\partial^2 \bar{x}^\beta}{\partial x^\nu \partial x^\mu}\boldsymbol{i}_\beta = \frac{\partial^2 \bar{x}^\beta}{\partial x^\nu \partial x^\mu}\frac{\partial x^\alpha}{\partial \bar{x}^\beta}\boldsymbol{e}_\alpha \tag{4.270}
$$

比较式 (4.266) 和式 (4.270)，可得

$$
\Gamma_{\mu\nu}^\alpha = \frac{\partial^2 \bar{x}^\beta}{\partial x^\nu \partial x^\mu}\frac{\partial x^\alpha}{\partial \bar{x}^\beta} \tag{4.271}
$$

该式说明克氏记号可以通过笛卡儿坐标来求得. 易见，$\Gamma_{\mu\nu}^\alpha$ 具有如下对称性：

$$
\Gamma_{\mu\nu}^\alpha = \Gamma_{\nu\mu}^\alpha \tag{4.272}
$$

考察度量张量 $g_{\mu\nu}$ 对坐标 x^σ 的偏导数，有

$$
\frac{\partial g_{\mu\nu}}{\partial x^\sigma} = \frac{\partial \boldsymbol{e}_\mu \cdot \boldsymbol{e}_\nu}{\partial x^\sigma} = \boldsymbol{e}_\mu \cdot \Gamma_{\nu\sigma}^\alpha \boldsymbol{e}_\alpha + \Gamma_{\mu\sigma}^\alpha \boldsymbol{e}_\alpha \cdot \boldsymbol{e}_\nu = g_{\mu\alpha}\Gamma_{\nu\sigma}^\alpha + g_{\nu\alpha}\Gamma_{\mu\sigma}^\alpha \tag{4.273}
$$

该式说明度量张量的协变导数为 0,即

$$\nabla_\sigma g_{\mu\nu} = \frac{\partial g_{\mu\nu}}{\partial x^\sigma} - g_{\mu\alpha}\Gamma^\alpha_{\nu\sigma} - g_{\nu\alpha}\Gamma^\alpha_{\mu\sigma} = 0 \tag{4.274}$$

由式 (4.273),将指标进行轮换,可以得到

$$\frac{\partial g_{\nu\sigma}}{\partial x^\mu} = g_{\nu\alpha}\Gamma^\alpha_{\sigma\mu} + g_{\sigma\alpha}\Gamma^\alpha_{\nu\mu} \tag{4.275}$$

$$\frac{\partial g_{\sigma\mu}}{\partial x^\nu} = g_{\sigma\alpha}\Gamma^\alpha_{\mu\nu} + g_{\mu\alpha}\Gamma^\alpha_{\sigma\nu} \tag{4.276}$$

利用式 (4.272),由式 (4.273)、式 (4.275) 和式 (4.276),可以得到

$$\frac{\partial g_{\mu\nu}}{\partial x^\sigma} + \frac{\partial g_{\nu\sigma}}{\partial x^\mu} - \frac{\partial g_{\sigma\mu}}{\partial x^\nu} = 2g_{\nu\alpha}\Gamma^\alpha_{\mu\sigma} \tag{4.277}$$

上式两边同乘于 $g^{\beta\nu}$,得到

$$g^{\beta\nu}\left(\frac{\partial g_{\mu\nu}}{\partial x^\sigma} + \frac{\partial g_{\nu\sigma}}{\partial x^\mu} - \frac{\partial g_{\sigma\mu}}{\partial x^\nu}\right) = 2g^{\beta\nu}g_{\nu\alpha}\Gamma^\alpha_{\mu\sigma} = 2\delta^\beta_\alpha\Gamma^\alpha_{\mu\sigma} = 2\Gamma^\beta_{\mu\sigma} \tag{4.278}$$

由此,可以得到列维-奇维塔 (Levi-Civita) 联络 (也称黎曼联络):

$$\Gamma^\beta_{\mu\sigma} = g^{\beta\nu}\Gamma_{\mu\sigma,\nu}, \quad \Gamma_{\mu\sigma,\nu} = \frac{1}{2}\left(\frac{\partial g_{\mu\nu}}{\partial x^\sigma} + \frac{\partial g_{\nu\sigma}}{\partial x^\mu} - \frac{\partial g_{\mu\sigma}}{\partial x^\nu}\right) \tag{4.279}$$

式中,$\Gamma_{\mu\sigma,\nu}$ 称为第一类克里斯托弗记号,它对于前两个指标是对称的. 式 (4.279) 给出了用度量张量求克氏记号的方法,该方法不需要笛卡儿坐标. 因为度量张量是空间的性质,所以克氏记号也是空间的性质,但需要注意的是克氏记号不是张量.

进一步考察矢量 $\partial \boldsymbol{a}/\partial x^\nu$ 对坐标 x^τ 的偏导数,由式 (4.265) 有

$$\frac{\partial}{\partial x^\tau}\frac{\partial \boldsymbol{a}}{\partial x^\nu} = \left(\frac{\partial^2 a^\alpha}{\partial x^\tau \partial x^\nu} + \Gamma^\alpha_{\mu\nu}\frac{\partial a^\mu}{\partial x^\tau} + a^\mu\frac{\partial\Gamma^\alpha_{\mu\nu}}{\partial x^\tau} + \frac{\partial a^\beta}{\partial x^\nu}\Gamma^\alpha_{\beta\tau} + a^\mu\Gamma^\beta_{\mu\nu}\Gamma^\alpha_{\beta\tau}\right)\boldsymbol{e}_\alpha \tag{4.280}$$

交换 τ 和 ν,有

$$\frac{\partial}{\partial x^\nu}\frac{\partial \boldsymbol{a}}{\partial x^\tau} = \left(\frac{\partial^2 a^\alpha}{\partial x^\nu \partial x^\tau} + \Gamma^\alpha_{\mu\tau}\frac{\partial a^\mu}{\partial x^\nu} + a^\mu\frac{\partial\Gamma^\alpha_{\mu\tau}}{\partial x^\nu} + \frac{\partial a^\beta}{\partial x^\tau}\Gamma^\alpha_{\beta\nu} + a^\mu\Gamma^\beta_{\mu\tau}\Gamma^\alpha_{\beta\nu}\right)\boldsymbol{e}_\alpha \tag{4.281}$$

上面两式相减,可以得到

$$\frac{\partial}{\partial x^\tau}\frac{\partial \boldsymbol{a}}{\partial x^\nu} - \frac{\partial}{\partial x^\nu}\frac{\partial \boldsymbol{a}}{\partial x^\tau} = a^\mu R^\alpha_{\cdot\mu\tau\nu}\boldsymbol{e}_\alpha \tag{4.282}$$

式中,$R^\alpha_{\cdot\mu\tau\nu}$ 称为黎曼张量 (Riemann tensor) 或曲率张量 (curvature tensor),写作

$$R^\alpha_{\cdot\mu\tau\nu} = \frac{\partial\Gamma^\alpha_{\mu\nu}}{\partial x^\tau} - \frac{\partial\Gamma^\alpha_{\mu\tau}}{\partial x^\nu} + \Gamma^\alpha_{\beta\tau}\Gamma^\beta_{\mu\nu} - \Gamma^\alpha_{\beta\nu}\Gamma^\beta_{\mu\tau} \tag{4.283}$$

对于平直空间,矢量对坐标求导的顺序并不影响其结果,即黎曼张量的所有元素都为 0. 定义里奇张量 (Ricci tensor) 为黎曼张量的缩并

$$R_{\mu\nu} \equiv R^\alpha_{\cdot\mu\alpha\nu} = \frac{\partial\Gamma^\alpha_{\mu\nu}}{\partial x^\alpha} - \frac{\partial\Gamma^\alpha_{\mu\alpha}}{\partial x^\nu} + \Gamma^\alpha_{\beta\alpha}\Gamma^\beta_{\mu\nu} - \Gamma^\alpha_{\beta\nu}\Gamma^\beta_{\mu\alpha} \tag{4.284}$$

可以证明,里奇张量是对称的. 定义里奇标量或曲率标量为里奇张量的缩并

$$R \equiv R^{\nu}_{\cdot\nu} = g^{\mu\nu} R_{\mu\nu} \tag{4.285}$$

因为度量张量和克氏记号都是空间的性质,所以黎曼张量、里奇张量和里奇标量也都是空间的性质.

由式 (4.283),可以证明得到里奇恒等式 (Ricci identity)

$$R^{\alpha}_{\cdot\mu\tau\nu} + R^{\alpha}_{\cdot\tau\nu\mu} + R^{\alpha}_{\cdot\nu\mu\tau} = 0 \tag{4.286}$$

和比安基恒等式 (Bianchi identity)

$$\nabla_{\sigma} R^{\alpha}_{\cdot\mu\tau\nu} + \nabla_{\tau} R^{\alpha}_{\cdot\mu\nu\sigma} + \nabla_{\nu} R^{\alpha}_{\cdot\mu\sigma\tau} = 0 \tag{4.287}$$

定义

$$R_{\beta\mu\sigma\tau} = g_{\beta\alpha} R^{\alpha}_{\cdot\mu\sigma\tau} \tag{4.288}$$

可以证明

$$R_{\beta\mu\sigma\tau} = -R_{\mu\beta\sigma\tau} = -R_{\beta\mu\tau\sigma} = R_{\sigma\tau\beta\mu}, \quad R_{\mu\tau} = g^{\beta\sigma} R_{\beta\mu\sigma\tau} = g^{\beta\sigma} g_{\beta\alpha} R^{\alpha}_{\cdot\mu\sigma\tau} \tag{4.289}$$

将式 (4.287) 两边同乘于 $g_{\beta\alpha}$,并考虑式 (4.289),可得

$$-\nabla_{\sigma} R_{\beta\mu\nu\tau} - \nabla_{\tau} R_{\beta\mu\sigma\nu} + \nabla_{\nu} R_{\beta\mu\sigma\tau} = 0 \tag{4.290}$$

上式两边同乘于 $g^{\mu\tau} g^{\beta\sigma}$,可得

$$g^{\mu\tau} \nabla_{\tau} R_{\mu\nu} = \frac{1}{2} \nabla_{\nu} R \tag{4.291}$$

因此,我们可以得到

$$g^{\mu\tau} \nabla_{\tau} \left(R_{\mu\nu} - \frac{1}{2} g_{\mu\nu} R \right) = 0 \tag{4.292}$$

习　　题

4.1　试证明:两个均匀球体之间的吸引力与将质量集中到球体各自中心点上二者之间的吸引力是相同的. (等效问题:只需考虑一球壳,如果作用点在球壳内部,可以证明球壳对点的作用力为零.)

4.2　试证明高斯重力定律

$$\oint_{\partial V} \nabla \Phi(\boldsymbol{r}) \cdot \mathrm{d}\boldsymbol{S} = 4\pi G \iiint_{V} \rho(\boldsymbol{r}) \,\mathrm{d}\boldsymbol{r}$$

4.3 中心力场问题

$$\boldsymbol{F}(\boldsymbol{r}) = F(r)\hat{\boldsymbol{r}}$$

角动量守恒 $\boldsymbol{L} = \boldsymbol{r} \times m\dot{\boldsymbol{r}}$. 试导出比耐方程.

4.4 陶哲轩的机场数学题(习题 2.1)还有第三问,即如果考虑狭义相对论效应,前两问的答案是否会发生变化?

4.5 玻尔兹曼引入能量元 ε 的假设,将一个由 N 个粒子组成的体系的状态数写成

$$W = \frac{N!}{N_1! N_2! \cdots}$$

式中,N_n 表示处于能量为 $n\varepsilon$ 状态的粒子数,其中系统能量和总粒子数分别为

$$U = \sum_n N_n n\varepsilon, \quad N = \sum_n N_n, \quad n = 0, 1, 2, \cdots$$

考虑平衡态孤立系统熵最大,试证明系统的粒子数分布为

$$N_n = \mathrm{e}^{-\alpha - \beta n\varepsilon}$$

式中,α 和 β 为常数.

4.6 一维无偏随机走动模型给出,一个布朗粒子移动 N 步后位于出发点右侧 l 步的概率为

$$w(l, N) = \frac{C_N^k}{2^N} = \frac{N!}{k!\,(N-k)!2^N}, \quad k = (N+l)/2$$

考虑斯特林公式 $n! \sim \sqrt{2\pi n}\, n^n \mathrm{e}^{-n}$, $n \gg 1$ 以及极限公式 $\lim\limits_{x\to\pm\infty}(1+1/x)^x = \mathrm{e}$. 对于 $N \gg |l| \gg 1$,试证明

$$w(l, N) \sim \sqrt{\frac{2}{\pi N}}\exp\left(-\frac{l^2}{2N}\right)$$

4.7 根据辐射场总能量与能量密度的关系

$$U_\mathrm{T} = V\int_0^\infty \rho_\nu\,\mathrm{d}\nu = V\int_0^\infty u(\lambda, T)\,\mathrm{d}\lambda$$

式中,V 为体积,T 为温度,λ 为波长,$\nu = c/\lambda$ 为波的频率,c 为光在真空中的速度.

(a) 将普朗克公式的一种形式

$$u(\lambda, T) = \frac{8\pi hc\lambda^{-5}}{\mathrm{e}^{hc/(\lambda k_\mathrm{B} T)} - 1}$$

转化为另一种形式

$$\rho_\nu(\nu, T) = \frac{h\nu}{\mathrm{e}^{h\nu/(k_\mathrm{B}T)} - 1} \cdot \frac{8\pi\nu^2}{c^3}$$

式中,h 为普朗克常量,k_B 为玻尔兹曼常量.

(b) 试证明:温度 T 时,在空腔内的总辐射密度为

$$U_\mathrm{T} = \frac{8\pi^5 k_\mathrm{B}^4 T^4}{15h^3 c^3}$$

上式称为斯蒂芬–玻尔兹曼定律 (Stefan–Boltzman law). 提示:

$$\sum_{n=1}^{\infty} \frac{1}{n^4} = \frac{\pi^4}{90}$$

4.8　薛定谔方程描述了波函数对时间一阶导数和空间二阶导数的关系, 试说明它是一个波动方程.

4.9　如果两粒子系统的能量写作

$$E = \frac{\boldsymbol{p}_1 \cdot \boldsymbol{p}_1}{2m_1} + \frac{\boldsymbol{p}_2 \cdot \boldsymbol{p}_2}{2m_2} + V(\boldsymbol{x}_1, \boldsymbol{x}_2),$$

式中, m_i, $\boldsymbol{x}_i$ 和 $\boldsymbol{p}_i$ 分别为粒子 i 的质量、位置和动量, $i = 1, 2$. 试推导该系统的波动方程.

4.10　如果处在力场中的相对论性粒子的能量为

$$E = c\sqrt{\boldsymbol{p} \cdot \boldsymbol{p} + m^2 c^2} + V(\boldsymbol{x}),$$

式中, m, $\boldsymbol{x}$ 和 $\boldsymbol{p}$ 分别为粒子的质量、位置和动量, $V(\boldsymbol{x})$ 为力场势函数, c 为真空中的光速. 试推导该力场中的狄拉克方程.

第 5 章　连续介质模型

稀薄气体由大量离散的气体分子组成. 在处理稀薄气体分子的分布时, 为了数学上的方便, 常常采用连续性假设, 即假设气体质量分布在空间上是连续的. 通过引入连续性假设, 在数学上可以采用积分代替求和, 极大地方便了理论分析. 我们没有花精力去证明相关假设的有效性, 而通常只是通过理论预测与实验结果的一致性来肯定理论分析过程近似的合法性.

如果从一开始就假定物质是连续分布的, 我们甚至可以绕过上述对分子求平均的数学处理. 连续介质模型避开了去处理分子的具体细节, 在数学上带来了极大便利, 它的能力实际上就是给出平均化了的结果, 这就要求我们所处理的对象在微观上足够大, 以包含足够多的粒子. 近代力学从物理中独立出来, 很大程度上就是连续介质模型的引入导致的, 此时我们假定存在介质的某种相互作用, 去研究在这样的作用下介质的宏观性质.

事实上, 任何材料都有一定的微观结构, 或规则, 或随机. 例如, 晶体是由微观粒子按照特定的晶格结构排列形成的. 连续介质模型考虑的是微观上充分大、宏观上充分小的微团. 微观上充分大指的是这个微团包含足够多的微结构单元, 宏观上充分小指的是微团内的物理量可以视为均匀的. 正是忽略了微观的具体细节, 使得连续介质模型在实际问题中常常变得简便和有用. 当然, 我们所研究的一些物理现象并不满足上述要求, 所以连续介质模型有一定的局限性. 例如, 声子散射实验已经证实高频弹性波是弥散的, 与经典弹性力学不符; 材料的破坏涉及分子键的断裂, 也无法用连续介质模型精确描述.

本章以热传导、热对流、绝热剪切、炸药爆轰和多胞材料的冲击压溃等案例, 通过把握各物理问题中的主要特征, 探讨相关连续介质模型的构建方法, 突出物质输运过程中一般性方程和材料特性方程的作用. 读者可以阅读论著 [29,31-34], 以对连续介质理论和应力波理论有更深入的理解.

5.1　热传导模型

5.1.1　热传导现象

我们拥有对物体冷热程度做出判断的经验, 能够通过触觉感知冷、凉、温与热的差异. 然而, 在冬天里我们会觉得金属比木头冰冷, 而夏日里金属却比木头烫手. 但实际上, 它们在同一环境下温度几乎没有差异. 我们的触觉感受并不能精确地衡量物体的温度. 当手与接触物体存在温度差时, 热量会从高温物体传递到低温物体, 我们感受到的正是热流造成温度变化的快慢程度. 金属导热快, 木头导热慢, 用手接触时给我们的感受是不同的.

1701 年, 牛顿指出温度高的物体在介质中会逐渐冷却, 热量从物体传递到周围的介质中, 在单位时间内单位面积上的热损失与二者的温度差成正比. 1822 年, 傅里叶 (Baron Jean Baptiste Joseph Fourier)[1]进一步指出, 在热传导过程中, 单位时间内单位面积上传递的热量与温度的梯度成正比. 该规律称为牛顿-傅里叶冷却定律.

通常情况下, 热传导是一个瞬态过程. 但当系统的温度场分布不再随着时间发生变化时, 各处的温度并不一定均匀, 热量仍有可能从一处流向另一处, 热传导仍在发生, 这样的过程称为稳态热传导. 考虑热流沿着 X 方向流动, 将单位时间内横截面单位面积上传递的热量定义为热通量密度 J, 则牛顿-傅里叶冷却定律可写作

$$J = -\lambda \frac{\mathrm{d}\theta_\mathrm{s}}{\mathrm{d}X} \tag{5.1}$$

式中, θ_s 为稳态热传导过程中的温度分布, λ 为导热系数 (单位为$\mathrm{W/(m \cdot K)}$). 导热系数为正值, 式 (5.1) 中的负号表示热流与温度梯度的方向相反, 即热流从温度高的地方流向温度低的地方.

对于瞬态热传导过程, 温度场 θ 是空间坐标 X 和时间 t 的函数, 可以假设牛顿-傅里叶冷却定律仍适用, 即

$$J = -\lambda \frac{\partial\theta}{\partial X} \tag{5.2}$$

5.1.2　一维瞬态热传导模型

当热量主要在物体的某个方向传递时, 可以将问题近似成一维的. 例如, 涮肉片时, 肉片厚度方向上较薄, 热量沿着该方向的梯度相对面内方向上的大得多, 因此可以忽略面内方向上的热量传递, 将问题近似成一维的. 如图5.1所示, 考虑一维瞬态热传导过程, 如果物体上 X 位置、t 时刻的单位体积的热量为 $Q(X,t)$, 则从 t 到 $t+\Delta t$ 时间内, 从 X 到 $X+\Delta X$ 区域内的热量的变化量可以表示为

$$\Delta I = \int_X^{X+\Delta X} (Q(X,t+\Delta t) - Q(X,t))\,\mathrm{d}X \tag{5.3}$$

这部分热量来源于所考察区域流入热量和流出热量的差值, 即有

$$\Delta I = \int_t^{t+\Delta t} J(X,t)\,\mathrm{d}t - \int_t^{t+\Delta t} J(X+\Delta X,t)\,\mathrm{d}t \tag{5.4}$$

式中, $J(X,t)$ 为热通量密度. 由这两式, 可以得到

$$\int_X^{X+\Delta X} (Q(X,t+\Delta t) - Q(X,t))\,\mathrm{d}X = \int_t^{t+\Delta t} (J(X,t) - J(X+\Delta X,t))\,\mathrm{d}t \tag{5.5}$$

它反映了所考察区域的能量守恒关系.

---

[1] 傅里叶执迷于热可以包治百病. 在病入膏肓的那个夏天, 他关紧门窗, 烧热火炉, 全副武装, 被热死了.

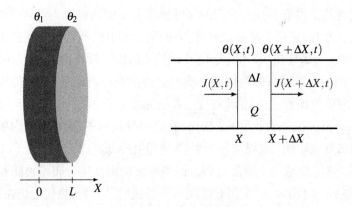

图 5.1　一维热传导模型

如果时间增量 Δt 足够小,可以将 $t + \Delta t$ 时刻的热量密度近似为

$$Q(X, t + \Delta t) = Q(X, t) + \frac{\partial Q(X, t)}{\partial t}\Delta t + O\left[(\Delta t)^2\right] \tag{5.6}$$

如果所考察区域 ΔX 足够小,式 (5.3) 可以近似为

$$\Delta I = \frac{\partial Q(X, t)}{\partial t}\Delta t \Delta X + O\left[(\Delta t)^2 \Delta X\right] + O\left[(\Delta X)^2 \Delta t\right] \tag{5.7}$$

类似地,由式 (5.4),可以得到

$$\Delta I = -\frac{\partial J(X, t)}{\partial X}\Delta t \Delta X + O\left[(\Delta t)^2 \Delta X\right] + O\left[(\Delta X)^2 \Delta t\right] \tag{5.8}$$

因此,对于足够小的 Δt 和 ΔX,可以得到

$$\frac{\partial Q(X, t)}{\partial t} = -\frac{\partial J(X, t)}{\partial X} \tag{5.9}$$

该式给出了物体中热量密度的变化率与热通量密度梯度之间的关系.

物体的热量密度可以表示为

$$Q(X, t) = \rho c \theta \tag{5.10}$$

式中,ρ 为密度,c 为比热容[①]. 因此,将式 (5.10) 和式 (5.2) 代入式 (5.9),可得

$$\rho c \frac{\partial \theta}{\partial t} = \frac{\partial}{\partial X}\left(\lambda \frac{\partial \theta}{\partial X}\right) \tag{5.11}$$

该式就是一维热传导方程,它对于由非均质材料组成的物体也是适用的,即密度 ρ、比热容 c 和导热系数 λ 可能是 X 的函数.

对于均匀材料,导热系数 λ 与 X 无关,可定义热扩散系数

$$\kappa = \frac{\lambda}{\rho c} \tag{5.12}$$

---

① 比热容是指单位质量的物体在改变单位温度时所能吸收或放出的热量,常用的有定压比热容 c_p 和定容比热容 c_V. 对于固体或液体,如果自身的体积变化不大,可以对定压比热容和定容比热容不加区分.

然后将式 (5.11) 改写成单参数的形式:

$$\frac{\partial \theta}{\partial t} = \kappa \frac{\partial^2 \theta}{\partial X^2} \tag{5.13}$$

该式就是一维均质材料的热传导方程.

完整地确定温度场的演化过程, 还需要清楚初始时刻物体上的温度分布情况以及物体在边界上受到的约束条件, 前者称为初始条件, 后者称为边界条件. 例如, 初始条件为

$$\theta(X,0) = \theta_{\mathrm{i}}(X), \quad 0 < X < L \tag{5.14}$$

边界条件为

$$\theta(0,t) = \theta_1, \ \theta(L,t) = \theta_2, \quad t > 0 \tag{5.15}$$

在这样的初边值条件下, 根据经验, 我们知道温度场的演化是确定的, 也就是问题的解是唯一的. 在某些特殊的初边值条件下, 我们也可以严格地讨论解的存在性和唯一性, 但在一般的初边值条件下是很难严格地讨论解的存在性和唯一性的. 因此, 我们应该把主要精力花在那些确实有解的问题上并想办法把解确定出来, 而没有必要纠结对于一般性的问题其解是否存在的讨论上. 我们将在第 12 章中介绍热传导问题的求解方法.

以上将材料作为连续介质, 通过考察一维区域内的热量守恒关系, 获得了一维热传导方程. 类似地, 可以处理一般的三维热传导问题.

5.1.3 三维瞬态热传导模型

对于三维问题, 我们考察物体上对角顶点为 (X, Y, Z) 到 $(X + \Delta X, Y + \Delta Y, Z + \Delta Z)$ 的长方体区域 Ω, 其热量的增长率满足能量守恒关系:

$$\frac{\partial}{\partial t} \iiint\limits_{\Omega} \rho c \theta \, \mathrm{d}\boldsymbol{X} = \oiint\limits_{\partial \Omega} \lambda \left(\nabla \theta\right) \cdot \mathrm{d}\boldsymbol{A} \tag{5.16}$$

式中, $\mathrm{d}\boldsymbol{X} = \mathrm{d}X\,\mathrm{d}Y\,\mathrm{d}Z$ 表示坐标空间的体积元, $\boldsymbol{A} = \boldsymbol{i}\,\mathrm{d}Y\,\mathrm{d}Z + \boldsymbol{j}\,\mathrm{d}Z\,\mathrm{d}X + \boldsymbol{k}\,\mathrm{d}X\,\mathrm{d}Y$ 表示坐标空间的面积元, ∇ 为哈密顿算符 (倒三角算符):

$$\nabla = \boldsymbol{i}\frac{\partial}{\partial X} + \boldsymbol{j}\frac{\partial}{\partial Y} + \boldsymbol{k}\frac{\partial}{\partial Z} \tag{5.17}$$

由高斯定理 (2.102), 可以将式 (5.16) 改写为

$$\iiint\limits_{\Omega} \rho c \frac{\partial \theta}{\partial t} \, \mathrm{d}\boldsymbol{X} = \iiint\limits_{\Omega} \nabla \cdot (\lambda \nabla \theta) \, \mathrm{d}\boldsymbol{X} \tag{5.18}$$

由 Ω 的任意性, 可以得到三维热传导方程:

$$\rho c \frac{\partial \theta}{\partial t} = \nabla \cdot (\lambda \nabla \theta) \tag{5.19}$$

对于均匀材料, 导热系数 λ 与空间坐标无关, 可以将上式写为

$$\frac{\partial \theta}{\partial t} = \kappa \nabla^2 \theta \tag{5.20}$$

式中, ∇^2 为拉普拉斯算符:

$$\nabla^2 = \frac{\partial^2}{\partial X^2} + \frac{\partial^2}{\partial Y^2} + \frac{\partial^2}{\partial Z^2} \tag{5.21}$$

5.2 热对流模型

5.2.1 贝纳德对流

飞机通常要爬升到万米高空才开始进行客舱服务,此时飞机处于大气的平流层,飞行较平稳. 平流层以下的大气可能存在雷雨、暴雪、冰雹、龙卷风、局部强降雨等灾害性天气,它们是由强对流大气引起的. 为何大气会形成强对流? 下面用一个模型实验来一探究竟.

1900 年,贝纳德 (Henri Claude Bénard) 采用蒸汽对装有黏性液体薄层(如 0.5 ~1 mm 厚度的熔化的鲸腊油)的金属盘底部进行加热,当液体薄层上下面存在较小的温度差时,可以观察到液体在宏观上处于静止的状态,而随着温度差增大到一个临界值时,液体内出现了可见的对流结构, 称为贝纳德对流 (Bénard convection). 采用光学方法观察或者在液体中加入铝粉末,可以观察到上表层呈现出近似六角形蜂窝状图案,如图5.2所示. 贝纳德将这样的对流结构归因于液体中的浮力 (buoyancy). 1916 年,瑞利通过线性稳定性分析,证实了浮力作用可以造成贝纳德对流,因此该现象也称瑞利-贝纳德对流 (Rayleigh-Bénard convection).

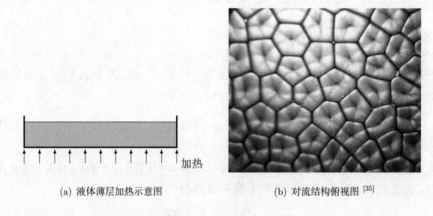

(a) 液体薄层加热示意图   (b) 对流结构俯视图 [35]

图 5.2 贝纳德对流

对这个现象的理解有助于我们认识准确预报天气的困难所在. 某些流体动力系统可以表现出稳定的流动模式,而有些系统则是出现周期性振荡现象,但还有一些系统则是以不规则的、随机的方式变化. 大气就是这样一个复杂多变的系统,所以天气预报的准确性不能得到严格控制.

5.2.2 雷诺输运方程

在5.1节中, 我们分析了一维和三维热传导问题,通过考察一个观察窗口内的热量(热能)守恒关系,结合牛顿-傅里叶冷却定律,获得了热传导方程. 热传递是一种能量输运形式,它是热量的宏观定向运动过程. 与热传导不同,热对流问题不仅涉及能量的输运,还涉及质量与动量的输运. 系统处于非平衡条件下, 除了能量以外, 可能发生输运的物理量还有质量、动量、电量等, 它们是由系统中物质或物理量的定向运动或空间分布的不均匀性造成的. 热传导是能量输运过程, 黏滞性是动量输运过程, 扩散是物质输运过程.

1903 年, 雷诺 (Reynolds) 给出了一个普适的运动学关系式:

$$\frac{\mathrm{d}}{\mathrm{d}t}\iiint_{\Omega(t)} Q\,\mathrm{d}V = \iiint_{\Omega(t)}\frac{\partial Q}{\partial t}\,\mathrm{d}V + \oiint_{\partial\Omega(t)} Q\boldsymbol{v}\cdot\boldsymbol{n}\,\mathrm{d}A = \iiint_{\Omega(t)}\frac{\partial Q}{\partial t}\,\mathrm{d}V + \iiint_{\Omega(t)}\nabla\cdot(Q\boldsymbol{v})\,\mathrm{d}V \tag{5.22}$$

式中, $\Omega(t)$ 为封闭的物质体系, Q 是质量密度、动量密度或能量密度等表征物质某种特性的物理量, $\mathrm{d}V$ 和 $\mathrm{d}A$ 分别为体积元和面积元, $\boldsymbol{n}$ 为面元 $\mathrm{d}A$ 的法线方向, $\boldsymbol{v}$ 为质点速度, ∇ 为哈密顿算符:

$$\nabla = \boldsymbol{i}\frac{\partial}{\partial x_1} + \boldsymbol{j}\frac{\partial}{\partial x_2} + \boldsymbol{k}\frac{\partial}{\partial x_3} \tag{5.23}$$

注意: 这里考虑物质本身可能发生输运, 所以在观察窗口内的物质随着时间可能发生变化, 而观察窗口在空间中是一个固定的标架, 这种着眼于空间中固定点的描述方式称为欧拉描述, 区别于着眼于确定的物质质点的拉格朗日描述. 物体看作由连续不断的质点构成的系统, 物理量 $Q(\boldsymbol{x},t)$ 是空间坐标 $\boldsymbol{x}$ 和时间 t 的函数, 或者用物质坐标 $\boldsymbol{X}$ 描述为 $Q(\boldsymbol{x}(\boldsymbol{X},t),t)$. 物理量 Q 相对物质质点的时间导数, 简称物质导数, 写为

$$\frac{\mathrm{d}Q}{\mathrm{d}t} = \left(\frac{\partial Q}{\partial t}\right)_{\boldsymbol{X}} = \left(\frac{\partial Q}{\partial t}\right)_{\boldsymbol{x}} + \left(\frac{\partial Q}{\partial \boldsymbol{x}}\right)_{t}\cdot\left(\frac{\partial \boldsymbol{x}}{\partial t}\right)_{\boldsymbol{X}} = \frac{\partial Q}{\partial t} + \boldsymbol{v}\cdot\nabla Q \tag{5.24}$$

考虑 $Q(\boldsymbol{x},t)$ 为质量密度 ρ, 对于封闭的物质体系, 有质量守恒方程:

$$\frac{\mathrm{d}}{\mathrm{d}t}\iiint_{\Omega(t)} \rho\,\mathrm{d}V = \iiint_{\Omega(t)}\frac{\partial \rho}{\partial t}\,\mathrm{d}V + \iiint_{\Omega(t)}\nabla\cdot(\rho\boldsymbol{v})\,\mathrm{d}V = 0 \tag{5.25}$$

上式对于任意区域成立, 因此可以得到

$$\frac{\partial \rho}{\partial t} + \nabla\cdot(\rho\boldsymbol{v}) = \frac{\mathrm{d}\rho}{\mathrm{d}t} + \rho\nabla\cdot\boldsymbol{v} = 0 \tag{5.26}$$

这是反映物质系统微分形式的连续性方程. 对于不可压流动, 有 $\mathrm{d}\rho/\mathrm{d}t = 0$, 则

$$\nabla\cdot\boldsymbol{v} = 0 \tag{5.27}$$

考虑 $Q(\boldsymbol{x},t)$ 为动量密度 ρv_i, 则沿着 x_i 方向的动量守恒方程为

$$\frac{\mathrm{d}}{\mathrm{d}t}\iiint_{\Omega(t)} \rho v_i\,\mathrm{d}V = \iiint_{\Omega(t)} \rho f_i\,\mathrm{d}V + \oiint_{\partial\Omega(t)} \sigma_{ij}n_j\,\mathrm{d}A \tag{5.28}$$

式中, f_i 为作用在单位质量物质上的体积力, σ_{ij} 为应力张量, n_j 为面积元法向矢量, $\sigma_{ij}n_j$ 为系统接触的外界物体物体作用在物质体系边界上的应力矢量, 重复脚标 j 遵守爱因斯坦求和约定, 即对其取遍 $1, 2, 3$ 后进行求和. 进而可以获得微分形式的动量方程:

$$\frac{\partial \rho v_i}{\partial t} + \frac{\partial \rho v_i v_j}{\partial x_j} = \rho f_j + \frac{\partial \sigma_{ij}}{\partial x_j} \tag{5.29}$$

利用连续性方程,上式可以写为

$$\frac{\mathrm{d}v_i}{\mathrm{d}t} = \frac{\partial v_i}{\partial t} + v_j\frac{\partial v_i}{\partial x_j} = \frac{1}{\rho}\frac{\partial \sigma_{ij}}{\partial x_j} + f_i \tag{5.30}$$

对于牛顿流体,应力-应变速率关系为

$$\sigma_{ij} = -p\delta_{ij} + \mu\left(\frac{\partial v_i}{\partial x_j} + \frac{\partial v_j}{\partial x_i}\right) \tag{5.31}$$

式中,μ 为动力黏性系数. 进而可以得到 N-S 方程:

$$\frac{\partial \boldsymbol{v}}{\partial t} + (\boldsymbol{v}\cdot\nabla)\,\boldsymbol{v} = -\frac{1}{\rho}\nabla p + \boldsymbol{f} + \nu\nabla^2\boldsymbol{v} \tag{5.32}$$

式中,$\boldsymbol{f}$ 为单位质量体积力,$\nu = \mu/\rho$ 为运动黏性系数,∇^2 为拉普拉斯算符:

$$\nabla^2 = \frac{\partial^2}{\partial x_1^2} + \frac{\partial^2}{\partial x_2^2} + \frac{\partial^2}{\partial x_3^2} \tag{5.33}$$

考虑 $Q(\boldsymbol{x},t)$ 为能量密度 $\rho\left(v^2/2 + e\right)$,其中 e 为物质的单位质量内能(简称比内能),则能量守恒方程为

$$\frac{\mathrm{d}}{\mathrm{d}t}\iiint\limits_{\Omega(t)}\rho\left(v^2/2+e\right)\mathrm{d}V = \iiint\limits_{\Omega(t)}\rho f_i v_i\,\mathrm{d}V + \oiint\limits_{\partial\Omega(t)}\sigma_{ij}n_j v_i\,\mathrm{d}A - \oiint\limits_{\partial\Omega(t)}q_i n_i\,\mathrm{d}A \tag{5.34}$$

式中,q_i 为热通量密度矢量. 上式可以写成微分形式的能量方程:

$$\frac{\partial\rho\left(v^2/2+e\right)}{\partial t} + \frac{\partial\rho\left(v^2/2+e\right)v_i}{\partial x_i} = \rho f_i v_i + \frac{\partial v_i\sigma_{ij}}{\partial x_j} - \frac{\partial q_i}{\partial x_i} \tag{5.35}$$

对于均匀物质,考虑牛顿-傅里叶冷却定律 $q_i = -\lambda\partial\theta/\partial x_i$,利用连续性方程和动量方程,上式可以进一步写成

$$\frac{\mathrm{d}e}{\mathrm{d}t} = \frac{1}{\rho}\sigma_{ij}\frac{\partial v_i}{\partial x_j} + \frac{\lambda}{\rho}\nabla^2\theta \tag{5.36}$$

由热力学关系,有 $\mathrm{d}e = c_V\,\mathrm{d}\theta$,其中 c_V 为等容比热容. 定义耗散函数

$$\Phi = (\sigma_{ij} + p\delta_{ij})\frac{\partial v_i}{\partial x_j} \tag{5.37}$$

对于不可压流动,可以得到

$$\frac{\mathrm{d}\theta}{\mathrm{d}t} = \frac{\Phi}{\rho c_V} + \kappa\nabla^2\theta \tag{5.38}$$

式中,热扩散系数 $\kappa = \lambda/(\rho c_V)$. 若忽略耗散函数,则

$$\frac{\mathrm{d}\theta}{\mathrm{d}t} = \frac{\partial\theta}{\partial t} + \boldsymbol{v}\cdot\nabla\theta = \kappa\nabla^2\theta \tag{5.39}$$

这就是采用欧拉描述的热传导方程,而式 (5.20) 未考虑变形的影响.

5.2.3　萨尔茨曼模型

1962 年, 萨尔茨曼 (Barry Saltzman) 提出了二维热对流模型 [36], 如图5.3所示. 流体受重力场作用, 下表面的温度为 T_0, 位于 H 处的上表面的温度为 T_1. 如果流体处于定常状态, 则高度为 z 处的温度为

$$T = T_0 - \Delta T \frac{z}{H} \tag{5.40}$$

式中, $\Delta T = T_0 - T_1$. 如果扰动引起了对流, 则温度表示为

$$T(x, z, t) = T_0 - \Delta T \frac{z}{H} + \theta(x, z, t) \tag{5.41}$$

式中, $\theta(x, z, t)$ 是未知函数.

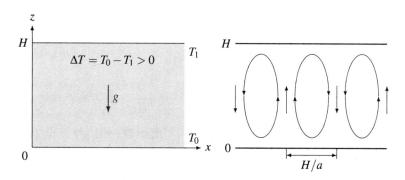

图 5.3　萨尔茨曼模型

考虑二维问题, 流体速度只有 v_x 和 v_z. 对于不可压流动, 由式 (5.27), 可以得到

$$\frac{\partial v_x}{\partial x} + \frac{\partial v_z}{\partial z} = 0 \tag{5.42}$$

设绝对零度时流体平均密度为 ρ_{avg}, 其对应的静水压力为 $p_0 = g\rho_{\mathrm{avg}}(H - z)$, 其中 g 为重力加速度. 温度引起各处流体密度的变化, 流体的密度为

$$\rho = \rho_{\mathrm{avg}} / (1 + \alpha T) \tag{5.43}$$

式中, α 为热膨胀系数. 定义参数为

$$P = (p - p_0)/\rho_{\mathrm{avg}}, \tag{5.44}$$

则由 N-S 方程 (5.32), 近似有 [36]

$$\begin{aligned}
\frac{\partial v_x}{\partial t} + v_x \frac{\partial v_x}{\partial x} + v_z \frac{\partial v_x}{\partial z} + \frac{\partial P}{\partial x} - \nu \nabla^2 v_x = 0 \\
\frac{\partial v_z}{\partial t} + v_x \frac{\partial v_z}{\partial x} + v_z \frac{\partial v_z}{\partial z} + \frac{\partial P}{\partial z} - g\alpha T - \nu \nabla^2 v_z = 0
\end{aligned} \tag{5.45}$$

式中, ν 为运动黏性系数, ∇^2 为拉普拉斯算符:

$$\nabla^2 = \frac{\partial^2}{\partial x^2} + \frac{\partial^2}{\partial z^2} \tag{5.46}$$

发生对流时,流体各处的温度 $T(x, z, t)$ 将发生变化,由热传导方程 (5.39),有

$$\frac{\partial T}{\partial t} + v_x \frac{\partial T}{\partial x} + v_z \frac{\partial T}{\partial z} - \kappa \nabla^2 T = 0 \tag{5.47}$$

式中,κ 为热扩散系数.

根据经验,二维无源有旋流动可用流函数描述. 引入流函数 ψ 使得

$$v_x = -\frac{\partial \psi}{\partial z}, \quad v_z = \frac{\partial \psi}{\partial x} \tag{5.48}$$

此时式 (5.42) 自动成立. 利用流函数,可以将 N-S 方程 (5.45) 改写为

$$-\frac{\partial^2 \psi}{\partial t \partial z} + \frac{\partial \psi}{\partial z}\frac{\partial^2 \psi}{\partial x \partial z} - \frac{\partial \psi}{\partial x}\frac{\partial^2 \psi}{\partial z^2} + \frac{\partial P}{\partial x} + \nu \nabla^2 \frac{\partial \psi}{\partial z} = 0$$
$$\frac{\partial^2 \psi}{\partial t \partial x} - \frac{\partial \psi}{\partial z}\frac{\partial^2 \psi}{\partial x^2} + \frac{\partial \psi}{\partial x}\frac{\partial^2 \psi}{\partial x \partial z} + \frac{\partial P}{\partial z} - g\alpha T - \nu \nabla^2 \frac{\partial \psi}{\partial x} = 0 \tag{5.49}$$

将含有 P 的项消去,可以得到

$$\frac{\partial \nabla^2 \psi}{\partial t} + \frac{\partial \psi}{\partial x}\frac{\partial \nabla^2 \psi}{\partial z} - \frac{\partial \psi}{\partial z}\frac{\partial \nabla^2 \psi}{\partial x} - g\alpha \frac{\partial \theta}{\partial x} - \nu \nabla^4 \psi = 0 \tag{5.50}$$

该式是黏性不可压缩流体动量守恒的运动方程. 利用流函数,热传导方程 (5.47) 可以改写为

$$\frac{\partial \theta}{\partial t} - \frac{\partial \psi}{\partial z}\frac{\partial \theta}{\partial x} + \frac{\partial \psi}{\partial x}\frac{\partial \theta}{\partial z} - \frac{\Delta T}{H}\frac{\partial \psi}{\partial x} - \kappa \nabla^2 \theta = 0 \tag{5.51}$$

引入雅可比行列式 (Jacobian determinant)

$$\frac{\partial(\psi, \nabla^2\psi)}{\partial(x, z)} = \begin{vmatrix} \dfrac{\partial \psi}{\partial x} & \dfrac{\partial \psi}{\partial z} \\ \dfrac{\partial \nabla^2 \psi}{\partial x} & \dfrac{\partial \nabla^2 \psi}{\partial z} \end{vmatrix}, \quad \frac{\partial(\psi, \theta)}{\partial(x, z)} = \begin{vmatrix} \dfrac{\partial \psi}{\partial x} & \dfrac{\partial \psi}{\partial z} \\ \dfrac{\partial \theta}{\partial x} & \dfrac{\partial \theta}{\partial z} \end{vmatrix} \tag{5.52}$$

萨尔茨曼模型的控制方程可以写作

$$\begin{cases} \dfrac{\partial \nabla^2 \psi}{\partial t} = -\dfrac{\partial(\psi, \nabla^2\psi)}{\partial(x, z)} + \nu \nabla^4 \psi + g\alpha \dfrac{\partial \theta}{\partial x} \\ \dfrac{\partial \theta}{\partial t} = -\dfrac{\partial(\psi, \theta)}{\partial(x, z)} + \dfrac{\Delta T}{H}\dfrac{\partial \psi}{\partial x} + \kappa \nabla^2 \theta \end{cases} \tag{5.53}$$

在 $z = 0$ 和 $z = H$ 的边界条件(自由边界):

$$\psi = 0, \quad \nabla^2 \psi = 0 \tag{5.54}$$

该方程组存在一组平庸解

$$\psi = 0, \quad \theta = 0 \tag{5.55}$$

但方程组的非平庸解很难给出,以下分别讨论两种近似方案.

例 5.1　萨尔茨曼模型的瑞利线性近似

萨尔茨曼模型中非线性项对数学求解造成了难以克服的困难. 实际上早在 1916 年, 瑞利[37] 已讨论过线性问题, 他所讨论的对流问题是三维的, 分析过程相对复杂. 为简化讨论[38], 如下的分析保留了瑞利的思想, 但仅讨论二维情况, 即在萨尔茨曼模型的基础上考虑

$$\frac{\partial(\psi, \nabla^2 \psi)}{\partial(x, z)} = 0, \quad \frac{\partial(\psi, \theta)}{\partial(x, z)} = 0 \tag{5.56}$$

因此, 控制方程 (5.53) 可改写为

$$\begin{cases} \dfrac{\partial \nabla^2 \psi}{\partial t} = \nu \nabla^4 \psi + g\alpha \dfrac{\partial \theta}{\partial x} \\ \dfrac{\partial \theta}{\partial t} = \dfrac{\Delta T}{H} \dfrac{\partial \psi}{\partial x} + \kappa \nabla^2 \theta \end{cases} \tag{5.57}$$

瑞利将运动场假设为周期函数形式, 对于二维情形 (图5.3), 其形式解写为

$$\begin{cases} \psi(x, z, t) = \psi_0(t) \sin \dfrac{\pi a x}{H} \sin \dfrac{\pi z}{H} \\ \theta(x, z, t) = \theta_0(t) \cos \dfrac{\pi a x}{H} \sin \dfrac{\pi z}{H} \end{cases} \tag{5.58}$$

式中, $\psi_0(t)$ 和 $\theta_0(t)$ 为待定函数. 可以检验该形式解满足边界条件 (式 (5.54)), 瑞利在构造形式解时正是注意到了三角函数的周期性这一有用的性质. 将形式解式 (5.58) 代入式 (5.57), 整理得

$$\begin{cases} \dot{\psi}_0 = -\dfrac{\pi^2 \nu}{H^2} \left(1 + a^2\right) \psi_0 + \dfrac{g\alpha H a}{\pi \left(1 + a^2\right)} \theta_0 \\ \dot{\theta}_0 = \dfrac{\pi \Delta T a}{H^2} \psi_0 - \dfrac{\pi^2 \kappa}{H^2} \left(1 + a^2\right) \theta_0 \end{cases} \tag{5.59}$$

这是一组线性微分方程组. 不过我们关心的是方程的解是否稳定, 所以我们先不去讨论方程的求解, 而留待在第 11 章中例 11.6 再进行具体的讨论.

例 5.2　萨尔茨曼模型的洛伦兹非线性近似

萨尔茨曼模型中的非线性项对方程的解有重要的影响. 1963 年, 洛伦兹 (Hendrik Antoon Lorenz)[38] 将问题扩展到非线性, 但只考虑非线性项中一项不为零的情况, 即

$$\frac{\partial(\psi, \nabla^2 \psi)}{\partial(x, z)} = 0, \quad \frac{\partial(\psi, \theta)}{\partial(x, z)} \neq 0 \tag{5.60}$$

由于非线性项的存在, 很难一下子猜到方程可能的解的形式. 上式关于 ψ 的非线性项取为零, 因此洛伦兹假设 ψ 的形式解没有变化, 而与 ψ 和 θ 相关的非线性不为零, 所以再引入一个三角函数进行调节. 因而, 洛伦兹将形式解假设为

$$\begin{cases} \psi(x, z, t) = \dfrac{(1 + a^2) \kappa}{a} X(\tau) \sqrt{2} \sin \dfrac{\pi a x}{H} \sin \dfrac{\pi z}{H} \\ \theta(x, z, t) = \dfrac{\pi^3 (1 + a^2)^3 \nu \kappa}{a^2 g\alpha H^3} \left(Y(\tau) \sqrt{2} \cos \dfrac{\pi a x}{H} \sin \dfrac{\pi z}{H} - Z(\tau) \sin \dfrac{2\pi z}{H} \right) \end{cases} \tag{5.61}$$

式中,$\tau = \pi^2\left(1 + a^2\right)H^{-2}\kappa t$,而 $X(\tau)$, $Y(\tau)$ 和 $Z(\tau)$ 为待定函数. 将式 (5.60) 和式 (5.61) 代入式 (5.53),其中忽略可能出现含有 $\sin(3\pi z/H)$ 的项,可以得到

$$\begin{cases} \dfrac{\mathrm{d}X}{\mathrm{d}\tau} = -\sigma X + \sigma Y \\[2mm] \dfrac{\mathrm{d}Y}{\mathrm{d}\tau} = -XZ + rX - Y \\[2mm] \dfrac{\mathrm{d}Z}{\mathrm{d}\tau} = XY - bZ \end{cases} \tag{5.62}$$

式中,σ, b 和 r 均为正的常数,分别写作

$$\sigma = \frac{\nu}{\kappa}, \quad b = \frac{4}{1 + a^2}, \quad r = \frac{a^2 g\alpha H^3 \Delta T}{\pi^4(1 + a^2)^3 \nu\kappa} \tag{5.63}$$

其中 σ 称为普朗特数 (Prandtl number). 式 (5.62) 称为洛伦兹方程,它是一组非线性方程组. 我们将在第 11 章中例 11.11 讨论这组方程的解的演化情况.

5.3　绝热剪切失稳模型

5.3.1　绝热剪切现象

20 世纪 70 年代,白以龙在研究中注意到了一种不同寻常的固体破坏现象:中等厚度的金属板在子弹的高速冲击下发生失效,但其受到的应力载荷并未超过其材料强度. 这超出了工业界在材料强度设计上的传统规范,当时刚发展起来的断裂力学也不能给出合理的解释. 断裂力学主要处理的是初始裂纹在拉伸张开、滑开和撕开等模式下的破坏,而上述高速冲击破坏大多是压剪破坏,二者的受力和变形状态截然不同. 通过运用"既要会做,又要会猜"的本领[1],白以龙[41] 突破当时国际惯用的最大应力经验描述,提出了延性极限的不稳定性机理,建立了热塑剪切模型方程,获得了变形局部化演变的许多新认识.

金属、塑料等韧性材料在载荷作用下可发生塑性大变形,在其表面或截面上可能观察到具有强塑性剪切应变的窄带,称为剪切带 (shear band). 在高速撞击、侵彻、切削、冲孔等动态冲击情形下,剪切带看上去更加局部化,高度集中在非常窄的区域内,典型宽度为 $5 \sim 500\,\mu\mathrm{m}$,有时伴有相变,称为绝热剪切带 (adiabatic shear band). 1944 年,Zener 和 Holloman 在含碳 0.25% 低合金钢的冲孔实验中观察到靶板与冲头接触部位存在白色的腐蚀带 (冶金和材料学家称之为"白带"),提出了绝热剪切 (adiabatic shear) 的概念. 绝热过程指的是快速塑性变形所产生的热量聚集在变形区域内. 但如果承认剪切带是"绝热"的,其宽度将为零,而且最大剪应力也不意味着剪切带的存在. 那么是什么因素导致宏观的整体变形集中到了狭窄的剪切带上,白以龙猜测这一因素就是"热",它驱使着变形局部化,同时也是维持剪切带宽度的耗散机制. 实际上,热量来不及扩散到周围的区域,造成了材料局

───────────────────────────

① 中国科学院科技创新案例（二）: 会猜会做. https://www.cas.cn/zt/jzt/cxzt/zgkxykjcxale/200410/t20041010_2668225.shtml.

部热软化. 这区别于等温 (isothermal) 过程中, 塑性变形所产生的热量可以通过热传导耗散开去. 因此, 在高应变率下材料局部热软化引起的失稳, 是一种热塑失稳 (thermos-plastic instability) 现象. 图5.4(a) 展示了子弹冲击靶板时, 准静态和高速冲击下变形分别沿滑移线和压头轴向发展的示意图, 子弹在高速冲击下形成了冲塞现象; 图5.4(b) 给出了一个阶梯型钨合金圆柱试件在轴向冲击压缩下形成的绝热剪切带.

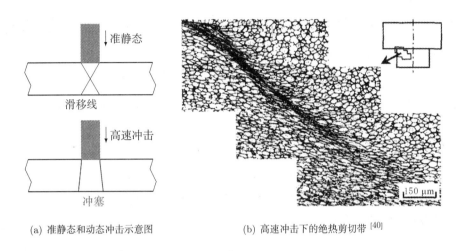

(a) 准静态和动态冲击示意图　　　　(b) 高速冲击下的绝热剪切带 [40]

图 5.4　绝热剪切现象

　　剪切失稳的发生和发展过程可以描述为: 在高速冲击下, 靶板与冲头接触部位首先发生均匀的剪切变形, 但约 90% 的塑性变形功都转化为热量, 导致材料局部温度升高和强度降低, 当材料因温升引起的强度降低开始超过因应变硬化引起的强度增加时, 将发生热软化失稳, 变形呈局部化, 形成明显的剪切区, 充分发展的剪切区致使最终发生剪切断裂. 绝热剪切带是由非线性变形功和热扩散共同控制的变形晚期准静态耗散结构. 绝热剪切带演化的不同阶段有不同的时间和长度尺度从而对应着不同的机理.

　　剪切带形成的临界条件是材料动力学领域所关注的普遍问题之一. 白以龙通过建立一维简单剪切模型 (见5.3.2), 提出了一个热塑剪切失稳判据 (例11.7). 读者可以阅读相关专著 [41-42], 以获得更加全面的理解.

5.3.2　一维简单剪切的白模型

　　变形带高度局域化, 变形主要沿着剪切带发展的方向, 可以忽略其他方向上的变形, 因此将问题简化为一维简单剪切的情形, 但是需要考虑物理量随时间变化的过程. 于是, 运用质量、动量和能量守恒定律, 以及一包含应变率和温度效应的本构关系, 就可以导出该问题的控制方程.

　　考虑一维简单剪切的情况, 剪切方向为 x, 垂直于剪切带的方向为 y, 沿着 x 方向的变形 $u = u(x, y, t)$ 是坐标位置 x 和 y 以及时间 t 的函数. 沿着 x 方向的正应变很小, 有

$$\varepsilon = \frac{\partial u}{\partial x} \ll 1 \tag{5.64}$$

因此,只需要考虑一维剪应变:

$$\gamma = \frac{\partial u}{\partial y} \tag{5.65}$$

假设材料在高应变率一维剪切下的剪应力-剪应变关系可以描述为

$$\tau = \tau(\gamma, \dot{\gamma}, \theta) \tag{5.66}$$

式中,γ 为剪应变,$\dot{\gamma}$ 为剪应变率,θ 为温度. 那么材料在应变、应变率和温度发生变化时,剪应力的变化为

$$\mathrm{d}\tau = Q\,\mathrm{d}\gamma + R\,\mathrm{d}\dot{\gamma} - P\,\mathrm{d}\theta \tag{5.67}$$

式中,P, Q 和 R 分别为材料的热软化系数、应变硬化系数和应变率硬化系数:

$$P = -\frac{\partial \tau}{\partial \theta}, \quad Q = \frac{\partial \tau}{\partial \gamma}, \quad R = \frac{\partial \tau}{\partial \dot{\gamma}} \tag{5.68}$$

通常材料是应变硬化和应变率硬化的,而热量会导致材料软化,所以上式中剪应力对温度的偏导数前加了负号,这样定义的热软化系数同其他两个系数一样取正值.

由运动方程 (5.30),可以得到

$$\rho\frac{\partial \dot{u}}{\partial t} + \rho\dot{u}\frac{\partial u}{\partial x} = \frac{\partial (\sigma_{11} + \sigma_{12})}{\partial x} + \frac{\partial (\sigma_{12} + \sigma_{22})}{\partial y} \tag{5.69}$$

该问题中剪应力 $\sigma_{12} = \tau$ 起主导作用,并且沿着 y 剧烈变化. 考虑到沿着 x 方向的正应变很小(式 (5.64)),则上式可以近似为

$$\rho\frac{\partial \dot{u}}{\partial t} = \frac{\partial \tau}{\partial y} \tag{5.70}$$

上式两边对 y 求偏导,并且考虑 $\dot{\gamma} \approx \partial\gamma/\partial t$,则有

$$\rho\frac{\partial^2 \gamma}{\partial t^2} = \frac{\partial^2 \tau}{\partial y^2} \tag{5.71}$$

考虑塑性功 W_p 与所产生的热量 q 之间的关系为

$$q = \beta W_\mathrm{p} \tag{5.72}$$

式中,$\beta \approx 0.9$. 考虑到弹性变形能相对塑性功可以忽略,由能量方程 (5.36),有

$$\beta\dot{W}_\mathrm{p} = \rho c_V \dot{\theta} - \lambda\nabla^2\theta \tag{5.73}$$

即

$$\beta\tau\frac{\partial\gamma}{\partial t} = \rho c_V\left(\frac{\partial\theta}{\partial t} + \dot{u}\frac{\partial\theta}{\partial x}\right) - \lambda\nabla^2\theta \tag{5.74}$$

温度沿着 x 方向变化不明显,上式可以简化为

$$\beta\tau\frac{\partial\gamma}{\partial t} = \rho c_V\frac{\partial\theta}{\partial t} - \lambda\frac{\partial^2\theta}{\partial y^2} \tag{5.75}$$

可见该问题由一组偏微分方程组控制, 它是认识热塑剪切带这一复杂现象的新的出发点和 "钥匙". 在所有的假设中, 没有对剪切变形做出限制, 因此上述推导在大的剪切变形下仍然可以使用. 式 (5.71) 描述的是一个波动过程, 式 (5.75) 右侧描述的是一个扩散过程, 这两个过程通过一个非线性耦合项 $\beta\tau\partial\gamma/\partial t$ 进行关联. 因此, 该问题的控制方程是非线性的. 进一步需要思考的问题是, 这组控制方程应该怎么恰当地进行处理, 哪些因素主导了变形过程, 如何判断不稳定性是否发生. 关于这些问题的解答将在第 7 章和第 11 章中探讨.

5.3.3　含热软化和自由体积产生的一维简单剪切模型

金属玻璃 (metallic glass) 是一种不定形的金属合金, 它是液体金属快速冷却过程中来不及结晶而形成的非晶态合金, 兼具玻璃和金属的优点, 延展性优于玻璃, 而强度高于钢, 硬度甚至超过高硬工具钢. 在形成合金的早期, 结晶所需的时间尺度通常为0.1~1 ms, 而形成金属玻璃需要非常快速的固化条件 (冷却速率为 $10^3 \sim 10^6$ K/s), 它们被限制在非常薄的片材、带材或丝材, 特征尺寸小于50 μm. 许多合金在临界冷却速率足够低时可以形成超过1 mm 厚的不定形结构, 这类材料被称为块状金属玻璃 (bulk metallic glass, BMG). 块状金属玻璃在高应变率下的塑性变形极易发展成局部化剪切带, 进而在拉伸或简单剪切下都容易发生灾难性破坏, 这使得金属玻璃的应用可靠性变得很难预测, 难以将块状金属玻璃作为结构材料进行推广.

关于金属玻璃中剪切带形成的机理存在两种截然不同的观点: 一种观点认为是热软化导致的, 而另一种观点认为是自由体积产生诱导的. 这两种观点都发展了各自的理论模型并汇聚了实验和数值计算证据, 但未能形成统一的认识.

戴兰宏及其合作者[43] 认为金属玻璃的剪切失稳与热软化和自由体积产生二者都有关联. 在白模型的基础上, 进一步发展了可以考虑热软化和自由体积产生等两种效应的一维简单剪切模型, 从而揭示了金属玻璃绝热剪切的失稳判据和形成机制.

受自由体积产生的影响, 材料的剪切行为不再只是剪应变 γ、剪应变率 $\dot{\gamma}$ 和温度 θ 的函数, 即

$$\tau = f(\gamma, \dot{\gamma}, \theta, \xi) \tag{5.76}$$

式中, ξ 表征自由体积浓度. 此外, 该问题的控制方程, 除了白模型中的动量守恒方程 (5.71) 和能量守恒方程 (5.75) 外, 还需要一个方程来描述自由体积浓度的演化, 即自由体积浓度的扩散与产生方程:

$$\frac{\partial \xi}{\partial t} = D\frac{\partial^2 \xi}{\partial y^2} + g(\xi, \theta, \tau) \tag{5.77}$$

式中, D 为自由体积浓度的扩散系数, $g(\xi, \theta, \tau)$ 为自由体积浓度的净生成率函数.

5.4　多胞材料冲击压溃模型

5.4.1　多胞材料的动态压溃

2003 年 2 月 1 日,哥伦比亚号航天飞机在返回地球时失事,航天飞机解体,七名宇航员全部遇难. 直到 2008 年 12 月 30 日,美国国家航空和航天局 (NASA) 才公布了此次航天飞机失事的最终调查报告. 调查报告称,哥伦比亚号航天飞机在升空时,由于航天飞行上方燃料箱表面脱落的一块泡沫材料击中了其左翼前缘,导致结构失效,最终酿成了惨剧. 实际上,航天飞机升空过程中时有泡沫材料脱落,此次升空时也拍摄到了有泡沫材料脱落,但技术人员不认为会对航天飞机结构承载造成影响. 为什么看似柔软的泡沫材料会造成如此强的破坏力? 事实上,泡沫材料在动态冲击下,其压溃载荷高于准静态下的压溃载荷,技术人员可能忽略了二者的差异.

多胞材料 (cellular material),如蜂窝和泡沫,是一类由大量空穴和胞结构组成的材料,其相对密度 ρ_0 通常小于 0.4,其中相对密度 ρ_0 定义为多胞材料的表观密度 ρ_f 与其基体材料密度 ρ_s 的比值. 对于弹塑性随机多胞材料,在准静态压缩下,变形带随机出现,而随着冲击速度的提高,变形带将主要集中到冲击端,形成变形局部化,称为动态压溃 (dynamic crushing),如图5.5所示.

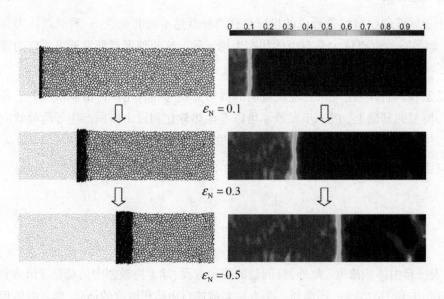

$$\varepsilon_N = 0.1$$

$$\varepsilon_N = 0.3$$

$$\varepsilon_N = 0.5$$

图 5.5　动态压溃现象（冲击速度 100 m/s）[44]

1983 年,里德 (Stephen R. Reid) 和雷迪 (T. Yella Reddy) 在研究圆环串的冲击问题中,观察到高速冲击下圆环逐个压溃,像冲击波一样从冲击近端向远端逐渐传播,称为"结构塑性冲击波". 1997 年,里德和彭 (C. Peng) 在研究木材的冲击问题中,注意到木材在准静态压缩下出现一些分散的局部化变形带,而在动态冲击下变形带集中到冲击近端,并且变得更为局部化,局部化变形带像波一样从冲击近端向远端传播,他们将其类比于超高速冲击下密实金属中的"塑性冲击波". 类似的现象在蜂窝、闭孔泡沫、开孔泡沫等多胞材料中都被观测到. 因此,不同于密实材料,多胞材料在较高速度的压缩下不能采用名义应力-名义应变关系来表征其材料行为.

在实际应用中,多胞材料的胞元往往比试件小得多,因此我们仍然期望能用连续介质模型来表征多胞材料. 如果能采用连续介质模型来表征多胞材料,我们将特别关心它的本构关系和率敏感性行为如何表征.

2013 年, 廖深飞等 [44] 发展了一种计算多胞材料局部应变场的计算方法. 为使局部应变的定义合理,要求所定义"局部"至少在胞元的尺度上,但又远小于试件的尺寸. 通过考察变形前后的变形梯度张量,可以计算出局部应变. 进而发现,每一个冲击速度下,多胞材料在动态压缩后对应一个应力-应变状态点,这些状态点可以连成一条动态应力-应变关系,它在密实化区域不同于准静态下的名义应力-名义应变关系. 在后续的研究中表明,这一现象在其他构型的多胞材料中同样存在,并揭示了多胞材料的率敏感性机理 [45].

考虑冲击波阵面的传播速度 V_s 与冲击速度 V 的关系,文献中常引用应用于连续介质材料的雨贡纽关系 (Hugoniot relation):

$$V_s = AV + B \tag{5.78}$$

式中,A 和 B 为常数. 然而,多胞材料在中等速度冲击下,冲击波速度随着冲击速度变化并不明显,而当冲击速度逐渐增大时,冲击波速度随之增加,并且冲击波速度与冲击速度的差值趋于常数,可记为

$$V_s = V + c, \quad V > V_c \tag{5.79}$$

式中,V_c 为临界冲击速度. 一些文献采用线性关系来拟合冲击波速度与冲击速度之间的关系. 由于胞元的随机性,冲击压溃的波阵面并非严格的平面,特别是在中等冲击速度下,压溃的波阵面在横截面上有一定的分散性,表现出波阵面有一定的宽度,此时用强间断冲击波来描述似乎不够准确,但为了模型的简单,我们仍然采用强间断冲击波来描述. 因此,我们采用渐近线 (式 (5.79)) 而不是线性拟合线 (式 (5.78)) 来描述冲击波速度与冲击速度的关系,这有助于认识高速冲击下的多胞材料力学行为.

5.4.2　一维塑性冲击波模型

考虑一平面波阵面在密度为 ρ_0、横截面面积为 A_0 的连续介质杆中传播,如图5.6所示. 采用拉格朗日描述,在物质坐标 X 上,波阵面位置记为 $\Phi(t)$,它是时间 t 的函数,则波阵面的传播速度为

$$V_s = \frac{\mathrm{d}\Phi(t)}{\mathrm{d}t} \tag{5.80}$$

在波阵面上,各物理量可能连续变化,也可能存在间断突跃. 我们将某一物理量 Q 在波阵面前方的值记为 Q_A,而波阵面后方的值记为 Q_B,二者的差值记为

$$[Q] = Q_B - Q_A \tag{5.81}$$

若该值不为零,则表示物理量在波阵面上存在间断突跃.

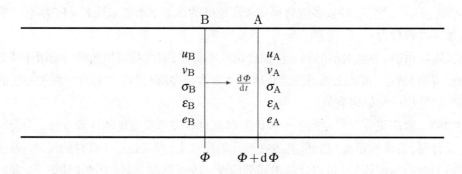

图 5.6　一维冲击波模型

跟随波阵面观察质点位移 $u(X,t)$,其对时间的总变化率为

$$\frac{\mathrm{d}u}{\mathrm{d}t} = \left(\frac{\partial u}{\partial t}\right)_X + V_s\left(\frac{\partial u}{\partial X}\right)_t = v + V_s\varepsilon \tag{5.82}$$

式中,v 为质点速度,ε 为工程应变(拉为正,压为负). 将上式应用于波阵面前方和后方,考察质点位移的差值,可以得到

$$\frac{\mathrm{d}}{\mathrm{d}t}[u] = [v] + V_s[\varepsilon] \tag{5.83}$$

质点位移必然连续,则

$$[v] = -V_s[\varepsilon] \tag{5.84}$$

该式反映了冲击波在波阵面上的运动学相容条件,它是物质连续性的要求,是物质质量守恒条件的体现.

考察图5.6中 $\mathrm{d}\Phi$ 上动量的变化量,它是波阵面两侧应力(拉为正,压为负)在 $\mathrm{d}t$ 时间内作用的效果,写为

$$(v_B - v_A)\rho_0 A_0 \mathrm{d}\Phi = (\sigma_A - \sigma_B)A_0\mathrm{d}t \tag{5.85}$$

或者

$$[\sigma] = -\rho_0 V_s[v] \tag{5.86}$$

该式反映了冲击波在波阵面上的动力学相容条件,它是动量守恒条件的体现.

考察图5.6中 $\mathrm{d}\Phi$ 上能量(包括内能和动能)的变化量,它是波阵面两侧输入的功和热量的效果. 由于热传导的速率远低于波传播速率,可以忽略热量的输入. 因此,可以得到

$$(e_B - e_A)\rho_0 A_0 \mathrm{d}\Phi + \frac{1}{2}\left(v_B^2 - v_A^2\right)\rho_0 A_0 \mathrm{d}\Phi = (\sigma_A v_A - \sigma_B v_B)A_0\mathrm{d}t \tag{5.87}$$

或者

$$[\sigma v] = -\rho_0 V_s[v^2/2 + e] \tag{5.88}$$

式中,e 为比内能. 该式反映了冲击波波阵面上的能量守恒条件.

在应用中要特别注意的是,上面考虑的情况为右行波,当考虑的情况为左行波时,需要用 $-V_s$ 替代 V_s;上面考虑的应变和应力均以"拉为正,压为负",如果采用"压为正,拉为负",也需要特别小心符号的改变.

5.4.3　多胞材料的动态应力-应变关系

采用连续介质模型来描述多胞材料，在高速冲击下，冲击波阵面从冲击端向支撑端传播. 考虑多胞材料在恒速压缩（$v_{\mathrm{B}} = V$）下，并且忽略弹性变形，即假设弹性波速无穷大，冲击波阵面前方的应力为 σ_{A}，而应变和速度均为零，波阵面后方的应力、应变和速度分别记为 σ_{B}、ε_{B} 和 V，其中应力和应变以"压为正，拉为负". 因此，波阵面上的质量守恒关系 (式 (5.84)) 给出

$$V - 0 = V_{\mathrm{s}} \left(\varepsilon_{\mathrm{B}} - 0 \right) \tag{5.89}$$

波阵面上的动量守恒关系 (式 (5.86)) 给出

$$\sigma_{\mathrm{B}} - \sigma_{\mathrm{A}} = \rho_0 V_{\mathrm{s}} \left(V - 0 \right) \tag{5.90}$$

波阵面后方的应变可以表示为

$$\varepsilon_{\mathrm{B}} = \frac{V}{V_{\mathrm{s}}} \tag{5.91}$$

而波阵面后方的应力可以表示为

$$\sigma_{\mathrm{B}} = \sigma_{\mathrm{A}} + \frac{\rho_0 V^2}{\varepsilon_{\mathrm{B}}} \tag{5.92}$$

其中 $\rho_0 V^2 / \varepsilon_{\mathrm{B}}$ 反映了多胞材料动态压溃导致的冲击增强. 如果已知多胞材料的应力-应变关系，则可以确定冲击波速与冲击速度的关系. 反之，如果已知冲击波速与冲击速度的关系，则可以确定多胞材料的应力-应变关系.

考虑到高速冲击下多胞材料出现冲击压溃，将动态初始压溃应力 $\sigma_{0\mathrm{d}}$. 由式 (5.79) 和式 (5.91) 可以得到

$$\varepsilon_{\mathrm{B}} = \frac{V}{V + c} \tag{5.93}$$

与式 (5.92) 消去冲击速度 V，可以得到

$$\sigma_{\mathrm{B}} = \sigma_{0\mathrm{d}} + \frac{\rho_0 c^2 \varepsilon_{\mathrm{B}}}{\left(1 - \varepsilon_{\mathrm{B}} \right)^2} \tag{5.94}$$

定义动态硬化参数 $C_{\mathrm{d}} = \rho_0 c^2$，则多胞材料的动态应力-应变关系 [45] 可以写为

$$\sigma(\varepsilon) = \sigma_{0\mathrm{d}} + \frac{C_{\mathrm{d}} \varepsilon}{\left(1 - \varepsilon \right)^2} \tag{5.95}$$

该方程仅包括了两个材料参数，即动态初始压溃应力 $\sigma_{0\mathrm{d}}$ 和动态硬化参数 C_{d}.

5.5　爆轰物理模型

5.5.1　炸药爆轰现象

炸药是高能物质，主要是由碳、氢、氧和氮四种元素组成的有机化合物，能在极短的时间（$10\,\mu\mathrm{s}$ 左右）内剧烈燃烧，反应速度极快，可以是气态、液态或者固态 [29, 46]. 炸药在受到能

量扰动后,发生剧烈的化学反应,释放出大量能量,局部压力和温度急剧升高,形成冲击波阵面,能量沿着药柱方向输运,维持冲击波传播,爆速一般为 $2000 \sim 8500\,\mathrm{m/s}$,形成爆轰现象 (detonation phenomenon).

爆轰过程是强冲击波沿爆炸物渐进地传播的过程,强冲击波所到之处爆炸物受到强烈的冲击作用,发生高速化学反应,形成高温(高达几千摄氏度)和高压(高达几十万个大气压),维持强冲击波传播,这种强冲击波被称为爆轰波 (detonation wave),它是一种超音速燃烧波. 实验观察表明,对于同一种爆炸物,爆轰波以恒定的速度传播,而对于不同的爆炸物,爆轰波的爆速不同.

早在 15 世纪,人们已经知道某些化合物(例如雷酸汞)在机械冲击下会发生异常剧烈的化学分解. 然而,直到有效的检测工具的出现,人们才能够观察快速燃烧的过程,并测量燃烧波的传播速度,此时爆轰波现象才被发现. 1869 年,艾贝尔 (Sir Frederick Augustus Abel) 首次测量到了火棉炸药的爆轰速度. 1881~1883 年,贝特洛 (Marcelin Berthelot) 和维勒 (Paul Vieille) 系统地测量了多种混合气体爆炸的爆轰速度,从而确认在气态爆炸性混合物中存在爆轰过程. 1883 年,马拉德 (Ernest Mallard) 和勒沙特列 (Henry Le Châtelier) 使用鼓式照相机观察到了从爆燃到爆轰的转变,证实在同一气体混合物中可能存在两种燃烧模式,并指出爆轰波中的化学反应是由爆轰前沿的绝热压缩引发的. 其后,查普曼 (Donald Leonard Chapman) 和朱格 (Ehrile Jouguet) 分别于 1899 年和 1905 年提出了预测爆炸混合物爆轰速度的定量理论,称为 Champman-Jouguet(CJ) 模型.

5.5.2　CJ 模型

假设化学反应速度无限大,爆轰波所到之处化学反应瞬间完成,热传导的速度远低于爆速,因此化学反应释放的热量被局域在冲击波阵面上,爆轰波所到之处形成压力、密度、速度、能量、温度等物理量的强间断面. 这是 CJ 模型的最显著特点,其理论基础是将爆轰波视为含有剧烈化学反应的冲击波,波阵面上仍满足质量、动量和能量守恒关系.

考虑一维定常传播的爆轰波,如图5.7(a) 所示,波阵面前方介质压力 p_0、密度 ρ_0、质点速度 v_0、比内能 e_0,波阵面后方介质压力 p、密度 ρ、质点速度 v、比内能 e. 采用欧拉描述,由质量守恒关系,得到

$$\rho(D-v) = \rho_0(D-v_0) \tag{5.96}$$

式中,D 为冲击波阵面的速度,也称为 CJ 爆轰波速. 由动量守恒关系,得到

$$p - p_0 = (D-v)\rho v - (D-v_0)\rho_0 v_0 \tag{5.97}$$

由能量守恒关系,得到

$$pv - p_0 v_0 = (D-v)\rho(e+v^2/2) - (D-v_0)\rho_0(e_0+Q+v_0^2/2) \tag{5.98}$$

式中,Q 为单位质量炸药发生化学反应释放的能量,称为炸药的爆热.

通常冲击波前方质点速度 $v_0 = 0$,上述关系式可以进一步简化为

$$\begin{cases} \rho(D-v) = \rho_0 D \\ p = p_0 + \rho_0 Dv \\ pv = \rho_0 D(e - e_0 - Q + v^2/2) \end{cases} \tag{5.99}$$

为求解该方程组,还需要补充爆炸产物的状态方程,通常将其假设为多方状态方程:

$$p = p_0(V_0/V)^{\gamma} = p_0(\rho/\rho_0)^{\gamma} \tag{5.100}$$

式中,γ 称为多方指数(同一炸药,视为常数),V_0 和 V 分别为介质发生膨胀前后的比体积,近似有 $\rho V = \rho_0 V_0$. 进一步近似用绝热可逆过程计算爆炸产物的比内能,由热力学第一定律 $\mathrm{d}e = -p\,\mathrm{d}V + 0$,可得

$$e = e_0 + \int_{V_0}^{V} p\,\mathrm{d}V = e_0 + \frac{p_0 V_0}{\gamma - 1}\left[(\rho/\rho_0)^{\gamma - 1} - 1\right] \tag{5.101}$$

为了维持爆轰波的稳定自持传播,查普曼和朱格假设爆轰波相对于波后产物的传播速度与当地声速 c 相等,即 $D - v = c$,称为 CJ 假设或 CJ 条件.

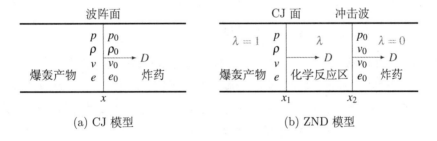

(a) CJ 模型   (b) ZND 模型

图 5.7 爆轰波结构

5.5.3 ZND 模型

利用炸药爆轰驱动轴块可以用来引爆原子弹,但要实现爆轰过程的精确设计和控制,CJ 爆轰物理模型已不能满足这一需求. 实际上,爆轰过程中化学反应速率不可能无限大,随着化学反应动力学的成熟,爆轰物理模型的改进变得可能. 相关的研究工作是在第二次世界大战期间完成的. 不过,由于原子弹研究的隐秘性,爆轰物理模型的发展在一段时间也被隐蔽起来. 已公开的资料表明,泽尔多维奇 (Yakov Borisovich Zeldovich)、冯·诺伊曼、多灵 (Werner Döring) 分别于 1940 年、1942 年和 1943 年的研究报告中独立发展了一维爆轰物理模型,因此该改进的爆轰物理模型被称为 Zeldovich-von Neumann-Döring (ZND) 模型.

在 ZND 模型中,化学反应速率是有限的,爆轰过程可以描述为:冲击波的厚度 (约$0.1\,\mu m$) 可以看作无限薄,冲击波将炸药压缩至高压状态,称为冯·诺伊曼尖峰脉冲 (von Neumann spike),此后炸药开始发生放热的化学反应,反应区宽度为mm 量级,直到达到 CJ 状态,化

学反应才结束,在此过程中,爆轰产物向后膨胀. ZND 模型的主要思想就是用定常的化学反应区以及冲击波代替 CJ 理论中的间断面.

ZND 模型将爆轰波阵面处理成前沿冲击波以及紧随其后的化学反应区,如图5.7(b) 所示,其中引入参数 λ 表征化学反应过程的进展程度 $(0 \leqslant \lambda \leqslant 1)$. 在 ZND 模型中,化学反应后的产物的流动假定为一维的,忽略热传导、辐射、扩散、黏性等分子的输运效应,冲击波阵面上存在物理量的突跃,而化学反应区内物理量连续变化.

假设流动过程在整个反应区内是定常的,反应区末端的介质状态视为终态,即终态面上 $\lambda = 1$,该终态面为 CJ 面. ZND 模型的质量守恒和动量守恒关系仍为式 (5.96) 和式 (5.97),而能量守恒关系改写为

$$pv - p_0 v_0 = (D - v)\rho \left[e + (1 - \lambda)Q + v^2/2 \right] - (D - v_0)\rho_0 \left(e_0 + Q + v_0^2/2 \right) \quad (5.102)$$

式中,λ 反映了化学反应的进展度,反应速率控制方程记为

$$\frac{\mathrm{d}\lambda}{\mathrm{d}t} = r(p, \rho, \lambda) \quad (5.103)$$

反应过程是不可逆的,但除了化学组分外,所有的热力学变量均可以假设处于局域热动平衡态,反应区内任意一处的状态方程也与 λ 有关,即

$$e = e(p, \rho, \lambda) \quad (5.104)$$

因此,需要结合具体的状态方程才能对 ZND 模型进行求解,这里从略.

近几十年的精确实验测量表明,实际的爆轰过程远比 CJ 假定或 ZND 模型所描述的更为复杂,需要改进和发展更为精确的理论模型,也取得了一些进展,但由于 CJ 或 ZND 模型的简洁性,至今仍被广泛应用于估算爆轰参数的量级.

附录　平衡态热力学理论

热力学主要研究热现象中物态转变和能量转换规律,是建立在实验基础上的宏观理论. 平衡态热力学理论是一套优美的数学理论,它起源于对热现象的归纳,经过百余年锻造,臻于完善,其包含了四条定律,并演绎出适合于各种控制条件下的系统状态函数. 然而,对于非平衡态热力学,尽管已经获得一些重要的认识,其还处在发展之中. 下面简要介绍一下平衡态热力学理论.

(1) 热力学第零定律:处于平衡状态下的热力学系统,存在一个状态函数. 该定律定义了一个状态函数——温度 T,同时也指出了定义温标的方法. 如果两个系统通过热接触达到热平衡状态,则二者存在相等的温度.

(2) 热力学第一定律(能量守恒与转化定律):自然界一切物质都具有能量,能量有各种各样不同的形式,可以从一种形式转化为另一种形式,也可以从一个物体传递到另一个物体,但在传递和转化中能量的数量不会发生变化. 这意味着第一类永动机(不需要外界提供

能量而能够不断地对外做功的机器）是不可能制造成的. 该定律引出了一个状态函数——内能 U 的定义,对于无穷小过程（元过程）,能量守恒关系可以写为

$$\mathrm{d}U = \mathrm{d}Q + \mathrm{d}W \tag{5.105}$$

式中,Q 为系统从外界吸收的热量（外界对系统的放热）,W 为外界对系统做的功. 内能与系统经历的过程无关,而功和热量都与过程有关,因此功和热量都不是状态函数,对于元过程其变化量采用符号 d 进行形式上的表示.

(3) 热力学第二定律:任何一个宏观过程向其相反方向进行而不引起其他变化是不可能的. 这意味着第二类永动机（从单一热源吸收热量并将其完全转化为有用的功却又不产生其他影响的机器）是不可能制造成的. 该定律引出了一个状态函数——熵 S 的定义,对于元过程中,系统熵变可以表示为

$$\mathrm{d}S \geqslant \frac{\mathrm{d}Q}{T} \tag{5.106}$$

式中,等号对应于可逆过程,而大于号对应于不可逆过程. 对于孤立系统熵永不减少,称为熵增原理.

(4) 热力学第三定律:在等温过程中,凝聚体系的熵变随绝对温度的降低趋于零,有

$$\lim_{T \to 0} (\Delta S)_T = 0 \tag{5.107}$$

式中,下标 T 表示等温过程. 该定律也可以表述为,不可能通过有限的步骤使一个物体冷却到绝对零度.

由热力学第一定律和第二定律,可以得到简单系统的平衡态热力学基本关系式:

$$\mathrm{d}U = T\mathrm{d}S - p\mathrm{d}V \tag{5.108}$$

式中,p 为压强,V 为体积. 由于系统可能处在不同的约束条件下,所以热力学理论通过勒让德变换（式 (2.103)）定义了多个可以方便使用的热力学函数,如焓 (enthalpy)H、亥姆霍兹自由能 (Helmholtz free energy)F、吉布斯自由能 (Gibbs free energy)G 及其微分形式分别写为

$$\begin{aligned} H(S,p) &= U(S,V) + pV, \quad \mathrm{d}H = T\mathrm{d}S + V\mathrm{d}p \\ F(T,V) &= U(S,V) - TS, \quad \mathrm{d}F = -S\mathrm{d}T - p\mathrm{d}V \\ G(T,p) &= U(S,V) + pV - TS, \quad \mathrm{d}G = -S\mathrm{d}T + V\mathrm{d}p \end{aligned} \tag{5.109}$$

这些状态函数在选定合适的自变量（称为自然变量）时将称为热力学的特性函数,一旦确定一个特性函数就可以推导出其他想要获取的热力学量. 更一般地,对于开口系,单元单相简单系统的平衡态热力学基本关系式可以写为

$$\mathrm{d}E = T\mathrm{d}S + Y\mathrm{d}y + \mu\mathrm{d}N \tag{5.110}$$

或

$$\mathrm{d}J = -S\mathrm{d}T + Y\mathrm{d}y - N\mathrm{d}\mu \tag{5.111}$$

式中,E 为内能（即 U）,J 为巨势,y 为广义位移,Y 为广义力,N 为粒子数,μ 为单粒子化学势. 为了方便应用,可以利用图5.8快速记忆热力学特性函数及其导出的一系列热力学关系式,我们称图中的坐标为自然变量空间 (natural variable space, NVS).

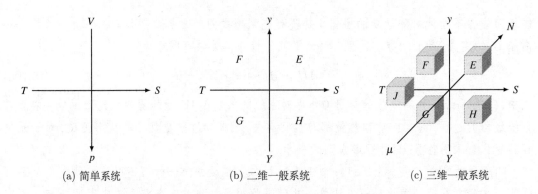

图 5.8 特性函数及热力学关系式的记忆图

例 5.3 理想气体的绝热自由膨胀过程的熵增

考虑一个体积为 $2V$ 的绝热封闭容器,中间用隔板分隔成两半,一边为理想气体,另一边为真空,突然撤掉隔板,理想气体将发生绝热自由膨胀,试求系统的熵变.

这是一个不可逆的过程,整个过程中系统没有从外界吸收热量,也没有向外界做功,其内能不变. 理想气体的状态方程为

$$pV = nRT \tag{5.112}$$

式中,$n = N/N_A$ 为摩尔数,N_A 为阿伏伽德罗常数,R 为普适气体常量.

根据热力学理论,可以选择一个可逆过程,让系统经历一个缓慢的吸热和对外做功的等温可逆过程,其中内能保持不变,则可以计算出系统的熵变:

$$\Delta S = \int_c \frac{Q_R}{T} = \int_V^{2V} \frac{p\,\mathrm{d}V}{T} = \int_V^{2V} \frac{nR}{V}\,\mathrm{d}V = nR\ln 2 = \frac{N}{N_A}R\ln 2 \tag{5.113}$$

式中,下标 R 表示可逆过程,推导中使用了理想气体状态方程 (式 (5.112)).

该问题还可以采用统计物理的方法来计算熵变. 由于在自由膨胀过程中,每个粒子终态的选择变多了,即初态时粒子只能处于容器的一侧,而终态时可以处于容器两侧的任意一个中,所以有 $W = 2^N W_0$,其中 W_0 和 W 分别为初态和终态的系统微观状态数. 根据玻尔兹曼公式 (式 (4.112)),系统的熵变还可以表示为

$$\Delta S = k_B \ln W - k_B \ln W_0 = k_B \ln \left(2^N W_0\right) - k_B \ln W_0 = Nk_B \ln 2 \tag{5.114}$$

因此,结合热力学和统计物理方法,可以得到玻尔兹曼常量 k_B 与阿伏伽德罗常数 N_A 之间的关系式:

$$k_B = R/N_A \tag{5.115}$$

习　题

5.1 考虑如下关于 $w(x,t)$ 的差分方程

$$\begin{cases} w(x, t+\Delta t) = \left(\dfrac{1}{2} + \alpha\Delta x\right) w(x-\Delta x, t) + \left(\dfrac{1}{2} - \alpha\Delta x\right) w(x+\Delta x, t) \\ w(0,0) = 1, \quad w(x,0) = 0 \end{cases}$$

式中，Δx 为坐标 x 的增量，Δt 为时间 t 的增量，α 为常数. 试在 $\Delta x \to 0$ 和 $\Delta t \to 0$ 的极限条件下，将上述差分方程改写成关于 $u(x,t)$ 的微分方程，其中

$$u(x,t) = \frac{w(x,t)}{2\Delta x}$$

和

$$D = \lim_{\substack{\Delta t \to 0 \\ \Delta x \to 0}} \frac{(\Delta x)^2}{2\Delta t}$$

5.2 试推导雷诺输运方程 (式 (5.22)).

5.3 将雷诺输运方程退化到一维形式，并写出质量守恒、动量守恒和能量守恒时的具体形式.

5.4 根据洛伦兹的假设，导出洛伦兹方程 (式 (5.62)).

5.5 对于 CJ 模型，试导出如下关系式：

$$e - e_0 = \frac{1}{2}(p+p_0)(v_0 - v) + Q$$

而对于 ZND 模型，试证明只需将上式的 Q 替代为 λQ. 这样的式子称为爆轰波的雨贡纽关系 (Hugoniot relation).

第 6 章　量 纲 分 析

　　一个问题可能包含许多物理量,这些物理量之间可能存在某种内在联系,科学研究的任务就是确定问题中各物理量之间的内在关系. 在没有具体的数学或物理模型的情况下,我们可能并不清楚问题中哪些物理量是真正起作用的,通过量纲分析可以帮助我们排除掉一些不起作用的物理量,并且将那些起作用的物理量以无量纲组合参数的形式呈现,进而帮助我们厘清问题中可能的因果关系. 对于一些简单的问题,通过量纲分析可能收获到令人叹为观止的效果;而对于较为复杂的问题,通过量纲分析也能在一定程度上对问题进行简化. 这就是量纲分析的基本功能,它的基础是同样的物理机制在不同的尺度上有相似的响应.

　　面对不熟悉的事物,我们常常会把它关联到那些可能相似的事物上,从而帮助我们更好地进行理解. 图形或结构特征是对几何相似性的基本概括,例如圆的大小只需要一个特征尺寸就可以表征,这意味着所有的圆都是相似的. 事物在发生、发展和变化的过程中也可能表现出丰富的特征或相仿的现象,反映出某种相似的响应. 因此,可以将我们熟知的几何相似性的概念推广到其他物理过程,从而抽象出具有一般意义的"相似性"概念. 相似性是对结构或过程中表现出的特征的相似程度的表征,包括几何相似性,以及运动学相似性、动力学相似性等物理相似性. 对相似性的一般性研究,构成了量纲分析的重要基础.

　　1687 年,牛顿在《自然哲学的数学原理》中讨论了两个流体运动过程的相似性问题,提出了相似性原理. 1822 年,傅里叶将"量纲"的概念进行了推广,并提出了量纲齐次性的观点,即方程中每一项的量纲都相同. 傅里叶被公认为量纲和量纲分析的开创者,但他在这方面的工作并没有在他所在的时代得到应有的重视. 1871 年,麦克斯韦指出在力学问题中任一物理量的量纲均可表示为长度、质量和时间这三个量纲的幂次之积. 同年,瑞利 (John William Strutt, 3rd Baron Rayleigh) 在多个领域运用量纲分析法并取得了成功. 1883 年,雷诺 (Osborne Reynolds) 在研究管道中的水流问题时指出存在一个无量纲参数,当其值高于某个临界值时,水流将从层流转捩成湍流. 该无量纲参数就是著名的雷诺数 (Reynolds number). 1914 年,白金汉 (Edgar Buckingham) 提出了将物理定律转换为无量纲数表示形式的一般性原理. 1922 年,布里奇曼 (Percy Williams Bridgman) 将该原理称为白金汉 π 定理.

　　本章将从函数和方程两个方面探讨其无量纲化的过程. 对于形式已知的函数,其无量纲化是简单的,我们不去仔细讨论. 我们将重点阐述形式未知的函数的无量纲化,对它的研究可以帮助我们更高效地开展模型实验研究. 而对于方程的无量纲化,是在已建立的物理模型的基础上开展的,对它的研究可以帮助我们简化分析和求解过程,以及更好地理解问题的作用因素和物理机理. 这里推荐读者进一步阅读相关的著作[47-50], 以获得对量纲分析的全面认识.

6.1 函数的无量纲化

假定在某一问题中包含了一组测量量 $\{p_1, p_2, \cdots, p_m\}$, 它们由一函数关系关联起来, 但该函数的具体形式可能未知, 它用隐式形式表示为

$$f(p_1, p_2, \cdots, p_m) = 0 \tag{6.1}$$

或者可能将某个量显式地表示出来, 如

$$p_1 = g(p_2, \cdots, p_m) \tag{6.2}$$

需要说明的是, 在本章中对于可能不同的未知函数, 我们可能不加区分地使用同一符号 (例如 f) 来表示这样的函数, 注意在不同例子之间这样的函数没有任何关联. 量纲分析的任务就是利用物理量的量纲的依赖关系, 最大限度地简化它们所关联函数关系的可能形式, 以更好地、高效地促进科学研究工作的开展.

6.1.1 几个简单的例子

首先考虑几个简单例子的量纲分析, 通过这些例子可以充分地体会量纲分析的基础及其基本功能. 对于新手来说, 量纲分析所展示出的能力即便不是魔术般神奇, 也是非常深刻的. 需要注意的是, 任何轻视或夸大量纲分析的能力都无益于科学研究的本身. 在此强调, 量纲分析的基础是同样的物理机制在不同尺度上有相似的响应. 如果物理机制发生变化, 则问题的响应可能不再具有相似性.

例 6.1   圆周率 π

所有的圆都是相似的. 无论多大的圆, 圆的大小一旦确定, 其周长和面积都是确定的. 因此, 圆的周长 C 和面积 A 都只是直径 D (或半径 R) 的函数, 记为

$$C = f(D), \quad A = g(D) \tag{6.3}$$

若以直径 D 作为基本单位, 圆的周长和面积的数值分别为 C/D 和 A/D^2, 则上面的式子可以分别改写成

$$C/D = f(D/D) = f(1), \quad A/D^2 = g(D/D) = g(1) \tag{6.4}$$

式中, $f(1)$ 和 $g(1)$ 分别表示自变量为 1 时对应函数的值, 因此它们分别为一个确定的常值. 可以通过对一个圆的具体测量来确定 $f(1)$ 和 $g(1)$ 的数值. 由于 $f(1)$ 和 $g(1)$ 都是定值, 所以无论取多大的圆来测量, 所确定的 $f(1)$ 和 $g(1)$ 的数值都不会发生变化. 我们分别用 π

和 η 来表示这两个定值,二者显然存在某种联系,即只需要用 π 或 η 就能对圆的相似性特征进行表征. 通过实验测试或理论分析,可以知道 $\eta = \pi/4$.

常数 π 是两个长度量的比值,因而是一个无量纲数. 由式 (6.4) 可知,所有的圆存在一个表征其相似性的无量纲数,不管圆多大多小,该无量纲数的数值都是一样的,其值可以通过测量一个任意大小的圆来确定. 这个无量纲数 π 就是众所周知的圆周率,它很可能是最早受到人们广泛关注的无量纲数,它也持续地散发着魅力. 圆周率是一个无理数,人们已经发现了许许多多的方法可以直接计算其数值,如例1.2展示了用多种级数来计算 π 的数值. 然而,需要注意的是,无量纲数的选择并不是唯一的,比如圆周长与半径的比值 $\tau = C/R$ 也是一个无量纲数,它与无量纲数 π 具有明显的相关性,即 $\tau = 2\pi$,至于何者更加本质并无定论[①].

在本例中,我们所关注的问题是一个因变量关于一个自变量的未知函数,即仅包含两个量,这两个量的量纲相关,只有一个独立的量纲,最后仅得到一个无量纲参数,它表征了原来两个量之间的关系. 将这样的思想进行推广,可以得到一般形式的函数无量纲化原理,即白金汉 π 定理,见6.1.3节.

例 6.2 关于角是无量纲量还是有量纲量的讨论

在2.1.2节中,我们指出可以采用不同单位制(如度、角分、角秒、弧度)来度量一个平面上的角,因此角是一个有量纲量. 但当采用弧度来度量角时,角却是一个无量纲量,相关的解释如下.

对于圆心角一定的扇形,无论其半径多大,都是相似的. 根据这一特性,对于某一扇形,其角度 θ 可以用其弧长 s 与半径 R 的比值来定义,写为

$$\theta = \frac{s}{R} \tag{6.5}$$

此时,角度 θ 的单位被称为 rad(弧度). 1 弧度表示弧长和半径正好一致时的圆心角角度. 由于弧长和半径都具有长度的量纲,所以采用弧度为单位的角度是一个无量纲量.

采用弧度作为角度单位,可以方便地计算弧长,也可以方便地对三角函数进行近似计算. 对于给定的半径 R 和以弧长为单位的角度 θ 的扇形,其弧长为 $R\theta$. 对于以 R 为斜边并且以 θ 为一个锐角的直角三角形,其与 θ 角相对的直角边的长度为 $R\sin\theta$. 当 θ 很小时,该直角边长度 $R\sin\theta$ 近似与相应的扇形的弧长 $R\theta$ 相等,即有

$$\sin\theta \approx \theta, \quad |\theta| \ll 1 \tag{6.6}$$

该式只有当角度以弧度为单位且角度很小时才成立. 鉴于此,在下文中如不加声明,我们都将采用弧度为单位来度量角度.

[①] 无量纲数 π 与 τ 相比并不具有特殊性,二者显然是相关的,没有实质上的区别,但在使用上可能存在便利性的区别. 尽管如此,圆周率及其相关研究还是充满着魅力,因此有些人会选择在 3 月 14 日(或者 11 月 10 日,一年当中的第 314 天;又或者 7 月 22 日,在欧洲这一天记为 22/7,它正好是约率)庆祝圆周率节(π 节),而另一些人则主张用 τ 取代 π,并选择在 6 月 28 日庆祝圆周率节(τ 节).

例 6.3 勾股定理

不是所有的三角形都是相似的. 对于任意的一个三角形,其三边长均可独立地变化,即三边长之间没有相互依赖关系. 而对于一个直角三角形,其三边中必有一边的长度不能独立变化,三边长的关系即熟知的勾股定理,也称毕达哥拉斯定理 (Pythagoras theorem). 据不完全统计,勾股定理的证明方法大约有 500 种. 这里,我们运用相似性来加以证明.

考虑一直角三角形,斜边的长度 c 是两直角边的长度 a 和 b 的函数:

$$c = f(a, b) \tag{6.7}$$

如果用一直角边的长度作为参考量去度量各边的长度,我们可以将所测的值代入上式,单位的选取不会影响函数关系,即有

$$\frac{c}{a} = f\left(\frac{a}{a}, \frac{b}{a}\right) = f\left(1, \frac{b}{a}\right) = F\left(\frac{b}{a}\right) \tag{6.8}$$

函数 $f(\cdot, \cdot)$ 有两个自变量,而上式中第一个自变量的取值为定值,所以函数转化为只受单个自变量影响的形式 $F(\cdot)$. 因此,c/a 只是 b/a 的函数,其中 a 和 b 的地位对等,因而可以互换. 通过这一分析,我们把原本关于三个量的函数关系转化成关于两个无量纲量的函数关系. 这就是基于相似性原理,运用量纲分析,能将问题进行简化,但我们并不能由此进一步确定函数的具体关系.

为证明勾股定理,我们还需要利用一些特殊的性质. 如图6.1所示,过三角形顶点 C 作斜边的垂线,记垂足为 H,此时我们将直角三角形 $\triangle ABC$ 分成两个直角三角形 $\triangle ACH$ 和 $\triangle CBH$. 显然这三个三角形都是相似的,利用相似三角形,我们可以分别得到

$$\frac{a}{c} = \frac{\overline{HB}}{a} \tag{6.9}$$

$$\frac{b}{c} = \frac{\overline{AH}}{b} \tag{6.10}$$

式中,$\overline{AH}$ 和 $\overline{HB}$ 分别表示线段 AH 和 HB 的长度,它们之和正好为 c. 由此,我们可以得到

$$a^2 + b^2 = c^2 \tag{6.11}$$

即证勾股定理. 我们也可以利用三角形的边角关系[①]或三角形的面积关系来证明. 如根据三角形的面积关系:

$$S_{\triangle ABC} = S_{\triangle BCH} + S_{\triangle ACH} \tag{6.12}$$

式中, 三角形面积 $S_{\triangle ABC} = c^2 g(\alpha, \beta)$, $S_{\triangle BCH} = a^2 g(\alpha, \beta)$, $S_{\triangle ACH} = b^2 g(\alpha, \beta)$, 其中 $g(\alpha, \beta)$ 表示与直角三角形两个锐角 α 和 β 相关的函数关系,且 $\beta = \pi/2 - \alpha$.

与式 (6.8) 相比,式 (6.11) 具有确定的函数关系. 那么为何我们可以把具体的函数关系确定下来呢? 这是因为该例中剖分下来的两个小三角形和原来的三角形正好都相似,这一

[①] 爱因斯坦自述在其 12 岁左右就利用三角形的相似性成功地证明了毕达哥拉斯定理. 爱因斯坦的思路是直角三角形各个边的长度关系决定了一个锐角.

特殊的性质称为自相似性，即局部与整体具有相似性. 物理过程中可能存在一些难以直接发现的自相似性，这就需要我们具备一定的直觉能力（洞察力）去揭示那些隐藏在事物背后的运行规律.

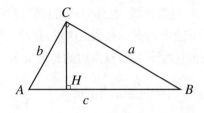

图 6.1　直角三角形

例 6.4　单摆的周期

摆是一种能够产生摆动的机械装置，人类对其研究和利用已有数千年的历史. 张衡的地动仪是历史上第一台用于探测地震的仪器，它就是利用了摆的原理. 这里我们讨论最简单的单摆模型，考虑其摆动周期与哪些因素相关.

理想的简单单摆的周期 T 可能与单摆的长度 L、摆球的质量 m、重力加速度 g 和最大摆角 θ_{m} 有关，记为

$$T = f(m, L, g, \theta_{\mathrm{m}}) \tag{6.13}$$

以长度L、质量M 和时间T 作为基本量纲，则上式中各物理量的量纲分别为

$$[T] = \mathrm{T}, \quad [m] = \mathrm{M}, \quad [L] = \mathrm{L}, \quad [g] = \mathrm{LT}^{-2}, \quad [\theta_{\mathrm{m}}] = 1 \tag{6.14}$$

取 m、L 和 g 为基本单位，此时 $\sqrt{L/g}$ 与 T 具有相同的量纲T，即可以用 $\sqrt{L/g}$ 来度量周期 T. 因此，可以得到

$$\frac{T}{\sqrt{L/g}} = f\left(\frac{m}{m}, \frac{L}{L}, \frac{g}{g}, \theta_{\mathrm{m}}\right) = f(1, 1, 1, \theta_{\mathrm{m}}) = F(\theta_{\mathrm{m}}) \tag{6.15}$$

或者

$$T = F(\theta_{\mathrm{m}})\sqrt{L/g} \tag{6.16}$$

式中，函数 $F(\theta_{\mathrm{m}})$ 仅是对函数 $f(1, 1, 1, \theta_{\mathrm{m}})$ 的简化. 通过上述分析，极大地简化了问题，并且获得了一些重要的结论：无量纲周期仅与 θ_{m} 有关；周期 T 与 m 无关，而与 $L^{1/2}$ 成正比，与 $g^{1/2}$ 成反比. 开展实验研究时，原来需要改变四个参数，而现在只需要改变一个参数（最大摆角），即可了解周期与相关物理量之间的关系.

当最大摆角 θ_{m} 较小时，实验将发现 $F(\theta_{\mathrm{m}})$ 近似为常值 6.28. 在例2.12中，通过理论分析已给出了单摆周期，即式 (2.164)，它在 θ_{m} 较小时可以写为

$$T = \left(2\pi + \frac{\pi}{8}\theta_{\mathrm{m}}^2 + O(\theta_{\mathrm{m}}^4)\right)\sqrt{L/g} \tag{6.17}$$

可见, 理论预测与实验结果基本一致. 因此, 当单摆摆角较小时, 重力加速度可以近似表示成

$$g \doteq \pi^2 \frac{L}{(T/2)^2} \tag{6.18}$$

我们周围的重力加速度 g 大约是 $9.8\,\text{m/s}^2$, 它的数值 9.8 与 π^2 很接近. 这是巧合吗? 1583 年, 伽利略发现了摆的等时性. 1657 年, 惠更斯 (Christiaan Huygens) 根据摆的等时性原理发明了第一台摆钟. 惠更斯建议用秒摆 (seconds pendulum, 一个周期为 $2\,\text{s}$ 的单摆[①]) 的摆长作为自然长度的标准, 得到了英国皇家学会的推进. 不过, 后来的研究者发现不同地区的摆钟存在一些计时偏差, 这意味地球上不同地区的重力加速度不是常值. 可见用秒摆摆长来定义 "米" 是不合适的, 但惠更斯的这一建议已经实质性地产生了影响. 而现在, 我们将光在真空中的速度定义为 $299\,792\,458\,\text{m/s}$, 以此来定义长度 "米" 的大小.

例 6.5 近地自由落体

公元前 4 世纪, 亚里斯多德认为物体下落的快慢由物体本身的重量决定. 物体越重, 下落越快; 反之, 则下落得越慢. 我们现在当然知道这样的认识是不正确的. 对于近地面的自由落体其量纲分析是简单的, 但这一分析似乎有可能混淆先验与后证的关系. 如果根据亚里斯多德的认识, 物体下落的速度 v 只是其质量 m 的函数, 即

$$v = f(m) \tag{6.19}$$

由于速度和质量的量纲不同, 根据量纲分析, 这样的关系是不成立的. 但是, 亚里斯多德认为二者成正比, 即

$$v = Cm \tag{6.20}$$

式中, C 为比例系数. 如果 C 的量纲是速度与质量的比值, 那么从量纲分析的角度, 将无法否定这个可能的关系. 此时, 对于可能关系式 $v = f(m, C)$, 量纲分析给出

$$\frac{v}{Cm} = f\left(\frac{m}{m}, \frac{C}{C}\right) = f(1,1) = 常数 \tag{6.21}$$

上述两式是一致的, 这说明量纲分析对于错误的前提可能缺乏分辨能力. 现在我们知道这个系数 C 缺乏物理意义, 所以亚里斯多德的认识不正确. 可见, 只有对物理过程有足够清晰的认识, 将可能的影响因素都包含在分析的过程中, 量纲分析才是有效的.

伽利略在比萨斜塔上公开开展了落体实验, 并于 1638 年在《两门新科学的对话》中指出自由落体运动的速度是均匀变化的, 从而提出了重力加速度的概念. 基于这样的认识, 对于可能关系式 $v = f(t; m, g)$, 利用量纲分析可得

$$\frac{v}{gt} = f\left(\frac{t}{t}; \frac{m}{m}, \frac{g}{g}\right) = f(1; 1, 1) = 常数 \tag{6.22}$$

---

① 当时, "秒" 的定义是根据地球自转周期确定的. 古埃及人把一天划分为昼和夜, 并分别划成 $12\,\text{h}$, 然后 $1\,\text{h}$ 分成 $60\,\text{min}$, $1\,\text{min}$ 分成 $60\,\text{s}$, 采用的 60 进制则来自古代巴比伦[22].

式中,t 为时间,g 为重力加速度. 由此,立即可以得出两个结论:其一,速度和质量无关;其二,速度随时间线性增加.

伽利略的落体运动规律对于近地自由落体是正确的, 但它不是一般性规律, 它未考虑非近地、空气阻力、落体因气动发生变形或烧蚀等因素的影响. 例如,雨滴从距离地表上方约2000 m 的云层落下,如果下落的方式是自由落体,那么地面的人和物体可就得遭殃了,因为这个高度自由落下的物体可以达到200 m/s. 因此,雨滴下落过程中,空气对其的作用不能忽略,可能包括雨滴受到空气的黏滞阻力和浮力,雨滴在下落过程中还可能吸收小水珠,而且雨滴形状将受到气动力的影响,不能简单地近似为球形.

6.1.2 瑞利法

上述若干例子展示了量纲分析的基本功能. 由此表明,量纲分析有助于我们正确选择问题所包含的物理量,也有助于我们排除那些不可能有影响的因素. 那么,当问题所包含的物理量较多时,如何有效地进行无量纲化? 瑞利法是处理此类问题的一般性方法. 该方法的基础是任何有量纲的量都可以表示成基本量纲的幂次的乘积.

例 6.6 小球沉降运动(或者计及流体阻力和浮力影响的近地落体运动)

考虑一小球以零初速度在黏性流体中下落,忽略小球的变形和重力加速度的变化,小球的下落运动除了受到重力作用外,还受到流体浮力和黏滞力的影响. 因此,小球的下落速度可以表示为

$$v = f(t; m, g, V, \rho, \eta) \tag{6.23}$$

式中,t 为时间,g 为重力加速度,m 为小球的质量,V 为小球的体积,ρ 为流体的密度,η 为黏性摩擦系数.

这是一个力学系统,若选用L、M 和T 作为基本量纲,则因变量和自变量的量纲分别为

$$[v] = \mathrm{LT}^{-1}, \quad [t] = \mathrm{T} \tag{6.24}$$

以及各参数的量纲分别为

$$[m] = \mathrm{M}, \quad [g] = \mathrm{LT}^{-2}, \quad [V] = \mathrm{L}^3, \quad [\rho] = \mathrm{ML}^{-3}, \quad [\eta] = \mathrm{MT}^{-1} \tag{6.25}$$

为了方便,应该尽可能地使用问题中涉及的参数来构造参考量. 如用 $mg\eta^{-1}$ 可以作为速度的参考量,于是式 (6.23) 可以改写成等号左右侧均为无量纲的形式:

$$\frac{v}{mg\eta^{-1}} = \bar{f}(t; m, g, V, \rho, \eta) \tag{6.26}$$

上式右侧是由有量纲的自变量和参数共同决定的无量纲函数,因此这些有量纲的自变量和参数必须组合成无量纲形式的参数,很显然这种组合必定是幂积的形式,不妨记为

$$\pi = t^{\alpha_1} m^{\alpha_2} g^{\alpha_3} V^{\alpha_4} \rho^{\alpha_5} \eta^{\alpha_6} \tag{6.27}$$

式中, $\alpha_k(k = 1, 2, \cdots, 6)$ 是常数. 可能存在不同取值的 α_k, 形成不同的无量纲量. 我们暂时不清楚相互独立的无量纲参数的个数, 但这并不妨碍我们进行分析. 对上式两边取量纲, 并将各个量的量纲代入, 可以得到

$$1 = \mathrm{T}^{\alpha_1}\mathrm{M}^{\alpha_2}\left(\mathrm{LT}^{-2}\right)^{\alpha_3}\left(\mathrm{L}^3\right)^{\alpha_4}\left(\mathrm{ML}^{-3}\right)^{\alpha_5}\left(\mathrm{MT}^{-1}\right)^{\alpha_6} \tag{6.28}$$

进一步整理成如下形式:

$$\mathrm{L}^{\alpha_3+3\alpha_4-3\alpha_5}\mathrm{M}^{\alpha_2+\alpha_5+\alpha_6}\mathrm{T}^{\alpha_1-2\alpha_3-\alpha_6} = 1 \tag{6.29}$$

由于基本量纲L、M 和T 相互独立, 上式成立的充分必要条件为

$$\begin{cases} \alpha_3 + 3\alpha_4 - 3\alpha_5 = 0 \\ \alpha_2 + \alpha_5 + \alpha_6 = 0 \\ \alpha_1 - 2\alpha_3 - \alpha_6 = 0 \end{cases} \tag{6.30}$$

通过各量之间的量纲关系, 我们获得了一个线性代数方程组用以确定无量纲参数. 然而, 方程的个数明显少于常数 α_k 的个数, 我们只能用一部分常数 (如 $\alpha_1, \alpha_2, \alpha_3$) 来表示另一部分常数 (如 $\alpha_4, \alpha_5, \alpha_6$), 后者的个数取决于基本量纲的个数. 因此, 我们可以将上式改写为

$$\begin{cases} \alpha_4 = -\alpha_1 - \alpha_2 + 5\alpha_3/3 \\ \alpha_5 = -\alpha_1 - \alpha_2 + 2\alpha_3 \\ \alpha_6 = \alpha_1 - 2\alpha_3 \end{cases} \tag{6.31}$$

将该式代入式 (6.27), 可以整理成如下形式:

$$\pi = \left(\frac{\eta t}{\rho V}\right)^{\alpha_1}\left(\frac{m}{\rho V}\right)^{\alpha_2}\left(\frac{gV^{5/3}\rho^2}{\eta^2}\right)^{\alpha_3} \tag{6.32}$$

考虑到常数 $\alpha_1, \alpha_2, \alpha_3$ 的相互独立性, 上式将导致 3 个相互独立的无量纲参数. 为了方便, 我们可以依次取常数 $\alpha_1, \alpha_2, \alpha_3$ 中的一个为 1, 而另外两个为 0, 从而得到 3 个相互独立的无量纲参数, 记为

$$\pi_1 = \frac{\eta t}{\rho V}, \quad \pi_2 = \frac{m}{\rho V}, \quad \pi_3 = \frac{gV^{5/3}\rho^2}{\eta^2} \tag{6.33}$$

当然上述取法并不唯一. 实际取法有无穷多种, 任何取法只需要保证所有无量纲参数不相关即可. 尽管不同取法使得结果在形式上存在差异, 但本质上都是等价的, 其中一种形式为

$$\frac{v}{mg\eta^{-1}} = F\left(\frac{\eta t}{\rho V}; \frac{m}{\rho V}, \frac{gV^{5/3}\rho^2}{\eta^2}\right) \tag{6.34}$$

此式说明无量纲速度与无量纲时间以及两个无量纲参数有关.

例 6.7　*小球沉降运动的极限速度*

如果黏性足够大, 在下落一段时间后小球的速度将趋于常数 U. 此时, 速度 U 与时间 t 无关, 它与问题中所有可能的物理量的关系写为

$$U = f(m, g, V, \rho, \eta) \tag{6.35}$$

同样可以引入参考速度 $mg\eta^{-1}$,将无量纲速度写成有量纲量的函数关系:

$$\frac{U}{mg\eta^{-1}} = \bar{f}(m, g, V, \rho, \eta) \tag{6.36}$$

推导与上例的推导基本一致,只需略去与时间 t 相关的一项即可. 此时,我们可以得到

$$\frac{U}{mg\eta^{-1}} = F\left(\frac{m}{\rho V}, \frac{gV^{5/3}\rho^2}{\eta^2}\right) \tag{6.37}$$

该结果表明无量纲极限速度与两个无量纲参数相关.

6.1.3　白金汉 π 定理

π 定理[①]:假定在某一问题中包含了一组测量量 $\{p_1, p_2, \cdots, p_m\}$,它们由一函数关系关联起来. 若这些变量中包含 n 个基本量,则测量量可以组成 $m-n$ 个无量纲数 $\{\pi_1, \pi_2, \cdots, \pi_{m-n}\}$,函数关系可以改写成这些无量纲数的函数形式.

该定理的证明在第 6 章附录给出. π 定理表明,一个问题的函数关系采用无量纲数表示时,变量(不加区分自变量、因变量和参数)个数减少了,减少的数目就是取为独立的基本量纲的个数. 需要注意的是,如果漏掉了原问题中重要的物理量,那么并不能指望该定理能导出有效的函数关系.

π 定理本身并未指导我们如何方便地获取无量纲数,而瑞利法提供了一种构造无量纲数的一般性方法. 由于无量纲数的形式是不唯一的,因此选择有物理意义的无量纲数对理解问题非常有帮助. 例如,在流体力学中衡量流体惯性力和黏性力比值的无量纲数称为雷诺数,即

$$Re = \frac{vL}{\nu} \tag{6.38}$$

式中,ν 为运动黏性系数,v 和 L 分别为流场的特征速度和特征长度. 对于小雷诺数的情况可以作定常流动处理,而对于大雷诺数的情况往往需要考虑非常定的湍流流动. 又如,在物理学中有一个重要而神秘的无量纲数称为精细结构常数 α,它与电子的电荷 e、真空介电常量 ϵ_0、真空中的光速 c 以及约化普朗克常量 $\hbar$ 等物理常量有关,写为

$$\alpha = \frac{e^2}{4\pi\varepsilon_0 ch} = \frac{1}{137.0359991\cdots} \tag{6.39}$$

一个重要的事实是,对于所涉及的物理常量,不管如何选择单位制,精细结构常数的数值都不发生变化[②],这也正是其魅力所在. 它的物理解释有很多,如索末菲将其解释为电子在第一玻尔轨道上的运动速度和真空中光速的比值. 通过狄拉克方程也可以解释光谱的精细结

[①] 1892 年,瓦希 (A. Vaschy) 首先陈述了这个定理. 1911 年费德曼 (A. Federman) 和里亚布钦斯基 (Dimitri Riabouchinsky) 分别独立发现了该定理. 1914 年,白金汉对于特殊情况给出了该定理的第一个证明. 1922 年,布里奇曼将该定理称为 π 定理,只是因为白金汉以 Π 表示无量纲数. 1948 年,马蒂诺-拉加德 (André Martinot-Lagarde) 给出了更一般性的证明. 1950 年,比尔霍夫 (Garrett Birkhoff) 进一步澄清了证明的一些细节.

[②] 1930 年前后,$1/\alpha$ 的最好实验值近似为 136,于是爱丁顿声称从纯逻辑的角度可以证明这个值就是 136,给了计算式 $(16^2 - 16)/2 + 16$,并信誓旦旦地据此推测出宇宙间有 136×2^{256} 个质子以及相同数量的电子,这个大数 136×2^{256} 从此得名爱丁顿数 (Eddington number). 后来,更精确的实验结果表明 $1/\alpha$ 实际上更接近于 137,于是爱丁顿声明他发现原先的计算中有个小错误,并断言 $1/\alpha$ 一定等于 137,之后其同事戏称爱丁顿本人为 Adding-One.

构,它是电子的自旋磁矩与电子绕核运行形成的磁场耦合的结果. 这里只需稍作了解,不必深究.

6.1.4　基本量纲的选择

采用量纲分析可以帮助我们简化问题,并得出一些有益的结论. 但对基本量纲的不正确选择,可能导致错误的认识. 因此,我们需要在分析时把握问题的物理实质,通过对主要物理量量纲的中肯分析,判断该如何选择合理的物理量和基本量纲,才能获得有效的结论.

例 6.8　小球沉降运动极限速度的进一步分析

由于运动不是变速的,如果把力也看作基本量纲,试将式 (6.35) 重新无量纲化. 以长度L、质量M、时间T 和力F 为基本量纲,问题中所有物理量的量纲可以写成

$$[v] = LT^{-1}, \quad [m] = M, \quad [g] = FM^{-1}, \quad [V] = L^3, \quad [\rho] = ML^{-3}, \quad [\eta] = FL^{-1}T \quad (6.40)$$

取 m、g、V 和 η 作为基本单位,可以得到

$$\frac{U}{mg\eta^{-1}} = f\left(1,1,1,\frac{\rho}{mV^{-1}},1\right) = F\left(\frac{\rho V}{m}\right) \quad (6.41)$$

与式 (6.37) 相比,此时无量纲极限速度只是一个无量纲参数的函数.

在上述小球沉降运动中,我们假定了雷诺数足够小, 否则小球会因为涡脱引起横向运动;还假定了小球比布朗粒子大得多, 否则小球会因为流体分子的随机碰撞产生无规运动. 当然,我们还假定了小球密度比流体密度大,这才有 $U > 0$,但这不是必要的. 如果小球密度正好和流体密度一样,则小球将不动,有 $U = 0$. 如果小球密度小于流体密度,则小球将做上浮运动,有 $U < 0$. 因此,我们可以猜测式 (6.41) 的具体形式为

$$\frac{U}{mg\eta^{-1}} = C\left(1 - \frac{\rho V}{m}\right) \quad (6.42)$$

或者

$$U = C\left(m - \rho V\right)g\eta^{-1} \quad (6.43)$$

式中,C 为常数,其值可以通过实验测定. 由例4.13的式 (4.179) 可见,理论预测的 C 值为 1. 小球受到的黏滞阻力为

$$D = mg - \rho gV = \eta U \quad (6.44)$$

可见在低雷诺数下,小球的黏滞阻力与其运动速度成正比,实际上上述分析并未涉及小球的形状,即对于一般形状的物体,上述分析也是成立的. 通过流场的理论分析,可以进一步确定黏性摩擦系数 η 与小球尺寸和流体黏性系数 μ 的关系,见式 (4.180).

例 6.9　低速无黏流体绕流换热问题

考虑一固体处于均匀的低速无黏流体中,流体和固体之间存在温度差 $\theta = T_s - T_f$,其中 T_s 和 T_f 分别为固体和流体的温度 (图 6.2). 由于存在温度差,流体和固体之间将进行换热,其换热速率可以写成

$$H = f(v, l, \theta, c, \lambda) \tag{6.45}$$

式中,v 为流体速度,l 为固体的特征长度,c 为流体的热容量,λ 为流体的导热系数. 热容量表征了介质包含热量的能力,导热系数表征了介质传导热量的能力. 这个例子看似容易,却曾经引发了瑞利和里亚布钦斯基之间有名的争论[①]. 通过这个例子,我们来探讨基本量纲的选择问题.

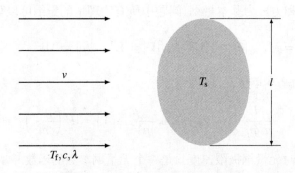

图 6.2　低速无黏流体绕流换热问题

在瑞利的分析中,取长度L、时间T、温度 Θ 和热量Q 为基本量纲,上述 6 个物理量对应的量纲分别为

$$[H] = QT^{-1}, \quad [v] = LT^{-1}, \quad [l] = L, \quad [\theta] = \Theta, \quad [c] = QL^{-3}\Theta^{-1}, \quad [\lambda] = QL^{-1}T^{-1}\Theta^{-1} \tag{6.46}$$

根据 π 定理,6 个物理量,4 个基本量纲,则有 2 个独立的无量纲参数,可以有

$$H/(\lambda l\theta) = F(lvc/\lambda) \tag{6.47}$$

由此可知,换热速率 H 与温度差 θ 成正比,这与我们的生活经验是一致的,即温度差越大,换热越快. 此外,流体速度 v 和热容量 c 并不独立地起作用,而是以 vc 的组合形式起作用.

然而,里亚布钦斯基持有不同观点,他认为温度和热量不是相互独立的量纲,都与能量具有相同的量纲. 若取长度 L、时间 T 和质量 M 作为基本量纲,温度和热量的量纲都应该写作 ML^2T^{-2}. 此时,上述 6 个物理量对应的量纲分别为

$$[H] = ML^2T^{-3}, \quad [v] = LT^{-1}, \quad [l] = L, \quad [\theta] = ML^2T^{-2}, \quad [c] = L^{-3}, \quad [\lambda] = L^{-1}T^{-1} \tag{6.48}$$

————————————
[①] 瑞利和里亚布钦斯基等人先后在 *Nature* 上发表了多篇论文 (Nature, 1915, Vol. 95, p. 66 & p. 591; Vol. 96, p. 396) 来讨论这个问题.

根据 π 定理, 6 个物理量, 3 个基本量纲, 则有 3 个独立的无量纲参数, 可以有

$$H/(\lambda l\theta) = F(lvc/\lambda, cl^3) \tag{6.49}$$

由此, 仅得出换热速率 H 与温度差 θ 成正比的结论, 而流体速度 v 和热容量 c 独立地起作用. 我们知道温度的本质体现了微观粒子运动的剧烈程度, 里亚布钦斯基认为温度和热量具有相同的量纲, 这似乎并没有问题. 难道对量纲的更多认知, 却得到了较少的有益结果? 这个例子表明基本量纲的选择可能是一个棘手的问题.

面对里亚布钦斯基的诘难, 瑞利的回答是: 在热传导方程中, 热量和温度被认为是独立量纲. 白金汉进一步补充, 温度是可以独立改变的. 然而, 这些解释似乎还不够清楚. 事实上, 该问题反映了微观和宏观角度带来的差别. 在宏观层面上, 并不能考虑热能与机械能之间的微观转化机制, 而以热容量和导热系数来表征介质对热量的存储和输运的能力, 因此将温度和热量看作两个独立量纲是正确的. 在微观层面上, 粒子运动的剧烈程度反映了热能与机械能之间的转化机制, 此时 "热容量" 和 "导热系数" 这些宏观量是微观变量的统计结果. 因此, 在处理宏观问题时, 已将微观量的统计参数作为宏观问题的参数了, 不能再认为温度和热量是独立量纲了.

6.1.5　相似模型的应用

量纲分析是自然科学研究的重要基石之一, 是一个强有力的工具. 然而, 量纲分析的能力有时候也会被轻视或夸大. 我们不应该高估量纲分析在处理问题时所能起到的作用, 它可以帮助我们简化复杂的问题, 却不能单纯地依靠它来彻底解决问题, 将它与实验测试、理论分析或数值模拟结合起来才能有效地解决问题. 当然我们也不应该轻视量纲分析的作用, 不会用量纲分析可能多花费很多人力和物力进行研究, 甚至造成重大损失[①].

模型试验被广泛应用于飞机、导弹、高层建筑、城市环境、船舶、水利工程等设计研究中. 1848 年, 伯特兰 (Joseph Louis François Bertrand) 指出如果两个系统的行为相似, 则两个系统对应的无量纲参数相同. 1930 年, 基尔比契夫 (M. B. Kupnhye) 指出如果两个系统对应的无量纲参数相同, 则两个系统的行为相似. 因此, 相似模型需要满足两个条件: 其一, 尺寸成比例; 其二, 所有无量纲参数相等.

具有相似性的过程, 往往可以归结为同一形式的控制方程或解, 可以做到完全的 "形似" (appearance likeness). 当然, 不具有相似性的过程, 往往不能这样处理, 但在某些有效的近似下, 它们又可能近似用同一形式的控制方程或解来表征, 可谓之 "神似" (spirit likeness).

例 6.10　电影特技之汽车坠崖

一辆长度 L 为 5 m 的汽车突然刹车失灵以 $V_0 = 60\,\text{km/h}$ 的速度从高度 H 为 80 m 的悬崖坠落, 若采用 1:25 的汽车模型如何拍摄出逼真的效果? 重力加速度近似取 $g = 10\,\text{m/s}^2$.

———
① 一个例子来自霍华德·休斯 (Howard Hughes), 他是著名的电影导演, 也拥有航空家、工程师、企业家、慈善家等各种头衔. 休斯于 1929 年投资近 400 万美元导演的电影《地狱天使》(Hell's angels) 被称为 "空前大制作". 在电影拍摄中, 有人建议他采用比例模型来拍摄空战, 但他为了 "效果", 执意用真飞机, 不惜花费 210 万美元巨资租用 87 架飞机和 135 名飞行员. 在拍摄飞机俯冲轰炸场景时, 飞行员都胆怯了, 休斯只好亲自驾驶, 结果飞机呼啸坠地, 差点要了他的命. 出院后, 他仍坚持继续拍摄这一疯狂的轰炸场景, 结果 3 名飞行员和 1 名机械师还是不幸遇难.

由几何相似性,1:25 的汽车模型的长度 l 为0.2 m,悬崖模型的高度 h 为3.2 m. 汽车冲出悬崖做平抛运动坠落,在竖直方向受重力作用做匀加速运动,而水平方向忽略空气作用做匀速运动,因此汽车落到悬崖底部所需的时间由悬崖的高度决定,即模型汽车和原型汽车落地时长分别为

$$t = \sqrt{2h/g} = 0.8\,(\text{s}), \quad T = \sqrt{2H/g} = 4\,(\text{s}) \tag{6.50}$$

因此,模型汽车落地时长只有原型汽车落地时长的 1/5. 为拍摄出逼真效果,要求拍摄胶片数相同,因此胶片拍摄速度要提高 5 倍. 此外,汽车在水平方向做匀速运动,根据几何相似性要求模型汽车抛出悬崖的距离与原型汽车抛出悬崖的距离之比为 1/25,由于二者的所需时长之比为 1/5,因此模型汽车行驶速度与原型汽车行驶速度之比为 1/5,即模型汽车行驶速度为12 km/h.

然而,电影作为一门感觉的艺术,不真实的视觉体验有可能带来更强大的视觉冲击力和震撼力,电影的慢动作回放就是追求这种效果的技巧之一,此时要求胶片的拍摄速度更快一些.

例 6.11　直角三角形的斜边与直角边的长度关系

在例6.3中,我们通过将直角三角形划分成两个小直角三角形,进而利用它们之间的相似性证明了勾股定理. 然而,对于一般性问题,这样的技巧往往不存在或者很难被发现. 因此,利用量纲分析,我们可能得到的是式 (6.8) 这样的未定函数. 为了确定函数的形式,可以通过实验测试获得数据点,然后通过观察数据呈现的规律,寻找合适的拟合关系.

以式 (6.8) 为例,记 $x = b/a$ 和 $y = c/a$,将其改写为

$$y = F(x) \tag{6.51}$$

通过改变 $x = b/a$,可以测量到 $y = c/a$,如图6.3给出了一些数据点. 通过这些数据点,想要一下子猜测到函数的有效形式,往往是困难的. 开普勒通过大量的尝试才发现行星围绕太阳运行的轨道可以用椭圆来表示,从而开创了科学研究的"开普勒范式". 面对黑体辐射强度的光谱分布数据图,普朗克并不能一下子看出来黑体辐射公式. 他考虑维恩公式和瑞利-金斯公式分别作为长波段和短波段的极限情况,通过内插法,成功地猜到了完美的黑体辐射公式. 普朗克的成功可能不是偶然的,他的函数拟合思想是值得借鉴的.

由图6.3中数据点可见,随着 x 的增加,y 不断增加,然而能够满足这一趋势的函数有很多. 经验上,我们常采用幂函数或者多项式函数来拟合实验数据. 不过,这些常用的函数并不能很好地拟合图中的数据点. 进一步观察发现,当 $x \to 0$ 时,目标函数趋于常值;而当 $x \to \infty$ 时,目标函数 y 渐近于 x. 结合这样的认识,我们可能猜到如下函数:

$$F(x) = \sqrt{1 + x^2} \tag{6.52}$$

它的确可以很好地拟合所有的数据点. 通过利用极限条件下的关系,可以有效地指导拟合函数的选择.

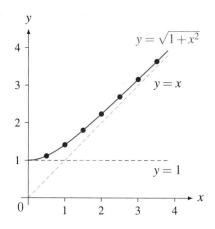

图 6.3　直角三角形的斜边与直角边的长度关系

此外, 挖掘问题中潜在的可能关系也是很有帮助的, 比如对称性. 可以注意到直角三角形的两条直角边互换并不会影响斜边的长度, 亦即 a 和 b 存在对称性. 将式 (6.8) 中的 a 和 b 互换, 然后结合式 (6.51), 将发现函数 $F(x)$ 满足:

$$F(x) = xF(1/x) \tag{6.53}$$

可以验证式 (6.52) 的确满足上式. 这在一定程度上肯定了式 (6.52) 的正确性. 事实上, 式 (6.52) 的确就是我们要寻找的勾股定理.

不过, 式 (6.53) 的解并不唯一. 设 $F(x) = \sqrt{x}G(x)$, 则式 (6.53) 可以改写为

$$G(x) = G(1/x) \tag{6.54}$$

此式的一般解为 $G(x) = g(p(x) + p(1/x))$, 其中 $p(\cdot)$ 和 $g(\cdot)$ 为任意函数. 因此, 可以得到

$$F(x) = \sqrt{x}g(p(x) + p(1/x)) \tag{6.55}$$

该式可以帮助我们筛选可能的拟合函数, 缩小可能的目标搜索范围, 但不能帮助我们确定具体的目标.

例 6.12　恒速航行船只所需的功率

船舶恒速航行时需要发动机维持在一定的功率, 这是因为航行的船只会引起水面波动并克服水的黏性阻力而消耗能量. 因此, 恒速航行的船只所需的功率 P, 除了与船只的速度 U 和长度 L (由于模型试验需要满足几何相似性, 因此可以只取一个几何特征参数进行量纲分析) 有关外, 还与水的密度 ρ、重力加速度 g 以及水的黏性系数 μ 有关, 记为

$$P = f(U, L, \rho, g, \mu) \tag{6.56}$$

以长度 L、质量 M 和时间 T 作为基本量纲, 问题涉及的物理量的量纲为

$$[P] = \mathrm{ML^2T^{-3}}, \quad [U] = \mathrm{LT^{-1}}, \quad [L] = \mathrm{L}, \quad [\rho] = \mathrm{ML^{-3}}, \quad [g] = \mathrm{LT^{-2}}, \quad [\mu] = \mathrm{ML^{-1}T^{-1}}$$
$$\tag{6.57}$$

以速度 U、长度 L 和密度 ρ 作为参考量,可以构造内禀参考量:功率 $\rho L^2 U^3$、加速度 $U^2 L^{-1}$ 和黏性系数 $\rho L U$. 因此,可以得到式 (6.56) 的无量纲形式

$$\frac{P}{\rho L^2 U^3} = f\left(1, 1, 1, \frac{g}{U^2 L^{-1}}, \frac{\mu}{\rho L U}\right) \tag{6.58}$$

或者写成

$$\frac{P}{\rho L^2 U^3} = F(Re, Fr) \tag{6.59}$$

式中,$Re = \rho L U/\mu$ 为雷诺数,$Fr = U/\sqrt{Lg}$ 为弗劳德数 (Froude number). 这两个无量纲参数分别与黏性阻力和波阻有关.

模型实验要求无量纲参数保持一致. 从实验的角度,如果我们不改变重力加速度并且仍采用水作为流体介质,则模型和原型各无量纲数分别保持相同,分别有 UL 和 $UL^{-1/2}$ 均为常数,即只能采用原型实验才能做到.

为采用缩比模型进行实验,需要寻找可以替代水的流体介质. 为了方便,定义运动黏性系数 $\nu = \mu/\rho$,它表示黏性系数与密度的比值[1]. 若船只模型的长度为 $L_p = \alpha L$,则由模型和原型的弗劳德数保持相同可得船只模型的速度为 $U_p = \alpha^{1/2} U$,进而由模型和原型的雷诺数保持相同要求替代的流体介质的运动黏性系数为 $\nu_p = \alpha^{3/2}\nu$. 例如 $\alpha = 0.01$,则要求 $\nu_p = 0.001\nu$,但是我们难以找到运动黏性系数如此小的流体介质[2]. 因此,无法使用缩比模型实验来复现与原型实验保持相似性的结果. 尽管上述分析暗示着放大模型的实验是可行的,但由于实验条件和成本因素往往导致这样的实验不具有可操作性.

实验的一种可能的技巧是通过研究不同雷诺数下的结果,然后进行外推. 然而,由于流体的流动性质在 $Re \sim 10^9$ 时可能突变,即从层流转捩为湍流,因此实验结果不能不受限制地进行外推. 可见,船舶设计是一门技艺多于科学的学科.

6.2 方程的无量纲化

6.2.1 参考量的选择

一个模型的控制方程总是可以写成无量纲形式,因为方程实际上只是函数的隐式形式,所以 π 定理仍适用. 经过简单的尝试,我们可以发现,倘若选择外部参数作为基本量,尽管可以形式上将模型的控制方程无量纲化,但方程中参数的数目并不会发生变化. 这在本质上与选用不同的单位制进行度量是同一回事,即不管选择何种单位制,所得的方程在形式上是一样的,该有的参数一个都不能少. 因此,选用外部参数作为参考量将方程无量纲化,并没有给我们带来任何有益的认识. 然而,与上节一样,若以内禀参数作为基本量,在将控制方程无量纲化后,方程中的无量纲参数由原来的有量纲参数组合而成,数目将有可能会减少.

---

[1] 将 ν 称为运动黏性系数是因为其量纲 $L^2 T^{-1}$ 只包含运动学量纲(长度 L 和时间 T),没有特殊的物理意义.

[2] 常温下,水的运动黏性系数为 1.0×10^{-6} m²/s,而空气约为 1.5×10^{-5} m²/s,油约为 1.5×10^{-4} m²/s.

我们以一些例子来探讨无量纲化方程使用外部和内禀参考量的异同,并摸索如何快速地将方程无量纲化.

例 6.13　导数项的无量纲化

在处理微分方程的无量纲化时,我们处理导数项时需要特别小心. 例如,引入时间参考量 t_0 和位移参考量 u_0,将时间 t 和位移 u 分别无量纲化,即

$$\bar{t} = \frac{t}{t_0}, \quad \bar{u} = \frac{u}{u_0} \tag{6.60}$$

然后我们来看 u 关于 t 的一阶导数和二阶导数的无量纲化.

由链式法则,一阶导数可以写为

$$\frac{\mathrm{d}\,u}{\mathrm{d}\,t} = \frac{\mathrm{d}\,\bar{t}}{\mathrm{d}\,t}\frac{\mathrm{d}\,(u_0\bar{u})}{\mathrm{d}\,\bar{t}} = \frac{u_0}{t_0}\frac{\mathrm{d}\,\bar{u}}{\mathrm{d}\,\bar{t}} \tag{6.61}$$

可以注意到,参考量是常数,它在微分时,可以直接被提出来作为因子. 进一步使用链式法则,二阶导数可以写为

$$\frac{\mathrm{d}^2 u}{\mathrm{d}\,t^2} = \frac{\mathrm{d}\,\bar{t}}{\mathrm{d}\,t}\frac{\mathrm{d}}{\mathrm{d}\,\bar{t}}\left(\frac{\mathrm{d}\,u}{\mathrm{d}\,t}\right) = \frac{1}{t_0}\frac{\mathrm{d}}{\mathrm{d}\,\bar{t}}\left(\frac{u_0}{t_0}\frac{\mathrm{d}\,\bar{u}}{\mathrm{d}\,\bar{t}}\right) = \frac{u_0}{t_0^2}\frac{\mathrm{d}^2\bar{u}}{\mathrm{d}\,\bar{t}^2} \tag{6.62}$$

结果表明,分子中只出现了一个因子 u_0,而分母中因子为 t_0 的平方. 类似地,对于 n 阶导数,分子中提出的因子总是为 u_0,而分母中提出的因子将为 t_0 的 n 次方. 正因为如此,在书写 n 阶导数时,分子和分母中的微分采用了不同方式的表示形式,分子中将 n 放在微分符号的右上角,而分母中 n 放在了自变量的右上角. 根据这样的约定,可以很方便地处理高阶导数的无量纲化.

例 6.14　简单单摆控制方程的无量纲化

简单单摆的摆角 θ 随时间 t 的变化可以用如下方程描述:

$$mL\frac{\mathrm{d}^2\theta}{\mathrm{d}\,t^2} + mg\sin\theta = 0 \tag{6.63}$$

式中,m 为摆球质量,L 为摆线长度,g 为重力加速. 上式可以简化为

$$\frac{\mathrm{d}^2\theta}{\mathrm{d}\,t^2} + \omega_0^2\sin\theta = 0 \tag{6.64}$$

式中,$\omega_0 = \sqrt{g/L}$.

因变量 θ 是无量纲量,自变量 t 的量纲是时间. 如果任取一时间 T 作为 t 的参考量,定义无量纲时间

$$\bar{t} = \frac{t}{T} \tag{6.65}$$

此时,方程 (6.64) 改写为

$$\frac{\mathrm{d}^2\theta}{\mathrm{d}\,\bar{t}^2} + \omega_0^2 T^2\sin\theta = 0 \tag{6.66}$$

可以检验 $\omega_0^2 T^2$ 是无量纲量,于是定义无量纲参数 $\bar{\omega}_0 = \omega_0 T$,此时上式改写为

$$\frac{\mathrm{d}^2 \theta}{\mathrm{d}\bar{t}^2} + \bar{\omega}_0^2 \sin \theta = 0 \tag{6.67}$$

然而,式 (6.67) 与式 (6.64) 在形式上是一致的,即如果采用外部量作为参考量,方程并没有发生实质性的变化.

实际上,方程本身具有量纲齐次性,采用何种单位制都不影响方程的形式. 但如果选择内禀参考量 $T = 1/\omega_0$,此时方程变为

$$\frac{\mathrm{d}^2 \theta}{\mathrm{d}\bar{t}^2} + \sin \theta = 0 \tag{6.68}$$

与式 (6.67) 相比,式 (6.68) 中参数变少了,这使得进一步的分析更为简便. 因此,选择内禀参考量,可以将方程进行一定程度的简化.

例 6.15 一维方势阱的薛定谔方程的无量纲化

不失一般性,我们只讨论空间为一维的情形. 考虑非相对论性粒子在一维方势阱中的波函数 $\Psi(t, x; \hbar, m, a, V_0)$,由式 (4.239) 可得

$$\mathrm{i}\hbar \frac{\partial \Psi}{\partial t} = -\frac{\hbar^2}{2m} \frac{\partial^2 \Psi}{\partial x^2} + V(x)\Psi, \quad V(x) = \begin{cases} V_0, & 0 \leqslant x \leqslant a \\ 0, & x < 0, \ x > a \end{cases} \tag{6.69}$$

式中,m 为粒子质量,$\hbar$ 为约化普朗克常量(单位 J·s),$V(x)$ 为方势阱,V_0 为势能,a 为势阱宽度. 在理论物理中,经常使用光在真空中的传播速度 c、万有引力常量 G、约化普朗克常量 $\hbar$、玻尔兹曼常量 k_B 和静电力常量 k_e 等五个普适物理常量作为基本单位,称为普朗克单位制 (Planck units). 在普朗克单位制下,可以构造一系列普朗克特征量,如表6.1所示.

表 6.1 普朗克单位制和普朗克特征量

物理量	符号	普朗克单位制	量纲符号	值
真空中光速	c	1	LT^{-1}	$299\,792\,458\,\mathrm{m/s}$
万有引力常量	G	1	$\mathrm{L}^3\mathrm{M}^{-1}\mathrm{T}^{-2}$	$6.674 \times 10^{-11}\,\mathrm{N \cdot m^2/kg^2}$
约化普朗克常量	$\hbar$	1	$\mathrm{L}^2\mathrm{MT}^{-1}$	$1.0546 \times 10^{-34}\,\mathrm{J \cdot s}$
玻尔兹曼常量	k_B	1	$\mathrm{L}^2\mathrm{MT}^{-2}\Theta^{-1}$	$1.3806 \times 10^{-23}\,\mathrm{J/K}$
静电力常量	k_e	1	$\mathrm{L}^3\mathrm{MT}^{-4}\mathrm{I}^{-2}$	$8.988 \times 10^9\,\mathrm{N \cdot m^2/C^2}$
普朗克长度	l_P	$\sqrt{\hbar G/c^3}$	L	$1.616 \times 10^{-35}\,\mathrm{m}$
普朗克质量	m_P	$\sqrt{\hbar c/G}$	M	$2.176 \times 10^{-8}\,\mathrm{kg}$
普朗克时间	t_P	$\sqrt{\hbar G/c^5}$	T	$5.391 \times 10^{-44}\,\mathrm{s}$
普朗克能量	E_P	$\sqrt{\hbar c^5/G}$	$\mathrm{ML}^2\mathrm{T}^{-2}$	$1.956 \times 10^9\,\mathrm{J}$
普朗克温度	T_P	$\sqrt{\hbar c^5/Gk_\mathrm{B}^2}$	Θ	$1.417 \times 10^{32}\,\mathrm{K}$
普朗克电荷	q_P	$\sqrt{\hbar c/k_\mathrm{e}}$	IT	$1.876 \times 10^{-18}\,\mathrm{C}$

本问题只涉及长度 L、质量 M 和时间 T 等三个基本量纲,如果我们采用 G、c 和 $\hbar$ 作为参考量,可以引入无量纲量:

$$\tilde{\Psi} = \frac{\Psi}{1}, \quad \tilde{t} = \frac{t}{\sqrt{\hbar G/c^5}}, \quad \tilde{x} = \frac{x}{\sqrt{\hbar G/c^3}}, \quad \tilde{V}(\tilde{x}) = \frac{V(x)}{\sqrt{\hbar c^5/G}} \tag{6.70}$$

以及

$$\tilde{m} = \frac{m}{\sqrt{\hbar c/G}}, \quad \tilde{a} = \frac{a}{\sqrt{\hbar G/c^3}}, \quad \tilde{V}_0 = \frac{V_0}{\sqrt{\hbar c^5/G}} \tag{6.71}$$

此时,方程 (6.69) 可化为无量纲形式:

$$\mathrm{i}\frac{\partial \tilde{\Psi}}{\partial \tilde{t}} = -\frac{1}{2\tilde{m}}\frac{\partial^2 \tilde{\Psi}}{\partial \tilde{x}^2} + \tilde{V}(\tilde{x})\tilde{\Psi}, \quad \tilde{V}(\tilde{x}) = \begin{cases} \tilde{V}_0, & 0 \leqslant \tilde{x} \leqslant \tilde{a} \\ 0, & \tilde{x} < 0,\ \tilde{x} > \tilde{a} \end{cases} \tag{6.72}$$

　　将式 (6.72) 与式 (6.69) 相比,除了 $\hbar$ 不出现在式 (6.72) 中外,两个式子在形式上并无差异. 除了自变量和因变量以外,式 (6.69) 中包含有 4 个参数,考虑到有 3 个基本量纲,根据 π 定理,方程应该可以减少 3 个参数,而式 (6.72) 只减少了 1 个参数. 经过分析可以发现,在我们选用的三个参考量中只有 $\hbar$ 确实地出现在原方程中,也因此才使无量纲化方程减少了一个参数,这说明只有选择问题中出现的参数来构造参考量 (称为内禀参考量),方程的参数才有可能减少.

　　我们还可以注意到,与式 (6.69) 相比,式 (6.72) 只是相当于把 $\hbar$ 取为 1. 因此,根据这个特点,我们可以先选出与问题所涉及的基本量纲数目相同的不相关参数,然后只需要对变量和其他未选作参考量的参数分别构造对应的内禀参考量,接着无量纲量的符号可以直接代替原方程中对应的有量纲量的符号,而所有的内禀参考量直接取为 1 即可,进而得到无量纲化方程. 这个无量纲化的技巧实际上就是6.1.1节中所展示的无量纲化方法.

　　基于上述分析,我们重新选择参考量. 如选择控制方程中所包含的 $\hbar$、m 和 a 作为参考量,此时所需构筑的参考量只有时间 $\hbar^{-1}m^{-1}a^{-2}$ 和能量 $\hbar^2 m^{-1}a^{-2}$. 引入无量纲量:

$$\bar{\Psi} = \frac{\Psi}{1}, \quad \bar{t} = \frac{t}{\hbar^{-1}m^{-1}a^{-2}}, \quad \bar{x} = \frac{x}{a}, \quad \bar{V}(\bar{x}) = \frac{V(x)}{\hbar^2 m^{-1}a^{-2}}, \quad \bar{V}_0 = \frac{V_0}{\hbar^2 m^{-1}a^{-2}} \tag{6.73}$$

在方程 (6.69) 中,直接将 $\hbar$、m 和 a 替换为 1,而将 Ψ、t、x、V 和 V_0 的符号替换为其无量纲后的符号 (这里是在符号的上方加一横线),即可将原方程转化为无量纲形式:

$$\mathrm{i}\frac{\partial \bar{\Psi}}{\partial \bar{t}} = -\frac{1}{2}\frac{\partial^2 \bar{\Psi}}{\partial \bar{x}^2} + \bar{V}(\bar{x})\bar{\Psi}, \quad \bar{V}(\bar{x}) = \begin{cases} \bar{V}_0, & 0 \leqslant \bar{x} \leqslant 1 \\ 0, & \bar{x} < 0,\ \bar{x} > 1 \end{cases} \tag{6.74}$$

此时,无量纲化方程的参数只有一个,方程的解将可以表示为 $\bar{\Psi}(\bar{t},\bar{x};\bar{V}_0)$.

例 6.16　自然单位制和几何化单位制

1874 年,史东纳 (George Johnstone Stoney) 提出了自然单位制 (natural units),它是以基础物理常量为计量单位的约定. 该单位制也称史东纳单位制 (Stoney units),上述普朗克单位制就是其中一种自然单位制. 在普朗克单位制下,物理关系式中可以直接取,即

$$c = G = \hbar = k_{\mathrm{B}} = k_e = 1 \tag{6.75}$$

关系式中的其他物理量自动地成为无量纲量. 采取自然单位制的主要目的是希望所要表达的物理定律更为简化和优雅. 因此,可以根据研究的不同问题涉及的基础物理常量作为计

量单位,这就衍生出许多不同形式的自然单位制. 这里我们介绍一种称为几何化单位制,它只规定了真空中的光速 c 和万有引力常量 G 作为计量单位,不是完全定义的单位制.

在几何化单位制下,约定

$$c = G = 1 \tag{6.76}$$

那么爱因斯坦质能关系写为

$$E_0 = m \tag{6.77}$$

相应地,能量与动量的关系式写为

$$E^2 = p^2 + m^2 \tag{6.78}$$

爱因斯坦引力场方程写为

$$G_{\mu\nu} = 8\pi T_{\mu\nu} \tag{6.79}$$

6.2.2　方程无量纲化的基本步骤

从例6.14可以获得一个技巧,即一旦选定与基本单位个数相同的内禀参考量后,只需对余下的参数和变量构造对应的内禀参考量即可,此时可以容易地获得无量纲化方程. 而实际操作中,有时候我们并不局限于用某几个参数来构造所有物理量的内禀参考量,因此这一节中我们讨论更具一般性的方法.

对于已知形式的方程,无论是代数方程、微分方程还是差分方程,将其无量纲化的基础都是物理量的无量纲化. 因此,方程无量纲化的基本步骤为：列出所有变量和参数的量纲；用参数构造与变量具有相同量纲的物理量,这样的物理量称为内禀参考量；引进无量纲形式的变量,对方程进行改写,此时方程中可能包含一些由参数组合而成的无量纲参数. 由于内禀参考量的形式往往不唯一,所以我们可能得到许多形式上有所区别的无量纲方程,但它们本质上是一致的.

尽管同一问题不同形式的无量纲方程具有相关的本质,但在进一步的近似求解中可能会有不同的效果. 因此,如何选择相对合理的内禀参考量是一个值得思考的问题,这往往需要有习得的经验或物理的洞察力作为基础,我们将在下一章中详细讨论.

例 6.17　*小球沉降运动*

小球在流体中下落的速度 v 与时间 t 的关系已在式 (4.177) 给出,即

$$\begin{cases} m\dfrac{\mathrm{d}v}{\mathrm{d}t} = -\eta v + mg - \rho V g \\ v(0) = 0 \end{cases}$$

式中,g 为重力加速度,m 为小球的质量,V 为小球的体积,ρ 为流体的密度,η 为黏性摩擦系数.

以长度L、质量M 和时间T 作为基本量纲,自变量和因变量的量纲分别为

$$[t] = \mathrm{T}, \quad [v] = \mathrm{L}\mathrm{T}^{-1} \tag{6.80}$$

而所有参数的量纲分别为

$$[g] = \mathrm{LT}^{-2}, \quad [m] = \mathrm{M}, \quad [V] = \mathrm{L}^3, \quad [\rho] = \mathrm{ML}^{-3}, \quad [\eta] = \mathrm{MT}^{-1} \tag{6.81}$$

如果选择 g, m 和 V 作为参考量，则可以构筑所需的参考量：速度 $V^{1/6}g^{1/2}$、时间 $V^{1/6}g^{-1/2}$、密度 mV^{-1} 和黏性摩擦系数 $mV^{-1/6}g^{1/2}$. 引入无量纲量，即

$$\bar{v}_1 = \frac{v}{V^{1/6}g^{1/2}}, \quad \bar{t}_1 = \frac{t}{V^{1/6}g^{-1/2}}, \quad \alpha = \frac{\rho}{mV^{-1}}, \quad \beta = \frac{\eta}{mV^{-1/6}g^{1/2}} \tag{6.82}$$

按照前述方法，可以快速地将方程无量纲化，得到

$$\begin{cases} \dfrac{\mathrm{d}\bar{v}_1}{\mathrm{d}\bar{t}_1} = -\beta\bar{v}_1 + 1 - \alpha \\ \bar{v}_1(0) = 0 \end{cases} \tag{6.83}$$

该式表明无量纲速度是无量纲时间及两个无量纲参数的函数.

实际上，使用参数可以构造出无数个与自变量和因变量分别具有相同量纲的参考量，例如，如下方括号中的参考量都具有时间量纲：

$$[\rho V\eta^{-1}] = [m\eta^{-1}] = [V^{1/6}g^{-1/2}] = \cdots = \mathrm{T} \tag{6.84}$$

如下方括号中的参考量都具有速度量纲：

$$[\rho Vg\eta^{-1}] = [mg\eta^{-1}] = [V^{1/6}g^{1/2}] = \cdots = \mathrm{LT}^{-1} \tag{6.85}$$

原则上，我们可以选取任一种组合参考量来对控制方程进行无量纲化.

如果定义无量纲速度和无量纲时间分别为

$$\bar{v}_2 = \frac{v}{\rho Vg\eta^{-1}}, \quad \bar{t}_2 = \frac{t}{\rho V\eta^{-1}} \tag{6.86}$$

原方程可以改写为无量纲形式：

$$\begin{cases} \dfrac{\mathrm{d}\bar{v}_2}{\mathrm{d}\bar{t}_2} = -\alpha\bar{v}_2 + 1 - \alpha \\ \bar{v}_2(0) = 0 \end{cases} \tag{6.87}$$

式中，参数 α 定义为

$$\alpha = \frac{\rho Vg}{mg} = \frac{\rho V}{m} \tag{6.88}$$

可以检验参数 α 为无量纲量，它与式 (6.82) 中的定义是一样的. 有趣的是，式 (6.87) 比式 (6.83) 少了一个无量纲参数.

如果定义无量纲速度和无量纲时间分别为

$$\bar{v}_3 = \frac{v}{mg\eta^{-1}}, \quad \bar{t}_3 = \frac{t}{m\eta^{-1}} \tag{6.89}$$

原方程可以改写为无量纲形式

$$\begin{cases} \dfrac{\mathrm{d}\bar{v}_3}{\mathrm{d}\bar{t}_3} = -\bar{v}_3 + 1 - \alpha \\ \bar{v}_3(0) = 0 \end{cases} \tag{6.90}$$

式中,参数 α 定义与式 (6.88) 相同. 无量纲方程 (6.90) 也只包含一个无量纲参数.

根据 π 定理,该问题中除了无量纲自变量和因变量外,将包含 2 个无量纲参数. 而选择合适的内禀参考量,有可能使无量纲方程包含更少的无量纲数. 事实上,我们注意到原方程中,流体的密度 ρ 和小球的体积 V 是以组合参数 ρV 的形式出现在一项中,而其他位置不再出现 ρ 和 V,因此 ρV 应该直接看作一个参数,在构造内禀参考量时不要把 ρV 拆开. 在式 (6.82) 中,V 没有与 ρ 搭配成 ρV 的形式来作为参考量,而式 (6.86) 中,ρV 以这样的组合形式再与其他参数一起作为参考量.

6.2.3 关于内禀参考量不足的讨论

对于某些问题,除了自变量和因变量以外,参数的个数可能少于基本量纲的数目,此时我们可能无法使用参数构造出自变量和因变量所需的内禀参考量,这并不意味着方程不能进行无量纲化处理,而是出现了一个非常有趣的问题. 为了把方程无量纲化,我们不再局限于选择参数作为基本量,可以把某些自变量也作为基本量,此时我们就可以构造出所需的内禀参考量. 而经过这样处理,我们将注意到方程的自变量减少了,所得到的无量纲方程与原来的方程在形式上有着明显的差异,如例6.18将一个偏微分方程变成了一个常微分方程. 无量纲方程的自变量是由原方程自变量组合而成的,说明原方程的自变量并不是独立变化的,它们之间可能有某种形式的依赖关系, 即原方程可变的自由度没有看上去的那么多. 这种内在的约束关系,直接导致问题可变自由度的减少,反映问题的解或者系统的响应在不同尺度上具有某种相似的特征. 由于自变量缺少内禀参考量,这类问题表现出了自相似性,我们称问题的解为自相似解,而这里将介绍的解决这类问题的方法称为自相似方法,也称自模拟方法.

在问题的控制方程(包括定解条件)中,不存在自变量的内禀参考量,此时我们利用部分自变量与参数一起作为基本量,进而构造因变量以及余下自变量和参数的内禀参考量,我们将可以得到自变量数目减少了的无量纲方程. 这就是自相似方法处理问题的基本过程.

例 6.18 *扩散方程的自相似解*

考虑如下方程:

$$\begin{cases} \dfrac{\partial u}{\partial t} = D\dfrac{\partial^2 u}{\partial x^2} \\ \lim_{t \to 0^+} u(x,t) = 0, \quad x \neq 0 \\ \displaystyle\int_{-\infty}^{\infty} u(x,t)\,\mathrm{d}x = 1 \end{cases} \tag{6.91}$$

式中,D 为扩散系数.

在本例的控制方程中,包含一个因变量 u,两个自变量 x 和 t,以及一个参数 D. 如果采用时间 T 和长度 L 作为基本量纲,问题中物理量的量纲分别为

$$[u] = \mathrm{L}^{-1}, \quad [x] = \mathrm{L}, \quad [t] = \mathrm{T}, \quad [D] = \mathrm{L}^2\mathrm{T}^{-1} \tag{6.92}$$

此时,仅有一个参数 D,使用它并不足以构成与自变量和因变量具有相同量纲的参考量. 因此,该问题没有特征时间和特征长度.

前面我们已经讲过,引入外部参考量对方程的无量纲化并没有实际效果,如此看来我们似乎已无计可施. 实际上,如果不刻意地区分自变量和参数,那么我们总可以组合出所需的内禀参考量. 这一尝试是有益的.

我们考虑利用参数和部分自变量来构造内禀参考量,如使用 D 和 t 可以得到 Dt 的量纲为 $[Dt] = \mathrm{L}^2$. 利用参考量 Dt 可以定义无量纲自变量和因变量,即

$$s = \frac{x^2}{Dt}, \quad f(s) = \frac{u(x,t)}{(Dt)^{-1/2}} \tag{6.93}$$

也可以采用其他形式的自变量,但所有形式的无量纲自变量都是相关的. 由此,原方程由两个自变量转化为一个自变量,也即可以将偏微分方程转化为常微分方程（过程留作练习,见习题 6.6.2.3）. 所得的常微分方程为

$$2s\left(4f''(s) + f'(s)\right) + 4f'(s) + f(s) = 0 \tag{6.94}$$

该方程的解（习题 2.2.5.4）为

$$f(s) = \mathrm{e}^{-s/4}\left(c_1 + c_2 \int_0^{\sqrt{s}} \mathrm{e}^{\sigma^2/4}\,\mathrm{d}\sigma\right) \tag{6.95}$$

即

$$u(x,t) = \frac{f(x^2/(Dt))}{\sqrt{Dt}} = \frac{\mathrm{e}^{-x^2/(Dt)}}{\sqrt{Dt}}\left(c_1 + c_2 \int_0^{\sqrt{x^2/(Dt)}} \mathrm{e}^{\sigma^2/4}\,\mathrm{d}\sigma\right) \tag{6.96}$$

利用定解条件,有 $c_1 = 1/\sqrt{4\pi}$ 和 $c_2 = 0$. 因此

$$u(x,t) = \frac{\mathrm{e}^{-x^2/(Dt)}}{\sqrt{4\pi Dt}} \tag{6.97}$$

这就是该问题的自相似解. 自变量 x 和 t 以组合成无量纲量 $x^2/(Dt)$ 的形式出现在解中,无论自变量 x 和 t 如何变化,只要它们的组合无量纲量 $x^2/(Dt)$ 不变,解就具有相似性.

附录　白金汉 π 定理的证明

(1) 将一组测量量 $\{p_1, p_2, \cdots, p_m\}$ 的函数关系记为

$$f(p_1, p_2, \cdots, p_m) = 0 \tag{6.98}$$

假定系统的 n 个基本量的量纲记为 $\{[B_1], [B_2], \cdots, [B_n]\}$,那么测量量 p_i 的量纲可以用基本量纲表示为

$$[p_i] = \prod_{j=1}^{n} [B_j]^{\alpha_{ij}} \tag{6.99}$$

式中,α_{ij} 表示第 i 个测量量对第 j 个基本量纲的因次关系.

在一组基本单位 $\{[B_1], [B_2], \cdots, [B_n]\}$ 下,测量量 p_i 的数值为 v_i,可以表示为

$$p_i = v_i[p_i] = v_i \prod_{j=1}^{n} [B_j]^{\alpha_{ij}} \tag{6.100}$$

在另一组基本单位 $\{[\tilde{B}_1], [\tilde{B}_2], \cdots, [\tilde{B}_n]\}$ 下,测量量 p_i 的数值为 $\tilde{v}_i$,可以表示为

$$p_i = \tilde{v}_i[\tilde{p}_i] = \tilde{v}_i \prod_{j=1}^{n} [\tilde{B}_j]^{\alpha_{ij}} \tag{6.101}$$

考虑从旧单位制到新单位制下每个单位分别缩小 x_i 倍,即 $[\tilde{B}_i] = x_i^{-1}[B_i]$,则

$$p_i = \tilde{v}_i \prod_{j=1}^{n} [\tilde{B}_j]^{\alpha_{ij}} = \tilde{v}_i \prod_{j=1}^{n} x_j^{-\alpha_{ij}} [B_j]^{\alpha_{ij}} = \left(\tilde{v}_i \prod_{j=1}^{n} x_j^{-\alpha_{ij}} \right) \prod_{j=1}^{n} [B_j]^{\alpha_{ij}} \tag{6.102}$$

由式 (6.100) 和式 (6.102),有

$$v_i = \tilde{v}_i \prod_{j=1}^{n} x_j^{-\alpha_{ij}} \tag{6.103}$$

或者

$$\tilde{v}_i = v_i \prod_{j=1}^{n} x_j^{\alpha_{ij}} \tag{6.104}$$

对于关系式 (6.98),在特定的单位制下,可以只将测量的数值代入即可. 因此,在上述两组基本单位下,可以分别有

$$f(v_1, v_2, \cdots, v_m) = 0 \tag{6.105}$$

和

$$f(\tilde{v}_1, \tilde{v}_2, \cdots, \tilde{v}_m) = 0 \tag{6.106}$$

将式 (6.104) 代入上式,得

$$f(x_1^{\alpha_{11}} x_2^{\alpha_{12}} \cdots x_n^{\alpha_{1n}} v_1, \cdots, x_1^{\alpha_{m1}} x_2^{\alpha_{m2}} \cdots x_n^{\alpha_{mn}} v_m) = 0 \tag{6.107}$$

该式表示更换基本单位制时,测量值必须根据因次关系进行缩放,才能满足关系式 (6.98).

(2) 原则上,新旧单位制可以连续地进行缩放. 因此,将式 (6.107) 对 x_1 求偏导数,可以得到

$$\sum_{k=1}^{m} \alpha_{k1} x_1^{\alpha_{k1}-1} v_k f_k(x_1^{\alpha_{11}} x_2^{\alpha_{12}} \cdots x_n^{\alpha_{1n}} v_1, \cdots, x_1^{\alpha_{m1}} x_2^{\alpha_{m2}} \cdots x_n^{\alpha_{mn}} v_m) = 0 \tag{6.108}$$

式中, f 的下标 k 表示对第 k 个宗量的偏导数. 取 $x_i = 1 (i = 1, \cdots, n)$, 我们有

$$\sum_{k=1}^{m} \alpha_{k1} v_k f_k(v_1, v_2, \cdots, v_m) = 0 \tag{6.109}$$

(3) 假设 $\alpha_{k1} \neq 0 (k = 1, \cdots, m)$, 引入一组新的自变量, 即

$$q_k = v_k^{1/\alpha_{k1}}, \quad k = 1, \cdots, m \tag{6.110}$$

该组自变量中每一个自变量对于第一个基本量都有量纲指数为 1, 因为在新的一组单位制中测量量可以表示为

$$\tilde{q}_k = (\tilde{v}_k)^{1/\alpha_{k1}} = (x_1^{\alpha_{k1}} x_2^{\alpha_{k2}} \cdots x_n^{\alpha_{kn}} v_k)^{1/\alpha_{k1}} = x_1 x_2^{\alpha_{k2}/\alpha_{k1}} \cdots x_n^{\alpha_{kn}/\alpha_{k1}} q_k \tag{6.111}$$

由式 (6.105) 和式 (6.110), 有

$$f(q_1^{\alpha_{11}}, q_2^{\alpha_{21}}, \cdots, q_m^{\alpha_{m1}}) = 0 \tag{6.112}$$

可以引入新的函数符号来表示以 $\{q_k\}$ 为自变量的函数关系, 如

$$g(q_1, q_2, \cdots, q_m) = 0 \tag{6.113}$$

则有

$$f_k(v_1, v_2, \cdots, v_m) = \sum_{j=1}^{m} \frac{\partial g}{\partial q_j} \frac{\partial q_j}{\partial v_k} = \frac{\partial g}{\partial q_k} \frac{v_k^{1/\alpha_{k1}-1}}{\alpha_{k1}} = \frac{\partial g}{\partial q_k} \frac{q_k}{\alpha_{k1} v_k} \tag{6.114}$$

将式 (6.114) 代入式 (6.109), 可以得到

$$\sum_{k=1}^{m} q_k \frac{\partial g}{\partial q_k} = 0 \tag{6.115}$$

(4) 引进另一组新的自变量, 即

$$r_k = \frac{q_k}{q_m}, \quad k = 1, \cdots, m-1, \quad r_m = q_m \tag{6.116}$$

这组自变量中, 对于第一个基本量来说, 所有的量 $r_k (k = 1, \cdots, m-1)$ 是无量纲的, 而 r_m 对于第一个基本量的量纲指数为 1. 因为在新的一组单位制中, 有

$$\tilde{r}_k = \frac{x_1 x_2^{\alpha_{k2}/\alpha_{k1}} \cdots x_n^{\alpha_{kn}/\alpha_{k1}} q_k}{x_1 x_2^{\alpha_{m2}/\alpha_{m1}} \cdots x_n^{\alpha_{mn}/\alpha_{k1}} q_m} = \prod_{j=2}^{n} x_j^{(\alpha_{kj} - \alpha_{mj})/\alpha_{k1}} r_k, \quad k = 1, \cdots, m-1 \tag{6.117}$$

用这组自变量表示上一组自变量, 有

$$q_k = r_m r_k, \quad k = 1, \cdots, m-1, \quad q_m = r_m \tag{6.118}$$

可以将式 (6.113) 写成

$$g(r_1 r_m, r_2 r_m, \cdots, r_{m-1} r_m, r_m) = 0 \tag{6.119}$$

可以引入新的函数符号来表示以 $\{r_k\}$ 为自变量的函数关系,如

$$h(r_1, r_2, \cdots, r_m) = 0 \tag{6.120}$$

此时,结合式 (6.115),有

$$\frac{\partial h}{\partial r_m} = \sum_{k=1}^{m} \frac{\partial g}{\partial q_k} \frac{\partial q_k}{\partial r_m} = \sum_{k=1}^{m-1} \frac{\partial g}{\partial q_k} r_k + \frac{\partial g}{\partial q_m} = \frac{1}{r_m} \sum_{k=1}^{m} q_k \frac{\partial g}{\partial q_k} = 0 \tag{6.121}$$

(5) 若某些或全部 α_{k1} 都为零. 不妨设第 J 个为零, 即 $\alpha_{J1} = 0$. 对于 (3), 我们取 $p_J = v_J$, 其他 p_k 不变, 那么有

$$v_J f_J = v_J \frac{\partial f(v_1, \cdots, v_m)}{\partial v_J} = q_J \frac{\partial g}{\partial q_J} \tag{6.122}$$

对于式 (6.109), 因为 $\alpha_{J1} = 0$, 所以第 J 项为零. 因此式 (6.115) 改写为

$$\sum_{\substack{k=1 \\ (k \neq J)}}^{m} p_k \frac{\partial g}{\partial q_k} = 0 \tag{6.123}$$

对于 (4), 我们取 $r_J = q_J = v_J$, 其他 r_k 不变, 则有

$$\frac{\partial h}{\partial r_m} = \sum_{j=1}^{m} \frac{\partial g}{\partial q_j} \frac{\partial q_j}{\partial r_m} = \sum_{\substack{j=1 \\ (j \neq J)}}^{m-1} q_j \frac{\partial g}{\partial q_j} + \frac{\partial g}{\partial q_m} = \frac{1}{q_m} \sum_{\substack{j=1 \\ (j \neq J)}}^{m} q_j \frac{\partial g}{\partial q_j} = 0 \tag{6.124}$$

对于有更多的 α_{k1} 为零, 只要做类似修改即可.

若 $\alpha_{m1} = 0$, 我们在 α_{k1} 中任意取一个不为零的来代替 (4) 中相应运算即可. 如果全部 α_{k1} 都为零, 那么意味着第 1 个基本量不在系统中出现, 亦即系统可以少一个基本量, 我们把这个基本量从系统中去掉, 回到 (1) 重新分析问题即可.

(6) 如上 $\partial h / \partial r_m = 0$, 亦即 h 与 r_m 无关, 那么 $h(r_1, r_2, \cdots, r_m)$ 的自变量 r_m 可以去掉, 我们改写成 $H(r_1, r_2, \cdots, r_{m-1})$, 即有 $H(r_1, r_2, \cdots, r_{m-1}) = 0$.

因为 $\{r_1, \cdots, r_{m-1}\}$ 对于第一个基本量的量纲指数为 0, 所以类似地重复上面的步骤直到第 n 次, 此时我们仍有 $m - n$ 个自变量 $\{\pi_1, \pi_2, \cdots, \pi_{m-n}\}$, 这些变量对于 n 个基本量的量纲指数均为 0, 亦即它们是由 $p_1, \cdots, p_m$ 的幂次组成的无量纲参数. 而和这 $m - n$ 个无量纲的自变量关联的方程为

$$F(\pi_1, \pi_2, \cdots, \pi_{m-n}) = 0 \tag{6.125}$$

习　　题

6.1 试证明:对于平面几何图形,若只存在一个独立的特征长度 l,如圆形的直径 (或半径)、正方形的边长 (或对角线长度)、等腰直角三角形的直角边长度 (或斜边长度)、正三角形的

边长, 则这样的平面几何图形的面积都可以表示为

$$A = \alpha l^2$$

式中, α 为与几何形状相关的常数.

6.2　若考虑单摆的周期 T 可能与单摆的长度 L、摆球的密度 ρ、摆球的半径 r、重力加速度 g 和最大的摆角 θ_m 有关, 试采用量纲分析讨论单摆的周期.

6.3　1945 年 7 月 16 日, 世界上第一颗原子弹在美国新墨西哥州的沙漠地区试爆成功. 爆炸 40s 后在现场附近观摩的研究人员感受到了呼啸而来的气浪, 气浪将费米手中的一小撮碎纸片带到了 2.5 m 外, 费米据此推测爆炸释放的能量相当于一万吨 TNT. 两年后, 美国政府公布了一组爆炸火球的照片, G.I. 泰勒 (Sir Geoffrey Ingram Taylor)[51] 通过这组照片, 采用量纲分析的方法对这次爆炸释放的能量进行了估计, 他推测爆炸释放的能量当量为 1.92 万吨, 这与后来公布的实验仪器测试数据 2.1 万吨非常接近. 假设爆炸形成球形冲击波, 不同时刻波阵面的半径可以表示为

$$R = f(t; \rho_0, E, \gamma)$$

式中, t 为时间, ρ_0 为空气初始密度, E 为爆炸能量, γ 为空气绝热系数 (polytropic index, 表征空气的可压缩性). 试证明冲击波波阵面的半径可以进一步表示为

$$R = t^{2/5}(E/\rho_0)^{1/5}F(\gamma)$$

6.4　试结合量纲分析和少量的实验测量, 获得一般三角形的面积公式.

6.5　试用量纲分析探讨多米诺骨牌 (dominoes) 倾倒运动传播速度与哪些因素有关 [52].

6.6　考虑质量块 M 以初速度 V_0 沿轴向撞击一均匀弹性杆的近端 $(X = 0)$, 杆的长度为 L, 面积为 A_0, 密度为 ρ, 弹性模量为 E. 若不考虑横向惯性作用, 杆内初始位于 X^* 处的质点在 t^* 时刻的位移 $u^*(X^*, t^*)$ 满足:

$$\begin{cases} \dfrac{\partial^2 u^*}{\partial t^{*2}} = c^2 \dfrac{\partial^2 u^*}{\partial X^{*2}}, \quad 0 < X^* < L,\ t^* > 0 \\[2mm] u^*(X^*, 0) = 0, \quad \dfrac{\partial u^*}{\partial t^*}(X^* \neq 0, 0) = 0, \quad \dfrac{\partial u^*}{\partial t^*}(0, 0) = V_0 \\[2mm] m\dfrac{\partial^2 u^*}{\partial t^{*2}}(0, t^*) = E\dfrac{\partial u^*}{\partial X^*}(0, t^*), \quad Au^*(L, t^*) + B\dfrac{\partial u^*}{\partial t}(L, t^*) = 0 \end{cases}$$

式中, $m = M/A_0$ 为单位面积质量, $c = \sqrt{E/\rho}$ 为杆中的弹性波速, A 和 B 为常数. 若 $A \neq 0$ 和 $B = 0$, 杆的远端 $(X = L)$ 为固定端; 若 $A = 0$ 和 $B \neq 0$, 杆的远端为自由端. 试将该方程无量纲化.

6.7　考虑杜芬方程 (Duffing equation):

$$m\frac{\mathrm{d}^2 u}{\mathrm{d} t^2} + k_0 u + k_1 u^3 = 0, \quad u(0) = 0, \quad \frac{\mathrm{d} u}{\mathrm{d} t}(0) = V_0$$

式中, u 为位移, t 为时间, m 为质量, V_0 为初速度, k_0 和 k_1 为常数. 试分析 k_0 和 k_1 的量纲, 并将该方程无量纲化.

6.8 考虑如下二阶非线性微分方程描述的初始值问题:

$$m\frac{\mathrm{d}^2u}{\mathrm{d}t^2} + \eta\frac{\mathrm{d}u}{\mathrm{d}t} + k_0u + k_1u^3 = 0, \quad u(0) = U_0, \quad \frac{\mathrm{d}u}{\mathrm{d}t}(0) = V_0$$

式中, u 为位移, t 为时间, m 为质量, η 为黏性系数, U_0 为初始位移, V_0 为初始速度, k_0 和 k_1 为常数. 试将该方程无量纲化.

6.9 利用如下关系:

$$s = \frac{x^2}{Dt}, \quad f(s) = \frac{u(x,t)}{(Dt)^{-1/2}}$$

将偏微分方程 (6.91) 转化为常微分方程式 (6.94).

6.10 1885 年, 布辛涅司克 (Joseph Valentin Boussinesq) 获得了梁的初等理论的精确解. 试求如下控制方程的精确解 $w(x,t)$.

$$\begin{cases} a^4\dfrac{\partial^4 w}{\partial x^4} + \dfrac{\partial^2 w}{\partial t^2} = 0 \\ w(x,0) = 0 \\ \dfrac{\partial w}{\partial t}(0,0) = V_0 \end{cases}$$

式中, w 为梁的挠度, x 为坐标, t 为时间, a 为常数, V_0 为初速度.

第 7 章　尺度分析

一个问题可能包含许多影响因素, 它们在不同尺度上可能有着不一样的作用机理, 各种竞争机制导致了绚烂多彩、缤纷繁杂的现象, 厘清现象背后的机理、掌握事物发展的规律对满足人类认知需求和促进生产发展具有重要的意义. 我们将肉眼可见的对象, 如人体、建筑、山峦, 称为宏观; 而小到一定程度时, 肉眼无法直接观察的对象, 如原子、分子、基本粒子, 称为微观. 这是过去我们对所认识的物质世界的两个层次的简单区分. 随着科学技术的发展, 各种高精度的仪器拓展了人类的视力极限, 人们已经不满足于这么简单的区分了. 例如, 利用天文望远镜可以观察星系结构, 其尺度达到十万光年, 天文学家戴文赛称这个层次的尺度为宇观. 此外, 在宇观之上和微观之下可能还存在更大和更小的物质结构层次, 钱学森分别将它们命名为胀观和渺观. 随着原子力显微镜、扫描电镜、X 射线衍射等技术的快速发展, 我们还可以将微观层次分成细观、纳观和物理微观等尺度, 在各种尺度上对材料性能进行表征. 过去科学家以为电子在原子核外的运动类似于行星的轨道运动, 但实际上电子没有确切的轨道, 物质在不同的空间尺度、不同的时间尺度上可能有着不一样的作用机理. 科学研究的终极目标是探索真理, 但科学研究的过程只是一个逼近真理的过程. 因此, 舍去一些次要的影响因素, 可以帮助我们更快速地获得对问题本质的认识. 然而, 近似简化的过程可能存在盲目性, 正确运用尺度分析可以有效地指导物理建模和简化分析的开展, 将问题中重要的和次要的影响因素依次用合适的数学关系表征出来. 这就是尺度分析的基本功能, 它的基础是不同的影响因素在同一尺度上有可比拟或不可比拟的响应.

本章先从较为盲目的近似出发, 探讨近似简化所得结果的有效性, 并总结出有效简化的一般性原理. 进一步指出为达到较为精准的近似简化所应掌握的技巧, 即对函数量级的把握, 从而提出函数的尺度化概念. 最后着重讨论方程的尺度化问题, 分别探讨基于方程解的尺度化方法和基于特征量的尺度化方法.

7.1　方程的近似简化

7.1.1　近似和自洽性检查

将数学问题进行简化有很多种方式, 如标准化 (normalization)、线性化 (linearization)、齐次化 (homogenization), 但对于不同问题往往需要实施不同的方法, 这里我们将探讨一种

近似简化 (approximation) 方法. 许多问题在求解其控制方程时, 可能遇到解析解不能显式表达或解的形式非常复杂的情况, 此时做适当的简化, 有可能避免复杂的求解工作, 得到形式较为简单的近似解. 尽管我们处在一个拥有高性能计算机的时代, 机器可以有效地帮助我们获得数值解, 但数值解常常只能针对具体的算例或者针对某些参数给出一些变化规律, 不利于我们快速、清晰地把握某些因素的影响规律. 事实上, 对于问题的控制方程, 并不是每一项都对结果起着主要的影响, 因此运用近似简化的技巧对于把握问题的主要影响因素和揭示其作用机理有着积极的意义.

然而, 在一开始实施近似简化时, 我们可能较为盲目, 不能很好地抓住问题的主导因素. 这就需要我们通过练习, 摸索和掌握一些有益的经验. 由于近似简化可能存在盲目性, 因此在获得近似解时, 我们需要回过头去检验所做的假设是否满足自洽性. 如果有条件获取更为准确的结果, 如实验数据或数值计算结果, 还应进一步将近似解与之进行比较.

因此, 实施近似简化的步骤大体上可以归纳为:

(1) 辨识出问题中可能的大项与小项.

(2) 将可能的小项略去并对近似方程进行求解.

(3) 进行自洽性检查. 如果按照预设的条件, 例如舍去可能的小项, 进行逻辑推演, 所得到的结果与我们预设的条件不发生矛盾, 我们称之为表观自洽. 如果上述的近似结果与真实的结果接近, 我们称之为真正自洽.

例 7.1 对下列方程进行近似求解并检查自洽性

$$x - 1 + \varepsilon \cos(x-1) = 0, \quad 0 < \varepsilon \ll 1 \tag{7.1}$$

该方程是一个超越方程, 无法给出显式的解析解. 考虑到方程中第三项的系数 ε 是小参数, 我们假设这一项是一个小项, 将其从方程中略去. 此时, 可以得到方程的近似解 $x \approx 1$. 以近似解去评估方程中各项的大小, 可以发现略去项的数量级是 $O(\varepsilon)$, 而其他两项都是 $O(1)$, 因此该近似解满足表观自洽性. 尽管该方程的解析解不能显式地给出, 不能直接判断上述近似是否满足真正自洽. 我们可以将方程改写成

$$\varepsilon = \frac{1-x}{\cos(x-1)} \tag{7.2}$$

当 $x \approx 1$ 时, 上式表明 $|\varepsilon| \ll 1$, 这与已知条件一致. 因此, 近似解 $x \approx 1$ 亦满足真正自洽.

例 7.2 对下列方程进行近似求解并检查自洽性

$$x - 1 + \varepsilon \ln(x-1) = 0, \quad 0 < \varepsilon \ll 1, \quad x > 1 \tag{7.3}$$

该方程也是一个超越方程, 同样无法给出显式的解析解. 如果我们也将方程中包含系数 ε 的项直接略去, 同样可以得到近似解 $x \approx 1$. 但是, 将近似解代入方程中评估各项大小时, 我们发现包含系数 ε 的项不能再被视为小项了, 因此该近似解不满足表观自洽性.

这个例子表明, 不能因为方程某一项包含一个小量系数就想当然地将其视为小项.

例 7.3　小球近地下落运动的一种无量纲化方程的近似求解

小球近地下落运动可以用式 (4.177) 描述, 选择一种无量纲形式的控制方程式 (6.87), 即

$$\begin{cases} \dfrac{\mathrm{d}\bar{v}_2}{\mathrm{d}\bar{t}_2} = -\alpha\bar{v}_2 + 1 - \alpha \\ \bar{v}_2(0) = 0 \end{cases}$$

式中, 无量纲参数 $\alpha = \rho V g/(mg)$ 表征了空气浮力与小球重力的比值, 即空气的密度与小球的密度之比. 考虑空气的密度比小球的密度小得多, 即无量纲参数 α 是一个小参数.

方程中包含 α 的项看上去很小, 如果我们将这些项略去, 可以得到

$$\begin{cases} \dfrac{\mathrm{d}\bar{v}_2}{\mathrm{d}\bar{t}_2} \approx 1 \\ \bar{v}_2(0) = 0 \end{cases} \tag{7.4}$$

该近似方程给出的解为

$$\bar{v}_2(\bar{t}_2) \approx \bar{t}_2 \tag{7.5}$$

此时, 方程的 $-\alpha\bar{v}_2$ 这一项随着无量纲时间的增加可能变得不可忽略. 因此, 该近似不是表观自洽的. 事实上, 方程 (6.87) 有精确解:

$$\bar{v}_2(\bar{t}_2) = \left(\alpha^{-1} - 1\right)\left(1 - \mathrm{e}^{-\alpha\bar{t}_2}\right) \tag{7.6}$$

可见, 上述近似解只在 $0 \leqslant \alpha\bar{t}_2 \ll 1$ 时是有效的, 当无量纲时间 $\bar{t}_2$ 足够大时, 近似解与精确解的差别很大, 因此该近似也不是真正自洽的.

例 7.4　小球近地下落运动的另一种无量纲化方程的近似求解

考虑另一种形式的无量纲控制方程式 (6.90), 即

$$\begin{cases} \dfrac{\mathrm{d}\bar{v}_3}{\mathrm{d}\bar{t}_3} = -\bar{v}_3 + 1 - \alpha \\ \bar{v}_3(0) = 0 \end{cases}$$

式中, α 是一个小参量. 若略去方程中的 α 项, 可以得到

$$\begin{cases} \dfrac{\mathrm{d}\bar{v}_3}{\mathrm{d}\bar{t}_3} \approx -\bar{v}_3 + 1 \\ \bar{v}_3(0) = 0 \end{cases} \tag{7.7}$$

该近似方程给出的解为

$$\bar{v}_3(\bar{t}_3) \approx 1 - \mathrm{e}^{-\bar{t}_3} \tag{7.8}$$

将近似解代入微分方程, 略去项的量级是 $O(\alpha)$, 而其他项都是 $O(1)$ 的, 因此该近似满足表观自洽性. 实际上, 方程式 (6.90) 有精确解:

$$\bar{v}_3(\bar{t}_3) = (1 - \alpha)\left(1 - \mathrm{e}^{-\bar{t}_3}\right) \tag{7.9}$$

可见,近似解很接近精确解,所以该近似也是真正自洽的.

从上述几个近似简化的例子,可以得到一些认识:

(1) 如果一个近似是表观不自洽的,那么该近似不可能是真正自洽的. 也就是说,如果我们可以断定某种近似方案是表观不自洽的,那么我们只能去寻找其他的近似方案.

(2) 如果一个近似是表观自洽的,此时并不意味着该近似是真正自洽的,但反之成立. 也就是说,如果一个近似是真正自洽的,则该近似也是表观自洽的. 但真解常常未知,所以这样的检查方式并无积极的指导意义.

(3) 方程可以采用各种各样的无量纲化方式,但通常我们不能很好地判断哪种形式对于做近似简化是有效的,似乎只有在获得近似后才能评估其形式用来做近似简化时是否有效.

由此,我们似乎只得到了一个有益的结论,即如果近似是表观不自洽的,那么只能寻找其他方式进行近似. 在分析中,常常将表观自洽直接描述为近似满足自洽性. 需要注意的是,这只用来说明当假设看起来合理时,在没有其他证据的情况下是可以接受的.

对于盲目的近似简化,我们不打算再举更多的例子. 实际上,有些例子可能会发现当用真解去评估略去项时,即使略去项是小项,也不能指望近似解有好的近似效果.

此外,关于大和小,往往取决于科学问题的背景,不能通过定义零点或改变单位来决定大小. 在数学上,我们如何选择物理量的单位与零点并不重要,但单位或零点的选择可能影响我们对物理量误差的正确评估. 在科学实验中,物理量的测量误差不可避免. 选择不同单位或零点时,可能使得误差的数值看上去很小,即使采用相对误差也不一定合理. 例如,对某一温度为 $1℃$ 的系统进行测量时,假设测量值存在 $0.1℃$ 的误差,其相对误差为 10%,这样的相对误差可能难以接受. 在"小聪明"的驱使下,可以发现在采用华氏温度时,相对误差仅为 0.5%,看上去测量精度"提高"了许多. 更有甚者,采用绝对温度时,相对误差只有 0.04%,似乎获得了"超高精度"的测量结果. 实际上,我们没有改变测量手段,所以这样评估误差是没有实际意义的. 合理评估误差需要根据问题的科学背景,通过判断问题的误差并不影响问题主导因素的作用才被认为是合理的.

7.1.2 主项平衡原理

从上面的分析可以注意到,不能因为方程中某项包含了一个小参数作为系数,就把这样的项想当然地舍去,这样做可能并不合适. 因此,我们需要思考合适的处理办法,一种可能的策略是通过比较方程中各项的大小,然后找出合适的近似方案. 如果方程中项数较多,这样的策略将显得较为笨拙.

通过比较方程中各项的大小,寻找可以作为主项的那些项,并求出近似解. 这样的方式往往是有效的,该方法的依据称为主项平衡原理.

例 7.5 求下列方程的近似解

$$\varepsilon x^3 + x^2 - 4\varepsilon x - 1 = 0, \quad 0 < \varepsilon \ll 1 \tag{7.10}$$

该方程是一个三次代数方程,原则上可以获得显式的解析解,但其形式非常复杂.

为获得近似解, 我们将方程中各项两两组合, 假设某两项是主项, 然后评估其他项是否可以略去. 方程有 4 项, 两两组合, 则有 6 种情况需要讨论, 其中由于 $x \approx 0$ 明显不是方程的解, 在如下讨论中将不再特别地加以分析.

6 种情况的分析如下:

(1) 若 $O(\varepsilon x^3) = O(x^2)$, 则 $x = O(\varepsilon^{-1})$. 此时, 其他两项均为 $O(1)$, 相对保留的这两项是小项, 这种近似是合适的. 此时, 方程有一近似解 $x \approx -\varepsilon^{-1}$.

(2) 若 $O(\varepsilon x^3) = O(4\varepsilon x)$, 则 $x = O(1)$. 该近似不能保证其他两项相对保留的两项是小项, 因此该近似是不合适的.

(3) 若 $O(\varepsilon x^3) = O(1)$, 则 $x = O(\varepsilon^{-1/3})$. 此时方程左侧第 2 项不能忽略, 因此该近似是不合适的.

(4) 若 $O(x^2) = O(4\varepsilon x)$, 则 $x = O(\varepsilon)$. 此时方程左侧第 4 项不能忽略, 因此该近似也是不合适的.

(5) 若 $O(x^2) = O(1)$, 则 $x = O(1)$. 其他两项均相对保留的这两项是小项, 该近似是合适的. 此时, 方程有一近似解 $x \approx \pm 1$.

(6) 若 $O(4x\varepsilon) = O(1)$, 则 $x = O(\varepsilon^{-1})$. 其他两项均相对保留的这两项均不是小项, 该近似是不合适的.

可见通过主项平衡的原理, 可以找到两种合适的方案, 即 (1) 和 (5), 并且找到了方程所有可能的近似解 $x \approx -\varepsilon^{-1}$ 或 $x \approx \pm 1$.

例 7.6　求方程 (7.10) 在 $x = 1$ 附近的更高阶近似解

考虑 $x \approx 1$, 式 (7.10) 的主导项为第 2 项和第 4 项, 我们接着讨论这个方程中次要项对提高结果精度的作用. 此时我们不能指望直接由略去的两项给出更高精度的近似. 为提高结果的精度, 需要根据已有的结果, 对方程进行改写, 然后再进一步讨论用来提高结果精度的主导因素.

令 $x = 1 + \delta$, 其中 $|\delta| \ll 1$, 即 δ 为修正项. 此时, 式 (7.10) 可以化为

$$-3\varepsilon + 2\delta - \varepsilon\delta + \delta^2 + 3\varepsilon\delta^2 + \varepsilon\delta^3 = 0 \tag{7.11}$$

此时, 方程是一个关于 δ 的三次代数方程, 并且包含的项数比原方程的项数更加多. 如果仍继续实行两两组合比较的方式, 那将会非常繁琐. 事实上, 注意到 $|\varepsilon| \ll 1$ 和 $|\delta| \ll 1$, 我们已经可以很好地把握式中各项的量阶. 显然, 方程左侧的后四项相对第 2 项都是小量. 此时为了与第 1 项平衡, 前两项成为了式 (7.11) 的主导项, 由此可以得到 $\delta \approx 3\varepsilon/2$. 这里, 我们已经示明如何施行主项平衡原理, 为求更高阶近似, 可以换成级数法, 更多的细节讨论可以参照第 8 章.

7.2 函数的尺度化

7.2.1 尺度化的定义

从例7.3和例7.4可见,尽管不同形式的无量纲方程是等价的,但是不是所有形式的无量纲方程都能快速地进行简化近似求解. 选择合适形式的无量纲化方程对于快速把握那些可被略去的项,进而施行近似求解将可能得到满足自洽性的结果. 因此,构造某种合适的无量纲化方程是非常重要的.

从例7.5,我们认识到,如果我们不草率地决定什么样的项是小项或大项,而是小心翼翼地分析方程中的每一项,通过主项平衡原理总可以找出所有可能的、有效的近似解. 但这个过程太过于繁琐,我们还是希望能够快速地对方程的主项做出判断,哪怕排除掉几个可能的小项. 从例7.6,我们瞥见了可能有效的思路,如果我们预先对某个项了解它的可能大小,那么当它出现在方程中,我们可以通过简单的比较,分析出有些项相对另一些项是明显的小量,此时就可以堂而皇之地略去相对小得多的项,做出初级的近似.

基于上述想法,为了能够快速地判断方程中每一项的可能量级,我们需要对方程中每一项进行改写,使得可以通过该项所包含的一个常量因子(由内禀参考量组成)判断该项的量级,而与该因子相乘的部分(可能是变化的函数)的量级可以视为 $O(1)$. 这样的处理过程被称为尺度化,而所选择的内禀参考量称为尺度.

将方程中某一项 Q 分解成如下形式:

$$Q = S \times \bar{Q} \tag{7.12}$$

如果 $\bar{Q} = O(1)$,则称 S 为 Q 的尺度,而被尺度化的 Q 就是 $\bar{Q}$. 一种可能的尺度定义为

$$S = \max(|Q|) \tag{7.13}$$

它表示 $|Q|$ 在定义域上取最大值. 可见,对于问题中参数或自变量发生变化时,尺度将可能发生变化. 不同的参数或自变量范围,可能需要定义不同的尺度. 需要说明的是,如果将尺度乘上一个 $O(1)$ 的数,是不会改变实质的.

因此,通过选择合适的内禀参考量(尺度)可以使无量纲化方程中的项变得容易估计大小. 需要注意的是,不正确的尺度化选择,方程未必不能解,而正确的尺度化选择,可以更好地帮助数学求解和物理解释.

例 7.7 将如下函数尺度化:

$$y^*(x) = \frac{\mathrm{e}^{1-x} - \mathrm{e}^{1-x/\varepsilon}}{\varepsilon}, \quad 0 \leqslant x \leqslant 1, \, 0 < \varepsilon \ll 1 \tag{7.14}$$

在定义域 $[0,1]$ 上,随着 x 的增加,y^* 先增加后减少,存在一个最大值. 由 $y^{*\prime}(x_0) = 0$,有

$$x_0 = \frac{\varepsilon \ln \varepsilon^{-1}}{1-\varepsilon} \sim \varepsilon \ln \varepsilon^{-1} \tag{7.15}$$

那么 $|y^*|$ 的最大值为

$$|y^*|_{\max} = |y^*(x_0)| \approx \frac{e}{\varepsilon}\,(\varepsilon^\varepsilon - \varepsilon) \approx \frac{e}{\varepsilon} \tag{7.16}$$

其中考虑了 $0 < \varepsilon \ll 1$. 因此, 取 y^* 的内禀参考量为 e/ε, 将原函数做尺度化得

$$y(x) = \frac{y^*(x)}{e/\varepsilon} = e^{-x} - e^{-x/\varepsilon} \tag{7.17}$$

也可以取 y^* 的内禀参考量为 $1/\varepsilon$, 因为 $e = O(1)$, 它对函数的尺度化没有实质上的影响.

7.2.2　分区尺度化

对于已知函数进行尺度化是容易的, 然而函数在不同的区间上作用因素可能不同, 这就要求我们在不同区间采用不用的方式对函数进行尺度化.

例 7.8　对于如下函数, 讨论自变量的选择对首阶近似的影响, 并讨论分区尺度化

$$y(x;\varepsilon) = e^{-x} - e^{-x/\varepsilon}, \quad 0 < x \leqslant 1, \quad 0 < \varepsilon \ll 1 \tag{7.18}$$

对于固定的自变量 x, 当小参数 ε 趋于零时, 可以得到

$$\lim_{\varepsilon \to 0^+} y(x;\varepsilon) = \lim_{\varepsilon \to 0^+} \left(e^{-x} - e^{-x/\varepsilon}\right) = e^{-x} \tag{7.19}$$

然而, 如果引入一个新的自变量 $\xi = x/\varepsilon$, 此时对于固定的自变量 ξ, 可得

$$\lim_{\varepsilon \to 0^+} y(\xi\varepsilon;\varepsilon) = \lim_{\varepsilon \to 0^+} \left(e^{-\xi\varepsilon} - e^{-\xi}\right) = 1 - e^{-\xi} \tag{7.20}$$

又或者引入自变量 $\eta = x/\varepsilon^2$, 此时对于固定的自变量 η, 可得

$$\lim_{\varepsilon \to 0^+} y(\eta\varepsilon^2;\varepsilon) = \lim_{\varepsilon \to 0^+} \left(e^{-\eta\varepsilon^2} - e^{-\eta\varepsilon}\right) = 0 \tag{7.21}$$

由此可见, 采用不同形式的自变量, 在小参数 $\varepsilon \to 0^+$ 时, 函数给出了不同的极限值. 它们都是合理的吗? 或者说, 哪种选择给出了 y 的正确的首阶近似?

从图7.1可见, 式 (7.19) 在区间 $\varepsilon \ll x \leqslant 1$ 上都有较好的近似效果, 而式 (7.20) 在区间 $0 \leqslant x \ll \varepsilon$ 上有较好的近似, 但式 (7.21) 只在 $x = 0$ 时是合适的.

因此, 在区间 $\varepsilon \ll x \leqslant 1$ 上, $y(x;\varepsilon)$ 本身已经作了合适的尺度化; 而在区间 $0 \leqslant x \ll \varepsilon$ 上, 我们引入 $\xi = x/\varepsilon$, 并定义:

$$Y(\xi;\varepsilon) = y(\xi\varepsilon;\varepsilon) = e^{-\xi\varepsilon} - e^{-\xi} \tag{7.22}$$

这才是该区间上合适的尺度化形式.

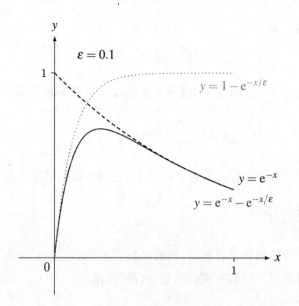

图 7.1   函数 y 及其近似

7.3   方程的尺度化

7.3.1   基于方程解的尺度化

如果方程解已知,对方程进行尺度化是容易的,但我们遇到的往往是解未知的情况,因为我们的目标就是确定出方程的解. 然而,如果我们对方程解一无所知,将很难对方程进行有效的尺度化. 为了更好地理解方程的尺度化,我们先以方程的解(精确解或者近似解)已知的情形为例,探讨方程的尺度化方法.

例 7.9   讨论代数方程 (7.10) 的尺度化

由例7.5,可知 x 的可能量级为 $O(\varepsilon^{-1})$ 和 $O(1)$.

对于 $x = O(1)$,显然原方程已经尺度化,此时容易判断方程中各项的量级大小,即将以小参数为系数的项都可视为小项,我们把量级相对小的项放到方程等号的右边,方程可以改写为

$$x^2 - 1 = 4\varepsilon x - \varepsilon x^3 \tag{7.23}$$

此时,略去方程等号右边的项,可以立即得到方程的首阶近似 $x \approx \pm 1$.

对于 $x = O(\varepsilon^{-1})$,原方程并未尺度化. 我们将 x 写成如下形式:

$$x = \varepsilon^{-1}\bar{x} \tag{7.24}$$

或者说,我们以 ε^{-1} 作为 x 的尺度,引入尺度化的量:

$$\bar{x} = \frac{x}{\varepsilon^{-1}} = \varepsilon x \tag{7.25}$$

此时, $\bar{x} = O(1)$. 将式 (7.24) 代入式 (7.10), 整理得

$$\bar{x}^3 + \bar{x}^2 - 4\varepsilon^2\bar{x} - \varepsilon^2 = 0 \tag{7.26}$$

此时, 方程等号右边第 1 项和第 2 项均为 $O(1)$, 而第 3 项和第 4 项均为 $O(\varepsilon^2)$. 因此, 我们可以将式 (7.26) 写成

$$\bar{x} + 1 = \varepsilon^2 \frac{4\bar{x} + 1}{\bar{x}^2} \tag{7.27}$$

此时, 略去方程等号的右边, 可以立即得到方程的首阶近似 $\bar{x} \approx -1$, 即 $x \approx -\varepsilon^{-1}$.

可见, 经过尺度化后, 可以快速把握方程中各项的相对大小, 对方程进行快速的估计. 然而, 上面的论述实际上存在着循环论证的逻辑怪圈. 如果我们事先不清楚函数的量级, 我们也就无法对方程中的每一项进行尺度化了. 不过, 上述的讨论至少表明, 如果我们对结果有一定的了解和把握, 能够做出一定的估计, 就能够通过尺度化, 快速地把握方程中哪些项是主导项、哪些项是次要项, 这对于提高近似解的精度是很有帮助的.

例 7.10　小球近地下落运动问题的尺度化

小球近地下落运动的控制方程为

$$\begin{cases} m\dfrac{\mathrm{d}v}{\mathrm{d}t} = -\eta v + mg - \rho V g \\ v(0) = 0 \end{cases} \tag{7.28}$$

式中, g 为重力加速度, m 为小球的质量, V 为小球的体积, ρ 为空气的密度, η 为黏性摩擦系数. 该控制方程的精确解为

$$v(t) = \frac{mg}{\eta} \left(1 - \frac{\rho V}{m} \right) \left(1 - \mathrm{e}^{-\eta t/m} \right) \tag{7.29}$$

记内禀参考时间为 T 和内禀参考速度为 U, 其形式待定, 然后引入无量纲自变量和因变量:

$$\bar{t} = \frac{t}{T}, \quad \bar{v} = \frac{v}{U} \tag{7.30}$$

控制方程包含有 v 和 $\mathrm{d}v/\mathrm{d}t$ 有关的项. 由式 (7.30), 有

$$v = U\bar{v}, \quad \frac{\mathrm{d}v}{\mathrm{d}t} = \frac{U}{T}\frac{\mathrm{d}\bar{v}}{\mathrm{d}\bar{t}} \tag{7.31}$$

要对控制方程进行尺度化, 我们需要把握方程中 v 和 $\mathrm{d}v/\mathrm{d}t$ 的量级大小. 由精确解 (7.29), 容易得到

$$|v|_{\max} = \left[\frac{mg}{\eta} \left(1 - \frac{\rho V}{m} \right) \left(1 - \mathrm{e}^{-\eta t/m} \right) \right]_{t\to\infty} = \frac{mg}{\eta} \left(1 - \frac{\rho V}{m} \right) \approx \frac{mg}{\eta} \tag{7.32}$$

以及

$$\left| \frac{\mathrm{d}v}{\mathrm{d}t} \right|_{\max} = \left[\frac{mg}{\eta} \left(1 - \frac{\rho V}{m} \right) \frac{\eta}{m} \mathrm{e}^{-\eta t/m} \right]_{t=0} = g \left(1 - \frac{\rho V}{m} \right) \approx g \tag{7.33}$$

因此,我们取

$$U = \frac{mg}{\eta}, \quad \frac{U}{T} = g \tag{7.34}$$

即

$$U = \frac{mg}{\eta}, \quad T = \frac{U}{g} = \frac{m}{\eta} \tag{7.35}$$

如图7.2为尺度 U 和 T 的示意图,可见尺度 T 由函数最显著变化的区间来估计.

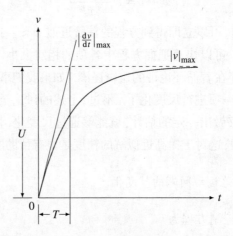

图 7.2　尺度示意图

控制方程 (7.28) 的无量纲尺度化形式为

$$\begin{cases} \dfrac{\mathrm{d}\bar{v}}{\mathrm{d}\bar{t}} = -\bar{v} + 1 - \alpha \\ \bar{v}(0) = 0 \end{cases} \tag{7.36}$$

式中,$\alpha = \rho V/m$,它可以表示为空气密度与小球密度的比值. 该式与例7.4中的是一致的,即例7.4采用的无量纲方程是尺度化的,这就说明了例7.4中的近似是自洽的. 而例7.3中的不是尺度化的方程,所以想当然的近似不一定是自洽的.

例 7.11　刚性小球高空下落运动问题的尺度化

考虑不变形的小球从高空落下,由于空气浮力的影响较小,可以忽略空气密度变化造成的影响,但重力的变化不能忽略,因此小球下落的控制方程改写为

$$\begin{cases} -m\dfrac{\mathrm{d}^2 y}{\mathrm{d}t^2} = \eta\dfrac{\mathrm{d}y}{\mathrm{d}t} + \dfrac{mgR^2}{(R+y)^2} - \rho V g \\ y(0) = H, \quad \dfrac{\mathrm{d}y}{\mathrm{d}t}(0) = 0 \end{cases} \tag{7.37}$$

式中,y 为小球离地高度,H 为小球初始离地高度,R 为地球半径,其他物理量同上例.

记内禀参考时间为 T 和内禀参考长度 L,它们的具体形式待定. 引入无量纲自变量和因变量:

$$\bar{t} = \frac{t}{T}, \quad \bar{y} = \frac{y}{L} \tag{7.38}$$

控制方程包含有 y、$\mathrm{d}y/\mathrm{d}t$ 和 $\mathrm{d}^2y/\mathrm{d}t^2$ 有关的项. 由式 (7.38),有

$$y = L\bar{y}, \quad \frac{\mathrm{d}y}{\mathrm{d}t} = \frac{L}{T}\frac{\mathrm{d}\bar{y}}{\mathrm{d}\bar{t}}, \quad \frac{\mathrm{d}^2y}{\mathrm{d}t^2} = \frac{L}{T^2}\frac{\mathrm{d}^2\bar{y}}{\mathrm{d}\bar{t}^2} \tag{7.39}$$

要对控制方程进行尺度化,我们需要把握 y、$\mathrm{d}y/\mathrm{d}t$ 和 $\mathrm{d}^2y/\mathrm{d}t^2$ 的量级. 然而,式 (7.37) 包含一个非线性微分方程,不容易给出方程的精确解. 考虑小球初始离地高度 H 相对地球半径 R 小得多,我们可以用 R 近似方程中的 $R+y$,此时方程容易给出近似解:

$$y(t) = H - \int_0^t v(t)\,\mathrm{d}t \approx H - \frac{mg}{\eta}\left(1 - \frac{\rho V}{m}\right)\left(t + \frac{m}{\eta}\mathrm{e}^{-\eta t/m} - \frac{m}{\eta}\right) \tag{7.40}$$

式中,小球下落速度 $v(t)$ 由式 (7.29) 近似给出. 因此,可以得到

$$|y|_{\max} = y(0) = H, \quad \left|\frac{\mathrm{d}y}{\mathrm{d}t}\right|_{\max} = |-v|_{\max} \approx \frac{mg}{\eta}, \quad \left|\frac{\mathrm{d}^2y}{\mathrm{d}t^2}\right|_{\max} = \left|-\frac{\mathrm{d}v}{\mathrm{d}t}\right|_{\max} \approx g \tag{7.41}$$

若取

$$L = H, \quad \frac{L}{T} = \frac{mg}{\eta}, \quad \frac{L}{T^2} = g \tag{7.42}$$

这将导致矛盾,因为上式有三个方程,却只有两个待定的内禀参考量,即 L 和 T 没有合适的取值可以同时满足上式的三个方程. 若取 $L = H$,式 (7.42) 的第二式将给出

$$T = \frac{H\eta}{mg} \tag{7.43}$$

而式 (7.42) 的第三式将给出

$$T = \sqrt{\frac{H}{g}} \tag{7.44}$$

这使得 T 的选择变得无所适从. 那么到底该如何选取内禀参考时间呢?

我们的目标是对方程进行尺度化后能对每个量的量级进行把握,因此我们可以适当放宽条件. 根据 $\bar{y}$、$\mathrm{d}\bar{y}/\mathrm{d}\bar{t}$ 和 $\mathrm{d}^2\bar{y}/\mathrm{d}\bar{t}^2$ 均为 $O(1)$ 的尺度化要求,我们可以选择 L 和 T 满足如下条件:

$$L = |y|_{\max}, \quad \frac{L}{T} \geqslant \left|\frac{\mathrm{d}y}{\mathrm{d}t}\right|_{\max}, \quad \frac{L}{T^2} \geqslant \left|\frac{\mathrm{d}^2y}{\mathrm{d}t^2}\right|_{\max} \tag{7.45}$$

即

$$L = H, \quad T \leqslant \frac{H\eta}{mg}, \quad T \leqslant \sqrt{\frac{H}{g}} \tag{7.46}$$

因此,可以取

$$L = H, \quad T = \min\left\{\frac{H\eta}{mg}, \sqrt{\frac{H}{g}}\right\} \tag{7.47}$$

如果上式大括号中的两个量相当,我们可以任意选择其中的一个作为时间尺度,进而对方程进行尺度化. 实际上,括号中的两项有着明确的物理意义,$H\eta/(mg)$ 表示以恒定速度

mg/η 落下 H 距离的时间,而 $\sqrt{H/g}$ 表示以恒定加速度 g 落下 H 距离的时间. 对于所讨论的问题,易见 $H\eta/(mg) \gg \sqrt{H/g}$,因此取 $T = \sqrt{H/g}$,则无量纲自变量和因变量为

$$\bar{t} = t\sqrt{\frac{g}{H}}, \quad \bar{y} = \frac{y}{H} \tag{7.48}$$

此时,尺度化方程为

$$\begin{cases} -\dfrac{\mathrm{d}^2\bar{y}}{\mathrm{d}\bar{t}^2} = \beta\dfrac{\mathrm{d}\bar{y}}{\mathrm{d}\bar{t}} + \dfrac{1}{(1+\gamma\bar{y})^2} - \alpha \\[2mm] \bar{y}(0) = 1, \quad \dfrac{\mathrm{d}\bar{y}}{\mathrm{d}\bar{t}}(0) = 0 \end{cases} \tag{7.49}$$

式中,$\alpha = \rho V/m, \beta = (\eta/m)\sqrt{H/g}$ 和 $\gamma = H/R$,其中 $\beta \gg 1$.

从这个例子可见,我们需要对方程中包含明显变化的项进行量级把握. 如果所需确定的内禀参考量较少时,我们需要对可能约束的条件进行放宽.

一般地,考虑如下不显含自变量 t 的高阶微分方程

$$F\left(y, \frac{\mathrm{d}y}{\mathrm{d}t}, \cdots, \frac{\mathrm{d}^n y}{\mathrm{d}t^n}\right) = 0, \quad a \leqslant t^* \leqslant b \tag{7.50}$$

假设函数 $y(t)$ 已知,取 $L = |y|_{\max}$ 作为 y 的参考尺度,而选择 t 的参考尺度为 T 时,需要考虑方程中包含的各阶导数:

$$\left|\frac{\mathrm{d}^k y}{\mathrm{d}t^k}\right|_{\max} = \left|\frac{L}{T^k}\frac{\mathrm{d}^k\bar{y}}{\mathrm{d}\bar{t}^k}\right|_{\max} \leqslant \frac{L}{T^k}, \quad k = 1, 2, \cdots, n \tag{7.51}$$

这要求所选择的尺度 T 满足

$$T \leqslant \left(\frac{L}{\left|\mathrm{d}^k y/\mathrm{d}t^k\right|_{\max}}\right)^{1/k}, \quad k = 1, 2, \cdots, n \tag{7.52}$$

即

$$T = \min_{k=1,2,\cdots,n}\left[\left(\frac{|y|_{\max}}{\left|\mathrm{d}^k y/\mathrm{d}t^k\right|_{\max}}\right)^{1/k}\right] \tag{7.53}$$

需要说明的是,如果方程中不显含某一阶导数,则可以不对其进行限制. 如果方程显含自变量,则需要根据具体问题进行具体分析.

7.3.2 基于特征量的尺度化

方程的解是我们要求的目标量,这意味着基于方程解的尺度化实际上是逻辑颠倒的. 但是,如果对方程解一无所知,将无从指导方程的尺度化. 因此,我们得设法了解方程的解,可以是近似解或者实验结果,抑或数值模拟结果,从中对某些重要物理量进行量级估计.

在上节中,我们已经讨论了基于精确解或近似解的方式对方程进行尺度化,其中基于近似解的方法实际上就是在对问题中各种因素有所了解时,忽略某些因素的影响,使得方程容

易获得首阶近似,进而对方程中关心的物理量进行量级估计. 当然,有时候这样的近似可能是盲目的,比如方程中存在较为复杂的非线性项,我们试着将其忽略,获得方程的首阶近似,然后我们再回过头来评估这样的近似是否合适.

经验表明,一个现象往往是由两种效应的平衡引起的,因此如果我们能够对引起相应效应的项进行权衡,通过平衡两种效应可能获得一种尺度化方式. 本节以一个富有启发性的例子 [41] 来了解这样的尺度化方法.

例 7.12　*热塑剪切问题的尺度化*

一维简单剪切的控制方程给出

$$\begin{cases} \rho\dfrac{\partial^2\gamma}{\partial t^2}=\dfrac{\partial^2\tau}{\partial y^2} \\ \beta\tau\dfrac{\partial\gamma}{\partial t}=\rho c_V\dfrac{\partial\theta}{\partial t}-\lambda\dfrac{\partial^2\theta}{\partial y^2} \end{cases} \tag{7.54}$$

以及本构关系

$$\mathrm{d}\tau=Q\,\mathrm{d}\gamma+R\,\mathrm{d}\dot\gamma-P\,\mathrm{d}\theta \tag{7.55}$$

相关的物理量及其量纲见表7.1. 该模型提供了基础工具来探讨绝热剪切带的演化. 当变形从均匀剪切向绝热剪切发展时,该问题的长度尺度和时间尺度都将发生巨大的变化. 只有在不同尺度上对所涉及的现象进行具体的研究,才能正确预测绝热剪切带的形成.

表 7.1　简单剪切问题的物理量及其量纲

参数	符号	量纲
剪应变	γ	1
剪应变率	$\dot\gamma$	T^{-1}
温度	θ	Θ
剪应力	τ	$\mathrm{ML}^{-1}\mathrm{T}^{-2}$
时间	t	T
位置坐标	y	L
密度	ρ	ML^{-3}
比热	c_V	$\mathrm{L}^2\mathrm{T}^{-2}\Theta^{-1}$
导热系数	λ	$\mathrm{MLT}^{-3}\Theta^{-1}$
热扩散系数	κ	$\mathrm{L}^2\mathrm{T}^{-1}$
应变强化	$Q=\partial\tau/\partial\gamma$	$\mathrm{ML}^{-1}\mathrm{T}^{-2}$
应变率强化	$R=\partial\tau/\partial\dot\gamma$	$\mathrm{ML}^{-1}\mathrm{T}^{-1}$
热软化	$P=-\partial\tau/\partial\theta$	$\mathrm{ML}^{-1}\mathrm{T}^{-2}\Theta^{-1}$

设存在特征量 $\tau_0,\gamma_0,\dot\gamma_0,\theta_0$,有尺度化的无量纲量:

$$\bar\tau=\frac{\tau}{\tau_0},\quad \bar\gamma=\frac{\gamma}{\gamma_0},\quad \bar{\dot\gamma}=\frac{\dot\gamma}{\dot\gamma_0},\quad \bar\theta=\frac{\theta}{\theta_0} \tag{7.56}$$

本构关系 (7.55) 可以改写成无量纲形式:

$$\mathrm{d}\bar{\tau} = n\,\mathrm{d}\bar{\gamma} + m\,\mathrm{d}\dot{\bar{\gamma}} - s\,\mathrm{d}\bar{\theta} \tag{7.57}$$

式中,无量纲参数 n、m 和 s 分别定义为

$$n = \frac{\gamma_0 Q}{\tau_0}, \quad m = \frac{\dot{\gamma}_0 R}{\tau_0}, \quad s = \frac{\theta_0 P}{\tau_0} \tag{7.58}$$

它们可分别称为应变强化指标、应变率强化指标和热软化指标.

该问题的控制方程不显含自变量 t 和 y,因此不需要对其进行尺度化. 在不同的自变量区间,方程可能需要进行不同形式的尺度化. 可能的长度尺度包括试件尺寸 ($\sim$ mm)、剪切带特征宽度 ($10 \sim 100\ \mu$m)、晶粒尺寸 ($1 \sim 10\ \mu$m);可能的时间尺度包括应变率的倒数 ($\sim$ ms)、波传播特征时间 ($\sim\ \mu$s)、热扩散到试件长度的特征时间 (~ 10 ms)、热在剪切带内扩散的特征时间 ($\sim 10^{-1}$ ms).

设自变量在第 k 阶段的内禀时间和内禀长度分别记为 t_k 和 y_k,其具体取值待确定,则无量纲自变量定义为

$$\bar{t} = \frac{t}{t_k}, \quad \bar{y} = \frac{y}{y_k} \tag{7.59}$$

于是,控制方程 (7.54) 的无量纲化形式可以写成

$$\begin{cases} a\dfrac{\partial \bar{\gamma}}{\partial \bar{t}} = \dfrac{\partial^2 \bar{\tau}}{\partial \bar{y}^2} \\[3mm] \bar{\tau}\dot{\bar{\gamma}} = b\dfrac{\partial \bar{\theta}}{\partial \bar{t}} - d\dfrac{\partial^2 \bar{\theta}}{\partial \bar{y}^2} \end{cases} \tag{7.60}$$

式中,无量纲参数 a, b 和 d 分别定义为

$$a = \frac{\rho \dot{\gamma}_0 y_k^2}{\tau_0 t_k}, \quad b = \frac{\rho c_V \theta_0}{\beta \tau_0 \dot{\gamma}_0 t_k}, \quad d = \frac{\lambda \theta_0}{\beta \tau_0 \dot{\gamma}_0 y_k^2} \tag{7.61}$$

运用量纲分析,将问题中诸多参数归缩到三个有意义的无量纲数,这使得所研究的问题大大简化. 这三个参数分别反映了惯性机制、热传导机制和热扩散机制,这三种机制在变形的不同阶段可能成为主导因素.

考虑到该问题存在两种耗散机制,即黏性扩散和热扩散,可以定义一个无量纲量来反映这两种耗散机制的相对重要性. 引入有效普朗特数 (Effective Prandtl number),即

$$Pr = \frac{\tau_0 c_V}{\dot{\gamma}_0 \lambda} = \frac{\tau_0}{\dot{\gamma}_0 \lambda / c_V} \tag{7.62}$$

该无量纲参数的物理含义是热扩散时间与率相关的黏性扩散时间之比,它反映了剪切局部化中应变率相关的黏性扩散与热扩散等两种耗散机制的相对重要性. 该参数往往很大,通常是 $10^4 \sim 10^6$,例如对于金属材料,$c_V \sim 0.5$ J/(g $\cdot$ K),$\tau_0 \sim 0.5$ GPa,$\lambda \sim 100$ W/(m $\cdot$ K),$\dot{\gamma} \sim 10^5$/s,所以 $Pr \sim 10^4 \gg 1$. 这意味着我们所研究的现象会同时存在两个差别非常大的、物理上不同的空间尺度.

只有两个待定参考量 t_k 和 y_k，即每个阶段可以通过合理选择参考量，使得方程在相应的阶段被尺度化. 可能的机制有三种，当两种机制起主导作用时，系统对应得处于一个阶段，通过两项平衡获得主导机制.

若取 $a=1$ 和 $d=1$，并记 $k=1$，则有

$$t_1 = \frac{\rho\lambda\theta_0}{\beta\tau_0^2}, \quad y_1 = \sqrt{\frac{\lambda\theta_0}{\beta\tau_0\dot\gamma_0}}, \quad b = \frac{c_V\tau_0}{\dot\gamma_0\lambda} = \mathrm{Pr} \tag{7.63}$$

尺度化的控制方程为

$$\frac{\partial\bar\gamma}{\partial\bar t} = \frac{\partial^2\bar\tau}{\partial\bar y^2}, \quad \frac{\partial\bar\theta}{\partial\bar t} = Pr^{-1}\left(\bar\tau\bar\gamma - \frac{\partial^2\bar\theta}{\partial\bar y^2}\right) \tag{7.64}$$

这是一个等温过程，热传导可忽略，变形由动量方程控制.

若取 $b=1$ 和 $d=1$，并记 $k=2$，则有

$$t_2 = \frac{\rho c_V\theta_0}{\beta\tau_0\dot\gamma_0}, \quad y_2 = \sqrt{\frac{\lambda\theta_0}{\beta\tau_0\dot\gamma_0}}, \quad a = \frac{\lambda\dot\gamma_0}{c_V\tau_0} = \frac{1}{\mathrm{Pr}} \tag{7.65}$$

尺度化的控制方程为

$$\frac{\partial^2\bar\tau}{\partial\bar y^2} = \mathrm{Pr}^{-1}\frac{\partial\bar\gamma}{\partial\bar t}, \quad \bar\tau\bar\gamma = \frac{\partial\bar\theta}{\partial\bar t} - \frac{\partial^2\bar\theta}{\partial\bar y^2} \tag{7.66}$$

此时热扩散起主导作用，惯性可忽略，对应于准静态近似.

若取 $a=1$ 和 $b=1$，并记 $k=3$，则有

$$t_3 = \frac{\rho c_V\theta_0}{\beta\tau_0\dot\gamma_0}, \quad y_3 = \sqrt{\frac{c_V\theta_0}{\beta\dot\gamma_0^2}}, \quad d = \frac{\lambda\dot\gamma_0}{c_V\tau_0} = \frac{1}{\mathrm{Pr}} \tag{7.67}$$

尺度化的控制方程为

$$\frac{\partial\bar\gamma}{\partial\bar t} = \frac{\partial^2\bar\tau}{\partial\bar y^2}, \quad \bar\tau\bar\gamma = \frac{\partial\bar\theta}{\partial\bar t} - \mathrm{Pr}^{-1}\frac{\partial^2\bar\theta}{\partial\bar y^2} \tag{7.68}$$

此时反映的是一个绝热过程，热扩散可忽略.

我们小结一下尺度化过程的主要思路. 首先，对问题中涉及的所有变量进行估计，给出合适的量和值以表征我们所关心的现象；其次，确定与这些量有关的尺度以及它们的组合；最后，对所讨论方程中的所有项进行无量纲化. 在该过程中，每一个无量纲化项的相对大小给出了该项的无量纲因子，从而将方程很好地进行了尺度化处理.

习　　题

7.1　函数 $u^*(x^*) = 1 + \lambda\sin\lambda x^*$ 是下列方程的解，其中 λ 为正的常数. 试将方程尺度化，并分别讨论 $0 < \lambda \ll 1$ 和 $\lambda \gg 1$ 两种情况.

$$\begin{cases} \dfrac{\mathrm{d}^2 u^*}{\mathrm{d}x^{*2}} + \lambda^2(u^* - 1) = 0 \\ u^*(0) = 1, \quad \dfrac{\mathrm{d}u^*}{\mathrm{d}x^*}(0) = \lambda^2 \end{cases}$$

7.2 函数 $u(t) = ab/(a-t)$ 是下列方程的解,其中 $0 \leqslant t \leqslant a/2$,常数 $a, b > 0$. 试将方程尺度化.

$$(a) \quad \begin{cases} \dfrac{\mathrm{d}u}{\mathrm{d}t} = \dfrac{u}{a-t} \\ u(0) = b \end{cases} \qquad (b) \quad \begin{cases} u\dfrac{\mathrm{d}^2u}{\mathrm{d}t^2} - 2\left(\dfrac{\mathrm{d}u}{\mathrm{d}t}\right)^2 = 0 \\ u(0) = b, \quad \dfrac{\mathrm{d}u}{\mathrm{d}t}(0) = \dfrac{b}{a} \end{cases}$$

7.3 若函数 $y^*(x^*) = \varepsilon \exp\left[(1 - \varepsilon x^*)/2\right]$ 是方程

$$\begin{cases} \dfrac{\mathrm{d}^2 y^*}{\mathrm{d}x^{*2}} + 2\dfrac{\mathrm{d}y^*}{\mathrm{d}x^*} + \varepsilon y^* = 0 \\ y^*(0) = 0, \quad y^*(\varepsilon^{-1}) = \varepsilon \end{cases}$$

的近似解,其中 $0 < \varepsilon \ll 1$. 试将方程尺度化.

7.4 考虑如下二阶非线性微分方程描述的初始值问题:

$$\begin{cases} m\dfrac{\mathrm{d}^2 u}{\mathrm{d}t^2} + \eta\dfrac{\mathrm{d}u}{\mathrm{d}t} + k_0 u + k_1 u^3 = 0 \\ u(0) = U_0, \quad \dfrac{\mathrm{d}u}{\mathrm{d}t}(0) = V_0 \end{cases}$$

式中,u 为位移,t 为时间,m 为质量,η 为黏性系数,U_0 为初始位移,V_0 为初始速度,k_0 和 k_1 为常数. 若忽略 $k_1 u^3$,求方程的线性近似解,然后将方程尺度化.

7.5 考虑简单摆问题

$$\begin{cases} \dfrac{\mathrm{d}^2 \theta^*}{\mathrm{d}t^{*2}} + \omega_0^2 \sin\theta^* = 0 \\ \theta^*(0) = a, \quad \dfrac{\mathrm{d}\theta^*}{\mathrm{d}t^*}(0) = 0 \end{cases}$$

当初始摆角 a 很小时,在线性近似 $\sin\theta^* \approx \theta^*$ 下求解方程,并用该近似解将方程尺度化.

第 8 章　正则摄动理论

一个问题在确定性的条件下具有确定性的解. 当问题的条件发生改变时, 问题的解可能变化不大, 也可能变化很大. 由问题条件的变化引起的解的差异, 称为 "摄动 (perturbation)". 根据所引起的解的差异, 可以将问题分成两类: 正则摄动和奇异摄动. 对于正则摄动问题, 其退化问题的解与原问题的解之间的差别不大, 此时退化问题的解或其改进形式可以作为原问题的有效近似解; 而对于奇异摄动问题, 其退化问题的解与原问题的解有本质的区别, 此时必须另辟蹊径来获得原问题的有效近似解. 对这两类问题的解答就构成了摄动理论的主题, 本章和下一章将分别探讨这两类问题的近似求解方法.

海王星 (Neptune) 的发现是正则摄动的一个经典案例. 1781 年, 赫歇耳 (Frederick William Herschel) 宣布发现天王星 (Uranus), 但其运行轨道与预想的相比有些偏差. 1834 年, 哈赛伊 (T. J. Hussey) 提出了一种设想, 这种偏差可能是由一颗尚未发现的行星的作用引起的. 1843 年, 亚当斯 (John Couch Adams) 推算了这一颗行星的轨道、质量和当时的位置, 并将计算结果交给了皇家天文学家艾里 (Sir George Biddell Airy), 但未引起重视, 因为亚当斯当时还只是剑桥大学数学系的学生. 1846 年, 勒维耶 (Urbain Jean Joseph Le Verrier) 写出论文《论使天王星运行失常的那颗行星, 它的质量、轨道和现在所处位置的结论性意见》, 并游说柏林天文台的伽勒 (Johann Gottfried Galle) 进行观测. 同年 9 月 23 日, 伽勒将望远镜指向勒维耶所计算的位置, 幸运地观察到了一颗淡蓝色的星体. 因星体颜色, 勒维耶建议用罗马神话中的海神 Neptune 来命名. 通过摄动理论正确预测了海王星的位置, 这是 "各次行星的发现中最为辉煌的一次", 因此海王星也被誉为 "笔尖上的发现". 由其他星体运动引起的轨道偏差被称为摄动, 这在天体物理、天文学领域是重要的现象, 例如考虑日–地–月 "三体问题 (three-body problem)" 中月球的轨道[①]. 事实上, 摄动这一概念已在许多学科得到了广泛应用.

本章首先介绍坐标摄动法和参数摄动法等级数展开法, 并探讨小参数的选择和级数法的适用性问题. 然后介绍适用性更加广泛的迭代法, 以及可以消除久期项的相关方法.

[①] 耗时 20 年, 德劳内 (Charles-Eugène Delaunay) 于 1860 年和 1867 年出版了两卷专著《月球运动理论》, 各 900 多页. 他采用经度、纬度和月球视差的无穷级数来解决三体问题, 处理了 230 多个摄动因数项, 给出月球的坐标近 400 项, 展开式中含 1000 多个单项. 从 1859 年开始制定月历, 用十年时间完成, 再用十年时间验算, 结果出来时, 他已经 51 岁. 他将一生中最重要的年华用在了这个计算上. 1970 年, 法国科学家 A. Deprit、J. Henrard 和 A. Rom 在一台小计算机上采用 Rom 的计算机代数系统, 花了 20 h, 就重复了全部计算, 还发现了德劳内的两个错误.

8.1 级　数　法

面对所要处理的问题，它可能不存在精确解，也可能精确解的形式相当复杂，我们可能付出了很大的努力都没有收获，这时我们一个闪现的念头是该问题是否存在简单的级数解．牛顿正是借助无穷级数获得了许多有益的认识．在绪论中，我们介绍了牛顿"会猜、敢试、善于推广"的应用数学思路，牛顿常常不去顾虑他的操作方式是否严谨，而只是通过结果的合理性来肯定其过程的有效性．根据经验猜测形式解（如级数解），通过推导确定出待定的系数，进而形成可以推广应用的求解方法．

级数法常常能成功地处理我们面对的问题，但有时候也会出现一些毛病．实际上，级数法的分析过程非常简单，我们大可不必花很大的篇幅进行繁琐的演练，可以注意到本书其他章节中散落着许多应用的例子．由于问题纷繁复杂，我们似乎也没有可能、也没有必要将级数法的分析严谨化．对于一般的问题，可以是代数方程、超越方程、微分方程、差分方程或含有积分的方程，我们很难在实施前快速判断级数法的有效性，因此通过结果的合理性来肯定其过程的有效性是一个不错的选择．因此，本节与其说是介绍级数法，不如说是通过案例诊断一下级数法可能出现的一些毛病，在了解该方法可能存在的局限性的同时探讨一些可能的解决办法．这正体现了科学研究的探索过程，从盲目猜测到可信结果，一步步去逼近真理．

8.1.1　坐标摄动法

对于一个问题，可能已知函数在某点的取值，或者较容易地可以确定函数在某点的取值，然后寻找某种方式确定自变量偏离这个点时函数的解，这就是摄动思想．一个简单的想法是设想问题的解可以表示为关于自变量在该点附近的幂级数展开形式，然后通过确定级数展开式中各阶的系数来获得问题的近似解．这样的方法称为坐标摄动法．

例 8.1　用坐标摄动法求下列方程在 $x=0$ 附近的近似解

$$\begin{cases} y' + y = ay^2 \\ y(0) = 1 \end{cases} \tag{8.1}$$

式中，a 为常数．

该方程已经给出了 $x=0$ 处的解，我们的目标是获得 x 偏离 0 时的解 $y(x)$，为此我们假设方程的解可以写成关于 x 的幂级数形式，如下

$$y(x) = \sum_{n=0}^{\infty} k_n x^n \tag{8.2}$$

式中，k_n 是待定系数．观察方程中出现的各项，可以先做一些准备工作，如

$$y' = \frac{\mathrm{d}}{\mathrm{d}x}\left(\sum_{m=0}^{\infty} k_m x^m\right) = \sum_{m=1}^{\infty} m k_m x^{m-1} = \sum_{n=0}^{\infty} (n+1) k_{n+1} x^n \tag{8.3}$$

$$y^2 = \sum_{p=0}^{\infty}\sum_{q=0}^{\infty} k_p k_q x^{p+q} = \sum_{p=0}^{\infty}\sum_{n=p}^{\infty} k_p k_{n-p} x^n = \sum_{n=0}^{\infty}\left[\left(\sum_{p=0}^{n} k_p k_{n-p}\right) x^n\right] \tag{8.4}$$

进而,我们可以将式 (8.1) 改写为

$$\begin{cases} \sum_{n=0}^{\infty} \left[(n+1)\, k_{n+1} + k_n - a \sum_{p=0}^{n} k_p k_{n-p} \right] x^n = 0 \\ k_0 = 1 \end{cases} \tag{8.5}$$

上式包含了无穷多个待定系数,但方程的数目是有限的,原则上无法确定出所有待定系数的值. 但考虑到 x 的任意性,可以取 x^n 的各项系数为 0,即有递推式:

$$k_0 = 1, \quad k_{n+1} = -\frac{k_n}{n+1} + \frac{a}{n+1} \sum_{p=0}^{n} k_p k_{n-p}, \quad n = 0, 1, 2, \cdots \tag{8.6}$$

由递推式,可以得到

$$k_1 = -1 + a, \quad k_2 = \frac{1}{2} - \frac{3}{2}a + a^2, \quad k_3 = -\frac{1}{6} + \frac{7}{6}a - 2a^2 + a^3, \quad \cdots \tag{8.7}$$

各系数越往后越复杂,但观察可以发现它们都是关于参数 a 的多项式. 因此,可以得到渐近解

$$y(x) = 1 + (-1+a)\, x + \left(\frac{1}{2} - \frac{3}{2}a + a^2 \right) x^2 + \left(-\frac{1}{6} + \frac{7}{6}a - 2a^2 + a^3 \right) x^3 + \cdots \tag{8.8}$$

精确解和坐标摄动解的比较如图8.1所示,摄动解只在 $x = 0$ 附近有较好的近似,随着项数的增加,有效区间逐渐变大.

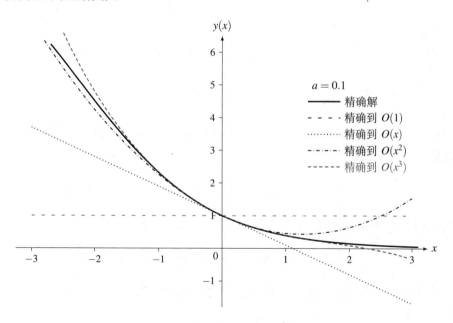

图 8.1 坐标摄动解与精确解的比较

实际上,在例 2.14 或例2.16中,我们已经给出了该问题的解析解,如

$$y(x) = \frac{\mathrm{e}^{-x}}{1 - a\left(1 - \mathrm{e}^{-x} \right)} \tag{8.9}$$

上述采用坐标摄动法得到的结果,对应于该解析解在 $x=0$ 附近的泰勒展开式. 可以注意到,如果只保留级数解的前几项,不仅要求 $|x| \ll 1$,同时也要求 $|ax| \ll 1$,才能确保级数解的有效性. 如果考虑 $|a| \ll 1$,由式 (1.2),可将解析解 (式 (8.9)) 近似为

$$y(x) = \mathrm{e}^{-x} \left[1 + a\left(1 - \mathrm{e}^{-x}\right) + a^2 \left(1 - \mathrm{e}^{-x}\right)^2 + a^3 \left(1 - \mathrm{e}^{-x}\right)^3 + \cdots \right] \tag{8.10}$$

该近似解是关于 a 的幂级数形式,它对于 $x \geqslant 0$ 都有较好的近似效果. 在例8.2中,将假设不清楚问题的解析解,再利用参数摄动法来获得该问题的近似解 (式 (8.10)).

8.1.2 参数摄动法

对于某些包含小参数的系统,如果将小参数取为零,所得的退化系统可能变得较容易求解. 如果系统包含大参数,总是可以取其倒数,使之变成小参数. 因此,我们只讨论包含小参数的问题.

对于包含小参数的系统, 一个自然的想法是设想系统的解可以表示为关于小参数的幂级数形式. 这提供了最为简单的渐近展开近似的尝试,如果解确实可以采用幂级数来表示,剩下的只需要去确定幂级数中各项的系数即可.

例 8.2 用参数摄动法求下列方程的近似解

$$\begin{cases} y' + y = ay^2, & |a| \ll 1, \quad x \geqslant 0 \\ y(0) = 1 \end{cases} \tag{8.11}$$

式中,x 为自变量,a 为小参数.

该方程中包含有小参数 a,我们假设方程的解可以写成关于 a 的幂级数形式

$$y(x; a) = \sum_{n=0}^{\infty} y_n(x) a^n = y_0(x) + y_1(x)a + y_2(x)a^2 + O(a^3) \tag{8.12}$$

式中,$y_n(x)$ 为待定系数,$n = 0, 1, 2, \cdots$. 将形式解 (8.12) 代入微分方程,并将其展开成关于 a 的幂级数形式:

$$(y_0 + y_0') + (y_1 + y_1' - y_0^2) a + (y_2 + y_2' - 2y_0 y_1) a^2 + O(a^3) = 0 \tag{8.13}$$

将形式解 (8.12) 代入定解条件,也将其展开成关于 a 的幂级数形式:

$$(y_0(0) - 1) + y_1(0)a + y_2(0)a^2 + O(a^3) = 0 \tag{8.14}$$

考虑到 a 的任意性,我们要求式 (8.13) 和式 (8.14) 的各阶系数均为零,可以得到形式解中各项系数的控制方程:

$$O(1): \begin{cases} y_0' + y_0 = 0 \\ y_0(0) = 1 \end{cases} \tag{8.15}$$

$$O(a): \begin{cases} y_1' + y_1 = y_0^2 \\ y_1(0) = 0 \end{cases} \tag{8.16}$$

$$O(a^2): \begin{cases} y_2' + y_2 = 2y_0 y_1 \\ y_2(0) = 0 \end{cases} \tag{8.17}$$

$$\cdots$$

然后逐阶进行求解,可得

$$y_0(x) = \mathrm{e}^{-x}, \quad y_1(x) = \mathrm{e}^{-x} - \mathrm{e}^{-2x}, \quad y_2(x) = \mathrm{e}^{-x} - 2\mathrm{e}^{-2x} + \mathrm{e}^{-3x}, \cdots \tag{8.18}$$

因此,方程的近似解可以写为

$$y(x; a) = \mathrm{e}^{-x} + \mathrm{e}^{-x}\left(1 - \mathrm{e}^{-x}\right)a + \mathrm{e}^{-x}\left(1 - \mathrm{e}^{-x}\right)^2 a^2 + O(a^3) \tag{8.19}$$

与式 (8.10) 比较,可知该结果已精确到 $O(a^2)$,仿照上述过程可以得到精度更高的近似解. 对于小参数 a,由图8.2可知,对于 $x \geqslant 0$,参数摄动解即使只取一项都有很好的近似效果,但对于 $x < -1$,参数摄动解不能保证给出有效的近似. 这说明摄动解往往只在局域内有效,想要获得不同区间的有效近似解,往往需要考虑不同形式的展开式.

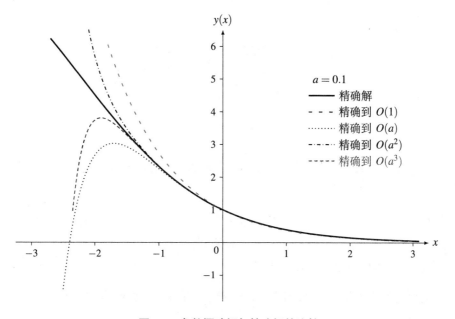

图 8.2　参数摄动解与精确解的比较

值得注意的是,高阶系数的控制方程只可能包含比其低阶的那些系数. 也就是说,当低阶系数被确定后,高阶系数的控制方程可以进行求解. 如式 (8.16) 中的微分方程包含 y_0^2,即 e^{-2x},作为其非齐次项;又如式 (8.17) 中的微分方程包含 $2y_0 y_1$,即 $2\mathrm{e}^{-2x} - 2\mathrm{e}^{-3x}$,作为其非齐次项. 只有先确定低阶系数,才能确定高阶系数,体现了迭代的思想.

例 8.3　用参数摄动法求行星轨道方程 (4.110),并讨论行星的进动

$$\begin{cases} \dfrac{\mathrm{d}^2 u}{\mathrm{d}\varphi^2} + u = \dfrac{1}{\ell} + \dfrac{3GM}{c^2}u^2, \quad \ell = \dfrac{4\eta^2}{GM} \\ u(0) = \dfrac{1+e}{\ell}, \quad \dfrac{\mathrm{d}u}{\mathrm{d}\varphi}(0) = 0 \end{cases} \tag{8.20}$$

式中，ℓ 为焦点参数，e 为偏心率.

首先考虑方程的尺度化，微分方程中不显含自变量 φ，包含 u^2 的项是微分方程的修正项，如果将其忽略，方程变为线性的，有近似解 $u_0 = \ell^{-1}(1 + e\cos\varphi)$，由此可以估计

$$|u_0|_{\max} = \frac{1+e}{\ell} = O(\ell^{-1}), \quad \left|\frac{\mathrm{d}^2 u_0}{\mathrm{d}\varphi^2}\right|_{\max} = \frac{e}{\ell} = O(\ell^{-1}) \tag{8.21}$$

微分方程只包含了与 u 及其二阶导数相关的项，根据方程的尺度化要求，可以取 1 和 ℓ^{-1} 分别作为自变量 φ 和因变量 u 的内禀参考量. 因此，令

$$f(\varphi) = \frac{u(\varphi)}{\ell^{-1}} = \ell u(\varphi) \tag{8.22}$$

式 (8.20) 可以改写为尺度化的无量纲形式:

$$\begin{cases} f''(\varphi) + f(\varphi) = 1 + \varepsilon f^2(\varphi), & 0 < \varepsilon \ll 1 \\ f(0) = 1 + e, \quad f'(0) = 0 \end{cases} \tag{8.23}$$

式中，无量纲参数 ε 定义为

$$\varepsilon = \frac{3GM}{\ell c^2} = \frac{3}{4}\left(\frac{GM}{\eta c}\right)^2 \tag{8.24}$$

假设方程的形式解为

$$f(\varphi) = f_0(\varphi) + f_1(\varphi)\varepsilon + f_2(\varphi)\varepsilon^2 + O(\varepsilon^3) \tag{8.25}$$

式中，$f_n(\varphi)$ 为待定系数，$n = 0, 1, 2, \cdots$. 将式 (8.23) 的微分方程和定解条件分别展开，并整理成关于 ε 的幂级数形式，有

$$\begin{cases} (f_0'' + f_0 - 1) + (f_1'' + f_1 - f_0^2)\varepsilon + (f_2'' + f_2 - 2f_0 f_1)\varepsilon^2 + O(\varepsilon^3) = 0 \\ (f_0(0) - 1 - e) + f_1(0)\varepsilon + f_2(0)\varepsilon^2 + O(\varepsilon^3) = 0 \\ f_0'(0) + f_1'(0)\varepsilon + f_2'(0)\varepsilon^2 + O(\varepsilon^3) = 0 \end{cases} \tag{8.26}$$

考虑到 ε 的任意性，要求各阶系数为零，进而得到各阶系数的控制方程

$$O(1): \quad \begin{cases} f_0'' + f_0 = 1 \\ f_0(0) = 1 + e, \ f_0'(0) = 0 \end{cases} \tag{8.27}$$

$$O(\varepsilon): \quad \begin{cases} f_1'' + f_1 = f_0^2 \\ f_1(0) = 0, \ f'_1(0) = 0 \end{cases} \tag{8.28}$$

$$O(\varepsilon^2): \quad \begin{cases} f_2'' + f_2 = 2f_0 f_1 \\ f_2(0) = 0, \ f'_2(0) = 0 \end{cases} \tag{8.29}$$

$$\cdots$$

然后逐阶进行求解，可以得到

$$f_0(\varphi) = 1 + e\cos\varphi \tag{8.30}$$

$$f_1(\varphi) = 1 + \frac{e^2}{2} - \left(1 + \frac{e^2}{3}\right)\cos\varphi - \frac{e^2}{6}\cos 2\varphi + e\varphi\sin\varphi \tag{8.31}$$

$$f_2(\varphi) = \left(2 - e + e^2 - \frac{e^3}{3}\right) - \left(2 - \frac{2e}{3} + \frac{2e^2}{3} - \frac{29e^3}{144}\right)\cos\varphi + \frac{e}{3}\left(1 - e + \frac{e^2}{3}\right)\cos 2\varphi$$

$$+ \frac{e^3}{48}\cos 3\varphi - \left(1 - \frac{3e}{2} + \frac{e^2}{3} - \frac{5e^3}{12}\right)\varphi\sin\varphi - \frac{e^2}{3}\varphi\sin 2\varphi - \frac{e}{2}\varphi^2\cos\varphi \tag{8.32}$$

$\cdots$

将这些系数代入形式解 (8.25),即得到方程 (8.23) 的近似解. 可以注意到高阶解的系数变得越来越复杂,在这些系数中存在两个重要的特征:其一,系数中有 $\varphi\sin\varphi$, $\varphi\sin 2\varphi$, $\varphi^2\cos\varphi$ 等共振项,也称久期项,随着 φ 的增大,这些项的大小将可能变得很大,以至于近似解失去渐近性;其二,系数中包含有 $\cos 2\varphi$, $\sin 2\varphi$, $\cos 3\varphi$ 等谐波项,它们的频率较高,但它们都是有界量. 因此,该近似解只在 $|\varphi| \ll \varepsilon^{-1}$ 时有效.

天文观察表明在太阳系中,水星的偏心率为 0.2056,其他行星的偏心率更小,即各行星的轨道都很接近于圆形. 对于 $e = 0$,相对论修改的轨道方程近似给出

$$f(\varphi) = 1 + (1 - \cos\varphi)\varepsilon + (2 - 2\cos\varphi - \varphi\sin\varphi)\varepsilon^2 + O(\varepsilon^3) \tag{8.33}$$

对于 $e > 0$,简单起见,但又不失一般性,我们如下只考虑解精确到 $O(\varepsilon)$,即有

$$f(\varphi) = 1 + e\cos\varphi + \left[\left(1 + \frac{e^2}{3}\right)(1 - \cos\varphi) + \frac{e^2}{6}(1 - \cos 2\varphi) + e\varphi\sin\varphi\right]\varepsilon + O(\varepsilon^2) \tag{8.34}$$

对于精确到 $O(\varepsilon)$ 的行星轨道如图8.3所示,可见轨道的近日点随着时间而变化.

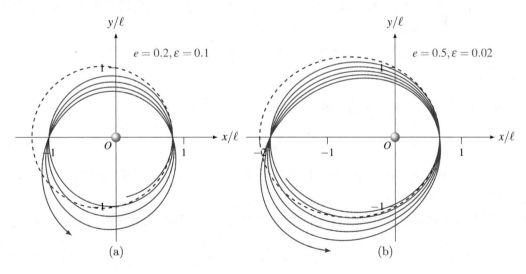

图 8.3 行星轨道的参数摄动解

在近日点 $\varphi = \varphi_{\mathrm{p}}$ 处, 有 $r'(\varphi_{\mathrm{p}}) = 0$ 和 $r''(\varphi_{\mathrm{p}}) > 0$. 行星到恒星的距离为 $r(\varphi) = \ell/f(\varphi)$,则在近日点处,$f'(\varphi_{\mathrm{p}}) = 0$ 和 $f''(\varphi_{\mathrm{p}}) < 0$. 由 $f'(\varphi_{\mathrm{p}}) = 0$,可以得到

$$-e\sin\varphi_{\mathrm{p}} + \left[\left(1 + e + \frac{e^2}{3}\right)\sin\varphi_{\mathrm{p}} + \frac{e^2}{3}\sin 2\varphi_{\mathrm{p}} + e\varphi_{\mathrm{p}}\cos\varphi_{\mathrm{p}}\right]\varepsilon + O(\varepsilon^2) = 0 \tag{8.35}$$

假设上式的解可以写成关于 ε 的幂级数形式:

$$\varphi_{\mathrm{p}} = 2n\pi + a_1\varepsilon + O(\varepsilon^2) \tag{8.36}$$

式中,n 为整数,且要求 $|\varphi_{\mathrm{p}}| \ll \varepsilon^{-1}$. 将形式解 (8.36) 代入式 (8.35),并展成关于 ε 的的幂级数形式,有

$$(2n\pi - a_1)\, e\varepsilon + O(\varepsilon^2) = 0 \tag{8.37}$$

令各项系数为零,可以得到

$$a_1 = 2n\pi, \quad \cdots \tag{8.38}$$

因此,近日点为

$$\varphi_{\mathrm{p}} = 2n\pi + 2n\pi\varepsilon + O(\varepsilon^2) \tag{8.39}$$

在一级近似下,两个相继的近日点的进动约为 $2\pi\varepsilon$,该结果与行星轨道的偏心率无关. 不过,在高阶近似下行星轨道的偏心率将产生影响.

对于水星,观察表明其近日点的偏转角为 $5600.73 \pm 0.41''$/ 世纪,由计及其他行星摄动的牛顿理论预测的偏转角为 $5557.62 \pm 0.20''$/ 世纪,二者仍有 $43.11 \pm 0.45''$/ 世纪的偏差,而上述广义相对论的预测值正是 $43''$/ 世纪,这是多么惊人的一致 [25].

8.1.3 小参数的选择

一般地,方程中的小参数需要根据物理背景来选择,特别是方程中存在多个参数的情况. 例如,在例 7.12 中无量纲方程含有多个无量纲参数,需要根据所讨论的参数范围,确定出各无量纲参数的取值范围,然后再确定出合适的小参数.

还有一些方程可能并不明显包含小参数,此时需要根据经验引入合适的小参数,然后再将目标结果表示成一个渐近展开式.

例 8.4 求下列超越方程的实根 x

$$x + 5\mathrm{e}^{-x} = 5 \tag{8.40}$$

易见 $x = 0$ 是方程的一个实根. 但方程还有一个近似为 5 的实根,以下用级数法来确定该根.

原方程中不包含小参数,因此我们需要首先引入一个小参数. 为此,将方程改写为

$$x - 5 + 5\mathrm{e}^{-5}\mathrm{e}^{-(x-5)} = 0 \tag{8.41}$$

若引入小参数 $\varepsilon = 5\mathrm{e}^{-5} \approx 0.0337$,则方程可以写成

$$x - 5 + \varepsilon\mathrm{e}^{-(x-5)} = 0 \tag{8.42}$$

假设上式有级数解

$$x = 5 + a_1\varepsilon + a_2\varepsilon^2 + o(\varepsilon^2) \tag{8.43}$$

式中, $a_k\,(k=1,2,\cdots)$ 为待定系数. 将形式解 (8.43) 代入方程 (8.42),并将其整理成关于 ε 的幂级数形式:

$$(a_1+1)\,\varepsilon + (a_2-a_1)\,\varepsilon^2 + o(\varepsilon^2) = 0 \tag{8.44}$$

考虑到方程 (8.44) 中的小参数可以任意取值,可令其各项的系数为零,即有

$$a_1 = -1,\quad a_2 = a_1 = -1,\quad \cdots \tag{8.45}$$

需要注意的是,这是一个充分而非必要的条件,因为所关心问题的小参数 ε 实际上有确定的值. 至此,得到原方程的一个近似解,如下

$$x = 5 - \varepsilon - \varepsilon^2 + \cdots \approx 5 - 0.0337 - 0.0337^2 \approx 4.965 \tag{8.46}$$

上述例子的原始方程并不包含小参量,通过引入合适的小参数成功地将目标结果表示成一个渐近展开式. 初学者对于未指定小参数的情形往往不知所措,上述例子是具有启发性的.

例 8.5　最速降线问题

考虑垂直平面内给定的两点 A 和 B,在重力作用下小球 M 从 A 点沿着光滑的路线运动到 B 点,问沿着哪条路线可以使所需的时间最短?

最速降线 (brachistochrone) 问题是由伽利略在 1630 年提出来的,但他错误地以为这个曲线是一段圆弧. 1696 年,约翰·伯努利在学报上公开征求这个问题的解答. 次年,约翰汇总了牛顿、莱布尼兹、洛必达、哥哥雅各布以及自己的解法,将其刊登在学报上. 约翰借用光学的思想,类比费马原理,获得了漂亮的解答. 牛顿、莱布尼兹和洛必达均运用微积分方法获得了正确的解,只是步骤各不相同. 雅各布的方法最具有一般性,体现了变分思想. 该思想启发了欧拉,进而被其发展成为可求解泛函极值问题的一般性方法,称为变分法.

如图8.4所示,小球 M 沿着曲线 C 从 A 点运动到 B 点所需的总时间为

$$\tau = \int_0^\tau \mathrm{d}\,t = \int_C \frac{\mathrm{d}\,s}{v} = \int_C \frac{\mathrm{d}\,s}{\sqrt{2gy}} = \int_{x_A}^{x_B} \frac{\sqrt{1+(y')^2}}{\sqrt{2gy}}\,\mathrm{d}\,x \tag{8.47}$$

式中, $y(x)$ 为曲线方程, s 为曲线弧长, g 为重力加速度, v 为小球的速率, x_A 和 x_B 分别为 A 和 B 点的横坐标,其中横坐标向右为正、纵坐标向下为正. 问题的目标是找到曲线 $y(x)$ 使得总时间 τ 最小. 这不同于给定函数求极值点的问题,而是要调节函数使目标量最小.

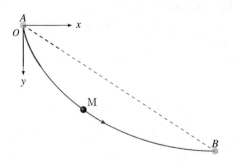

图 8.4　最速降线问题的示意图

我们考虑一个具有一般性的问题,即对于某一函数 $F(y, y', x)$,寻找合适的曲线 $y(x)$ 使得总时间:

$$\tau = \int_{x_A}^{x_B} F(y, y', x)\,\mathrm{d}\,x \tag{8.48}$$

取极小值. 为此,假设在目标曲线 $y(x)$ 上引入任意扰动 $\eta(x)$,并要求 $\eta(x_A) = \eta(x_B) = 0$,此时运动所需的总时间

$$\tau = \int_{x_A}^{x_B} F(y(x) + \eta(x), y'(x) + \eta'(x), x)\,\mathrm{d}\,x \tag{8.49}$$

扰动后的曲线上所需的时间将大于可能需要的最少时间. 只有当扰动 $\eta(x) = 0$ 时,所需的时间最少. 不过这样很难控制扰动量,因此我们再引入一个小参数 ε,使得

$$\tau(\varepsilon) = \int_{x_A}^{x_B} F(y(x) + \varepsilon\eta(x), y'(x) + \varepsilon\eta'(x), x)\,\mathrm{d}\,x \tag{8.50}$$

当 $\varepsilon = 0$ 时就是对应于总时间最少的情况. 因此,我们的目标转化为

$$\left.\frac{\mathrm{d}\,\tau(\varepsilon)}{\mathrm{d}\,\varepsilon}\right|_{\varepsilon=0} = 0 \tag{8.51}$$

即有

$$\int_{x_A}^{x_B} \left(\frac{\partial F}{\partial y}\eta(x) + \frac{\partial F}{\partial y'}\eta'(x)\right)\mathrm{d}\,x = 0 \tag{8.52}$$

对上式括号中的第二项进行分部积分,并考虑到 $\eta(x_A) = \eta(x_B) = 0$,则有

$$\int_{x_A}^{x_B} \left[\frac{\partial F}{\partial y} - \frac{\mathrm{d}}{\mathrm{d}\,x}\left(\frac{\partial F}{\partial y'}\right)\right]\eta(x)\,\mathrm{d}\,x = 0 \tag{8.53}$$

对于任意的 $\eta(x)$,上式要成立,只能要求

$$\frac{\partial F}{\partial y} - \frac{\mathrm{d}}{\mathrm{d}\,x}\left(\frac{\partial F}{\partial y'}\right) = 0 \tag{8.54}$$

原因如下,考虑到 $\eta(x)$ 的任意性,不妨取

$$\eta(x) = \frac{\partial F}{\partial y} - \frac{\mathrm{d}}{\mathrm{d}\,x}\left(\frac{\partial F}{\partial y'}\right) \tag{8.55}$$

此时要求 $\int_{x_A}^{x_B} \eta^2(x)\,\mathrm{d}\,x = 0$,即要求 $\eta(x) = 0$,所以可以得到式 (8.54),该式称为欧拉-拉格朗日方程. 如下,我们回到最速降线问题的求解.

将式 (8.47) 中对应的 $F(y, y', x)$ 代入式 (8.54),得

$$1 + (y')^2 = -2yy'' \tag{8.56}$$

上式可以改写为

$$\frac{\mathrm{d}\,y}{y} = -\frac{\mathrm{d}\,(y')^2}{1 + (y')^2} \tag{8.57}$$

两边积分得

$$y\left[1 + (y')^2\right] = \alpha \tag{8.58}$$

式中, α 为常数. 根据上述坐标轴方向的约定, 则有 $y' > 0$, 因此

$$\frac{\sqrt{y}\,\mathrm{d}\,y}{\sqrt{\alpha - y}} = \mathrm{d}\,x \tag{8.59}$$

两边积分得

$$\alpha \arcsin\sqrt{\frac{y}{\alpha}} - \sqrt{(\alpha - y)\,y} = x + \beta \tag{8.60}$$

将 A 点作为坐标原点, 即 $x_A = 0$ 和 $y_A = 0$, 有 $\beta = 0$. 对于 β 点, 有

$$\frac{\alpha}{y_B}\arcsin\sqrt{\frac{y_B}{\alpha}} - \sqrt{\frac{\alpha}{y_B} - 1} = \frac{x_B}{y_B} \tag{8.61}$$

由此, 可以得到 α 的值, 但不能给出显式的结果. 引入一个参数 θ, 并取 $\beta = 0$, 可以将式 (8.60) 改写为

$$\begin{cases} x = a\,(\theta - \sin\theta) \\ y = a\,(1 - \cos\theta) \end{cases} \tag{8.62}$$

式中, $a = \alpha/2$. 该曲线是一条摆线 (cycloid), 也称旋轮线, 它的形状与重力加速度的值无关. 最速降线的一个典型应用是游乐场过山车.

8.1.4　级数法的适用性

对于坐标摄动法, 我们要求所考虑的有效坐标需要在给定点附近, 才能保证在该给定点附近的结果具有渐近性. 坐标摄动法实质上是采用方程表示的隐函数的泰勒展开.

对于参数摄动法, 我们要求首先确立一个有意义的小参数 (如 ε), 然后对 $\varepsilon = 0$ 进行求解获得零级近似, 并采用级数法获得更高阶的近似, 以提高结果的精确度. 经验表明, 当 $\varepsilon = 0$ 时如果问题能显式求解, 则高阶解通常也为显式的; 而当 $\varepsilon = 0$ 时如果问题不能显式求解, 则可数值求解零级解. 此外, 当 $\varepsilon = 0$ 时如果问题无解、解在整个区域非一致有效、有很多解时, 则要用奇异摄动法进行求解.

我们强调, 在计算过程中可能运用了各种极限运算或交换次序, 但没有严格地加以证明. 摄动法不仅适用于微分方程, 还适用于代数方程、超越方程、差分方程、偏微分方程、积分方程, 甚至各类方程组. 当要求的项数增加时, 计算复杂性迅速增加, 但通常计算一项或两项就足够了.

例 8.6　*虫口模型的渐近解*

考虑相对虫口数量 $\xi_{\#n} = w_{\#n}/w_{\#0}$, 其中 $n = 0, 1, 2, \cdots$, 显然 $\xi_{\#0} = 1$. 由此, 将虫口方程 (1.75) 改写成

$$\xi_{\#(n+1)} - \xi_{\#n} = \sigma\xi_{\#n} - \kappa\xi_{\#n}^2 \tag{8.63}$$

式中, $\sigma = a - 1 > 0$ 和 $\kappa = bw_{\#0} > 0$ 为参数.

式 (8.63) 是一个一阶非线性差分方程, 我们将采用两种方式来对其进行近似求解. 在求解前, 我们将方程 (8.63) 改写为

$$\xi(n + \Delta) - \xi(n) = \left(\sigma\xi(n) - \kappa\xi^2(n)\right)\Delta \tag{8.64}$$

式中,$\xi(n) = \xi_{\#n}, \xi(n + \Delta) = \xi_{\#(n+1)}$,其中 $\Delta = 1$. 上式右边增加一个因子 Δ,并不影响其在 $\Delta = 1$ 时退化为原方程,但当 $\Delta = 0$ 时,可以保证方程恒成立. 此时,我们将 Δ 视为参数,对于 Δ 的任意取值,都要求式 (8.64) 成立,这是一个充分而非必要的条件. 尽管 $\Delta = 1$ 可能不能被视为小参数,但这个例子示明,可以先将 Δ 当作小参数处理,高阶近似对于 $\Delta = 1$(参数不是很小)可能仍合适.

第一种方式,将差分方程转化成微分方程进行求解. 由泰勒展开有

$$\xi(n + \Delta) = \xi(n) + \frac{\mathrm{d}\,\xi(n)}{\mathrm{d}\,n}\Delta + O(\Delta^2) \tag{8.65}$$

结合式 (8.64),可得

$$\frac{\mathrm{d}\,\xi(n)}{\mathrm{d}\,n}\Delta + O(\Delta^2) = \left(\sigma\xi(n) - \kappa\xi^2(n)\right)\Delta \tag{8.66}$$

若考虑 $\Delta \to 0$,可以得到微分方程

$$\frac{\mathrm{d}\,\xi}{\mathrm{d}\,n} = \sigma\xi - \kappa\xi^2 \tag{8.67}$$

结合初始条件 $\xi(0) = 1$,可以得到

$$\xi = \frac{\sigma}{(\sigma - \kappa)\,\mathrm{e}^{-\sigma n} + \kappa} \tag{8.68}$$

该结果对应于逻辑斯蒂函数 (logistic function),它的完整曲线呈现 S 型,也称 Sigmoid 曲线. 当 $\sigma > \kappa$ 时,ξ 随着时间不断增长,此时鼓励机制起主导作用;当 $\sigma = \kappa$ 时,ξ 恒为常值 1,此时鼓励和抑制机制正好相互抵消;当 $\sigma < \kappa$ 时,ξ 随着时间递减,此时抑制机制起主导作用,直到虫口消亡.

第二种方式,采用级数法来求解. 假设方程的形式解是关于 Δ 的幂级数,记为

$$\xi(n) = \xi_0(n) + \xi_1(n)\Delta + \xi_2(n)\Delta^2 + \cdots \tag{8.69}$$

式中,$\xi_k(n)$ 为待定系数 ($k = 0, 1, 2, \ldots$). 注意区分迭代结果 $\xi_{\#k}$ 与系数 ξ_k 符号的不同. 将形式解 (8.69) 代入方程 (8.64),并整理成关于 Δ 的幂级数形式,则有

$$\left(\xi_0' - \sigma\xi_0 + \kappa\xi_0^2\right)\Delta + \left(\xi_1' - \sigma\xi_1 + 2\kappa\xi_0\xi_1 + \frac{1}{2}\xi_0''\right)\Delta^2 + \cdots = 0 \tag{8.70}$$

假设上式对于任意的参数 Δ 都成立,则要求上式各项系数均为零,如

$$O(\Delta):\quad \xi_0' - \sigma\xi_0 + \kappa\xi_0^2 = 0 \tag{8.71}$$

$$O(\Delta^2):\quad \xi_1' - \sigma\xi_1 + 2\kappa\xi_0\xi_1 + \frac{1}{2}\xi_0'' = 0 \tag{8.72}$$

$$\cdots$$

由初始条件 $\xi_{\#0} = 1$,可以有

$$\xi_0(0) = 1, \quad \xi_1(0) = 0, \quad \xi_2(0) = 0, \quad \cdots \tag{8.73}$$

因此,可以得到

$$\xi_0(n) = \frac{\sigma}{\lambda e^{-\sigma n} + \kappa}$$

$$\xi_1(n) = \frac{\sigma^2 \lambda e^{-\sigma n}}{(\lambda e^{-\sigma n} + \kappa)^2} \left(\frac{\sigma n}{2} - \ln \frac{\sigma}{\lambda e^{-\sigma n} + \kappa} \right) \tag{8.74}$$

$$\cdots$$

式中,$\lambda = \sigma - \kappa$. 固而得到

$$\xi(n) = \frac{\sigma}{\lambda e^{-\sigma n} + \kappa} + \frac{\sigma^2 \lambda e^{-\sigma n}}{(\lambda e^{-\sigma n} + \kappa)^2} \left(\frac{\sigma(n+1)}{2} - \ln \frac{\sigma}{\lambda e^{-\sigma n} + \kappa} \right) + \cdots \tag{8.75}$$

取 $\Delta = 1$,有

$$\xi_{\#n} = \xi(n) = \frac{\sigma}{\lambda e^{-\sigma n} + \kappa} + \frac{\sigma^2 \lambda e^{-\sigma n}}{(\lambda e^{-\sigma n} + \kappa)^2} \left(\frac{\sigma n}{2} - \ln \frac{\sigma}{\lambda e^{-\sigma n} + \kappa} \right) + \cdots \tag{8.76}$$

式中,$\sigma = a - 1 > 0$ 和 $\kappa = b w_{\#0}$. 可见,式 (8.68) 对应为式 (8.76) 的首次近似. 由于 ξ_1/ξ_0 随着 $n \to \infty$ 趋于 0,所以式 (8.76) 相对于式 (8.68) 会更好地渐近于精确解,如图8.5所示.

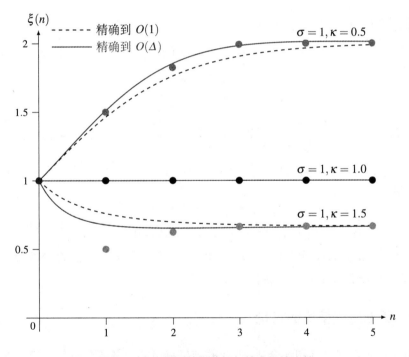

图 8.5　虫口模型的摄动解与精确解的比较

8.2 迭 代 法

8.2.1 迭代求解

级数法可以获得待定系数的一系列控制方程，然后依次求解就可以确定出各系数．让我们换一个思路，摄动项提供了一种对方程进行修正的方式，那么目标解因此发生变化．

例 8.7 用迭代法求式 (8.23) 的近似解

如果我们先略去摄动项 $\varepsilon f^2(\varphi)$，即求解如下方程：

$$\begin{cases} f''_{\#0}(\varphi) + f_{\#0}(\varphi) = 1 \\ f_{\#0}(0) = 1 + e, \quad f'_{\#0}(0) = 0 \end{cases} \tag{8.77}$$

这给出了原方程 (8.23) 的零阶近似解

$$f_{\#0}(\varphi) = 1 + e \cos \varphi \tag{8.78}$$

如果我们将这个近似解代入摄动项中，进行一次修正，即

$$\begin{cases} f''_{\#1}(\varphi) + f_{\#1}(\varphi) = 1 + \varepsilon f^2_{\#0}(\varphi) \\ f_{\#1}(0) = 1 + e, \quad f'_{\#1}(0) = 0 \end{cases} \tag{8.79}$$

则可以得到

$$f_{\#1}(\varphi) = 1 + e \cos \varphi + \left[\left(1 + \frac{e^2}{3} \right)(1 - \cos \varphi) + \frac{e^2}{6}(1 - \cos 2\varphi) + e\varphi \sin \varphi \right] \varepsilon \tag{8.80}$$

式中，用下标 $\#1$ 表示第一次迭代．这与级数法给出的结果一致．继续这样的操作，我们可以写出迭代式

$$\begin{cases} f''_{\#n}(\varphi) + f_{\#n}(\varphi) = 1 + \varepsilon f^2_{\#(n-1)}(\varphi) \\ f_{\#n}(0) = 1 + e, \quad f'_{\#n}(0) = 0 \end{cases} \tag{8.81}$$

式中，用下标 $\#n$ 表示第 n 次迭代，$n = 1, 2, 3, \cdots$．显然，随着迭代过程的进行，求解变得越来越麻烦，而且每次都需要重复获得低阶项．

8.2.2 关于迭代精度的讨论

只要迭代格式合理并且初值合适，迭代的结果将可能收敛于目标解．迭代过程中，如果不慎将某些项的系数算错，但继续迭代，可以发现这些系数被纠正了．因此，迭代过程中保留方程中各项合适的精度，不会降低解的精度．

采用迭代法时，一开始辨明了修正项，之后在迭代计算的过程中我们不需要再去辨识小量．如果计算没有出错，一旦某阶系数不再发生变化时结果则已经精确到这一阶．因此，在精度范围内，我们可以把一些相对较小的项舍去，以减少计算量．即使计算过程中出现错误，继续迭代仍可得到正确结果．然而，采用迭代法时，计算较繁琐，而且每次迭代都需要重复计算出较低阶的结果．

例 8.8　对迭代格式 (8.81) 进行简化

假设 $f_{\#(n-1)}(\varphi)$ 精确到 $O(\varepsilon^{n-1})$,不妨写为

$$f_{\#(n-1)}(\varphi) = \sum_{k=0}^{n-1} f_k(\varphi)\varepsilon^k \tag{8.82}$$

式中,$f_k(\varphi)$ 为已经精确到的项的系数. 因此,可以得到

$$\varepsilon f_{\#(n-1)}^2(\varphi) = \varepsilon \sum_{k=0}^{n-1}\sum_{l=0}^{n-1} f_k(\varphi)f_l(\varphi)\varepsilon^{k+l} = \sum_{k=0}^{n-1}\sum_{m=k}^{k+n-1} f_k(\varphi)f_{m-k}(\varphi)\varepsilon^{m+1} \tag{8.83}$$

交换求和顺序,可以给出

$$\varepsilon f_{\#(n-1)}^2(\varphi) = \sum_{m=0}^{2(n-1)} \varepsilon^{m+1} \sum_{k=\max(0,m-n+1)}^{\min(m,n-1)} f_k(\varphi)f_{m-k}(\varphi) \tag{8.84}$$

迭代中,我们只需要将 $\varepsilon f_{\#(n-1)}^2(\varphi)$ 精确到 $O(\varepsilon^n)$,因此迭代式可以写作

$$\begin{cases} f_{\#n}''(\varphi) + f_{\#n}(\varphi) = 1 + \displaystyle\sum_{m=0}^{n-1} \varepsilon^{m+1} \sum_{k=0}^{m} f_k(\varphi)f_{m-k}(\varphi) + O(\varepsilon^{n+1}) \\ f_{\#n}(0) = 1 + e, \quad f_{\#n}'(0) = 0 \end{cases} \tag{8.85}$$

式中,$n = 1, 2, 3, \cdots$. 需要注意的是,如果计算中某些系数出错,迭代过程有自动修改系数的能力,迭代中将推迟给出正确结果.

8.2.3　迭代格式的构造

迭代格式的构造对于获得有效解至关重要. 受上述分析的启发,我们可以将某问题的控制方程写成

$$A(x) + B = R(x) \tag{8.86}$$

式中,$A(x)$ 和 B 分别代表方程中与 x 有关和无关的那些不能丢弃的项,$R(x)$ 代表方程中的修正项. 若将修正项 $R(x)$ 略去时,通过求解

$$A(x_{\#0}) + B = 0 \tag{8.87}$$

可以获得方程的首阶近似解 $x_{\#0}$. 为了得到高阶近似解,修正项不能完全被略去. 为此将方程改写成

$$A(x_{\#n}) + B = R(x_{\#(n-1)}), \quad n = 1, 2, \cdots \tag{8.88}$$

通过迭代求解这一方程即可获得高阶近似解. 这里的方程可以是代数方程、超越方程、微分方程、差分方程等等各种形式的方程,还可以是方程组. 合理地进行构造,可以获得更快速收敛的迭代格式.

例 8.9 讨论近似求解下列方程的迭代格式

$$x^2 - \varepsilon x - 1 = 0, \quad 0 \leqslant |\varepsilon| \ll 1 \tag{8.89}$$

该方程包括三项,易见第二项相对其他两项为小量. 若忽略第二项,可以得到两个近似解,如下

$$x_0 = \pm 1 \tag{8.90}$$

将方程 (8.89) 的第二项作为修正项,可以构造一种迭代格式:

$$x_{\#n}^2 - 1 = \varepsilon x_{\#(n-1)}, \quad n = 1, 2, \cdots \tag{8.91}$$

或者写成

$$x_{\#n} = \pm \sqrt{1 + \varepsilon x_{\#(n-1)}}, \quad n = 1, 2, \cdots \tag{8.92}$$

由于初值有两个,迭代式也有两个,粗心地计算下去将会首先得到四个 $x_{\#1}$,此时我们可能会立刻意识到这样的结果是不合理. 对于二次方程,它的根最多只有两个. 实际上,迭代收敛的条件不仅取决于迭代格式,还取决于初值是否足够接近目标值,亦即合适的迭代格式还需要选取合适的初值. 上面的迭代格式包含了两个情况,它们与初值要有对应关系. 一旦选择某种迭代格式和初值,在迭代过程中就不能再变换成另一个迭代式了. 因此,正确的迭代格式应该分别写为

$$x_{\#0} = 1, \quad x_{\#n} = \sqrt{1 + \varepsilon x_{\#(n-1)}}, \quad n = 1, 2, \cdots \tag{8.93}$$

和

$$x_{\#0} = -1, \quad x_{\#n} = -\sqrt{1 + \varepsilon x_{\#(n-1)}}, \quad n = 1, 2, \cdots \tag{8.94}$$

然而,上面的迭代涉及开方计算,尽管可以用二项式定理或泰勒展开进行简化,但计算过程甚为麻烦. 实际上,迭代格式并不唯一,合理构造迭代格式可能减少计算量. 例如,考虑到原方程 (8.89) 可以改写成

$$(x + 1)(x - 1) = \varepsilon x, \quad 0 \leqslant |\varepsilon| \ll 1. \tag{8.95}$$

因此,对于初值 $x_{\#0} = 1$,可以构造迭代格式,如下

$$x_{\#n} - 1 = \frac{\varepsilon x_{\#(n-1)}}{x_{\#(n-1)} + 1}, \quad n = 1, 2, \cdots \tag{8.96}$$

而对于初值 $x_{\#0} = -1$,可以构造迭代格式,如下

$$x_{\#n} + 1 = \frac{\varepsilon x_{\#(n-1)}}{x_{\#(n-1)} - 1}, \quad n = 1, 2, \cdots \tag{8.97}$$

为了避免繁琐的除法运算,我们可以进一步写出迭代式,如下

$$x_{\#0} = 1, \quad x_{\#n} - 1 = \frac{\varepsilon}{2} x_{\#(n-1)} \sum_{k=0}^{\infty} \left(\frac{1 - x_{\#(n-1)}}{2} \right)^k, \quad n = 1, 2, \cdots \tag{8.98}$$

和

$$x_{\#0} = -1, \quad x_{\#n} + 1 = -\frac{\varepsilon}{2} x_{\#(n-1)} \sum_{k=0}^{\infty} \left(\frac{x_{\#(n-1)} + 1}{2} \right)^k, \quad n = 1, 2, \cdots \tag{8.99}$$

迭代过程中可以根据精度要求,舍弃迭代格式右侧不影响迭代精度的项.

例 8.10　求满足下列方程的实根 x

$$x = e^{-x}, \quad 0 < x < 1 \tag{8.100}$$

这是一个超越方程. 如果我们把方程改写成 $xe^x = 1$,那么我们可以用朗伯 W 函数 (Lambert W function) 来表示它的解,即 $W(1)$,但这不是一个显式解.

该方程只包含两项,如果我们假设 e^{-x} 为修正项,即考虑 $x_0 = 0$ 和如下迭代式:

$$x_{\#k} = e^{-x_{\#(k-1)}}, \quad k = 1, 2, \cdots \tag{8.101}$$

经过 18 次迭代后可以获得 0.5671 的近似解. 该迭代格式的收敛性较差,而且涉及指数函数的计算,往往非手工计算所能胜任的.

原方程 (8.100) 只包含两项,因此这两项的量阶必相当,这意味着我们不应该把 e^{-x} 完全当作修正项,否则迭代收敛性会很差. 考虑到 $0 < x < 1$,首先将 e^{-x} 在 $x = 0$ 附近做泰勒展开,可得

$$e^{-x} = \sum_{n=0}^{\infty} \frac{(-1)^n}{n!} x^n = 1 - x + \frac{1}{2!} x^2 - \frac{1}{3!} x^3 + \cdots \tag{8.102}$$

受式 (8.86) 的启发,将方程 (8.100) 改写为

$$2x - 1 = \sum_{n=2}^{\infty} \frac{(-1)^n}{n!} x^n \tag{8.103}$$

将上式右边作为修正项,有迭代格式:

$$2x_{\#k} - 1 = \sum_{n=2}^{\infty} \frac{(-1)^n}{n!} x_{\#(k-1)}^n, \quad k = 1, 2, \cdots \tag{8.104}$$

首次近似 $x_{\#0} = 0.5$,经过 6 次迭代即可得到 0.5671 的近似解. 这一迭代格式具有较高的效率,而且不涉及指数运算,可以完全采用手工进行计算.

若进一步考虑级数法,可以让数值计算更为方便. 我们可以引入一个小参数,令 $\varepsilon = 1/2$,考虑到泰勒展开式 (8.102),将方程 (8.103) 改写为

$$2x - 2\varepsilon = \sum_{n=2}^{\infty} \frac{(-1)^n}{n!} x^n \tag{8.105}$$

此时,我们可以通过经典摄动法获得级数解:

$$x = \varepsilon + \frac{1}{4}\varepsilon^2 + \frac{1}{24}\varepsilon^3 - \frac{1}{192}\varepsilon^4 - \frac{13}{1920}\varepsilon^5 - \cdots \tag{8.106}$$

将 $\varepsilon = 1/2$ 代入上式,可得

$$x = \frac{1}{2} + \frac{1}{16} + \frac{1}{192} - \frac{1}{3072} - \frac{13}{61440} - \cdots \tag{8.107}$$

计算上式右侧的前五项,即可近似得到 0.5671. 因此,迭代法和级数法的结合常常可以提供更为简便的计算. 尽管与牛顿迭代相比,该方法的收敛速度较慢,但该方法提供了一种可以完全通过手工进行计算的级数解,并且只需取前几项就可以获得高精度的结果.

8.2.4 逐级近似法

在迭代法中,通过对方程进行修改获得一个迭代式. 我们再换一个思路,这次我们不对方程进行直接近似,而是先猜测形式解,再通过方程确定合适的形式解.

级数法可能并非总是有效的,迭代法可能克服级数法的困难. 然而,有时候并不容易构造出合适的迭代格式,比如下面的例子.

例 8.11 求下列方程的实根 x,其中 ε 为小参数

$$(x-1) + \varepsilon \ln (x-1) = 0, \quad 0 < \varepsilon \ll 1 \tag{8.108}$$

(1) 级数法

倘若方程 (8.108) 存在实根,易见它只可能在区间 $(1,2)$ 上. 假设方程在 $x = 1$ 附近有关于小参量 ε 的幂级数形式的近似解,记为 $x = 1 + x_1\varepsilon + x_2\varepsilon^2 + \cdots$,注意系数 $x_k(k = 1, 2, \cdots)$ 是与 ε 无关的常数,此时

$$\ln (x-1) = -\varepsilon \ln \varepsilon^{-1} + \varepsilon \ln \left(1 + \frac{x_2}{x_1}\varepsilon + \cdots \right) \tag{8.109}$$

因此,方程 (8.108) 可以写成

$$-\varepsilon \ln \varepsilon^{-1} + (x_1 + \ln x_1)\varepsilon + (x_2 + x_2/x_1)\varepsilon^2 + \cdots = 0 \tag{8.110}$$

然而,上式第一项的量阶 $O(\varepsilon \ln \varepsilon^{-1})$ 显然与后面的任一项的量阶不同,它是方程的主导项,而方程中没有能够与之平衡的项. 这实在令人困惑. 难道方程的解不存在?

(2) 解的存在性

易见 $f(1+\varepsilon) = \varepsilon + \varepsilon \ln \varepsilon < 0$, $f(2) = 1 + \varepsilon \ln 1 = 1 > 0$. 因此,由零值定理,方程的确应该在 $(1+\varepsilon, 2)$ 上至少存在一个实根. 那么为何我们通过级数法没有找到一个实根呢? 此时我们应该试着去检查我们做出的假设是否合理. 由于形式解是我们唯一的假设,只能说明我们所采用的形式解是不合适的,即这个实根不能用关于小参量 ε 的幂级数的形式表示. 为获得方程的解,我们采用如下称为逐级近似的方法,其实质与迭代法是相同的,在一些教材中并不加以区分. 考虑到二者在操作上有些区别,我们采用不同的名称来区分这两个方法. 正如我们上面指出的,对于本例我们并不能轻易地构造出有效的迭代式. 因此,从下面的分析中,我们将看到逐级近似法提供了更加清楚的操作方式.

(3) 逐级近似法

该方程的零级近似是 $x \sim 1$. 我们假设方程的一级近似为

$$x = 1 + \delta_1, \tag{8.111}$$

式中, $\delta_1 = o(1)$. 此时, 方程改写为

$$\delta_1 + \varepsilon \ln \delta_1 = 0 \quad \Leftrightarrow \quad \delta_1 = e^{-\delta_1/\varepsilon} \tag{8.112}$$

该方程仅包含两项, 二者的量阶必须相当. 直接确定 δ_1 的量阶是困难的, 但既然明确方程中两项的量阶相当, 我们通过经验试凑总可以确定出 δ_1 的量阶. 实际上, 在例 3.5 中我们已经得到过该结果, 即有

$$\delta_1 \sim \varepsilon \ln \varepsilon^{-1} \tag{8.113}$$

为得到更高阶的近似, 我们假设方程的二级近似为

$$x = 1 + \varepsilon \ln \varepsilon^{-1} + \delta_2 \tag{8.114}$$

式中, $\delta_2 = O(\varepsilon \ln \varepsilon^{-1})$. 此时, 方程改写为

$$\varepsilon \ln \varepsilon^{-1} + \delta_2 + \varepsilon \ln(\varepsilon \ln \varepsilon^{-1}) + \varepsilon \ln\left(1 + \frac{\delta_2}{\varepsilon \ln \varepsilon^{-1}}\right) = 0 \tag{8.115}$$

或

$$\delta_2 + \varepsilon \ln \ln \varepsilon^{-1} + \varepsilon \left(\frac{\delta_2}{\varepsilon \ln \varepsilon^{-1}} + \cdots\right) = 0 \tag{8.116}$$

因此, 通过量阶比较, 可得

$$\delta_2 \sim -\varepsilon \ln \ln \varepsilon^{-1} \tag{8.117}$$

一般地, 我们可以假设

$$x = \sum_{n=0}^{\infty} \delta_n \tag{8.118}$$

式中, $\delta_{n+1} = o(\delta_n), n = 0, 1, 2, \cdots$, 通过量阶平衡原理可以得到各阶的结果. 如本例将给出

$$x = 1 + \varepsilon \ln \varepsilon^{-1} - \varepsilon \ln \ln \varepsilon^{-1} + \varepsilon \frac{\ln \ln \varepsilon^{-1}}{\ln \varepsilon^{-1}} + \cdots \tag{8.119}$$

可见展开形式不一定为整幂次的函数形式. 因此, 采用幂级数近似解有可能造成过强的约束, 上述方法引入了可以调整的未知量, 使该方法更具一般性. 但其分析过程相对复杂, 因此对于具有幂级数解的问题, 建议还是采用级数法, 而且在适当的尝试后往往可以通过引入新的参量, 使用级数法获得更高阶的近似解.

实际上, 通过选择合适的形式解, 可能获得更为有效的渐近解, 如下例提供了一种思路.

例 8.12　求下列方程的实根 x

$$x = \tan x \tag{8.120}$$

显然 $x=0$ 是方程的一个实根,此外方程还有无穷多个实根. $\tan x$ 是以 π 为周期的函数,在区间 $(-\pi/2,\pi/2)$ 上单调递增,它与直线 x 的交点即为所要求的解. 通过草图可以判断,除了 $x=0$ 外,其他的解满足 $|x|>1$.

为求非零解,首先将方程 (8.120) 改写成

$$x\cos x = \sin x \tag{8.121}$$

由于 $-1\leqslant\sin x\leqslant 1$,当 $|x|$ 很大时,$|\cos x|$ 必须很小,才能使 $-1\leqslant x\cos x\leqslant 1$. 因此,考虑到 $-1<\cos x<1$,可以假设

$$x=\frac{1}{2}(2n+1)\pi+\delta,\quad n=0,\pm 1,\pm 2,\cdots \tag{8.122}$$

式中,δ 为小量. 将式 (8.122) 代入式 (8.121),并经过讨论知,不管 n 为奇数或偶数,都有

$$-\left[\frac{1}{2}(2n+1)\pi+\delta\right]\sin\delta = \cos\delta \tag{8.123}$$

将 $\sin\delta$ 和 $\cos\delta$ 的泰勒展开式 (2.66) 和 (2.67) 代入上式,并保留到 $O(\delta^2)$ 项,有

$$-\frac{1}{2}(2n+1)\pi\delta-\delta^2+\cdots=1-\frac{1}{2!}\delta^2+\cdots \tag{8.124}$$

可见,上式等号两边的第一项相当,即

$$\delta\sim-\frac{2}{(2n+1)\pi} \tag{8.125}$$

因此,可以得到

$$x\sim\frac{(2n+1)\pi}{2}-\frac{2}{(2n+1)\pi},\quad n=0,\pm 1,\pm 2,\cdots \tag{8.126}$$

进一步可以采用级数法得到更为精确的近似解,如下

$$x\sim\frac{1}{\varepsilon}-\varepsilon-\frac{2}{3}\varepsilon^3-\frac{13}{15}\varepsilon^5-\frac{146}{105}\varepsilon^7-\cdots \tag{8.127}$$

式中,ε 为小参数

$$\varepsilon=\frac{2}{(2n+1)\pi},\quad n=0,\pm 1,\pm 2,\cdots \tag{8.128}$$

8.3 庞加莱方法及其推广

8.3.1 基本思想

1892 年,庞加莱[①] 在《天体力学的新方法》一书中探讨了一阶微分方程组的周期解问题,公式如下

$$\frac{\mathrm{d}\boldsymbol{x}}{\mathrm{d}t}=\boldsymbol{f}(\boldsymbol{x};\varepsilon) \tag{8.129}$$

[①] 庞加莱 (Jules Henri Poincaré, 1854~1912),法国数学家、天体力学家、数学物理学家、科学哲学家. 在 1904~1912 年间获得了 51 个诺贝尔物理学奖提名,其中仅 1910 年就获得了 34 个提名,那一年物理学家的提名票共有 58 票(爱因斯坦获得 1 个提名,也是他第一次被提名). 但庞加莱最终还是与诺贝尔物理学奖擦身而过.

式中, t 为时间, ε 为小参数, $\boldsymbol{x} = \{x_1, x_2, \cdots, x_n\}$ 和 $\boldsymbol{f} = \{f_1, f_2, \cdots, f_n\}$. 如果方程的周期为 T, 引入新的自变量 $\tau = t/T$, 式 (11.34) 可以改写为

$$\frac{\mathrm{d}\boldsymbol{x}}{\mathrm{d}\tau} = T\boldsymbol{f}(\boldsymbol{x}; \varepsilon) \tag{8.130}$$

考虑到对于 $\varepsilon = 0$ 时, 方程组 (11.34) 可以给出周期为 $T^{(0)}$ 的周期解; 而对于 $\varepsilon \neq 0$, 周期 T 与参数 ε 有关, 因此庞加莱假设周期 T 是关于 ε 的幂级数形式:

$$T = T^{(0)} + \varepsilon T^{(1)} + \varepsilon^2 T^{(2)} + \cdots \tag{8.131}$$

式中, $T^{(k)}$ 为待定常数 $(k = 0, 1, 2, \cdots)$. 此时, 式 (8.129) 可以写为

$$\frac{\mathrm{d}\boldsymbol{x}}{\mathrm{d}\tau} = \left(T^{(0)} + \varepsilon T^{(1)} + \varepsilon^2 T^{(2)} + \cdots\right) \boldsymbol{f}(\boldsymbol{x}; \varepsilon) \tag{8.132}$$

然后, 对上式采用级数法进行求解, 并通过调整待定常数 $T^{(k)}$ 可以消去久期项. 该方法称为庞加莱方法, 其实质是引入可调的参数以消去久期项.

实际上, 早在 1882 年, 林德斯泰特 (Anders Lindstedt) 就提出了一种类似的思想来求解如下方程:

$$\ddot{y} + \omega^2 y = \varepsilon f(y, \dot{y}), \quad 0 < \varepsilon \ll 1 \tag{8.133}$$

他将频率 ω 展成关于小参数 ε 的幂级数形式:

$$\omega = \omega^{(0)} + \omega^{(1)}\varepsilon + \omega^{(2)}\varepsilon^2 + \cdots \tag{8.134}$$

式中, $\omega^{(k)}$ 为待定常数, 通过调整其系数来消去久期项. 该方法表现为对参数 ω 关于另一个参数 ε 的相关性处理, 因此常称为变形参数法或参数摄动法. 林德斯泰特和庞加莱的处理方式都可以归结为对自变量做线性变换, 所以该方法也称林德斯泰特-庞加莱方法, 或称庞加莱-林德斯泰特方法.

8.3.2　庞加莱方法

实际上, 庞加莱方法相当于先将因变量和自变量都假设成关于小参数 ε 的幂级数形式

$$\begin{cases} \boldsymbol{x} = \boldsymbol{x}^{(0)}(\tau) + \varepsilon \boldsymbol{x}^{(1)}(\tau) + \varepsilon^2 \boldsymbol{x}^{(2)}(\tau) + \cdots \\ t = \tau \left(T^{(0)} + \varepsilon T^{(1)} + \varepsilon^2 T^{(2)} + \cdots\right) \end{cases} \tag{8.135}$$

然后通过调整待定的常数来消去久期项, 以获得有效的近似解.

庞加莱方法与经典摄动方法本质上的不同是, 它认为自变量与参数不是完全独立的, 通过引入了一个新的自变量, 并视新的自变量与参数相互独立, 然后通过调节新旧自变量之间转化关系的系数来消除久期项, 从而获得了有效的近似解.

例 8.13 行星轨道的进动

$$\begin{cases} f''(\varphi) + f(\varphi) = 1 + \varepsilon f^2(\varphi), & 0 < \varepsilon \ll 1 \\ f(0) = 1 + e, \quad f'(0) = 0 \end{cases} \tag{8.136}$$

假设方程的形式解为

$$\begin{cases} f(\varphi(\psi)) = F_0(\psi) + F_1(\psi)\varepsilon + F_2(\psi)\varepsilon^2 + \cdots \\ \varphi(\psi) = \psi \left(1 + \alpha_1 \varepsilon + \alpha_2 \varepsilon^2 + \cdots\right) \end{cases} \tag{8.137}$$

式中,ψ 为新的自变量,$F_m(\psi)(m = 0, 1, 2, \cdots)$ 为与该新自变量 ψ 有关的函数,而 α_n 为常数 $(n = 1, 2, \cdots)$. 关于 φ 的一阶导数和二阶导数分别改写为

$$\frac{\mathrm{d}}{\mathrm{d}\varphi} = \frac{1}{\dfrac{\mathrm{d}\varphi}{\mathrm{d}\psi}} \frac{\mathrm{d}}{\mathrm{d}\psi} = \left[1 - \alpha_1 \varepsilon + \left(\alpha_1^2 - \alpha_2\right)\varepsilon^2 + \cdots\right] \frac{\mathrm{d}}{\mathrm{d}\psi} \tag{8.138}$$

$$\frac{\mathrm{d}^2}{\mathrm{d}\varphi^2} = \left[1 - 2\alpha_1 \varepsilon + \left(3\alpha_1^2 - 2\alpha_2\right)\varepsilon^2 + \cdots\right] \frac{\mathrm{d}^2}{\mathrm{d}\psi^2} \tag{8.139}$$

将形式解 (8.137) 代入微分方程,并展开成关于 ε 的幂级数形式:

$$(F_0'' + F_0 - 1) + \varepsilon \left(F_1'' + F_1 - 2\alpha_1 F_0'' - F_0^2\right) \\ + \varepsilon^2 \left[F_2'' + F_2 - 2\alpha_1 F_1'' - 2F_0 F_1 + \left(3\alpha_1^2 - 2\alpha_2\right) F_0''\right] + \cdots = 0 \tag{8.140}$$

将形式解 (8.137) 代入定解条件,也展开成关于 ε 的幂级数形式:

$$\begin{cases} (F_0(0) - 1 - e) + F_1(0)\varepsilon + F_2(0)\varepsilon^2 + \cdots = 0, \\ F_0'(0) + (F_1'(0) - \alpha_1 F_0'(0))\varepsilon + \left[F_2'(0) - \alpha_1 F_1'(0) + \left(\alpha_1^2 - \alpha_2\right) F_0'(0)\right]\varepsilon^2 + \cdots = 0 \end{cases} \tag{8.141}$$

考虑到 ε 的任意性,要求式 (8.140) 和 (8.141) 的各阶系数均为零,进而得到各阶系数的控制方程:

$$O(1): \begin{cases} F_0'' + F_0 = 1 \\ F_0(0) = 1 + e, \quad F_0'(0) = 0 \end{cases} \tag{8.142}$$

$$O(\varepsilon): \begin{cases} F_1'' + F_1 = 2\alpha_1 F_0'' + F_0^2 \\ F_1(0) = 0, \quad F_1'(0) = \alpha_1 F_0'(0) \end{cases} \tag{8.143}$$

$$O(\varepsilon^2): \begin{cases} F_2'' + F_2 = 2\alpha_1 F_1'' + 2F_0 F_1 - \left(3\alpha_1^2 - 2\alpha_2\right) F_0'' \\ F_2(0) = 0, \quad F_2'(0) = \alpha_1 F_1'(0) - \left(\alpha_1^2 - \alpha_2\right) F_0'(0) \end{cases} \tag{8.144}$$

$$\cdots$$

由式 (8.142),首先获得零级近似解,如下

$$F_0(\psi) = 1 + e \cos \psi \tag{8.145}$$

该结果与经典摄动法的零次近似解 (8.30) 相比,形式上一致,只是新旧自变量发生了变化. 为求一级近似,将式 (8.145) 代入式 (8.143) 的微分方程,有

$$F_1'' + F_1 = 1 + \frac{e^2}{2} + 2 \left(1 - \alpha_1\right) e \cos \psi + \frac{e^2}{2} \cos 2\psi \tag{8.146}$$

上式是一个二阶线性非齐次微分方程, 其等号右侧为非齐次项. 对应的齐次方程有两个基本解为 $\cos \psi$ 和 $\sin \psi$. 若非齐次项中存在 $\cos \psi$ 项, 则 $F_1(\Psi)$ 的特解中将包含与 $\psi \sin \psi$ 有关的共振项. 当 ψ 很大时, $\psi \sin \psi$ 将不能维持在 $O(1)$ 的量级. 如果取

$$\alpha_1 = 1 \tag{8.147}$$

则可以把非齐次项中含 $\cos \psi$ 的项消去, 进而 $F_1(\psi)$ 的解中不再出现含有 $\psi \sin \psi$ 的共振项. 此时, 式 (8.146) 可以写为

$$F_1'' + F_1 = 1 + \frac{e^2}{2} + \frac{e^2}{2} \cos 2\psi \tag{8.148}$$

结合定解条件, 可以得到

$$F_1(\psi) = \frac{3+e^2}{3} \left(1 - \cos \psi\right) + \frac{e^2}{6} \left(1 - \cos 2\psi\right) \tag{8.149}$$

将上述结果代入式 (8.144) 的微分方程中, 有

$$\begin{aligned}
F_2'' + F_2 = & 2 - e + e^2 - \frac{e^3}{3} + 5\left(1 - \frac{2}{5}\alpha_2 + \frac{1}{6}e^2\right) \cos \psi \\
& - \frac{1}{3}e\left(3 - 3e + e^2\right) \cos 2\psi - \frac{e^3}{6} \cos 3\psi
\end{aligned} \tag{8.150}$$

同理, 为消除 $F_2(\psi)$ 中可能包含的共振项, 可以取

$$\alpha_2 = \frac{5}{2}\left(1 + \frac{1}{6}e^2\right) \tag{8.151}$$

依此类推, 可以得到各阶系数. 显然, 随着求解精度的提高, 各阶系数的形式越来越复杂, 但可以发现系数 $F_m(\psi)$ 是关于 ψ 的三角级数, 包含有谐波项 $\cos 2\psi$, $\cos 3\psi$ 等. 所得到的近似解是一个周期解, 写为

$$\begin{aligned}
f(\varphi) = & 1 + e \cos \frac{\varphi}{1 + \varepsilon + \cdots} \\
& + \left[\frac{3+e^2}{3}\left(1 - \cos \frac{\varphi}{1 + \varepsilon + \cdots}\right) + \frac{e^2}{6}\left(1 - \cos \frac{2\varphi}{1 + \varepsilon + \cdots}\right)\right]\varepsilon + \cdots
\end{aligned} \tag{8.152}$$

该解是周期函数, 其周期为 $T = 2\pi(1 + \varepsilon + \cdots)$, 因此行星轨道的进动约为 $2\pi\varepsilon$. 图8.6给出了相对论修正行星轨道的庞加莱摄动解. 该解不会随着时间的增长而失效, 而图8.3中的结果只在 $|\varphi| \ll \varepsilon^{-1}$ 时有效.

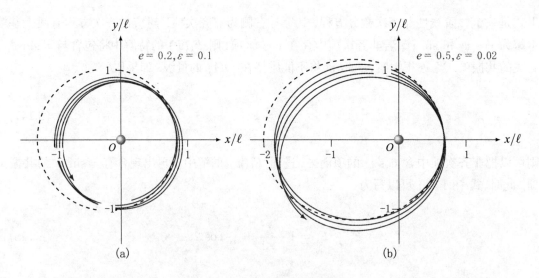

图 8.6 行星轨道的庞加莱摄动解

8.3.3 莱特希尔方法

1949 年, 莱特希尔 (Sir James Lighthill) 注意到上述方法在应用中可能遇到奇异性问题, 因此将方法做了一个重要的推广, 即引入了自变量的非线性变换, 公式如下

$$t = T^{(0)}(\tau) + \varepsilon T^{(1)}(\tau) + \varepsilon^2 T^{(2)}(\tau) + \cdots \tag{8.153}$$

式中, 系数 $T^{(k)}$ 是关于新变量 τ 的待定函数. 通过调整函数 $T^{(k)}(\tau)$, 从而可以有效地消除高阶近似中可能出现的强奇性, 解决了更加广泛的摄动问题. 因此, 该方法称为莱特希尔方法. 与庞加莱方法一样, 同属于坐标摄动法 (变形坐标法或伸缩坐标法), 二者的差别只在于对自变量的变换方式是非线性的还是线性的.

庞加莱方法或莱特希尔方法在处理某些问题时会遇到困难, 它们并不能如预期地找到整个定义域上的有效解. 1949 年, 郭永怀 (Yung-huai Kuo) 将庞加莱方法 (或莱特希尔方法) 与边界层方法相结合解决了大雷诺数黏性流体绕流问题, 从而进一步推广了庞加莱方法 (或莱特希尔方法). 1953 年, 钱学森向郭永怀学习了该方法[1], 并完成了一篇系统性的综述论文[53]. 在该综述论文中, 钱学森将该方法命名为 Poincaré-Lighthill-Kuo 方法, 简称 PLK 方法.

实际上, 在这些方法的基础上, 人们又发展出了很多改进形式的方法[54], 这里就不一一罗列了. 相关方法在物理、力学、生物、工程等领域获得了许多成功的应用. 该方法本质上可以解决的问题是那些需要将解曲面映射到一个畸变的自变量区域的情况. 这类问题普遍存在, 因此该方法非常有用, 但该方法的有效性并不能被严格证明.

---

① 1953 年, 郭永怀应英国力学界大师莱特希尔的邀请准备到英国去讲学, 但美国联邦调查局限制在美国的中国人离境. 当时, 期盼回归祖国的钱学森也被禁止离境. 于是, 钱学森邀请郭永怀到加州理工学院一起做研究, 深入探讨了高超声速黏性流动问题和奇异摄动理论. 1955 年 10 月, 钱学森一家人终于回到祖国; 次年 10 月, 郭永怀一家人也历经周折回到祖国. 1968 年 12 月 5 日, 郭永怀因飞机失事不幸牺牲.

例 8.14　莱特希尔方程的摄动解

考虑莱特希尔方程

$$\begin{cases} (x + \varepsilon y)\, y' + y = x, & 0 \leqslant x \leqslant 1 \\ y(1) = 1 \end{cases}$$

式中,ε 为小参数,即 $0 < \varepsilon \ll 1$.

采用经典的正则摄动法,有

$$y(x) = \frac{1 + x^2}{2x} + \frac{-1 + 2x^2 - x^4}{8x^3}\varepsilon + \frac{1 - x^2 - x^4 + x^6}{16x^5}\varepsilon^2 + O(\varepsilon^3) \tag{8.154}$$

对于任意的 ε 取值,该结果在 $x = 0$ 上存在奇异性,项数越多奇性越大. 然而,对于给定的 ε,例2.15给出了莱特希尔方程的精确解

$$y(x) = \frac{1}{\varepsilon}\left[-x + \sqrt{(1 + \varepsilon)(x^2 + \varepsilon)}\right]$$

其在定义域 $[0, 1]$ 上都不存在奇异点. 因此,经典的正则摄动法在定义域 $[0, 1]$ 上不能给出一致有效的近似解,下面我们考虑用莱特希尔方法来求解.

假设形式解

$$\begin{cases} y(x(\xi)) = y_0(\xi) + \varepsilon y_1(\xi) + \varepsilon^2 y_2(\xi) + \cdots \\ x(\xi) = \xi + \varepsilon x_1(\xi) + \varepsilon^2 x_2(\xi) + \cdots \end{cases} \tag{8.155}$$

式中,$y_k(\xi)$ 和 $x_k(\xi)$ 为待定函数. 将微分方程展开,有

$$(\xi y_0' + y_0 - \xi) + \varepsilon\left(\xi y_1' + y_1 + y_0 x_1' - \xi x_1' - x_1 + x_1 y_0' + y_0 y_0'\right) + \cdots = 0 \tag{8.156}$$

结合定解条件,有

$$O(1): \quad \begin{cases} \xi y_0' + y_0 = \xi \\ y_0(1) = 1 \end{cases} \tag{8.157}$$

$$O(\varepsilon): \quad \begin{cases} \xi y_1' + y_1 = -y_0 x_1' + \xi x_1' + x_1 - x_1 y_0' - y_0 y_0' \\ y_1(1) = 0, \quad x_1(1) = 0 \end{cases} \tag{8.158}$$

$$\cdots$$

由式 (8.157),可得

$$y_0(\xi) = \frac{1}{2}\left(\xi + \xi^{-1}\right) \tag{8.159}$$

将上式代入式 (8.158) 的一阶方程,有

$$\frac{\mathrm{d}(\xi y_1)}{\mathrm{d}\xi} = \frac{1}{2}\left[\xi\left(1 - \xi^{-2}\right)x_1' + \left(1 + \xi^{-2}\right)x_1 - \frac{1}{2}\xi\left(1 - \xi^{-4}\right)\right] \tag{8.160}$$

为使 $y_1(\xi)$ 的奇性不强于 $y_0(\xi)$,我们要求

$$\xi\left(1 - \xi^{-2}\right)x_1' + \left(1 + \xi^{-2}\right)x_1 - \frac{1}{2}\xi\left(1 - \xi^{-4}\right) = 0 \tag{8.161}$$

其解为

$$x_1(\xi) = \frac{1 + \xi^4 - 4\xi^2 C}{4\xi\,(\xi^2 - 1)} \tag{8.162}$$

结合定解条件,有 $C = 1/2$,因此

$$x_1(\xi) = \frac{1}{4}\left(\xi - \xi^{-1}\right), \quad y_1(\xi) = 0 \tag{8.163}$$

此时,可以得到

$$\begin{cases} y = \dfrac{1}{2}\left(\xi + \xi^{-1}\right) + O(\varepsilon^2) \\[2mm] x = \xi + \dfrac{\varepsilon}{4}\left(\xi - \xi^{-1}\right) + O(\varepsilon^2) \end{cases} \tag{8.164}$$

类似地,可以得到更高精度的解.

当 $x = 0$ 时,由式 (8.164),有 $\xi = \sqrt{\varepsilon}/2 + O(\varepsilon)$,且 $y = 1/\sqrt{\varepsilon} + O(\sqrt{\varepsilon})$. 这与精确解 (2.218) 在 $x = 0$ 的取值为同量阶.

习　　题

8.1 求下列代数方程的近似解,其中 $0 < \varepsilon \ll 1$. 要求结果至少保留 3 项.

(1) $x^2 - 2x + \varepsilon = 0$;

(2) $(1 - \varepsilon)\,x^2 - 2x + 1 = 0$.

8.2 对于 $0 < \varepsilon \ll 1$,下列超越方程均存在实根,求出其近似解. 要求结果至少保留 3 项.

(1) $(x - 1) + \varepsilon\cos(x - 1) = 0$;

(2) $\sqrt{x + \varepsilon} = \mathrm{e}^{-\varepsilon x}$;

(3) $1 + \sqrt{x^2 + \varepsilon} = \mathrm{e}^x$;

(4) $(1 + \varepsilon - x)\,x + \ln x = 0$;

(5) $\sin(x - 1) = \ln(x + \varepsilon)$;

(6) $\ln(x + \varepsilon) = x\,(x - 1)$.

8.3 对于 $0 < \varepsilon \ll 1$,求下列方程的实根,给出近似解的前若干项 [5].

(1) $x = \varepsilon \mathrm{e}^x$;

(2) $x\varepsilon = \mathrm{e}^{-x^2}$.

8.4 试根据"欲穷千里目,更上一层楼"估算王之涣理想中的鹳雀楼至少有多少楼层. 其中,鹳雀楼的总高度记为 H,楼层数记为 n,并取每层楼高度为 $h = 2.5\,\mathrm{m}$,地球半径为 $R = 6370\,\mathrm{km}$,"千里"即 $D = 500\,\mathrm{km}$. 要求不使用计算器.

8.5 若实数 x 满足方程 $x + \ln x = 0$,试估算 x 的值. 要求给出具体的分析和计算过程,有效数字越多越好,不使用计算器.

8.6 若实数 x 满足方程 $x = \cos x$,试估算 x 的值. 要求给出具体的分析和计算过程,可以使用计算器.

8.7　对于 $\alpha \gg 1$，试求如下超越方程的近似解.

    (1)　$x \tan x = \alpha$；

    (2)　$x \cot x = -\alpha$.

8.8　当初始摆角 a 很小时，简单单摆的尺度化方程为

$$\begin{cases} \dfrac{\mathrm{d}^2 \theta}{\mathrm{d} t^2} + \dfrac{\sin a\theta}{a} = 0 \\[2mm] \theta(0) = 1, \quad \dfrac{\mathrm{d}\theta}{\mathrm{d}t}(0) = 0 \end{cases}$$

式中，$\theta = \theta^*/a$ 和 $t = \omega_0 t^*$. 试采用经典摄动法和庞加莱方法分别求该方程的近似解.

8.9　求杜芬方程的近似解

$$\begin{cases} \ddot{u} + u = \varepsilon u^3, \quad t \geqslant 0, \quad 0 < \varepsilon \ll 1 \\[2mm] u(0) = 1, \quad \dot{u}(0) = 0 \end{cases}$$

8.10　用莱特希尔方法求下列方程的近似解：

$$\begin{cases} (x + \varepsilon y)\, y' + (2 + x)\, y = 0, \quad 0 \leqslant x \leqslant 1,\, 0 < \varepsilon \ll 1 \\[2mm] y(1) = \mathrm{e}^{-1} \end{cases}$$

第 9 章 奇异摄动理论

1900 年, 普朗特 (Ludwig Prandtl) 在水槽实验中发现流动的液体在固体表面附近存在着一个速度梯度较大的小薄层, 在薄层内摩擦起主要作用. 无论流体黏性多么小, 薄层内的黏性效应都不可忽略. 1904 年, 普朗特在论文《非常小摩擦下的流体流动》[①] 中提出了边界层 (boundary layer) 的概念, 并极大地简化了对应的数学困难, 成功地解释了黏性流动现象, 解决了达朗贝尔佯谬 (d'Alembert's paradox) [②]. 在不同区域上, 起作用的物理机制可能发生显著的变化, 从而所关注的物理量在极小的区域内可能发生剧烈的变化, 这就是出现边界层现象的物理原因. 本章将介绍处理有关边界层现象的数学技巧.

在数学上, 存在边界层现象的原因是在微分方程中最高阶导数项中含有小参数作为其系数, 例如二阶常微分方程:

$$\begin{cases} \varepsilon y'' + f(x, y, y'; \varepsilon) = 0, & a \leqslant x \leqslant b, \quad 0 < |\varepsilon| \ll 1 \\ y(a) = A, \quad y(b) = B \end{cases} \tag{9.1}$$

如果把这类微分方程中含有小参数系数的最高阶导数项直接略去, 那么微分方程将被降阶, 降阶后的方程的一般解将不能同时满足所有的定解条件. 这说明对于原问题, 在某一定义域上最高阶导数项是不可忽略的. 尽管小参数很小, 但该导数项在某个定义域上可能很大 (即函数本身在该区域内剧烈变化, 形成边界层现象), 二者的乘积项不能再作为小量处理. 也就是说, 原方程的解 $y(x; \varepsilon)$, 在 ε 趋于 0 时, 不存在关于自变量 x 一致收敛的极限, 这类问题称为奇异摄动问题.

本章所要处理的问题就是具有上述特征的奇异摄动问题. 首先介绍普朗特引入的匹配法, 该方法只能给出首阶近似. 然后将该方法进行推广, 获得高阶近似. 此外, 还介绍了可处理边界层变量有指数依赖性的一种奇异摄动法.

---

① 1904 年, 作为工程师的普朗特在国际数学大会上发表了一篇仅有几页纸的论文 (Prandtl L. Über FIüssigkeitsbewegung bei sehr kleiner Reibung. Verhandlungen d. III. Internat. Math. Kongr. Heidelberg, 8—13 Aug. 1904. B. G. Teubner, Leipzig 1905, pp. 485-491). 该论文的巨大价值立即被克莱因注意到了. 经由克莱因的举荐, 普朗特成为哥廷根大学技术物理学院主任, 并建立了流体研究所. 不过该论文在发表后的很长一段时间都没有被人引用, 直到普朗特提出的方程由他的学生求解出来后, 才逐渐被人引用.

② 1752 年, 达朗贝尔 (Jean le Rond d'Alembert) 指出在无界不可压缩的无黏性流体中匀速运动的物体不存在阻力. 这在数学上的求解是自洽的, 但由于结果与实际经验不符, 所以称为达朗贝尔佯谬.

9.1　匹　配　法

9.1.1　基本思路

正如上文指出的,本节将考察最高阶项系数含有小参数的微分方程. 一般情况下,我们关注的问题是方程无法给出精确解,或者精确解的形式复杂,但这类问题往往较复杂,对其分析不容易把握物理意义,因此我们将首先讨论一个可以给出精确解的问题,然后根据解的特征探讨解决边界层问题的一般方法. 我们将可以注意到,当小参数取不同的值时,方程的解所表现出来的典型特征. 对于参数很小的情况,在某些区间或边界上,方程的解变化很小,而在某些边界,方程的解可能急剧变化,并且急剧变化的区域随着参数的变小而变小,这一效应通常是在边界附近出现的,所以称为边界层.

对于此类问题,在定义域的不同区间上控制方程的主导因素可能不同. 因此,我们首先将方程分区域进行近似求解,然后通过组合可能给出对于整个区间都有效的近似解. 获得该有效近似解就是我们的目标,具体的分析过程如下:

(1) 若忽略方程中与小参数 ε 相乘的最高次导数项,将得到一个近似解,但该解只在部分定义域 D_0 上有效. 该区域位于边界层外部,我们将这一区域上的近似称为外部近似.

(2) 当不在定义域 D_0 内时,方程最高次导数项不再是 $O(1)$,在这个区域 D_1 内该项变化剧烈,但其他某些项可以忽略,此时可找到 D_1 内的局部近似解,这一过程称为内部近似.

(3) 在各局部区域内分别找到了局部近似解,尝试将其拼接起来,构造对于整个定义域 D 都有效的近似解.

例 9.1　试讨论采用正则摄动法能否给出如下方程的近似解

$$\begin{cases} \varepsilon \dfrac{\mathrm{d}^2 y}{\mathrm{d}x^2} + (1+\varepsilon)\dfrac{\mathrm{d}y}{\mathrm{d}x} + y = 0, & 0 \leqslant x \leqslant 1, \quad 0 < \varepsilon \ll 1 \\ y(0) = 0, \quad y(1) = 1 \end{cases} \tag{9.2}$$

假设方程的形式解为

$$y(x) = y_0(x) + \varepsilon y_1(x) + \varepsilon^2 y_2(x) + \cdots \tag{9.3}$$

式中,$y_n(x)$ 为待定函数 $(n = 0, 1, 2, \cdots)$. 由级数法,有

$$O(1): \begin{cases} y_0' + y_0 = 0 \\ y_0(0) = 0, \quad y_0(1) = 1 \end{cases} \tag{9.4}$$

$$O(\varepsilon): \begin{cases} y_1' + y_1 = -y_0'' - y_0' \\ y_1(0) = 0, \quad y_1(1) = 0 \end{cases} \tag{9.5}$$

$$\cdots$$

对于式 (9.4),一阶微分方程的解为

$$y_0(x) = Ae^{-x} \tag{9.6}$$

式中, A 为待定常数. 如果考虑边界条件 $y_0(0) = 0$,则有 $A = 0$,即 $y_0(x) = 0$;而如果考虑边界条件 $y_0(1) = 1$,则有 $A = \mathrm{e}$,即 $y_0(x) = \mathrm{e}^{1-x}$. 因此,式 (9.6) 无法同时满足两个边界条件,也就是说正则摄动法对于该问题失效. 实际上,式 (9.2) 所描述的问题并不是单一尺度的,这正是正则摄动法失效的根源.

例 9.2 考察方程 (9.2) 的精确解的主要特征,并讨论分区近似方法

方程 (9.2) 的精确解为

$$y(x;\varepsilon) = \frac{\mathrm{e}^{-x} - \mathrm{e}^{-x/\varepsilon}}{\mathrm{e}^{-1} - \mathrm{e}^{-1/\varepsilon}} \tag{9.7}$$

从该精确解可见,该问题包含有两个尺度,即 $O(1)$ 和 $O(\varepsilon)$. 从图9.1可以看出,该解在 $x = 1$ 附近的取值缓慢变化,而在 $x = 0$ 附近的取值剧烈变化,即在 $x = 0$ 附近存在一个边界层. 对于小参数 ε,由于 $\mathrm{e}^{-1/\varepsilon} \ll \mathrm{e}^{-1} = O(1)$,所以方程的解可以近似为

$$y(x;\varepsilon) \approx \mathrm{e}^{1-x} - \mathrm{e}^{1-x/\varepsilon} \tag{9.8}$$

下面基于该近似解进行分析.

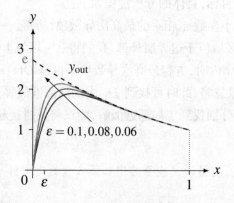

图 9.1 精确解的主要特征

当 $x \gg \varepsilon$ 时,随着 ε 趋于 0,有 $\mathrm{e}^{1-x/\varepsilon}$ 趋于 0,即式 (9.8) 的第二项相对于第一项可以忽略,因此可以得到外部近似解:

$$y_{\mathrm{out}}(x) = \mathrm{e}^{1-x} \tag{9.9}$$

该解与 ε 无关,因而对 ε 的变化不敏感,如图9.1所示. 因此,对于已知解的情况下,我们可以由如下的极限过程来获得外部近似解:

$$\lim_{\varepsilon \to 0^+} y(x;\varepsilon) = \mathrm{e}^{1-x} = y_{\mathrm{out}}(x), \quad x \in (0,1] \tag{9.10}$$

注意,在实施极限过程时,默认 x 和 ε 为相互独立. 尽管式 (9.10) 给出了方程的外部近似解,但是我们期待的是从方程直接给出这一近似解. 实际上,既然 ε 很小,不妨将原方程 (9.2) 中的 ε 取为 0,并且只考虑远离边界层的一端的边界条件,此时得到一个近似方程:

$$\begin{cases} \dfrac{\mathrm{d}\,y_{\mathrm{out}}}{\mathrm{d}\,x} + y_{\mathrm{out}} = 0 \\ y_{\mathrm{out}}(1) = 1 \end{cases} \tag{9.11}$$

易见, 该近似方程的解正是式 (9.9) 给出的结果. 可见, 可以施行将原方程中的 ε 取为 0 并保留合适的定解条件, 从而获得一个近似方程进行求解, 以获得边界层外部的近似解.

显然, 外部近似解 (9.9) 不满足在 $x = 0$ 处的边界条件. 我们采用如下的极限过程来分析其中原因. 对于方程的解 (9.7), 可以有

$$\lim_{x \to 0^+} \left(\lim_{\varepsilon \to 0^+} y(x; \varepsilon) \right) = \lim_{x \to 0^+} y_{\text{out}}(x) = y_{\text{out}}(0) = \text{e} \tag{9.12}$$

但是如果交换极限的顺序, 则给出

$$\lim_{\varepsilon \to 0^+} \left(\lim_{x \to 0^+} y(x; \varepsilon) \right) = \lim_{\varepsilon \to 0^+} 0 = 0 \tag{9.13}$$

这说明, 两个极限运算的顺序不能交换, 解在区间 $(0, 1]$ 上并不一致地趋于 $y_{\text{out}}(x)$, 即外部近似解在区间 $(0, 1]$ 上并非一致有效. 因此, 在边界层附近还需要对原方程进行恰当的近似.

当 $0 < x < \varepsilon$ 时, 即考虑边界层内部, 此时式 (9.8) 可以进一步近似为

$$y(x; \varepsilon) \approx \text{e} - \text{e}^{1 - x/\varepsilon} \tag{9.14}$$

如果考虑极限的过程来获取该近似解, 则不能再假设 x 与 ε 相互独立了. 注意到此时 x 在区间 $(0, \varepsilon)$ 上的变化应以 ε 作为其参考尺度, 故引入一个新的自变量 $\xi = x/\varepsilon$, 可以将内部近似解记为

$$y_{\text{in}}(\xi) = \text{e} - \text{e}^{1 - \xi} \tag{9.15}$$

此时对于固定的 ξ, 极限运算给出

$$\lim_{\varepsilon \to 0^+} y(\xi\varepsilon; \varepsilon) = \lim_{\varepsilon \to 0^+} \frac{\text{e}^{-\xi\varepsilon} - \text{e}^{-\xi}}{\text{e}^{-1} - \text{e}^{-1/\varepsilon}} = \text{e} - \text{e}^{1-\xi} = y_{\text{in}}(\xi), \quad \xi \in [0, 1) \tag{9.16}$$

因此, 在边界层的内部, 需要选择合适的参考尺度和自变量, 将原方程重新尺度化并做适当的近似简化. 对于上述新的自变量 ξ, 原方程 (9.2) 近似为

$$\begin{cases} \dfrac{\text{d}^2 y_{\text{in}}}{\text{d}\xi^2} + \dfrac{\text{d} y_{\text{in}}}{\text{d}\xi} = 0 \\ y_{\text{in}}(0) = 0 \end{cases} \tag{9.17}$$

注意, 上式只保留了原方程中靠近边界层的边界条件. 式 (9.17) 的解为

$$y_{\text{in}}(\xi) = C \left(1 - \text{e}^{-\xi} \right) \tag{9.18}$$

式中, C 为待定系数. 显然, 式 (9.15) 满足近似方程 (9.17), 但是式 (9.17) 的解存在一个未定常数, 因为对于二阶微分方程, 需要有两个定解条件. 因此, 我们还需要寻找其他策略来确定常数 C.

为寻找确定常数 C 的策略, 我们转而考虑边界层内部 (内区) 与边界层外部 (外区) 之间的过渡区域, 称为中间区. 如果在该区域再寻找一个近似方程, 则可能面临同样的尴尬境地, 即缺乏足够的定解条件来确定近似方程的解中所包含的可能的待定常数. 实际上, 在中

间区, 由于对尺度把握的难度很大, 想要得到近似方程也是困难的. 因此, 我们期待中间区的解可以用内区或外区的解直接近似给出. 要获得合适的近似解, 需要有合适的度量方式. 因此, 在中间区, 引入参考尺度 $\sigma(\varepsilon)$ 以及新的自变量 $\eta = x/\sigma$, 显然 $0 < \delta(\varepsilon) \ll \sigma(\varepsilon) \ll 1$, 其中 $\delta(\varepsilon)$ 为边界层厚度. 此时, 在中间区, 对于固定的 η, 由外部近似解 (9.9), 有

$$\lim_{\varepsilon \to 0^+} y_{\text{out}}(x) = \lim_{\sigma \to 0^+} y_{\text{out}}(\eta\sigma) = \lim_{\sigma \to 0^+} \mathrm{e}^{1-\eta\sigma} = \mathrm{e} \tag{9.19}$$

而由内部近似解 (9.15), 有

$$\lim_{\varepsilon \to 0^+} y_{\text{in}}(\xi) = \lim_{\varepsilon \to 0^+} y_{\text{in}}(x/\varepsilon) = \lim_{\varepsilon \to 0^+} y_{\text{in}}(\eta\sigma/\varepsilon) = \lim_{\varepsilon \to 0^+} \left(\mathrm{e} - \mathrm{e}^{1-\eta\sigma/\varepsilon}\right) = \mathrm{e} \tag{9.20}$$

这说明外部近似解和内部近似解在中间区相当. 因此, 可以通过将内解的 "最远端" 和外解的 "最近端" 进行匹配的方式来确定常数 C, 匹配条件可以写为

$$\lim_{\varepsilon \to 0^+} y_{\text{out}}(\eta\sigma) = \lim_{\varepsilon \to 0^+} y_{\text{in}}(\eta\sigma/\delta), \quad \eta = O(1), \quad 0 < \delta(\varepsilon) \ll \sigma(\varepsilon) \ll 1 \tag{9.21}$$

从上述分析可见, 内区、外区和中间区都有各自合适的近似解, 但这似乎表明整个定义域上近似解是分区间给出的. 既然解在整个定义域上常常是连续可微的函数, 我们期待近似解也具有连续可微的性质. 一种可能的策略是将外解和内解直接相加, 但此时中间区的解显然被高估了一倍, 因此, 由外解和内解之和再减去中间区的近似解就可以得到一个复合近似解, 即

$$y_{\text{unity}}(x) = y_{\text{out}}(x) + y_{\text{in}}(\xi) - \lim_{\varepsilon \to 0^+} y_{\text{out}}(\eta\sigma) \tag{9.22}$$

式中, $\lim\limits_{\varepsilon \to 0^+} y_{\text{out}}(\eta\sigma)$ 也可以写作 $\lim\limits_{\varepsilon \to 0^+} y_{\text{in}}(\eta\sigma/\delta)$, 二者由于匹配条件而相等. 通过分析可见, 在内区中第一项和第三项相抵消, 而在外区中第二项和第三项相抵消. 因此, 式 (9.22) 是一个在整个定义域内一致有效的解. 需要注意的是, 复合近似解的构造方式并不唯一.

9.1.2　首阶近似匹配法

在上一节中, 我们已经示明了匹配法的求解思路: 首先获取外部近似和内部近似, 然后施行匹配条件以确定待定的常数, 最后将外部近似与内部近似进行 "缝合" 拼接成一致有效的近似解. 然而, 在实际应用中, 由于精确解通常未知, 所以我们常常会面临一些困难, 如边界层位置的判断、边界层厚度的确定, 以及如何获得高阶近似. 以下通过对一些具体例子的分析来阐明解决上述可能遇到的困难的途径.

在匹配法的应用案例中, 我们常常可以发现即使只保留低阶的近似, 该方法都能给出很好的近似效果. 因此, 在应用中, 不管是外部近似还是内部近似, 我们常常只需要保留其首阶近似, 我们称这样的方法为首阶近似匹配法, 参见例9.3~ 例9.6. 如果想要获得更高精度的近似解, 一个自然的想法就是将外部近似和内部近似的精度分别提高, 即对其做渐近展开, 我们称这样的方法为渐近展开匹配法, 参见例9.7.

例 9.3　用首阶近似匹配法求方程 (9.2) 的近似解

我们暂且忘掉方程 (9.2) 的精确解, 仅利用匹配法的思想来指导方程的近似求解. 为方便分析, 假设我们已经知道在 $x = 0$ 处存在一边界层, 但其厚度未知.

(1) 外部近似

对于边界层外部, 解的变化不剧烈, 故原微分方程中二阶导数与 ε 相乘的一项可以忽略. 对原方程, 取 $\varepsilon = 0$ 进行近似. 因此, 外部解 $y_{\text{out}}(x)$ 满足的方程为

$$\frac{\mathrm{d}\,y_{\text{out}}}{\mathrm{d}\,x} + y_{\text{out}} = 0, \quad y_{\text{out}}(1) = 1 \tag{9.23}$$

其中外部解同时满足边界层外部的边界条件. 上式的解为

$$y_{\text{out}}(x) = \mathrm{e}^{1-x} \tag{9.24}$$

(2) 内部近似

设在 $x = 0$ 处有一厚度为 $\delta(\varepsilon)$ 的边界层, 其大小待定, 但 $0 < \delta \ll 1$. 边界层区域以 δ 作为长度尺度, 为了度量边界层内的相对距离, 我们引入一个新的自变量:

$$\xi = \frac{x}{\delta} \tag{9.25}$$

记 $Y(\xi; \varepsilon) = y(\delta\xi; \varepsilon)$, 原方程变为

$$\frac{\varepsilon}{\delta^2} \frac{\mathrm{d}^2 Y}{\mathrm{d}\,\xi^2} + \frac{1}{\delta}(1+\varepsilon) \frac{\mathrm{d} Y}{\mathrm{d}\,\xi} + Y = 0 \tag{9.26}$$

在以自变量 ξ 进行度量的边界层内, 函数变化看上去不再那么剧烈, 因此我们可以假定

$$\frac{\mathrm{d}^2 Y}{\mathrm{d}\,\xi^2}, \quad \frac{\mathrm{d} Y}{\mathrm{d}\,\xi}, \quad Y = O(1) \tag{9.27}$$

那么, 此时式 (9.26) 等号左侧三项的量级分别为 ε/δ^2, $1/\delta$, 1. 这三项在方程中的重要性, 需要通过量级分析来确定:

① 若 $\varepsilon/\delta^2 \sim 1/\delta$, 即 $\delta \sim \varepsilon$, 此时式 (9.26) 等号左侧的第三项相对其他两项可以忽略;

② 若 $\varepsilon/\delta^2 \sim 1$, 即 $\delta \sim \sqrt{\varepsilon}$, 此时式 (9.26) 等号左侧的第二项相对其他两项不能忽略.

因此, 由量级平衡的分析, 我们可以取 $\delta = \varepsilon$. 进而, 我们可以得到内解 $y_{\text{in}}(\xi)$ 所满足的微分方程和边界条件:

$$\frac{\mathrm{d}^2 y_{\text{in}}}{\mathrm{d}\,\xi^2} + \frac{\mathrm{d}\,y_{\text{in}}}{\mathrm{d}\,\xi} = 0, \quad y_{\text{in}}(0) = 0 \tag{9.28}$$

上式的解为

$$y_{\text{in}}(\xi) = C\left(1 - \mathrm{e}^{-\xi}\right) \tag{9.29}$$

式中, C 为待定常数.

(3) 匹配条件

为确定 C, 须将内解的 "最远端" 与外解的 "最近端" 匹配起来, 因它们对应于边界层的同一 "边缘", 我们需要再引入一个新的自变量来度量这个 "边缘", 即外区和内区之间的中间

区. 假设中间区的尺度为 $\sigma(\varepsilon)$, 该尺度比边界层外部的尺度精细, 但比边界层内部的尺度粗糙, 即 $0 < \delta \ll \sigma \ll 1$. 在中间区引入新的自变量

$$\eta = \frac{x}{\sigma} \tag{9.30}$$

此时, 有 $x = \eta\sigma$ 和 $\xi = \eta\sigma/\delta$.

当 η 固定而 $\varepsilon \to 0^+$ 时, 内外近似应有相同极限, 即

$$\lim_{\varepsilon\to0^+} y_{\text{out}}(\eta\sigma) = \lim_{\varepsilon\to0^+} y_{\text{in}}\left(\frac{\eta\sigma}{\delta}\right) \tag{9.31}$$

式中, η 固定. 该式称为普朗特匹配条件 (Prandtl matching condition), 它表示外解的内极限与内解的外极限一致, 如图9.2所示. 将式 (9.24) 和式 (9.29) 代入普朗特匹配条件 (9.31), 可以得到 $C = \text{e}$. 因此, 内部近似 (9.29) 可以重新写为

$$y_{\text{in}}(\xi) = \text{e} - \text{e}^{1-\xi} \tag{9.32}$$

(4) 一致近似

我们在边界层内部和外部分别获得了近似解 (9.24) 和 (9.32), 显然这两个近似解只在各自的区间中有较好的近似效果, 它们都不能作为整个区间上的有效近似解, 如图9.3所示. 为获得形式上较为简单且在整个区间上都有效的近似解, 我们试着将这两个近似解拼合起来.

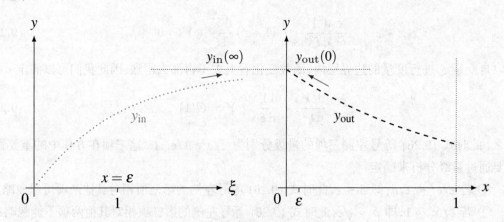

图 9.2 普朗特匹配条件的示意图

一种简单的方案是将外解和内解加起来, 再扣除中间区的公共部分, 即式 (9.22). 因此, 将式 (9.24) 和 (9.32) 代入式 (9.22), 我们可以得到一个一致的近似解:

$$y_{\text{unity}}(x) = \text{e}^{1-x} - \text{e}^{1-x/\varepsilon} \tag{9.33}$$

该解与式 (9.8) 是一致的.

另一种方案是将外解和内解相乘然后除以公共部分, 即一致近似解可以表示为

$$y_{\text{unity}}(x) = \frac{y_{\text{out}}(x)y_{\text{in}}(\xi)}{\lim\limits_{\varepsilon\to0^+} y_{\text{out}}(\eta\sigma)} = \text{e}^{1-x}\left(1 - \text{e}^{-x/\varepsilon}\right) \tag{9.34}$$

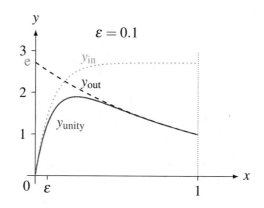

图 9.3　边界层内部、外部近似以及方程的一致近似

需要注意的是,该方案不适用于外解为 0 的情况.

这两个方案给出的近似解在形式上稍有所差别,但效果并无太大差别.

9.1.3　边界层的存在性

对于一个具体的问题,我们有时候并不清楚边界层的位置,这可能带来一些麻烦,但该麻烦是很容易被克服的. 对于未确定边界层的位置,我们可以通过假设法来推定边界层的存在性,然后如果没有找到有效的解,则说明所做的假设是不合理的,而如果可以找到有效的解,则说明所做的假设是合理的. 这与我们在前文一再强调的应用数学思想是一致的,通过结果的有效性来肯定分析过程的合理性.

有些复杂问题可能涉及多边界层或者内边界层,对于这类问题可能通过具体问题所包含的一些特征做出必要的判断,这样将有助于问题的快速分析. 例如,流体流过狭缝时就是一个双边界层问题. 本书只讨论边界层位于给定区间的一端或者两端的情况,不讨论位于给定区间内部的情况.

例 9.4　一个含负参数和未知边界层位置的问题

若考虑方程 (9.2) 中的参数 ε 为负,即

$$\begin{cases} \varepsilon \dfrac{\mathrm{d}^2 y}{\mathrm{d} x^2} + (1+\varepsilon) \dfrac{\mathrm{d} y}{\mathrm{d} x} + y = 0, \quad 0 \leqslant x \leqslant 1, \quad |\varepsilon| \ll 1, \quad \varepsilon < 0 \\ y(0) = 0, \quad y(1) = 1 \end{cases} \tag{9.35}$$

求其近似解.

对于小参数为负的情形,原则上可以引入一个正的小参数,例如 $a = -\varepsilon$,然后按匹配法各步骤进行求解. 但实际上,只要小心符号的正负性,可以不必引入正的小参数. 这对于同时讨论可取正值也可取负值的参数的影响会显得直接一些.

对于该问题,我们不确定边界层会出现在何处,只能分情况讨论.

情况一:假设在 $x = 0$ 附近存在一个边界层. 此时,外部近似与例 9.3 是一致的,即外部解为式 (9.24),而内部近似则不同. 引入边界层尺度 δ,以及自变量 $\xi = x/\delta$ 和因变量

$Y(\xi;\varepsilon) = y(x;\varepsilon)$,此时微分方程改写为

$$-\frac{\varepsilon}{\delta^2}\frac{\mathrm{d}^2 Y}{\mathrm{d}\xi^2} + \frac{1}{\delta}(1+\varepsilon)\frac{\mathrm{d}Y}{\mathrm{d}\xi} + 1 Y = 0 \tag{9.36}$$

上式左侧三项的量级分别为 $-\varepsilon/\delta^2$、$1/\delta$ 和 1. 通过量级平衡,可以取 $\delta = -\varepsilon$,此时第一项与第二项相当,而第三项相对前两项小得多,可以略去. 内部近似解 $y_{\mathrm{in}}(\xi)$ 满足的近似方程写为

$$\frac{\mathrm{d}^2 y_{\mathrm{in}}}{\mathrm{d}\xi^2} - \frac{\mathrm{d}y_{\mathrm{in}}}{\mathrm{d}\xi} = 0, \quad y_{\mathrm{in}}(0) = 0 \tag{9.37}$$

其解为

$$y_{\mathrm{in}}(\xi) = C(1 - \mathrm{e}^{+\xi}) \tag{9.38}$$

式中,C 为常数. 进一步考察匹配条件,我们将发现 C 没有合适的取值使匹配条件成立. 简要分析为:引入中间区尺度 σ 和自变量 $\eta = x/\sigma$,其中 $0 < \delta \ll \sigma \ll 1$,此时 $\xi = \eta\sigma/(-\varepsilon)$. 当固定 η 且 $\varepsilon \to 0^-$ 时,有 $\xi \to +\infty$,此时无论 C 取何值,都不能使 $\lim_{\varepsilon\to 0^-} y_{\mathrm{in}}(\eta\sigma/\delta)$ 与 $\lim_{\varepsilon\to 0^-} y_{\mathrm{out}}(\eta\sigma) = \mathrm{e}$ 相等,即无法满足匹配条件. 这说明所假设的边界层位置与实际不符.

　　情况二:假设边界层位于 $x = 1$ 附近. 此时,外部近似满足:

$$\frac{\mathrm{d}y_{\mathrm{out}}}{\mathrm{d}x} + y_{\mathrm{out}} = 0, \quad y_{\mathrm{out}}(0) = 0 \tag{9.39}$$

其解为

$$y_{\mathrm{out}}(x) = 0 \tag{9.40}$$

对于内部近似,由于边界层在 $x = 1$ 附近,我们同样将边界层尺度记为 δ,但为了度量边界层,我们需要引入一个从边界层所在的边界往所关心的外区进行度量的自变量,即

$$\xi = \frac{1-x}{\delta} \tag{9.41}$$

此时,关于 $Y(\xi;\varepsilon) = y(x;\varepsilon)$ 的微分方程写为

$$-\frac{\varepsilon}{\delta^2}\frac{\mathrm{d}^2 Y}{\mathrm{d}\xi^2} - \frac{1}{\delta}(1+\varepsilon)\frac{\mathrm{d}Y}{\mathrm{d}\xi} + 1 Y = 0 \tag{9.42}$$

上式左侧三项的量级分别为 $-\varepsilon/\delta^2$、$1/\delta$ 和 1. 因此,由量级平衡,有 $\delta = -\varepsilon$. 内部近似解满足的近似方程为

$$\frac{\mathrm{d}^2 y_{\mathrm{in}}}{\mathrm{d}\xi^2} + \frac{\mathrm{d}y_{\mathrm{in}}}{\mathrm{d}\xi} = 0, \quad y_{\mathrm{in}}(0) = 1 \tag{9.43}$$

需要注意的是,自变量 ξ 是从边界层边界开始度量的,因此边界层附近的边界条件是在 $\xi = 0$ 处取得. 式 (9.43) 的解为

$$y_{\mathrm{in}}(\xi) = C(\mathrm{e}^{-\xi} - 1) + 1 \tag{9.44}$$

式中,C 为常数.

引入中间区尺度 σ 和中间区自变量 $\eta = (1-x)/\sigma$,其中 $0 < \delta \ll \sigma \ll 1$. 匹配条件为

$$\lim_{\varepsilon \to 0^-} y_{\text{out}}(1 - \eta\sigma) = \lim_{\varepsilon \to 0^-} y_{\text{in}}(\eta\sigma/\delta) \tag{9.45}$$

式中,η 固定. 将式 (9.40) 和式 (9.44) 代入匹配条件,可以得到 $C = 1$,即有内解为

$$y_{\text{in}}(\xi) = e^{-\xi} \tag{9.46}$$

因此,一致近似解为

$$y_{\text{unity}}(x) = y_{\text{out}}(x) + y_{\text{in}}(\xi) - \lim_{\varepsilon \to 0^-} y_{\text{out}}(1 - \eta\sigma) = e^{(1-x)/\varepsilon} \tag{9.47}$$

该一致近似解的图像如图9.4所示,函数在靠近 $x = 1$ 的一侧急剧变化.

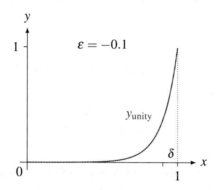

图 9.4　右边界层问题的一致近似解

例 9.5　一个双边界层问题

用匹配法求下列方程的近似解

$$\begin{cases} \varepsilon y'' - y = 0, & 0 \leqslant x \leqslant 1, \quad 0 < \varepsilon \ll 1 \\ y(0) = 1, & y(1) = 1 + \varepsilon \end{cases} \tag{9.48}$$

若存在边界层,取 $\varepsilon = 0$,由微分方程可得外部近似解为

$$y_{\text{out}}(x) = 0 \tag{9.49}$$

此时,外解并不能满足两个边界条件中的任何一个. 因此,如果存在边界层,则定义域左侧和右侧均有边界层,否则该问题不存在边界层,无法用匹配法求解.

假设问题存在两个边界层.

在 $x = 0$ 处附近,引入边界层尺度 $\delta_1(\varepsilon)$ 及其对应的自变量 $\xi_1 = x/\delta_1$,其中 $0 < \delta_1 \ll 1$. 记 $Y_1(\xi_1; \varepsilon) = y(x; \varepsilon)$,由微分方程有

$$\frac{\varepsilon}{\delta_1^2} \frac{\mathrm{d}^2 Y_1}{\mathrm{d}\xi_1^2} - Y_1 = 0 \tag{9.50}$$

由于上式只包含两项, 其量级必须平衡, 考虑 Y_1 和 Y_1'' 均为 $O(1)$, 则有 $\delta_1 = \sqrt{\varepsilon}$. 内解 $y_{\text{in}1}(\xi_1)$ 满足的方程为

$$\frac{\mathrm{d}^2 y_{\text{in}1}}{\mathrm{d}\xi_1^2} - y_{\text{in}1} = 0, \quad y_{\text{in}1}(0) = 1 \tag{9.51}$$

其解为

$$y_{\text{in}1}(\xi_1) = \mathrm{e}^{-\xi_1} + C_1\left(\mathrm{e}^{\xi_1} - \mathrm{e}^{-\xi_1}\right) \tag{9.52}$$

式中, C_1 为待定常数. 为确定常数 C_1, 引入中间区尺度 σ_1 及其对应的自变量 $\eta_1 = x/\sigma_1$, 其中 $0 < \delta_1 \ll \sigma_1 \ll 1$. 由匹配条件:

$$\lim_{\varepsilon \to 0^+} y_{\text{out}}(\eta_1\sigma_1) = \lim_{\varepsilon \to 0^+} y_{\text{in}1}(\eta_1\sigma_1/\delta_1), \tag{9.53}$$

式中, η_1 固定. 可以得到 $C_1 = 0$. 因此, 在 $x = 0$ 附近边界层的内部近似解为

$$y_{\text{in}1}(\xi_1) = \mathrm{e}^{-\xi_1} \tag{9.54}$$

在 $x = 1$ 处附近, 引入边界层尺度 $\delta_2(\varepsilon)$ 及其对应的自变量 $\xi_2 = (1-x)/\delta_2$, 其中 $0 < \delta_2 \ll 1$. 记 $Y_2(\xi_2;\varepsilon) = y(x;\varepsilon)$, 由微分方程有

$$\frac{\varepsilon}{\delta_2^2}\frac{\mathrm{d}^2 Y_2}{\mathrm{d}\xi_2^2} - Y_2 = 0 \tag{9.55}$$

同样地, 由量级平衡, 可以取 $\delta_2 = \sqrt{\varepsilon}$. 内解 $y_{\text{in}2}(\xi_2)$ 满足的方程为

$$\frac{\mathrm{d}^2 y_{\text{in}2}}{\mathrm{d}\xi_2^2} - y_{\text{in}2} = 0, \quad y_{\text{in}2}(0) = 1 + \varepsilon \tag{9.56}$$

其中定解条件也可以近似为 $y_{\text{in}2}(0) = 1$, 对于只考虑首阶近似影响不大, 或者说由于方程误差是 $O(\varepsilon)$ 的, 不会因为把边界条件的信息都保留而使得结果更精确. 式 (9.56) 的解为

$$y_{\text{in}2}(\xi_2) = (1+\varepsilon)\mathrm{e}^{-\xi_2} + C_2\left(\mathrm{e}^{\xi_2} - \mathrm{e}^{-\xi_2}\right) \tag{9.57}$$

式中, C_2 为待定常数. 为确定常数 C_2, 引入中间区尺度 σ_2 及其对应的自变量 $\eta_2 = (1-x)/\sigma_2$, 其中 $0 < \delta_2 \ll \sigma_2 \ll 1$. 由匹配条件:

$$\lim_{\varepsilon \to 0^+} y_{\text{in}2}(\eta_2\sigma_2/\delta_2) = \lim_{\varepsilon \to 0^+} y_{\text{out}}(1 - \eta_2\sigma_2) \tag{9.58}$$

式中, η_2 固定. 可知有 $C_2 = 0$. 因此, 在 $x = 1$ 附近边界层的内部近似解为

$$y_{\text{in}2}(\xi_2) = (1+\varepsilon)\mathrm{e}^{-\xi_2} \tag{9.59}$$

因此, 一致近似解可以写为

$$\begin{aligned} y_{\text{unity}}(x) &= y_{\text{out}}(x) + (y_{\text{in}1}(\xi_1) - y_{\text{in}1}(\infty)) + (y_{\text{in}2}(\xi_2) - y_{\text{in}2}(\infty)) \\ &= \mathrm{e}^{-x/\sqrt{\varepsilon}} + (1+\varepsilon)\mathrm{e}^{-(1-x)/\sqrt{\varepsilon}} \end{aligned} \tag{9.60}$$

该一致近似解的图像如图9.5所示, 函数在 $x = 0$ 和 $x = 1$ 附近急剧变化.

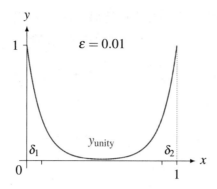

图 9.5　双边界层问题的一致近似解

例 9.6　采用匹配法分析如下方程

$$\begin{cases} \varepsilon y'' + y = 0, & 0 \leqslant x \leqslant 1, \quad 0 < \varepsilon \ll 1 \\ y(0) = 1, \quad y(1) = 1 + \varepsilon \end{cases} \tag{9.61}$$

仿照上例进行分析, 但内解方程 (9.51) 变为

$$\frac{\mathrm{d}^2 y_{\mathrm{in}1}}{\mathrm{d}\xi_1^2} + y_{\mathrm{in}1} = 0, \quad y_{\mathrm{in}1}(0) = 1 \tag{9.62}$$

其解为

$$y_{\mathrm{in}1}(\xi_1) = \cos \xi_1 + C_1 \sin \xi_1 \tag{9.63}$$

当 $\varepsilon \to 0^+$ 时, $\xi \to \infty$, 内解为振荡的, 将无法进行匹配. 因此, 本例不能用匹配法得到一致近似解, 也即本问题无边界层存在.

9.1.4　高阶近似匹配法

为了提高摄动解的精度, 可以将内、外解写成渐近展开式, 然后要求它们在相互重叠的区域进行匹配. 然而, 普朗特匹配条件只适用于首阶近似匹配. 为获得高阶近似匹配, 范·戴克 (van Dyke) 于 1964 年提出了一个匹配条件, 即 n 项外解的 m 项内展开式等于 m 项内解的 n 项外展开式. 然而, 这一匹配条件使用较为繁琐, 甚至可能得出不正确的结果, 所以应用中需要特别加以注意.

例 9.7　已知边界层位于 $x = 0$ 附近, 用渐近展开匹配法求如下方程的近似解

$$\begin{cases} \varepsilon \dfrac{\mathrm{d}^2 y}{\mathrm{d}x^2} + \dfrac{\mathrm{d}y}{\mathrm{d}x} + (1+\varepsilon)^{-2} y = 0, & 0 \leqslant x \leqslant 1, \quad 0 < \varepsilon \ll 1 \\ y(0) = 0, \quad y(1) = 1 \end{cases} \tag{9.64}$$

(1) 外部近似

外部解 $y_{\mathrm{out}}(x)$ 满足如下条件:

$$\varepsilon \frac{\mathrm{d}^2 y_{\mathrm{out}}}{\mathrm{d}x^2} + \frac{\mathrm{d}y_{\mathrm{out}}}{\mathrm{d}x} + \left(1 - 2\varepsilon + 3\varepsilon^2 + \cdots\right) y_{\mathrm{out}} = 0, \quad y_{\mathrm{out}}(1) = 1 \tag{9.65}$$

注意:为了提高摄动解的精度,微分方程未做近似,只做了形式上的改写,但不要求外部解满足边界层附近的边界条件. 假设外部解可以展成关于 ε 的幂级数形式:

$$y_{\text{out}}(x) = a_0(x) + \varepsilon a_1(x) + \varepsilon^2 a_2(x) + \cdots \tag{9.66}$$

将形式解代入式 (9.65),有

$$\begin{cases} (a_0' + a_0) + \varepsilon\left(a_1' + a_1 + a_0'' - 2a_0\right) + \varepsilon^2\left(a_2' + a_2 + a_1'' - 2a_1 + 3a_0\right) + \cdots = 0 \\ a_0(1) + \varepsilon a_1(1) + \varepsilon^2 a_2(1) + \cdots = 1 \end{cases} \tag{9.67}$$

由级数法,可得

$$O(1): \quad \begin{cases} a_0' + a_0 = 0 \\ a_0(1) = 1 \end{cases} \tag{9.68}$$

$$O(\varepsilon): \quad \begin{cases} a_1' + a_1 = -a_0'' + 2a_0 \\ a_1(1) = 0 \end{cases} \tag{9.69}$$

$$O(\varepsilon^2): \quad \begin{cases} a_2' + a_2 = -a_1'' + 2a_1 - 3a_0 \\ a_2(1) = 0 \end{cases} \tag{9.70}$$

$$\cdots$$

依次求解,可以得到

$$a_0(x) = \mathrm{e}^{1-x}, \quad a_1(x) = -(1-x)\,\mathrm{e}^{1-x}, \quad a_2(x) = \frac{1}{2}\left(3 - 4x + x^2\right)\mathrm{e}^{1-x}, \quad \cdots \tag{9.71}$$

因此,外部解可以写为

$$y_{\text{out}}(x) = \mathrm{e}^{1-x}\left[1 - (1-x)\,\varepsilon + \frac{1}{2}\left(3 - 4x + x^2\right)\varepsilon^2 + O(\varepsilon^3)\right] \tag{9.72}$$

(2) 内部近似

通过量级平衡容易确定边界层厚度为 ε,引入边界层内部变量 $\xi = x/\varepsilon$,内部解 $y_{\text{in}}(\xi)$ 满足如下条件:

$$\frac{1}{\varepsilon}\frac{\mathrm{d}^2 y_{\text{in}}}{\mathrm{d}\xi^2} + \frac{1}{\varepsilon}\frac{\mathrm{d}\, y_{\text{in}}}{\mathrm{d}\xi} + \left(1 - 2\varepsilon + 3\varepsilon^2 + \cdots\right)y_{\text{in}} = 0, \quad y_{\text{in}}(0) = 0 \tag{9.73}$$

假设形式解为

$$y_{\text{in}}(\xi) = b_0(\xi) + \varepsilon b_1(\xi) + \varepsilon^2 b_2(\xi) + \cdots \tag{9.74}$$

将上式代入式 (9.74),可以得到

$$\begin{cases} \frac{1}{\varepsilon}\left(b_0'' + b_0'\right) + \left(b_1'' + b_1' + b_0\right) + \varepsilon\left(b_2'' + b_2' + b_1 - 2b_0\right) + \cdots = 0 \\ b_0(0) + \varepsilon b_1(0) + \varepsilon^2 b_2(0) + \cdots = 0 \end{cases} \tag{9.75}$$

因此,我们可以得到

$$O(\varepsilon^{-1}): \quad \begin{cases} b_0'' + b_0' = 0 \\ b_0(0) = 0 \end{cases} \tag{9.76}$$

$$O(1): \quad \begin{cases} b_1'' + b_1' = -b_0 \\ b_1(0) = 0 \end{cases} \tag{9.77}$$

$$O(\varepsilon): \quad \begin{cases} b_2'' + b_2' = -b_1 + 2b_0 \\ b_2(0) = 0 \end{cases} \tag{9.78}$$

$$\cdots$$

依次求解, 可得

$$b_0(\xi) = C_0 \left(1 - e^{-\xi}\right) \tag{9.79}$$

$$b_1(\xi) = C_1 \left(1 - e^{-\xi}\right) + C_0 \left(1 - e^{-\xi} - \xi - \xi e^{-\xi}\right) \tag{9.80}$$

$$b_2(\xi) = C_2 \left(1 - e^{-\xi}\right) + C_1 \left(1 - e^{-\xi} - \xi - \xi e^{-\xi}\right) + \frac{1}{2} C_0 \xi^2 \left(1 - e^{-\xi}\right) \tag{9.81}$$

$$\cdots$$

式中, C_0、C_1 和 C_2 为待定常数. 因此, 内解可以写为

$$\begin{aligned} y_{\text{in}}(\xi) = &\left(1 - e^{-\xi}\right) \left[C_0 \left(1 + \frac{1}{2}\xi^2 \varepsilon^2\right) + (C_1 + C_0)\varepsilon + (C_2 + C_1)\varepsilon^2 \right] \\ &- \left(1 + e^{-\xi}\right)(C_0 + C_1 \varepsilon)\xi\varepsilon + O(\varepsilon^3) \end{aligned} \tag{9.82}$$

(3) 范·戴克匹配条件

对于范·戴克匹配条件, 考察 $m = n = 3$ 的情况. 对于固定的 η, 取 3 项外解, 并将外变量 x 用 $\xi\varepsilon$ 替换, 即

$$y_{\text{out}}(\xi\varepsilon) = e^{1-\xi\varepsilon} \left[1 - (1 - \xi\varepsilon)\varepsilon + \frac{1}{2}\left(3 - 4\xi\varepsilon + \xi^2\varepsilon^2\right)\varepsilon^2 + O(\varepsilon^3) \right] \tag{9.83}$$

对于固定的 ξ, 将上式关于 ε 作幂级数展开, 保留 3 项, 有

$$(y_{\text{out}})_{\text{in}} = e - e(\xi + 1)\varepsilon + \frac{1}{2}e\left(3 + 4\xi + \xi^2\right)\varepsilon^2 + O(\varepsilon^3) \tag{9.84}$$

再将内变量 ξ 用 x/ε 替换, 整理得

$$(y_{\text{out}})_{\text{in}} = e\left(1 - x + \frac{1}{2}x^2\right) - e(1 - 2x)\varepsilon + \frac{3}{2}e\varepsilon^2 + O(\varepsilon^3) \tag{9.85}$$

而取 3 项内解, 将内变量 ξ 用 x/ε 替换, 即

$$(y_{\text{in}})_{\text{out}} = C_0\left(1 + \frac{1}{2}x^2\right) + (C_1 + C_0)\varepsilon + (C_2 + C_1)\varepsilon^2 - (C_0 + C_1\varepsilon)x + \text{TST} + O(\varepsilon^3) \tag{9.86}$$

式中, TST 为含有 $e^{-x/\varepsilon}$ 的超越小量 (transcendentally small term). 将上式整理成关于 ε 的幂级数形式:

$$(y_{\text{in}})_{\text{out}} = C_0\left(1 - x + \frac{1}{2}x^2\right) + [C_1(1 - x) + C_0]\varepsilon + (C_2 + C_1)\varepsilon^2 + O(\varepsilon^3) \tag{9.87}$$

将式 (9.84) 和式 (9.87) 进行匹配, 可以得到

$$C_0 = e, \quad C_1 = -2e, \quad C_2 = \frac{7}{2}e, \quad \cdots \tag{9.88}$$

因此,内解 (9.82) 可以重新写为

$$y_{\text{in}}(\xi) = \left[1 - \varepsilon + \frac{1}{2}\varepsilon^2\left(3 + \xi^2\right)\right]\left(e - e^{1-\xi}\right) - \varepsilon\xi\left(1 - 2\varepsilon\right)\left(e + e^{1-\xi}\right) + O(\varepsilon^3) \qquad (9.89)$$

(4) 一致近似

将上述结果进行组合,可以得到一致近似解为

$$y_{\text{unity}}(x) = y_{\text{out}}(x) + y_{\text{in}}(x/\varepsilon) - (y_{\text{out}})_{\text{in}} = e^{1-x}\left[1 - (1-x)\,\varepsilon + \frac{1}{2}\left(3 - 4x + x^2\right)\varepsilon^2\right]$$
$$- e^{1-x/\varepsilon}\left[1 + x + \frac{x^2}{2} - (1 + 2x)\,\varepsilon + \frac{3}{2}\varepsilon^2\right] + O(\varepsilon^3) \qquad (9.90)$$

9.1.5 边界层现象

边界层现象广泛存在于自然界,在不同问题中可能存在不同的称呼,但其实质都是一样的. 例如,在飞机机翼表面附近流动的流体部分称为附面层 (attached layer),在催化反应中反应激烈的初始阶段称为初始层 (initial layer),在构件中出现应力集中的区域称为边缘层 (edge layer),在导线传输中出现电荷趋肤效应的区域称为表面层 (surface layer). 此外,还有在流体力学中的激波层 (shock layer),以及在量子力学中的过渡点 (transition point) 或转向点 (turning point). 以下举几个具体的例子.

1726 年,丹尼尔·伯努利 (Daniel Bernoulli) 发现流体速度加快时,与流体接触的物体表面上的压力会减小,称为伯努利效应. 机翼形状的设计就是利用了这一效应. 一个简单的演示实验,在平行向下悬挂的两张纸之间吹气,可以注意到纸张相互靠拢. 在站台上候车时,驶过的列车会造成人身体两侧产生压强差,如果人离列车太近,可能被吸向列车造成伤害. 两艘船平行行驶,如果距离太近时,就不能再保持平行了,可能导致相撞.

1756 年,莱顿弗罗斯特 (Johann Gottlob Leidenfrost) 发现水接触到比其沸点温度高得多的物体表面时,液滴表面蒸发会形成一层隔热的蒸汽层,这层蒸汽会使水滴悬浮在物体表面上,称为莱顿弗罗斯特效应. 我们所看到的一些不可思议的危险表演,如徒手拿干冰、徒手捧液氮,甚至快手砍金属液流,实际上都是利用了莱顿弗罗斯特效应.

9.2 WKB 方 法

9.2.1 方法的提出

某些问题对边界层变量有指数依赖性,直接采用匹配法处理可能较困难.

1926 年,物理学家文策尔 (Gregory Wentzel)、克拉莫斯 (Hendrik Anthony Kramers) 和布里渊 (Léon Nicolas Brillouin) 为了获得薛定谔方程的近似解,几乎同时分别独立地发展了一种可以处理"转向点"的方法. 正因为量子力学薛定谔方程的热点研究,该方法获得了物理学家的大量关注,也因此吸引了数学家的极大兴趣. 但实际上,数学家杰弗里斯 (Sir

Harold Jeffreys) 于 1923 年已经发展了可用于求解二阶线性微分方程的一般近似法. 而更
早期的发现者还包括卡利尼 (Carlini, 1817)、刘维尔 (Liouville, 1837)、格林 (Green, 1837)、
瑞利 (Rayleigh, 1912)、甘斯 (Gans, 1915) 等. 由于"转向点"问题需要特别处理, 所以该方
法常被称为 WKB 方法, 但在文献中存在许多其他称呼[1].

由于问题对边界层变量有指数依赖性, 所以可以假设形式解为

$$y(x;\varepsilon) = \exp\left(\frac{1}{\delta}\sum_{n=0}^{\infty}\alpha_n(x)\delta^n\right), \quad 0 < \delta(\varepsilon) \ll 1 \tag{9.91}$$

式中, δ 是边界层尺度, $\alpha_n(x)$ 为待定系数 $(n = 0, 1, 2, \cdots)$. 对于给定的形式解, 剩下的工作
只需要通过方程确定合适的边界层厚度 δ 以及各系数 $\alpha_n(x)$. WKB 方法较容易, 但只适用
于线性微分方程.

9.2.2　几个例子

在 WKB 方法的应用中, 可能会看到其他形式的渐近展开式, 但它们在实质上是一致
的. 式 (9.91) 可以写为

$$y(x;\varepsilon) = \exp\left(\frac{\alpha_0(x)}{\delta}\right)\exp\left(\sum_{n=1}^{\infty}\alpha_n(x)\delta^{n-1}\right), \quad 0 < \delta(\varepsilon) \ll 1 \tag{9.92}$$

将上式的第二个指数函数项在 $\delta = 0$ 附近做泰勒展开, 可以将其改写为

$$y(x;\varepsilon) = \mathrm{e}^{\alpha_0(x)/\delta}\left(k_0(x) + k_1(x)\delta + k_2(x)\delta^2 + \cdots\right), \quad 0 < \delta(\varepsilon) \ll 1 \tag{9.93}$$

式中, $k_n(x)$ 为待定系数 $(n = 0, 1, 2, \cdots)$. 下面探讨几个例子.

例 9.8　求如下二阶微分方程的近似解

$$\varepsilon y'' - q(x)y = 0, \quad 0 < \varepsilon \ll 1 \tag{9.94}$$

式中, $q(x)$ 为光滑函数.

如果问题较复杂, 可以预先判断 WKB 方法中的尺度 δ, 以简化推导过程. 例如, 对于本
例可以先考虑 $q(x)$ 为常数的情况, 此时微分方程的一般解为

$$y(x) = A\mathrm{e}^{-x\sqrt{q/\varepsilon}} + B\mathrm{e}^{x\sqrt{q/\varepsilon}} \tag{9.95}$$

式中, A 和 B 为常数. 因此, 可以猜测尺度 $\delta(\varepsilon) = \sqrt{\varepsilon}$. 实际上, 本例相对简单, 也可以不预
先确定尺度 δ, 在推导过程中, 再加以确定.

假设方程的形式解为

$$y(x;\varepsilon) = \mathrm{e}^{\theta(x)/\delta}\left(k_0(x) + k_1(x)\delta + k_2(x)\delta^2 + \cdots\right), \quad 0 < \delta(\varepsilon) \ll 1 \tag{9.96}$$

---

[1] WKB 近似/方法, 也称 WBK 方法, 而在荷兰可能称为 KWB 方法, 在法国还可能称为 BWK 方法. 又因为英国数学家
Jeffreys 的早期贡献, 所以英国科学家喜欢称之为 JWKB、WKBJ 或 BWKJ 方法. 此外, 由于 Liouville 和 Green 的工作, 该方
法也被称为 LG 近似/方法.

式中, δ 为待定尺度, $\theta(x)$ 和 $k_n(x)$ 为待定函数 $(n = 0, 1, 2, \cdots)$. 由形式解, 可以先给出 y 关于 x 的一阶导数和二阶导数:

$$y' = \mathrm{e}^{\theta/\delta} \left[\theta' k_0 \delta^{-1} + (k_0' + \theta' k_1) + (k_1' + \theta' k_2) \delta + \cdots \right], \tag{9.97}$$

$$y'' = \mathrm{e}^{\theta/\delta} \left\{ (\theta')^2 k_0 \delta^{-2} + \left[\theta'' k_0 + 2\theta' k_0' + (\theta')^2 k_1 \right] \delta^{-1} + \cdots \right\} \tag{9.98}$$

将上述式子代入原方程, 有

$$\frac{\varepsilon}{\delta^2} \left\{ (\theta')^2 k_0 + \left[\theta'' k_0 + 2\theta' k_0' + (\theta')^2 k_1 \right] \delta + \cdots \right\} - q(x)(k_0 + k_1 \delta + \cdots) = 0 \tag{9.99}$$

由主项平衡原理, 有 $\varepsilon/\delta^2 \sim 1$, 可以取 $\delta(\varepsilon) = \sqrt{\varepsilon}$. 因此, 可以得到

$$O(\varepsilon^0): \quad \left[(\theta')^2 - q(x) \right] k_0 = 0 \tag{9.100}$$

$$O(\varepsilon^{1/2}): \quad \theta'' k_0 + 2\theta' k_0' + \left[(\theta')^2 - q(x) \right] k_1 = 0 \tag{9.101}$$

$$\cdots$$

显然 $k_0(x)$ 不能恒为 0, 因此由式 (9.100), 可得

$$(\theta')^2 = q(x) \tag{9.102}$$

该式称为程函方程 (eikonal equation)[①], 它给出了问题快变部分的控制方程, 有时候较难求解, 但这里相对简单, 其解为

$$\theta(x) = \pm \int^x \sqrt{q(s)} \, \mathrm{d}s \tag{9.103}$$

该解关于 x 是非线性的, 只有当 q 为常数时, $\theta(x)$ 才是线性的. 式 (9.101) 中, k_0 和 k_1 都是未知的, 通常无法将它们都确定出来. 但考虑到式 (9.102), 可以将式 (9.101) 简化成只包含未知量 k_0 的形式:

$$\theta'' k_0 + 2\theta' k_0' = 0 \tag{9.104}$$

上式的解为

$$k_0(x) = \frac{c}{\sqrt{\theta'(x)}} = \frac{c}{\sqrt{\pm\sqrt{q(x)}}} = \alpha(q(x))^{-1/4} \tag{9.105}$$

式中, c 和 α 均为常数, 并要求 $q(x)$ 非零. 由于 $\theta(x)$ 存在两个解, 因此原方程的解可以表示为

$$y(x) = \left(A\mathrm{e}^{-\frac{1}{\sqrt{\varepsilon}} \int^x \sqrt{q(s)} \, \mathrm{d}s} + B\mathrm{e}^{\frac{1}{\sqrt{\varepsilon}} \int^x \sqrt{q(s)} \, \mathrm{d}s} \right) (q(x))^{-1/4} + \cdots \tag{9.106}$$

式中, A 和 B 为常系数.

对于连续变化的函数 $q(x)$ 可能存在零值, $q(x)$ 的零点是方程解的转向点 (turning point). 对于 $q(x) > 0$, 解 (9.106) 在相应的区域呈指数函数变化; 而对于 $q(x) < 0$, 解 (9.106) 在相应的区域呈三角函数变化. 为获得连续变化的函数 $y(x)$, 需要在过渡层进行匹配.

───────────────

① 程函是光程函数的简称.

例 9.9　求如下二阶微分方程的近似解

$$\begin{cases} y'' + \lambda^2 e^{2x} y = 0, & 0 \leqslant x \leqslant 1, \quad \lambda \gg 1 \\ y(0) = 1, \quad y(1) = 1 \end{cases} \tag{9.107}$$

取 $\varepsilon = 1/\lambda^2$ 和 $q(x) = -e^{2x}$ 代入式 (9.106)，只保留第一项有

$$y \sim \left(A e^{-\mathrm{i}\lambda e^x} + B e^{\mathrm{i}\lambda e^x} \right) \left(-e^{2x} \right)^{-1/4} = e^{-x/2} \left(C \cos \lambda e^x + D \sin \lambda e^x \right) \tag{9.108}$$

式中，A, B, C 和 D 为常数. 由定解条件，有

$$C = \frac{-e^{1/2} \sin \lambda + \sin(\lambda e)}{\sin(\lambda(e-1))}, \quad D = \frac{-e^{1/2} \cos \lambda + \cos(\lambda e)}{\sin(\lambda(e-1))} \tag{9.109}$$

因此，方程的近似解为

$$y(x) \sim e^{-x/2} \frac{e^{1/2} \sin(\lambda(e^x - 1)) + \sin(\lambda(e - e^x))}{\sin(\lambda(e-1))} \tag{9.110}$$

例 9.10　一维不含时薛定谔方程的近似解

考虑描述波函数 $\psi(x)$ 的一维不含时薛定谔方程为

$$-\frac{\hbar^2}{2m} \frac{\mathrm{d}^2 \psi(x)}{\mathrm{d}x^2} + V(x)\psi(x) = E\psi(x) \tag{9.111}$$

式中，$\hbar$ 为约化普朗克常量，m 为粒子质量，E 为粒子能量，$V(x)$ 为势函数.

假设波函数 $\psi(x)$ 可以写成

$$\psi(x) = e^{\phi(x)/\hbar} \tag{9.112}$$

则方程 (9.111) 可以改写成关于函数 $\phi(x)$ 的二阶微分方程为

$$\hbar \phi''(x) + (\phi'(x))^2 = 2m(V(x) - E) \tag{9.113}$$

由于波函数 $\psi(x)$ 是复变函数，所以函数 $\phi(x)$ 也是复变函数. 因此，假设函数 $\phi'(x)$ 可以分解为

$$\phi'(x) = a(x) + \mathrm{i}\, b(x) \tag{9.114}$$

式中，$a(x)$ 和 $b(x)$ 均为实变函数. 将式 (9.114) 代入式 (9.113)，并分别考虑实值和虚值两部分，可得到

$$\begin{cases} \hbar a'(x) + a^2(x) - b^2(x) = 2m(V(x) - E) \\ \hbar b'(x) + 2a(x)b(x) = 0 \end{cases} \tag{9.115}$$

进一步地，假设 $a(x)$ 和 $b(x)$ 可以展成 $\hbar$ 的幂级数：

$$a(x) = \sum_{n=0}^{\infty} a_n(x)\hbar^n, \quad b(x) = \sum_{n=0}^{\infty} b_n(x)\hbar^n \tag{9.116}$$

将幂级数 (9.116) 代入方程 (9.115)，并将其展成关于 $\hbar$ 的幂级数，则可以得到

$$O(1): \quad \begin{cases} a_0^2(x) - b_0^2(x) = 2m(V(x) - E) \\ 2a_0(x)b_0(x) = 0 \end{cases} \tag{9.117}$$

$$O(\hbar): \quad \begin{cases} a_0'(x) + 2a_0(x)a_1(x) - 2b_0(x)b_1(x) = 0 \\ b_0'(x) + 2a_1(x)b_0(x) + 2a_0(x)b_1(x) = 0 \end{cases} \tag{9.118}$$

$$\cdots$$

若 $V(x) = E$,则由式 (9.117),有

$$a_0(x) = b_0(x) = 0 \tag{9.119}$$

若 $V(x) < E$,则由式 (9.117),有

$$a_0(x) = 0, \quad b_0(x) = \pm p(x) \tag{9.120}$$

式中,$p(x) = \sqrt{|2m(V(x) - E)|}$ 为动量. 此时,由式 (9.118),有

$$a_1(x) = -\frac{b_0'(x)}{2b_0(x)} = -\frac{p'(x)}{2p(x)} = \left(\ln p^{-1/2}(x) \right)', \quad b_1(x) = 0 \tag{9.121}$$

因此,可以得到

$$\phi(x) = \pm \mathrm{i} \int p(x)\,\mathrm{d}x + \left(\ln p^{-1/2}(x) \right) \hbar + O(\hbar^2) \tag{9.122}$$

上式包含两个解,因此波函数可以写成这两个解的线性叠加形式

$$\psi(x) = \frac{C_1}{\sqrt{p(x)}} \mathrm{e}^{\mathrm{i}\frac{1}{\hbar} \int^x p(\xi)\,\mathrm{d}\xi + O(\hbar)} + \frac{C_2}{\sqrt{p(x)}} \mathrm{e}^{-\mathrm{i}\frac{1}{\hbar} \int^x p(\xi)\,\mathrm{d}\xi + O(\hbar)} \tag{9.123}$$

式中,C_1 和 C_2 为常系数. 这对应于经典运动,因为此时粒子能量 E 大于势能 $V(x)$.

若 $V(x) > E$,则由式 (9.117),有

$$a_0(x) = \pm p(x), \quad b_0(x) = 0 \tag{9.124}$$

此时,由式 (9.118),有

$$a_1(x) = -\frac{a_0'(x)}{2a_0(x)} = -\frac{p'(x)}{2p(x)} = \left(\ln p^{-1/2}(x) \right)', \quad b_1(x) = 0 \tag{9.125}$$

因此,可以得到

$$\phi(x) = \pm \int p(x)\,\mathrm{d}x + \left(\ln p^{-1/2}(x) \right) \hbar + O(\hbar^2) \tag{9.126}$$

上式包含两个解,因此波函数可以写成这两个解的线性叠加形式

$$\psi(x) = \frac{D_1}{\sqrt{p(x)}} \mathrm{e}^{\frac{1}{\hbar} \int^x p(\xi)\,\mathrm{d}\xi + O(\hbar)} + \frac{D_2}{\sqrt{p(x)}} \mathrm{e}^{-\frac{1}{\hbar} \int^x p(\xi)\,\mathrm{d}\xi + O(\hbar)} \tag{9.127}$$

式中,D_1 和 D_2 为常系数. 该情况只在量子系统里才能发生,此时 $E < V(x)$,称为量子隧穿效应 (quantum tunneling effect).

习　　题

9.1　求下列方程在 $0 < \varepsilon \ll 1$ 的近似解

$$x^3 - x^2 + \varepsilon = 0$$

9.2　试用匹配法求下列方程的一致近似解,其中 $0 < \varepsilon \ll 1$.

(1)　$\varepsilon y'' + (2x + 1)y' + 2y = 0$,　$y(0) = \alpha$,　$y(1) = \beta$;

(2)　$\varepsilon y'' - y' = -\mathrm{e}^{-x}$,　$y(0) = y(1) = 0$;

(3)　$\varepsilon y'' - y' = \sin x$,　$y(0) = 0, y(\pi) = 1$;

(4)　$\varepsilon y'' - y' - 2xy = 0$,　$y(0) = y(1) = 1$.

9.3　试用匹配法求下列非线性方程的一致近似解,其中 $0 < \varepsilon \ll 1$.

(1)　$\varepsilon y'' + 2y' + \mathrm{e}^y = 0$,　$y(0) = y(1) = 0$;

(2)　$\varepsilon y'' + 2(1 - x^2)y + y^2 = 1$,　$y(-1) = y(1) = 0$;

(3)　$\varepsilon y'' + y' + 1/y = 0$,　$y(0) = 2$,　$y(1) = 1$.

9.4　试用 WKB 方法求下列方程的近似解,其中 $0 < \varepsilon \ll 1$.

(1)　$\varepsilon y'' - x(1 + x)y' + xy = 0$,　$y(-1/2) = A$,　$y(1/2) = B$;

(2)　$\varepsilon^2 y'' - (1 + x^2)^2 y = 0$,　$y(0) = 0$,　$y'(0) = 1$;

(3)　$\varepsilon^2 y'' - x(2 - x)y = 0$,　$y(-1) = y(1) = 1$.

第 10 章 多尺度摄动方法

一个问题可能存在多个尺度,这是我们在前述一些摄动问题中需要注意到的. 例如在求解相对论效应的行星轨道问题时,采用经典摄动法处理,因久期项的出现导致摄动解在长时间后将失效,这说明采用单一尺度来表示的摄动解,可能因为尺度不够精确而使摄动解变得不合适. 而采用庞加莱方法处理时,可以通过调整尺度,消去久期项,使得摄动解在长时间后仍然有效,这说明选择合适的尺度对获得合适的摄动解至关重要. 在边界层问题求解中,边界层外区、内区和中间区存在各自不同的尺度,通过引入对应的自变量,可以获得各区的有效近似解. 基于问题中存在多个尺度的事实,本章将介绍直接处理问题过程中尺度选取的数学技巧——多尺度摄动方法.

1957 年,斯特罗克 (Peter Andrew Sturrock) 在电等离子体非线性效应的研究中提出了多重尺度展开法. 与边界层方法不同,多重尺度法根据问题的需要引入多个尺度同时对问题进行度量,然后通过调整展开式,使得结果的主要贡献来源于展开式的低阶项,而高阶项的贡献尽可能地小. 我们在生活中使用的尺子,往往带有多重刻度,测量时先数出大刻度的数目,再数出余下小刻度的数目,这种自适应选择刻度的方法,与多重尺度法的思想是一致的. 而游标卡尺①结合了多重尺度与匹配法的思想,其主尺和附在主尺上能滑动的游标分别采用了不同的刻度,其中刻度对齐的测量思想与边界层问题的匹配法是一致的.

本章首先介绍了多重尺度展开法,以水星进动和边界层等问题为例,探讨了多重尺度展开法的适用性,并讨论了尺度的选择和方法的特色,进一步介绍了一种基于多重尺度展开法的均匀化方法,探讨了多重尺度展开法的推广和应用.

10.1　多重尺度展开法

10.1.1　两个例子

针对问题中可能存在的尺度,引入对应的自变量进行度量,自适应地选择合适的自变量去度量因变量,使得在定义域上各区间的近似解都是有效的,这就是多重尺度法的思想. 我们将注意到,对于常微分方程,通过引入多个自变量,方程将转化为偏微分方程,问题的求解似乎变得更加困难,但通过与渐近展开法的结合,并对展开式进行合适的限制,即通过调节

---

① 1859 年,曼海姆 (Amédée Mannheim) 发明了第一个带有"游标"的现代计算尺.

展开式的系数让高阶项尽可能地小, 则可以较为容易地获得展开式的各阶解. 以下以水星进动问题和一个边界层问题为例, 讨论多重尺度法的处理方式.

例 10.1　用多重尺度展开法求解相对论修正的行星轨道方程

$$\begin{cases} f''(\varphi) + f(\varphi) = 1 + \varepsilon f^2(\varphi), & 0 < \varepsilon \ll 1 \\ f(0) = 1 + e, \quad f'(0) = 0 \end{cases} \tag{10.1}$$

我们注意到采用经典摄动法获得的级数解式 (8.34) 中包含有共振项 (或久期项), 它的存在使得当 φ 很大时其结果变得很不准确. 经典摄动解的自变量采用单一尺度 1 进行度量, 因变量采用了简单的级数形式, 通过调节其各项系数试图获得有效的近似解, 当自变量 φ 很大时该简单形式解已经不能很好地用来表征目标函数的变化了. 而庞加莱方法通过引入一个用 ε 表示的幂级数来调节尺度, 可以成功地消去共振项, 使得近似结果主要来源于低阶项, 而高阶项较小.

这里采用另一思路, 采用两个尺度对目标函数同时进行度量, 它也可以用来调节渐近展开各项的相对大小, 使得近似结果的主要贡献来源于低阶项.

我们考虑用双重尺度来分析该问题, 并根据经验选取了尺度, 一个尺度为 1, 另一个尺度为 $1/\varepsilon$, 对应的自变量不妨分别记为

$$\varphi = \frac{\varphi}{1}, \quad \theta = \frac{\varphi}{\varepsilon^{-1}} = \varepsilon\varphi \tag{10.2}$$

自变量 θ 相对于自变量 φ 在更大的尺度上进行度量, 可以将其称为慢变量. 我们将这两个自变量视为独立的, 那么因变量本来只是单一自变量的函数, 现在变成是两个自变量的函数, 此时全导数算子需要改写成

$$\frac{\mathrm{d}}{\mathrm{d}\varphi} = \frac{\partial}{\partial\varphi} + \frac{\mathrm{d}\theta}{\mathrm{d}\varphi}\frac{\partial}{\partial\theta} = \frac{\partial}{\partial\varphi} + \varepsilon\frac{\partial}{\partial\theta} \tag{10.3}$$

假设原方程具有如下形式的近似解, 其各阶系数是两个自变量的待定函数:

$$f(\varphi;\varepsilon) = f^{(0)}(\varphi,\theta) + \varepsilon f^{(1)}(\varphi,\theta) + \varepsilon^2 f^{(2)}(\varphi,\theta) + \cdots \tag{10.4}$$

式中, $f^{(i)}(\varphi,\theta)$ 为待定函数 $(i = 0, 1, 2, \cdots)$. 为保证渐近性, 我们要求 $f^{(i)} = O(1)$, $i = 0, 1, 2, \cdots$. 形式解式 (10.4) 看上去是关于 ε 的幂级数形式, 但由于自变量 θ 是以 $1/\varepsilon$ 为参考尺度的, 因此该形式解实际上并不是严格意义上的幂级数. 然而只要形式解满足渐近性要求, 则可以成为有效的近似解.

根据求解控制方程的需要, 我们先将形式解的一阶导数、二阶导数以及平方也按关于 ε 形式上的幂级数进行展开

$$\frac{\mathrm{d}f}{\mathrm{d}\varphi} = f_\varphi^{(0)} + \varepsilon\left(f_\varphi^{(1)} + f_\theta^{(0)}\right) + \varepsilon^2\left(f_\varphi^{(2)} + f_\theta^{(1)}\right) + \cdots \tag{10.5}$$

$$\frac{\mathrm{d}^2f}{\mathrm{d}\varphi^2} = f_{\varphi\varphi}^{(0)} + \varepsilon\left(f_{\varphi\varphi}^{(1)} + 2f_{\varphi\theta}^{(0)}\right) + \varepsilon^2\left(f_{\varphi\varphi}^{(2)} + 2f_{\varphi\theta}^{(1)} + f_{\theta\theta}^{(0)}\right) + \cdots \tag{10.6}$$

$$f^2 = \left(f^{(0)}\right)^2 + 2\varepsilon f^{(0)}f^{(1)} + \cdots \tag{10.7}$$

式中,下标表示函数对相应自变量的偏导数,并假定各阶导数连续. 因此,微分方程可以整理成关于 ε 形式上的幂级数:

$$\left(f_{\varphi\varphi}^{(0)} + f^{(0)} - 1\right) + \left[f_{\varphi\varphi}^{(1)} + 2f_{\varphi\theta}^{(0)} + f^{(1)} - \left(f^{(0)}\right)^2\right]\varepsilon + \cdots = 0 \tag{10.8}$$

我们可以取上式所有的系数为零,从而来获得 $f^{(i)}$ 的控制方程. 需要注意的是,这样的条件只是充分而非必要. 因为各 $f^{(i)}$ 实际上也是和参数 ε 相关的,即对于任意的参数值,原则上可以通过调节系数 $f^{(i)}$ 使等式中不同项相互抵消. 考虑到我们要求 $f^{(i)} = O(1)$,对于小参数 ε,后面的项比前面的项量级来得小,因此各项不再相互抵消,直接要求各系数为零是最方便的操作. 对于定解条件做类似的处理,可以得到各阶系数的控制方程为

$$O(1): \begin{cases} f_{\varphi\varphi}^{(0)} + f^{(0)} = 1 \\ f^{(0)}(0,0) = 1 + e, \quad f_{\varphi}^{(0)}(0,0) = 0 \end{cases} \tag{10.9}$$

$$O(\varepsilon): \begin{cases} f_{\varphi\varphi}^{(1)} + f^{(1)} = \left(f^{(0)}\right)^2 - 2f_{\varphi\theta}^{(0)} \\ f^{(1)}(0,0) = 0, \quad f_{\varphi}^{(1)}(0,0) = -f_{\theta}^{(0)}(0,0) \end{cases} \tag{10.10}$$

$$\cdots$$

零阶方程 (10.9) 给出了 $f^{(0)}(\varphi,\theta)$ 与自变量 φ 的微分关系,其解为

$$f^{(0)}(\varphi,\theta) = A(\theta)\cos\varphi + B(\theta)\sin\varphi + 1 \tag{10.11}$$

式中,A 和 B 为 θ 的待定函数. 再由式 (10.9) 的定解条件,有

$$A(0) = e, \quad B(0) = 0 \tag{10.12}$$

然而,此时还不足以确定 $A(\theta)$ 和 $B(\theta)$ 的具体形式,因此我们只能考虑下一阶系数的控制方程. 将式 (10.11) 代入式 (10.10) 的微分方程,可以得到

$$f_{\varphi\varphi}^{(1)} + f^{(1)} = -2\left(B' - A\right)\cos\varphi + 2\left(A' + B\right)\sin\varphi + 1 + AB\sin 2\varphi$$
$$+ \frac{1}{2}\left(A^2 + B^2\right) + \frac{1}{2}\left(A^2 - B^2\right)\cos 2\varphi \tag{10.13}$$

可以注意到,一阶方程对应的齐次方程的基本解仍为 $\cos\varphi$ 和 $\sin\varphi$,而非齐次方程 (10.13) 等号右边的第一、二项恰好对应于这两个基本解,因此如果这两项不为零,方程 (10.13) 的特解将出现包含 $\varphi\sin\varphi$ 和 $\varphi\cos\varphi$ 的项,即共振项. 此时,当 $\varphi \gg 1$ 时,共振项将不能再被视为 $O(1)$. 为此,我们需要设法消去共振项以确保方程近似解的渐近性,即要求 $f^{(1)} = O(1)$. 可以注意到,方程 (10.13) 的第一、二项包含了待定函数 $A(\theta)$ 和 $B(\theta)$,这为调节这两项的大小提供了可能性. 因此,可以要求

$$\begin{cases} B' - A = 0 \\ A' + B = 0 \end{cases} \tag{10.14}$$

进一步可以得到

$$A'' + A = 0, \quad B'' + B = 0 \tag{10.15}$$

结合式 (10.14)) 与定解条件 (10.12),有 $A'(0) = 0, B'(0) = e$. 进而,可以得到

$$A(\theta) = e\cos\theta, \quad B(\theta) = e\sin\theta \tag{10.16}$$

因此,由式 (10.11) 和 (10.16),可以得到首阶近似解为

$$f(\varphi) \sim f^{(0)} = 1 + e\cos\theta\cos\varphi + e\sin\theta\sin\varphi = 1 + e\cos\left[(1-\varepsilon)\varphi\right] \tag{10.17}$$

当 $\varepsilon \to 0$ 时,该式将给出非相对论情形下的行星轨道. 该首阶近似解仍是周期函数,但周期变为 $2\pi/(1-\varepsilon)$,行星轨道 $r(\varphi) = \ell/f(\varphi)$ 呈现进动,这与例8.3是一致的.

按照上述思路可以获得更高阶的近似解. 将式 (10.16) 代入式 (10.13),有

$$f_{\varphi\varphi}^{(1)} + f^{(1)} = 1 + \frac{e^2}{2} + \frac{e^2}{2}\cos 2(\varphi - \theta) \tag{10.18}$$

其解为

$$f^{(1)}(\varphi,\theta) = C(\theta)\cos\varphi + D(\theta)\sin\varphi + 1 + \frac{e^2}{2} - \frac{e^2}{6}\cos 2(\varphi - \theta) \tag{10.19}$$

类似地,为确定函数 $C(\theta)$ 和 $D(\theta)$,需要通过要求 $f^{(2)} = O(1)$ 来确定. 因此,多重尺度方法的核心思想就是根据有界性条件 (要求 $f^{(i)} = O(1)$,其中 $i = 0, 1, 2, \cdots$) 对目标量进行形式上的限制. 方程的特解部分出现谐波,更高阶的近似将出现更高次的谐波,即产生了非线性现象. 与经典摄动法导致共振项不同,该非线性现象是问题固有的特征.

例 10.2　用多重尺度展开法处理边界层问题

$$\begin{cases} \varepsilon y'' + (1+\varepsilon)\,y' + y = 0, & 0 < \varepsilon \ll 1 \\ y(0) = 0, \quad y(1) = 1 \end{cases} \tag{10.20}$$

在上一章中,采用匹配法,我们已获得了该边界层问题的近似解 $y(x;\varepsilon) \approx e^{1-x} - e^{1-x/\varepsilon}$,下面采用多重尺度展开法来重新求解该边界层问题. 由奇异摄动法的结果可知该问题包含两个尺度 1 和 ε,对应地可以引入两个自变量为

$$x = \frac{x}{1}, \quad \xi = \frac{x}{\varepsilon} \tag{10.21}$$

自变量 ξ 相对于自变量 x 是在更精细的尺度上进行度量的,可以将其称为快变量. 假设形式上的幂级数解为

$$y(x;\varepsilon) = f(x,\xi;\varepsilon) = f^{(0)}(x,\xi) + \varepsilon f^{(1)}(x,\xi) + \varepsilon^2 f^{(2)}(x,\xi) + \cdots \tag{10.22}$$

式中,$f^{(i)}(x,\xi) = O(1), i = 0, 1, 2, \cdots$. 此时,全导数算子需改写成

$$\frac{\mathrm{d}}{\mathrm{d}x} = \frac{\partial}{\partial x} + \frac{1}{\varepsilon}\frac{\partial}{\partial \xi} \tag{10.23}$$

因此,微分方程可以改写为

$$\left(f_{\xi\xi}^{(0)} + f_{\xi}^{(0)}\right)\varepsilon^{-1} + \left(f_{\xi\xi}^{(1)} + f_{\xi}^{(1)} + 2f_{x\xi}^{(0)} + f_x^{(0)} + f_{\xi}^{(0)} + f^{(0)}\right) + \cdots = 0 \tag{10.24}$$

式中,下标表示函数对相应自变量的偏导数,并假定各阶导数连续. 要求上式成立的充分而非必要条件是令各阶系数为零,即有

$$O(\varepsilon^{-1}): \quad f^{(0)}_{\xi\xi} + f^{(0)}_{\xi} = 0 \tag{10.25}$$

$$O(1): \quad f^{(1)}_{\xi\xi} + f^{(1)}_{\xi} = -2f^{(0)}_{x\xi} - f^{(0)}_{x} - f^{(0)}_{\xi} - f^{(0)} \tag{10.26}$$

$$\cdots$$

可见,首阶方程是关于快变量的微分方程,也就是说我们首先要求解的是关于最精细的尺度所刻画的方程. 由边界条件 $y(0) = 0$,有

$$f^{(0)}(0,0) = 0, \quad f^{(1)}(0,0) = 0, \quad \cdots \tag{10.27}$$

由边界条件 $y(1) = 1$,有

$$f^{(0)}(1,\varepsilon^{-1}) = 1, \quad f^{(1)}(1,\varepsilon^{-1}) = 0, \quad \cdots \tag{10.28}$$

为了得到较为简化的近似解,可以将上式近似写为

$$f^{(0)}(1,\infty) = 1, \quad f^{(1)}(1,\infty) = 0, \quad \cdots \tag{10.29}$$

由式 (10.25),有

$$f^{(0)} = A(x) + B(x)\mathrm{e}^{-\xi} \tag{10.30}$$

结合定解条件,并不能完全确定出 $A(x)$ 和 $B(x)$,只能给出

$$A(0) + B(0) = 0, \quad A(1) = 1 \tag{10.31}$$

到这一步似乎无计可施了,但实际上我们可以通过寻求高阶系数的有界性来确定这些未定系数. 将式 (10.30) 代入式 (10.26),有

$$f^{(1)}_{\xi\xi} + f^{(1)}_{\xi} = -(A' + A) + B'\mathrm{e}^{-\xi} \tag{10.32}$$

非齐次项含有齐次方程的部分基本解,由常数变易法可知,该非齐次方程的解将出现 ξ 与 $\xi\mathrm{e}^{-\xi}$ 项. 当 $\varepsilon \to 0$ 时,ξ 这一项将导致 $f^{(1)}$ 不能满足有界性要求,而 $\xi\mathrm{e}^{-\xi}$ 这一项则不会有影响. 这是因为当 $\varepsilon \to 0$ 时,$\xi \to \infty$,而 $\xi\mathrm{e}^{-\xi} \to 0$. 因此,式 (10.32) 等号右边第一项必须为 0,而第二项则不是必须的. 进而,我们可以得到

$$A' + A = 0, \quad A(1) = 1 \quad \Rightarrow \quad A(x) = \mathrm{e}^{1-x} \tag{10.33}$$

此时,将上式与式 (10.31) 结合,可得 $B(0) = -\mathrm{e}$. 为了最终结果的简单性,可以取

$$B(x) = -\mathrm{e} \tag{10.34}$$

此时,$B'(x) = 0$,则式 (10.32) 等号右边第二项也正好为 0,这会使 $f^{(1)}$ 的结果更简单. 将以上两式代入式 (10.30),得到首阶近似为

$$f^{(0)}(x, x/\varepsilon) = \mathrm{e}^{1-x} - \mathrm{e}^{1-x/\varepsilon} \tag{10.35}$$

这与例9.3中的匹配法给出的解正好相同.

若 $0 < -\varepsilon \ll 1$,上述多尺度展开法并不需要做太大的改动. 仍然可以如同式 (10.21) 一样引入自变量,但需要注意的是此时 $\xi < 0$. 因而,此时不能再使用式 (10.29) 这一近似,但式 (10.28) 不受小参数 ε 符号的影响,即不管小参数 ε 的正负性,式 (10.28) 都可作为定解条件. 由于 $\xi < 0$,当 $f^{(1)}$ 中出现 $\xi e^{-\xi}$,则不能保证 $f^{(1)} = O(1)$,因此必须要求 $B'(x) = 0$. 式 (10.31) 应改为

$$A(0) + B(0) = 0, \quad A(1) + B(1)e^{-1/\varepsilon} = 1 \tag{10.36}$$

结合消去共振项的条件 $A' + A = 0$ 和 $B'(x) = 0$,可得

$$A(x) = \frac{e^{-x}}{e^{-1} - e^{-1/\varepsilon}}, \quad B(x) = -\frac{1}{e^{-1} - e^{-1/\varepsilon}} \tag{10.37}$$

因此,首阶近似为

$$f^{(0)}(x, x/\varepsilon) = \frac{e^{-x} - e^{-x/\varepsilon}}{e^{-1} - e^{-1/\varepsilon}} \tag{10.38}$$

上述分析表明该结果适用于 $-1 \ll \varepsilon \ll 1$,并且它恰巧就是方程的精确解.

10.1.2 尺度的选择

在多重尺度法中,我们需要知道最精细的尺度才能正确处理问题. 如果尚不清楚最精细的尺度,我们可以通过具体的分析来确定正确的尺度.

例 10.3 *阻尼振动的多重尺度展开*

$$\begin{cases} \ddot{y} + 2\varepsilon\dot{y} + y = 0, \quad t > 0, \quad 0 < \varepsilon \ll 1 \\ y(0) = 0, \quad \dot{y}(0) = 1 \end{cases} \tag{10.39}$$

我们首先观察一下方程的精确解:

$$y(t) = \frac{e^{-\varepsilon t}}{\sqrt{1 - \varepsilon^2}} \sin\left(t\sqrt{1 - \varepsilon^2}\right) \tag{10.40}$$

可以发现该结果中包含两个尺度 $1/\varepsilon$ 和 $1/\sqrt{1 - \varepsilon^2}$,后者近似为 1. 采用经典正则摄动法时,可以得到近似解为

$$y(t) \sim \sin t - \varepsilon t \sin t + \cdots \tag{10.41}$$

可见该近似解中存在久期项,在长时间以后,这个近似解的精度将变得非常差,如图10.1(a) 所示.

对于该问题,我们容易知道问题的一个尺度为 1,而另一个尺度则不那么容易猜测. 因此,我们引入两个尺度 1 和 δ,以及对应的自变量:

$$t = \frac{t}{1}, \quad \tau = \frac{t}{\delta} = \lambda t \tag{10.42}$$

式中,$\lambda = \delta^{-1}$ 是小参数 ε 的待定函数. 注意到原方程的最高阶导数项中不包含有小参数 ε,因此所需的尺度 δ 相对于 1 是大得多的,即 λ 是一个小参数. 假设形式上的幂级数解:

$$y = f^{(0)}(t, \tau) + \sigma f^{(1)}(t, \tau) + \cdots, \quad 0 < \sigma(\varepsilon) \ll 1 \tag{10.43}$$

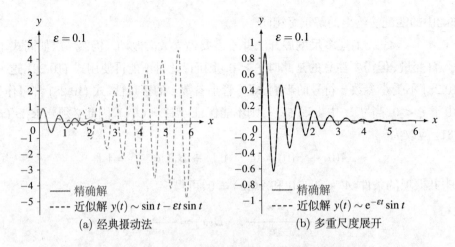

图 10.1　阻尼振动问题的近似解和精确解的比较

式中, σ 是小参数 ε 的待定函数. 将形式解代入微分方程, 并整理成形式上的幂级数:

$$\left(f_{tt}^{(0)} + f^{(0)}\right) + \sigma\left(f_{tt}^{(1)} + f^{(1)}\right) + 2\lambda f_{t\tau}^{(0)} + 2\varepsilon f_{t}^{(0)} + \cdots = 0 \tag{10.44}$$

　　可以发现, 对于四个保留项中的任何一项而言, 上式中省略的任何一项都是小得多的项. 首先观察第四项, 它明显地包含小参数 ε 作为其系数, 并且该项与第一项相比, 阶数高了一阶, 因此零阶近似的微分方程是 $f^{(0)}(t,\tau)$ 关于 t 的齐次微分方程, 其解可以写作 $A(\tau)\sin t + B(\tau)\cos t$. 进一步地, 第四项与 $f^{(0)}(t,\tau)$ 相关, 即可以用首阶对应的微分方程确定, 因此第四项关于 ε 的系数将对应地作为一阶近似微分方程的非齐次项. 一阶近似微分方程由包含 σ 的那一项给出, 这意味着 σ 与 ε 是同量级的, 该微分方程的齐次部分与首阶微分方程一样, 二者具有相同的基本解 $\sin t$ 和 $\cos t$. 非齐次项中出现 $2f_{t}^{(0)} = 2A(\tau)\cos t - 2B(\tau)\sin t$, 这将导致出现包含 $t\cos t$ 和 $t\sin t$ 这样的久期项. 为抵消久期项, 只能寻求 $2\lambda f_{t\tau}^{(0)}$ 这一项, 因此要求 λ 与 ε 同量级. 通过上述分析, 我们可以取 $\sigma = \lambda = \varepsilon$, 此时 $\delta = \varepsilon^{-1}$.

　　因此, 引入双重尺度 1 和 ε^{-1}, 对应的自变量为 t 和 $\tau = \varepsilon t$, 采用多重尺度法将给出首阶近似为

$$f^{(0)}(t,\tau) = \mathrm{e}^{-\tau}\sin t \tag{10.45}$$

即

$$y(t) \sim \mathrm{e}^{-\varepsilon t}\sin t + \cdots \tag{10.46}$$

尽管我们只考虑了首阶近似, 该结果与精确解有很好的一致性, 如图10.1(b) 所示. 想要提高精度可以考虑获得更高阶的近似, 也可以考虑取更多的尺度进行展开.

10.1.3　关于几种摄动法的评述

在前面章节中, 我们以常微分方程为例, 探讨了多种摄动方法, 在这里做一个评述.

在经典摄动法中,因变量被展成关于小参数的渐近展开式,然后我们将常微分方程转化成常微分方程组,用来确定渐近展开式的系数. 经典摄动法仅采用了单一尺度,受所选定的近似解的展开形式的约束,对于某些问题,可能导致近似解存在共振项(或久期项),使得渐近解只在局部范围内有效.

PLK 方法采用了一种巧妙的调节方式,它将因变量和自变量都关于小参数作展开,然后可以通过调节自变量的展开系数来使得共振项(或久期项)被消去,从而使得渐近展开的低阶项集合了结果的主要贡献,它的实质是较精确地调节了自变量的参考尺度.

在匹配法中,我们对于不同区域分别采用合适的尺度以及自变量进行表征,然后在中间区中将结果进行匹配,从而可能得到在整个区间上一致的渐近解.

多重尺度法选择多个尺度和多个对应的自变量,将常微分方程转化成偏微分方程组,通过约束高阶项的量级,使得结果的主要贡献来源于低阶项. 多重尺度法的本质是在引入多个测量尺度后增加了自由度,确定低阶展开式中系数的原则是使高阶项的贡献尽可能小. 在选择尺度时,那些快变的尺度是必须选的,然后再补充相对慢变的尺度. 多重尺度法可适用于存在边界层、多个尺度共存的情况.

实际上,上述各摄动方法并不局限于求解常微分方程,它们也可用来求解差分方程、偏微分方程,甚至微分与积分混合的方程. 但对于不同类型的方程,需要根据方程的特征,选择合适的方法,这可能需要经过一些练习来积累相关的经验.

10.2 均匀化方法

10.2.1 问题的提出

一些工程和科学问题常常需要处理具有多种组元的材料,如层合板、纤维增强复合材料、泡沫材料. 通常希望找到简化方程以描述其光滑后的平均行为.

例 10.4 考虑如下形式的微分方程

$$\begin{cases} \dfrac{\mathrm{d}}{\mathrm{d}x}\left[D(x,x/\varepsilon)\dfrac{\mathrm{d}y}{\mathrm{d}x}\right] = p(x), & 0 \leqslant x \leqslant 1, \quad 0 < \varepsilon \ll 1 \\ y(0) = a, \quad y(1) = b \end{cases} \tag{10.47}$$

式中,$0 < D_{\min}(x) \leqslant D(x,x/\varepsilon) \leqslant D_{\max}(x)$. 能否将 $D(x,x/\varepsilon)$ 进行光滑,使之不依赖于 ε?

该问题明显地依赖于两个尺度 1 和 ε,在 ε 尺度上函数剧烈地变化,我们期望忽略小尺度的变化,以把握在大尺度上函数的变化趋势. 因此,我们可能期望方程被改写成如下形式:

$$\begin{cases} \dfrac{\mathrm{d}}{\mathrm{d}x}\left[\overline{D}(x)\dfrac{\mathrm{d}y}{\mathrm{d}x}\right] = p(x), & 0 \leqslant x \leqslant 1 \\ y(0) = a, \quad y(1) = b \end{cases} \tag{10.48}$$

一个可能的方案是对 D 直接选择某种平均方式,例如

$$\overline{D}(x) = \lim_{\xi \to \infty} \frac{1}{\xi} \int_0^{\xi} D(x,s)\, \mathrm{d}s \tag{10.49}$$

但取平均的方式有很多, 这样取可能存在盲目性. 下面讨论一种基于多重尺度展开的均匀化方法.

10.2.2　基于多重尺度展开的均匀化方法

借助多重尺度展开法, 可能将一个多尺度问题近似转化为单尺度问题, 从而可望了解方程光滑后的平均行为.

例 10.5　采用均匀化方法求式 (10.47) 的近似解

引入以 ε 为尺度的自变量 ξ, 将单一自变量转换成两个自变量

$$x = \frac{x}{1}, \quad \xi = \frac{x}{\varepsilon} \tag{10.50}$$

假设形式解为

$$y(x;\varepsilon) = f(x,\xi;\varepsilon) = f^{(0)}(x,\xi) + \varepsilon f^{(1)}(x,\xi) + \varepsilon^2 f^{(2)}(x,\xi) + \cdots \tag{10.51}$$

将形式解代入微分方程, 并展成关于 ε 形式上的幂级数:

$$\begin{aligned}
&\left[\frac{\partial}{\partial \xi}\left(D\frac{\partial f^{(0)}}{\partial \xi}\right)\right]\varepsilon^{-2} + \left\{\frac{\partial}{\partial \xi}\left[D\left(\frac{\partial f^{(1)}}{\partial \xi} + \frac{\partial f^{(0)}}{\partial x}\right)\right] + \frac{\partial}{\partial x}\left(D\frac{\partial f^{(0)}}{\partial \xi}\right)\right\}\varepsilon^{-1} \\
&+ \left\{\frac{\partial}{\partial \xi}\left[D\left(\frac{\partial f^{(2)}}{\partial \xi} + \frac{\partial f^{(1)}}{\partial x}\right)\right] + \frac{\partial}{\partial x}\left[D\left(\frac{\partial f^{(1)}}{\partial \xi} + \frac{\partial f^{(0)}}{\partial x}\right)\right] - p(x)\right\} + \cdots = 0
\end{aligned} \tag{10.52}$$

零阶系数 $f^{(0)}(x,\xi)$ 满足如下条件:

$$\frac{\partial}{\partial \xi}\left(D\frac{\partial f^{(0)}}{\partial \xi}\right) = 0 \tag{10.53}$$

上式的解为

$$f^{(0)}(x,\xi) = A_0(x) + B_0(x)\int_{\xi_0}^{\xi} \frac{\mathrm{d}s}{D(x,s)} \tag{10.54}$$

式中, ξ_0 为任意取定的值 (只是为了方便分析而取的), $A_0(x)$ 和 $B_0(x)$ 为待定函数. 由于 $0 < D_{\min}(x) \leqslant D(x,\xi) \leqslant D_{\max}(x)$, 有

$$\int_{\xi_0}^{\xi} \frac{\mathrm{d}s}{D(x,s)} \leqslant \frac{\xi - \xi_0}{D_{\min}(x)} \tag{10.55}$$

这说明该项的增长受限于 ξ 的线性函数. 但当 $\xi \to \infty$ 时, 存在

$$\int_{\xi_0}^{\xi} \frac{\mathrm{d}s}{D(x,s)} \geqslant \int_{\xi_0}^{\xi} \frac{\mathrm{d}s}{D_{\max}(x)} = \frac{\xi - \xi_0}{D_{\max}(x)} \to \infty \tag{10.56}$$

而 $f^{(0)}$ 有界,因此 $B_0(x) = 0$,即

$$f^{(0)}(x, \xi) = A_0(x) \tag{10.57}$$

因此,零阶近似仅与慢变量有关.

一阶系数 $f^{(1)}(x, \xi)$ 满足如下条件:

$$\frac{\partial}{\partial \xi} \left[D \left(\frac{\partial f^{(1)}}{\partial \xi} + A_0'(x) \right) \right] = 0 \tag{10.58}$$

上式的解为

$$f^{(1)}(x, \xi) = A_1(x) + B_1(x) \int_{\xi_0}^{\xi} \frac{\mathrm{d}\, s}{D(x, s)} - \xi A_0'(x) \tag{10.59}$$

式中,$A_1(x)$ 和 $B_1(x)$ 为待定函数. 上式后两项无界,但均为 $O(\xi)$,因此要求:

$$\lim_{\xi \to \infty} \frac{1}{\xi} \left[B_1(x) \int_{\xi_0}^{\xi} \frac{ds}{D(x, s)} - \xi A_0'(x) \right] = 0 \tag{10.60}$$

则

$$A_0'(x) = \left\langle D^{-1} \right\rangle_{\infty} B_1(x) \tag{10.61}$$

式中有

$$\left\langle D^{-1} \right\rangle_{\infty} = \lim_{\xi \to \infty} \frac{1}{\xi} \int_{\xi_0}^{\xi} \frac{\mathrm{d}\, s}{D(x, s)} \tag{10.62}$$

此时,还不能完全确定 $A_0(x)$,因为 $B_1(x)$ 也是未定函数. 为了确定 $B_1(x)$,我们只能寻求更高阶的近似,通过有界性要求来确定 $B_1(x)$.

二阶系数 $f^{(2)}(x, \xi)$ 满足如下条件:

$$\frac{\partial}{\partial \xi} \left[D \left(\frac{\partial f^{(2)}}{\partial \xi} + \frac{\partial f^{(1)}}{\partial x} \right) \right] + \frac{\partial}{\partial x} \left[D \left(\frac{\partial f^{(1)}}{\partial \xi} + A_0'(x) \right) \right] - p(x) = 0 \tag{10.63}$$

上式的解为

$$f^{(2)}(x, \xi) = A_2(x) + B_2(x) \int_{\xi_0}^{\xi} \frac{\mathrm{d}\, s}{D(x, s)} - \int_{\xi_0}^{\xi} \frac{\partial f^{(1)}(x, s)}{\partial x} \,\mathrm{d}\, s + (p(x) - B_1'(x)) \int_{\xi_0}^{\xi} \frac{s\, \mathrm{d}\, s}{D(x, s)} \tag{10.64}$$

式中,$A_2(x)$ 和 $B_2(x)$ 为待定函数. 上式最后一项为 $O(\xi^2)$,有界性要求为

$$B_1'(x) = p(x) \tag{10.65}$$

因此,我们可以得到

$$\begin{cases} \dfrac{\mathrm{d}}{\mathrm{d}\, x} \left[\left(\left\langle D^{-1} \right\rangle_{\infty} \right)^{-1} \dfrac{\mathrm{d}\, f^{(0)}}{\mathrm{d}\, x} \right] = p(x) \\ f^{(0)}(0) = a, \quad f^{(0)}(1) = b \end{cases} \tag{10.66}$$

这就是零阶近似 $f^{(0)}$ 应满足的方程. 该均匀化方程不依赖于小参数 ε.

可见,这里采用了与式 (10.49) 不同的求平均方式,记为

$$D_{\mathrm{avg}}(x) = \left(\langle D^{-1}\rangle_\infty\right)^{-1} = \left(\lim_{\xi\to\infty}\frac{1}{\xi}\int_{\xi_0}^{\xi}\frac{\mathrm{d}s}{D(x,s)}\right)^{-1} \tag{10.67}$$

例如,考虑

$$D(x,\xi) = \frac{1}{1+\alpha x+\beta\cos\xi} \tag{10.68}$$

则有

$$\langle D^{-1}\rangle_\infty = 1+\alpha x \tag{10.69}$$

若取 $p(x)=0$,原方程的精确解为

$$y(x) = a + \frac{2x+\alpha x^2+2\beta\varepsilon\sin(x/\varepsilon)}{2+\alpha+2\beta\varepsilon\sin(1/\varepsilon)}(b-a) \tag{10.70}$$

而均匀化方法给出的首阶近似解为

$$f^{(0)}(x) = a + \frac{2+\alpha x}{2+\alpha}(b-a)x \tag{10.71}$$

取 $a=1$, $b=2$, $\alpha=-0.5$, $\beta=0.3$,作图10.2,由图可见近似解很好地刻画了函数在大尺度上的变化趋势.

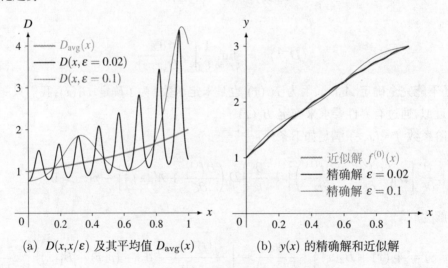

(a) $D(x,x/\varepsilon)$ 及其平均值 $D_{\mathrm{avg}}(x)$ (b) $y(x)$ 的精确解和近似解

图 10.2 均匀化处理的近似解和精确解的比较

10.2.3 均匀化方法的评述

均匀化方法可看作多重尺度法的推广,与之不同的是即使对双尺度情况,也必须考虑三阶方程的近似. 均匀化方法的关键是得到一个仅包含慢变量的问题,其系数通过在快尺度上进行平均得到.

当尺度更多时,很难找到正确的约束条件. 因此,均匀化方法多用于具有周期结构的情况. 均匀化方法也可用于导热等其他问题以及系数 D 是间断的情况.

习　　题

10.1 试用多重尺度法求下列方程的首阶近似解 $y(t)$, 其中 $0 < \varepsilon \ll 1, t \geqslant 0$.

(1) $\ddot{y} - \varepsilon \dot{y} + y = 0$, $\quad y(0) = 2$, $\quad \dot{y}(0) = 1 + \varepsilon$;

(2) $\ddot{y} + \varepsilon \dot{y}^2 + (1 - 2\varepsilon)\, y = 0$, $\quad y(0) = 0$, $\quad \dot{y}(0) = 1$;

(3) $\ddot{y} + y + \varepsilon y^3 = 0$, $\quad y(0) = 1$, $\quad \dot{y}(0) = 0$;

(4) $\ddot{y} + \dot{y} + \varepsilon y^2 = 0$, $\quad y(0) = \dot{y}(0) = 1 + \varepsilon$;

10.2 试用多重尺度法求下列方程的首阶近似解 $y(x)$, 其中 $0 < \varepsilon \ll 1$.

(1) $y'' + (1 + \varepsilon)\, y = \varepsilon$, $\quad y(0) = \dfrac{\varepsilon}{1 + \varepsilon}$, $\quad y'(0) = \dfrac{1}{\sqrt{1 + \varepsilon}}$;

(2) $\varepsilon y'' - y' + y = 0$, $\quad y(0) = 0$, $\quad \varepsilon y'(0) = 1 + \varepsilon$;

(3) $\varepsilon^2 y'' + (1 - 2\varepsilon)y = 0$, $\quad y(0) = 1$, $\quad \varepsilon y'(0) = 1$;

(4) $\varepsilon y'' + (1 + \varepsilon)y' + y = 0$, $\quad y(0) = 0$, $\quad y(1) = 1$.

10.3 简单单摆的尺度化方程为

$$\begin{cases} \dfrac{\mathrm{d}^2 \theta}{\mathrm{d}t^2} + \dfrac{\sin a\theta}{a} = 0, & 0 < a \ll 1 \\[2mm] \theta(0) = 1, \quad \dfrac{\mathrm{d}\theta}{\mathrm{d}t}(0) = 0 \end{cases}$$

实际上 $\theta(t)$ 是 a^2 的函数, 不妨引入小参数 $\varepsilon = a^2$ 以简化进一步求解. 若考虑双重尺度 1 和 ε^{-1}, 试采用多重尺度法求出方程的首阶近似解.

10.4 采用经典摄动法和多重尺度法, 分别求如下马提厄方程 (Mathieu equation) 的近似解 $x(t)$, 其中 $0 < \varepsilon \ll 1$.

$$\begin{cases} \ddot{x} + \left(1 + k\varepsilon^2 + \varepsilon \cos t\right) x = 0 \\ x(0) = 1, \quad \dot{x}(0) = 0 \end{cases}$$

10.5 采用双重尺度展开法求解如下范德波尔方程 (van der Pol's equation):

$$\begin{cases} \ddot{x} + \varepsilon(x^2 - 1)\dot{x} + x = 0 \\ y(0) = 1, \quad \dot{x}(0) = 0 \end{cases}$$

试分析其可能的尺度, 并给出首阶近似.

10.6 考虑阻尼振动方程 (10.39), 按如下两种情况用多重尺度法获得比式 (10.46) 更为精确的渐近解.

(1) 仍考虑双重尺度展开, 以 t 和 $\tau = \varepsilon t$ 为自变量;

(2) 考虑三重尺度展开, 以 $t_0 = t$、$t_1 = \varepsilon t$ 和 $t_2 = \varepsilon^2 t$ 为自变量.

10.7 求出下列方程的精确解:

$$\begin{cases} \dfrac{\mathrm{d}}{\mathrm{d}x}\left[\dfrac{\sqrt{1 + x/\varepsilon}}{1 + \sqrt{1 + x/\varepsilon}}\dfrac{\mathrm{d}y}{\mathrm{d}x}\right] = 0, & 0 \leqslant x \leqslant 1, \quad 0 < \varepsilon \ll 1 \\[2mm] y(0) = a, \quad y(1) = b \end{cases}$$

并用均匀化方法求出方程的一阶近似解.

10.8　试用均匀化方法求解方程:

$$\begin{cases} \dfrac{\mathrm{d}}{\mathrm{d}x}\left(D(x,x/\varepsilon)\dfrac{\mathrm{d}u}{\mathrm{d}x}\right) + p(x,x/\varepsilon)\dfrac{\mathrm{d}u}{\mathrm{d}x} + q(x,x/\varepsilon) = f(x,x/\varepsilon) \\ u(0) = a,\quad u(1) = b \end{cases}$$

式中, $0 \leqslant x \leqslant 1, 0 < \varepsilon \ll 1$ 以及 $D > 0$.

第 11 章　稳定性分析

一个系统可能在很长的时间内持续地保持某种形态,也可能在很短的时间内急剧地发生复杂的演化. 例如,合理的生育政策和福利制度可以有效地调控一个国家的人口数量,进而维持社会的稳定和可持续发展. 如果突然爆发的传染病未能得到有效控制,国家的人口数量和结构将可能发生重大变化,从而导致社会动荡、危机四伏. 研究各类系统的稳定性具有重要的意义. 如果能够通过求解系统动力学方程直接获得系统的演化过程,自然可以判断系统的稳定性. 然而,由于系统纷繁复杂,所以需要发展更为有效的方法来进行系统的稳定性分析.

1892 年,李雅普诺夫 (Aleksandr Mikhailovich Lyapunov) 提出了运动稳定性判定的一般方法. 系统在某个平衡态受到扰动后,仍能维持在这个平衡态附近,则称这个状态在李雅普诺夫意义下是稳定的. 进一步地,如果系统在受到扰动后,最终都能收敛到原先的状态,则称这个状态在李雅普诺夫意义下是渐近稳定的. 更进一步地,如果在任何扰动后,系统最终都能收敛到原先的状态,则称这个状态在李雅普诺夫意义下是大范围渐近稳定的. 反之,如果系统的某个平衡态受到扰动后,不能维持在这个状态附近,则称这个状态在李雅普诺夫意义下是不稳定的. 因此,对系统进行稳定性分析,需要先找到系统的平衡点,然后可以在这个平衡点附近施加扰动并观察其发展情况,以此可以判断该平衡点的稳定性.

本章主要考虑由不显含时间的微分方程控制的动力学系统,介绍该类系统的稳定性分析方法,并进一步探讨非线性系统的动力学演化的描述方式和特征.

11.1　自治系统的稳定性分析

11.1.1　自治系统

对于动力学系统,我们常常使用以时间 t 为自变量的常微分方程 (或常微分方程组,下同) 来描述其演化过程,例如 n 阶常微分方程的一般形式为

$$F\left(t, x, \frac{\mathrm{d} x}{\mathrm{d} t}, \cdots, \frac{\mathrm{d}^n x}{\mathrm{d} t^n}\right) = 0 \tag{11.1}$$

对于某个动力学系统,如果任意选取时间零点 (即对于任意的常数 t_0,我们用 $t - t_0$ 去代替微分方程中的 t),都不会引起微分方程实质上的改变,则说明该动力学系统具有自治性. 我

们称这样的动力学系统为自治系统 (autonomous system),其特征就是微分方程中不显含自变量,例如 n 阶常微分方程:

$$F\left(x, \frac{\mathrm{d}x}{\mathrm{d}t}, \cdots, \frac{\mathrm{d}^n x}{\mathrm{d}t^n}\right) = 0 \tag{11.2}$$

反之,称为非自治系统 (non-autonomous system).

例 11.1   传染病模型

一种可以在人与人(或动物)之间传播的传染病,可能引发社会恐慌和经济震荡,例如天花、麻疹、鼠疫、普通流感、猪流感、艾滋病毒和新冠病毒. 因此,该研究对疫情的跟踪和预测具有重要的意义. 传染病可能有着不同的传播能力和致命性,有效的疫情跟踪就是对人群进行分类:如 S 类为易感者 (susceptible individuals,尚未得病的人员,但由于缺乏免疫力,容易受到感染)、E 类为暴露者 (exposed individuals,受到感染但尚不会传染给其他人的人员)、I 类为染病者 (infectious individuals,受到感染并可传染给其他人的人员)、R 类为移出者 (removed/deceased individuals,包括被隔离人员、病愈有免疫力的人员、染病死亡的人员). 根据传染病的类型,常见的模型有 SI、SIR、SIRS、SEIR、SEIRS 模型 [55],其中 SIRS 和 SEIRS 模型考虑了病愈人员的免疫力只是暂时的,会再次被感染的情况. 最早的相关模型由罗斯 (Ronald Ross) 于 1916 年首创 [56],他惊讶于在流行病问题中,本应该做的数学工作如此之少,并认为这一主题不仅对人类具有直接的重要性,也有助于审查大量统计数据背后的根本性关联.

以 SEIR 传染病模型为例,某个人群的总人口数为 N,则 R 类人口数为

$$R(t) = N - S(t) - E(t) - I(t) \tag{11.3}$$

式中,t 为时间,$S(t)$ 为 S 类人口数,$E(t)$ 为 E 类人口数,$I(t)$ 为 I 类人口数. 这里假设总人口数为常值,即假定人口出生率和死亡率相等. 更一般地可以考虑人口数是变化的. 易感者与染病者接触将导致 S 类人口的减少,若传染率为 β,则 S 类人口的变化率为

$$\dot{S} = -\beta SI \tag{11.4}$$

处于潜伏期的人员可能发展为染病者或者痊愈,若处于潜伏期的人员发展为染病者的速率为 α,而痊愈的速率为 γ,则 E 类人口的变化率为

$$\dot{E} = \beta SI - (\alpha + \gamma) E \tag{11.5}$$

若感染者痊愈的速率为 μ,则 I 类人口的变化率为

$$\dot{I} = \alpha E - \mu I \tag{11.6}$$

因此,SEIR 传染病模型的动力学方程可以表示为

$$\begin{cases} \dot{S} = -\beta SI \\ \dot{E} = \beta SI - (\alpha + \gamma) E \\ \dot{I} = \alpha E - \mu I \end{cases} \tag{11.7}$$

对于某一人群,由于人员隔离政策、疫苗/药物研发等诸多因素影响,参数 α、β、γ 和 μ 可能会发生变化. 原则上,传染病模型不是一个自治系统. 但在某些情况下,上述参数短期内可以近似为常数,此时模型中不显含自变量 t,它可以视为一个自治系统.

例 11.2 塔科马 (Tokoma) 悬索桥的倒塌

1940 年 7 月 1 日,位于美国华盛顿州塔科马的海峡大桥通车. 这是一座悬索桥,但它并不牢固,时常在微风天晃动摇摆,因而被称为 "舞动的格蒂 (Galloping Gertie)". 同年 11 月 7 日,该桥遭遇风速为19 m/s 的强风,舞动的幅度越来越大,在经过七十多分钟的剧烈扭动后垮塌. 在附近取景的好莱坞电影团队恰巧拍摄下了大桥倒塌的全过程,这为后续研究提供了重要数据.

为查清大桥垮塌的原因,相关部门成立了调查组,并委托冯·卡门负责事故相关的风洞试验分析. 冯·卡门提出 "涡激共振" 是桥梁风毁的主要原因,并得到了许多学者的认同. 他指出,当风掠过桥面时,旋涡交替脱落,形成卡门涡激,桥面因此受到外激载荷的作用,结构产生振动,当旋涡脱落的频率和结构固有频率一致时,发生共振,桥面扭动越来越大,直至桥面坍塌. 涡激共振的简化模型可以用经典线性单自由度振动方程来描述,如下式所示:

$$m\ddot{x} + b\dot{x} + kx = F_e \cos \omega_e t \tag{11.8}$$

式中,x 为位移,t 为时间,m 为质量,b 为阻尼系数,k 为刚度,F_e 和 ω_e 分别为外激载荷的幅值和圆频率. 根据微分方程的解法,我们知道当 $b = 0$ 和 $\omega_e = \sqrt{k/m}$ 时,方程的解存在共振项. 这一解释似乎非常清楚了,但真的是这样的吗? 涡脱频率与结构固有频率真就一致吗?

实际上,大桥断面的绕流涡脱落的频率约1 Hz,而大桥固有扭转频率约0.2 Hz,二者并不一致. 涡激共振的解释直到 1990 年代才被推翻 [57, 58],新的观点认为塔科马悬索桥垮塌的原因是 "颤振",它是由一种气动负阻尼效应导致的. 颤振运动的简化模型可以表示为

$$I\ddot{\alpha} + 2I\zeta_a\omega_a\dot{\alpha} + I\omega_a^2\alpha = F(\alpha, \dot{\alpha}) \tag{11.9}$$

式中,α 为桥面的扭转角,I 为转动惯量,ζ_a 为阻尼比,ω_a 为固有频率,F 为气动载荷. 方程等号右边的附加气动载荷是结构扭转角和扭转速率的函数. 该微分方程不显含自变量 t,是一个自治系统. 随着桥面的扭转,在合适的气动载荷下,桥面不再稳定,形成自激振动,系统因而失去稳定性.

11.1.2　稳定性分析的例子

事物在不同因素作用下可能呈现出复杂的演化过程,也可能呈现出一种特殊的形态,它与时间无关,我们将这种现象称为定常态或平衡态. 我们可能更关心的是事物在偏离定常态时的演化行为,如果这种偏离是不可恢复的,我们称这样的定常态为不稳定的,否则称为稳定的. 以下我们首先探讨几个例子,然后再探讨稳定性分析的一般方法.

例 11.3 马提厄 (Mathieu) 方程的稳定性分析

$$\begin{cases} \ddot{x} + \left(1 + k\varepsilon^2 + \varepsilon \cos t\right) x = 0 \\ x(0) = 1, \ \dot{x}(0) = 0 \end{cases} \tag{11.10}$$

式中,k 和 ε 为常数,$0 < \varepsilon \ll 1$.

这是一个非自治系统,要判断其稳定性,需要首先求出方程的解,再进行判断 [5, 59]. 尽管马提厄方程是一个看起来很简单的二阶线性微分方程,但它的解却不能显式地表达出来. 可以注意到,当小参量 ε 取为 0 时,方程退化为简谐振动情形,问题的解可以表示为

$$x(t) = \cos t \tag{11.11}$$

该结果随着时间 t 振荡,但被限制在一定的范围之内. 因此,对于 $\varepsilon = 0$,方程的解是稳定的. 为了考虑小参量 ε 的影响,我们考虑用摄动法给出方程的渐近解.

如果采用经典的摄动法,可以得到

$$x(t) = \cos t + \frac{1}{6} \left(-3 + 2\cos t + \cos 2t\right) \varepsilon$$
$$+ \frac{1}{288} \left[-48 + 29\cos t + 16\cos 2t + 3\cos 3t + 12\left(5 - 12k\right) t \sin t\right] \varepsilon^2 + \cdots \tag{11.12}$$

可以注意该摄动解含有久期项 $t \sin t$,其振荡幅度随着时间将不断地变大,但我们不能因此断定该系统将失稳,因为我们所得到的摄动解在长时间后将失效,即摄动解在 $t \gg \varepsilon^{-2}$ 时无效.

为了改进摄动解,可以采用多重尺度法,得到

$$x(t) = \cosh(\sqrt{\alpha\beta}\varepsilon^2 t)\cos t + \sqrt{\beta/\alpha}\sinh(\sqrt{\alpha\beta}\varepsilon^2 t)\sin t + \cdots \tag{11.13}$$

式中,$\alpha = (1/12 + k)/2$ 和 $\beta = (5/12 - k)/2$. 当 $\alpha\beta > 0$ 时,上述结果中的振荡幅度随着时间将不断地变大,系统将失稳;而当 $\alpha\beta < 0$ 时,系统保持稳定. 因此,当 $-1/12 < k < 5/12$,原方程有不稳定的解.

例 11.4 非线性振动方程的稳定性分析

考虑系统的动力学过程满足如下非线性振动方程:

$$\ddot{y} + 2\dot{y} - y + y^3 = 0 \tag{11.14}$$

试探讨其平衡点并作稳定性分析.

当系统静止在某个平衡态时,如果没有任何扰动,系统的状态将会持续地保持下去;而当系统处于非平衡态时,即使没有扰动,系统随即将偏离当前的状态. 因此,系统所处的平衡态是一种定常状态,即方程中关于时间的各阶导数项都为零. 对于式 (11.14),在定常状态下有

$$-y_0 + y_0^3 = 0 \tag{11.15}$$

由此可以得到三个平衡点

$$y_0 = 0, 1, -1 \tag{11.16}$$

为研究平衡点的稳定性,可以在平衡点附近引入扰动,然后观察扰动的演化情况. 如果扰动太大,则有可能从一个平衡点附近进入到另一个平衡点附近,在这种情况下无法直接确定某个平衡点的稳定性. 因此,我们考虑任意小的扰动量,通过考察这一扰动在平衡点附近的发展情况,来判断系统平衡点的稳定性. 如果扰动量逐渐地衰减掉或维持在一定的范围内,说明该平衡点是稳定的. 但如果扰动量随着时间呈现增长趋势,可以预期系统将逐渐远离当前的平衡点,那么该平衡点就是不稳定的.

在平衡点 y_0 附近引入初始扰动,如下所示:

$$\tilde{y}(0) = a, \quad \dot{\tilde{y}}(0) = b \tag{11.17}$$

式中,a 和 b 为小量,二者不同时为零. 扰动量将随时间发生变化,记为 $\tilde{y}(t)$,因此系统的响应量可以写为

$$y(t) = y_0 + \tilde{y}(t) \tag{11.18}$$

将上式代入非线性振动方程 (11.14),可以得到扰动量的演化方程为

$$\ddot{\tilde{y}} + 2\dot{\tilde{y}} + \left(3y_0^2 - 1\right)\tilde{y} + 3y_0\tilde{y}^2 + \tilde{y}^3 = 0 \tag{11.19}$$

通过求解演化方程 (11.19) 和初始扰动条件式 (11.17),以判断扰动量的发展情况. 然而,演化方程是非线性的,其求解通常是困难的. 事实上,我们没有必要对演化方程进行精确求解. 因为扰动是小量,如果平衡点是稳定的,则扰动量不会增长,此时方程中非线性项将是高阶小量,相对于线性项来讲可以被忽略,所以通过假设平衡点稳定,并验证其自洽性即可.

假设扰动量为小量,可以将演化方程 (11.19) 作线性化近似,即有

$$\ddot{\tilde{y}} + 2\dot{\tilde{y}} + \left(3y_0^2 - 1\right)\tilde{y} = 0 \tag{11.20}$$

此时,方程 (11.20) 是线性齐次方程. 设方程 (11.20) 的形式解为

$$\tilde{y}(t) = Ae^{kt} \tag{11.21}$$

式中,A 和 k 为常数,其中 $A \neq 0$. 将该形式解代入方程 (11.20),有

$$\left[k^2 + 2k + \left(3y_0^2 - 1\right)\right]Ae^{kt} = 0 \tag{11.22}$$

因此,可以得到特征方程,如下所示:

$$k^2 + 2k + \left(3y_0^2 - 1\right) = 0 \tag{11.23}$$

该特征方程的两个根分别为

$$k_1 = -1 + \sqrt{2 - 3y_0^2}, \quad k_2 = -1 - \sqrt{2 - 3y_0^2} \tag{11.24}$$

对应的基本解为 $\mathrm{e}^{k_1 t}$ 和 $\mathrm{e}^{k_2 t}$. 通解为两个基本解的线性叠加,即

$$\tilde{y}(t) = A_1 \mathrm{e}^{k_1 t} + A_2 \mathrm{e}^{k_2 t} \tag{11.25}$$

式中,A_1 和 A_2 为待定常数. 结合初始条件 (11.17),有

$$A_1 = \frac{b - k_2 a}{k_1 - k_2}, \quad A_2 = \frac{k_1 a - b}{k_1 - k_2} \tag{11.26}$$

对于平衡点 $y_0 = 0$,由式 (11.24),特征根为

$$k_1 = -1 + \sqrt{2}, \quad k_2 = -1 - \sqrt{2} \tag{11.27}$$

因此,扰动量可以表示为

$$\tilde{y}(t) = \frac{\left(1 + \sqrt{2}\right) a + b}{2\sqrt{2}} \mathrm{e}^{(-1+\sqrt{2})t} + \frac{\left(-1 + \sqrt{2}\right) a - b}{2\sqrt{2}} \mathrm{e}^{(-1-\sqrt{2})t} \tag{11.28}$$

上式等号右边第一项的值随着时间快速增长,第二项的值随着时间快速衰减,这意味着在任意的初始扰动下,扰动量不能维持在小量,该平衡点是不稳定的.

对于平衡点 $y_0 = \pm 1$,由式 (11.24),特征根为

$$k_1 = -1 + \mathrm{i}, \quad k_2 = -1 - \mathrm{i} \tag{11.29}$$

此时,扰动量可以表示为

$$\tilde{y}(t) = [a \cos t + (a + b) \sin t] \mathrm{e}^{-t} \tag{11.30}$$

注意到 e^{-t} 随着时间快速衰减,而 $\sin t$ 和 $\cos t$ 在有限的范围内变化,因此扰动量随着时间推移渐近地趋于零. 因此,这两个平衡点都是稳定的,根据其变化特征,可以称为渐近稳定.

11.1.3 自治系统稳定性分析的一般方法

通过例11.4,我们初步摸索了自治系统稳定性分析的方法和步骤. 实际上,上述分析过程略显繁琐,我们只需要通过特征根的特征就能判断平衡点的稳定性. 只要存在一个特征根的实部大于零,那么对应的平衡点就一定是不稳定的;而如果所有特征根的实部都不大于零,则平衡点可能是稳定的. 不过,在小扰动分析下,如果方程不能做线性化近似或者非线性项不能忽略,那么我们还需要讨论非线性项的影响,才能做出正确的稳定性判断.

一般自治系统的控制方程写为

$$F\left(x, \frac{\mathrm{d}x}{\mathrm{d}t}, \cdots, \frac{\mathrm{d}^n x}{\mathrm{d}t^n}\right) = 0 \tag{11.31}$$

平衡态是一种定常状态,即方程中关于时间的各阶导数项都为零,如下所示:

$$F(x_0, 0, \cdots, 0) = 0 \tag{11.32}$$

进而引入偏离量,通过小扰动分析,探讨偏离量的演化行为

$$x(t) = x_0 + \tilde{x}(t) \quad \Rightarrow \quad F\left(x_0 + \tilde{x}, \frac{\mathrm{d}\tilde{x}}{\mathrm{d}t}, \cdots, \frac{\mathrm{d}^n \tilde{x}}{\mathrm{d}t^n}\right) = 0 \tag{11.33}$$

一般高阶微分方程（组）都可以改写为一阶微分方程组，因此以下只分析一阶微分方程组的稳定性.

例 11.5　一阶微分方程组的稳定性分析

考虑如下一阶微分方程组：

$$\begin{cases} \dot{x} = f(x, y) \\ \dot{y} = g(x, y) \end{cases} \tag{11.34}$$

平衡点 (x_0, y_0) 满足如下条件：

$$\begin{cases} f(x_0, y_0) = 0 \\ g(x_0, y_0) = 0 \end{cases} \tag{11.35}$$

考虑在平衡点位置发生偏离 $\tilde{x}(t)$ 和 $\tilde{y}(t)$，即

$$\begin{cases} x(t) = x_0 + \tilde{x}(t) \\ y(t) = y_0 + \tilde{y}(t) \end{cases} \tag{11.36}$$

若偏离量为小量，即扰动为小量，可以将方程 (11.34) 在平衡点附近作泰勒展开，并保留到线性项，有

$$\begin{cases} \dot{\tilde{x}} = f_x \tilde{x} + f_y \tilde{y} \\ \dot{\tilde{y}} = g_x \tilde{x} + g_y \tilde{y} \end{cases} \tag{11.37}$$

式中，下标表示对相应量求偏导并在平衡点上取值. 设线性方程组有形式解：

$$\begin{cases} \tilde{x} = A\mathrm{e}^{kt} \\ \tilde{y} = B\mathrm{e}^{kt} \end{cases} \tag{11.38}$$

式中，A 和 B 为常数. 显然，$A = 0$ 和 $B = 0$ 为对应方程的平庸解. 为求非平庸解，A 和 B 不能同时为零. 将该形式解代入线性方程组 (11.37)，整理得

$$\begin{cases} kA = f_x A + f_y B \\ kB = g_x A + g_y B \end{cases} \tag{11.39}$$

或者写作矩阵的形式

$$\begin{bmatrix} k - f_x & -f_y \\ -g_x & k - g_y \end{bmatrix} \begin{Bmatrix} A \\ B \end{Bmatrix} = \begin{Bmatrix} 0 \\ 0 \end{Bmatrix} \tag{11.40}$$

既然 A 和 B 不能同时为零，说明上式两个方程必相关，即系数矩阵的行列式为零，由此给出特征方程：

$$k^2 + bk + c = 0 \tag{11.41}$$

和特征根：

$$k_1 = \frac{1}{2}\left(-b + \sqrt{b^2 - 4c}\right), \quad k_2 = \frac{1}{2}\left(-b - \sqrt{b^2 - 4c}\right) \tag{11.42}$$

式中，$b = -f_x - g_y$ 和 $c = f_x g_y - f_y g_x$. 下面分情况进行讨论.

若 $b^2 > 4c$,特征根均为实数,此时平衡点的稳定性受 c 和 b 的正负性的影响. 当 $c < 0$ 时,有 $k_1 > 0$ 和 $k_2 < 0$,此时平衡是不稳定的. 当 $c > 0$ 时,对于 $b < 0$,两特征根均为正的,平衡是不稳定的;而对于 $b > 0$,两特征根均为负的,平衡是稳定的,长时间后偏离量均衰减为零,称为渐近稳定.

若 $b^2 < 4c$,特征根均为复数,此时平衡点的稳定性只与 b 的正负性有关. 当 $b < 0$,两特征根的实部均为正数,此时平衡是不稳定的. 当 $b = 0$,两特征根的实部均为零,偏离量是周期性变化的,此时被称为随遇稳定. 当 $b > 0$ 时,两特征根的实部均为负数,偏离量振荡着逐渐衰减到零,也是渐近稳定.

若 $b^2 = 4c$,两个特征根相同,此时我们从式 (11.41) 出发只得到了一个基本解. 由此不足以判断平衡的稳定性. 实际上,对于这种情况,将方程作线性化近似可能已经不合适,高阶量可能不能忽略. 此时方程可能难以给出解析解,或许可以结合数值分析来确定平衡点的稳定性.

微小扰动是不可避免的,因此不稳定平衡在实际中是观察不到的.

例 11.6 萨尔茨曼模型 (Saltzmann model) 在瑞利线性近似下产生对流的条件

由5.2.3节,萨尔茨曼模型在瑞利线性近似 [37] 下给出

$$\begin{cases} \dot{\psi}_0 = -\dfrac{\pi^2\nu}{H^2}\left(1+a^2\right)\psi_0 + \dfrac{g\alpha Ha}{\pi\left(1+a^2\right)}\theta_0 \\ \dot{\theta}_0 = \dfrac{\pi\Delta Ta}{H^2}\psi_0 - \dfrac{\pi^2\kappa}{H^2}\left(1+a^2\right)\theta_0 \end{cases} \tag{11.43}$$

式中,各参数的含义见5.2.3节.

显然,平衡点为零解,因此可以直接视 ψ_0 和 θ_0 为扰动量,且方程 (11.43) 已经是线性的. 假设形式解为

$$\begin{cases} \psi_0(t) = Ae^{kt} \\ \theta_0(t) = Be^{kt} \end{cases} \tag{11.44}$$

式中,A、B、k 为常数. 将形式解代入式 (11.43),整理得

$$\begin{bmatrix} k + \dfrac{\pi^2\nu}{H^2}\left(1+a^2\right) & -\dfrac{g\alpha Ha}{\pi\left(1+a^2\right)} \\ -\dfrac{\pi\Delta Ta}{H^2} & k + \dfrac{\pi^2\kappa}{H^2}\left(1+a^2\right) \end{bmatrix} \begin{Bmatrix} A \\ B \end{Bmatrix} = \begin{Bmatrix} 0 \\ 0 \end{Bmatrix} \tag{11.45}$$

考虑到 A 和 B 不能同时为零,它们有非平庸解的条件是两个方程必须相关,因此要求系数矩阵的行列式为零,即

$$k^2 + bk + c = 0 \tag{11.46}$$

式中,b 和 c 分别为

$$b = (\nu+\kappa)\left(1+a^2\right)\dfrac{\pi^2}{H^2}, \quad c = \pi^4\left(1+a^2\right)^2\dfrac{\nu\kappa}{H^4} - \dfrac{g\alpha\Delta Ta^2}{H\left(1+a^2\right)} \tag{11.47}$$

稳定性要求式 (11.46) 的特征根的实部均不大于零. 根据韦达定理 (Vieta theorem),有

$$k_1 + k_2 = -b, \quad k_1 k_2 = c \tag{11.48}$$

对于式 (11.47), $b > 0$, 只需要求 $c \geqslant 0$, 即

$$\pi^4\left(1 + a^2\right)^2 \frac{\nu\kappa}{H^4} \geqslant \frac{g\alpha\Delta T a^2}{H\left(1 + a^2\right)} \tag{11.49}$$

或者

$$R \equiv \frac{g\alpha H^3 \Delta T}{\nu\kappa} \leqslant R_{\mathrm{c}} = \frac{\pi^4}{a^2}\left(1 + a^2\right)^3 \tag{11.50}$$

式中, R 为瑞利数, R_{c} 为临界参数. 参数 R_{c} 在 $a^2 = 1/2$ 时取到最小值, 即

$$R_{\mathrm{c,min}} = \frac{27}{4}\pi^4 \tag{11.51}$$

因此, 发生失稳, 即产生对流的条件为

$$R > R_{\mathrm{c}} \geqslant R_{\mathrm{c,min}} = \frac{27}{4}\pi^4 \approx 657.5 \tag{11.52}$$

这说明在其他参数不变的情况下, 温差 ΔT 大到一定程度时, 将会发生对流.

例 11.7　热塑剪切失稳的白判据

1982 年, 白以龙[39] 采用微扰法分析了一维简单剪切模型, 获得了一个热塑剪切失稳的判据. 具体的分析过程介绍如下. 考虑一维绝热剪切白模型如下所示:

$$\begin{cases} \rho\dfrac{\partial^2\gamma}{\partial t^2} = \dfrac{\partial^2\tau}{\partial y^2} \\[2mm] \beta\tau\dfrac{\partial\gamma}{\partial t} = \rho c_V\dfrac{\partial\theta}{\partial t} - \lambda\dfrac{\partial^2\theta}{\partial y^2} \\[2mm] \mathrm{d}\tau = Q\,\mathrm{d}\gamma + R\,\mathrm{d}\dot\gamma - P\,\mathrm{d}\theta \end{cases} \tag{11.53}$$

式中, 参数的含义见5.3.2节.

若 γ_0, τ_0, θ_0 是该模型的一组解, 那么引入小扰动 $\tilde\gamma$, $\tilde\tau$, $\tilde\theta$, 即

$$\gamma = \gamma_0 + \tilde\gamma, \quad \tau = \tau_0 + \tilde\tau, \quad \theta = \theta_0 + \tilde\theta \tag{11.54}$$

则式 (11.53) 的线性化近似为

$$\begin{cases} \rho\dfrac{\partial^2\tilde\gamma}{\partial t^2} = \dfrac{\partial^2\tilde\tau}{\partial y^2} \\[2mm] \beta\tau_0\dfrac{\partial\tilde\gamma}{\partial t} + \beta\tilde\tau\dfrac{\partial\gamma_0}{\partial t} = \rho c_V\dfrac{\partial\tilde\theta}{\partial t} - \lambda\dfrac{\partial^2\tilde\theta}{\partial y^2} \\[2mm] \mathrm{d}\tilde\tau = Q\,\mathrm{d}\tilde\gamma + R\,\mathrm{d}\dot{\tilde\gamma} - P\,\mathrm{d}\tilde\theta \end{cases} \tag{11.55}$$

假设形式解

$$\tilde\gamma = \gamma_1\mathrm{e}^{\alpha t + \mathrm{i}ky}, \quad \tilde\tau = \tau_1\mathrm{e}^{\alpha t + \mathrm{i}ky}, \quad \tilde\theta = \theta_1\mathrm{e}^{\alpha t + \mathrm{i}ky} \tag{11.56}$$

式中, $\gamma_1, \tau_1, \theta_1, \alpha$ 和 k 为常数. 代入式 (11.55) 得

$$\begin{cases} \rho\alpha^2\gamma_1 + k^2\tau_1 = 0 \\ \beta\tau_0\alpha\gamma_1 + \beta\dot\gamma_0\tau_1 - \rho c_V\alpha\theta_1 - \lambda k^2\theta_1 = 0 \\ \tau_1 = Q\gamma_1 + R\alpha\gamma_1 - P\theta_1 \end{cases} \tag{11.57}$$

其中考虑了如下近似:

$$\frac{\partial \gamma_0}{\partial t} = \frac{\mathrm{d}\gamma_0}{\mathrm{d}t} - \dot{u}\frac{\partial \gamma_0}{\partial x} \approx \frac{\mathrm{d}\gamma_0}{\mathrm{d}t} = \dot{\gamma}_0 \qquad (11.58)$$

将式 (11.57) 写成矩阵的形式:

$$\begin{bmatrix} \rho\alpha^2 & k^2 & 0 \\ \beta\tau_0\alpha & \beta\dot{\gamma}_0 & -\rho c_V\alpha - \lambda k^2 \\ -Q - R\alpha & 1 & P \end{bmatrix} \begin{Bmatrix} \gamma_1 \\ \tau_1 \\ \theta_1 \end{Bmatrix} = \begin{Bmatrix} 0 \\ 0 \\ 0 \end{Bmatrix} \qquad (11.59)$$

问题有非平庸解要求系数行列式的值为零,由此得到特征方程为

$$\rho^2 c_V\alpha^3 + \rho\left[\beta\dot{\gamma}_0 P + (\lambda + c_V R)\,k^2\right]\alpha^2 + (\lambda R k^2 + \rho c_V Q - \beta\tau_0 P)\,k^2\alpha + \lambda k^4 Q = 0 \quad (11.60)$$

如果 α 有正实根,则意味着存在失稳的可能.

通常情况下,c_V、λ、P、Q 和 R 都是正的,若想要得到 α 的正实根,则要求式 (11.60) 的系数存在负值. 因此,如果 $P = 0$,则式 (11.60) 的各项系数均为正的,α 不存在正实根,那么系统将不会发生失稳.

对于长波长,即 $k \to 0$,有 $\alpha = 0$(重根)和 $\alpha = -\beta\dot{\gamma}_0 P/(\rho c_V)$,此时系统将不会发生失稳. 对于短波长,即 $k \to \pm\infty$,有 $\alpha = -Q/R$,此时系统也不会发生失稳. 因此,只有当 k^2 取有限正值时,系统才有可能发生失稳.

当 k 取有限值 k_m 时,对应 α 有极大的正根 α_m,此时会失稳. 极值条件为

$$\frac{\mathrm{d}\alpha}{\mathrm{d}k} = 0 \quad \Leftrightarrow \quad \frac{\mathrm{d}\alpha}{\mathrm{d}k^2} = 0 \qquad (11.61)$$

给出

$$k_\mathrm{m}^2 = \alpha_\mathrm{m}\frac{\beta\tau_0 P - \rho c_V Q - (\lambda + c_V R)\,\rho\alpha_\mathrm{m}}{2\lambda\,(Q + R\alpha_\mathrm{m})} \qquad (11.62)$$

由于 $k_\mathrm{m}^2 > 0$,可以得到

$$0 < \alpha_\mathrm{m} < \frac{\beta\tau_0 P - \rho c_V Q}{(\lambda + c_V R)\,\rho} = \alpha_\mathrm{m}^* \qquad (11.63)$$

因此,失稳的判断依据公式可以简化为

$$\beta\tau_0 P > \rho c_V Q \qquad (11.64)$$

该判据称为白判据. 该式意味着塑性功能导致的热软化大于材料的应变强化. 有趣的是无论失稳发不发生,都和热传导率 λ、应变率强化 R 和当前的应变率 $\dot{\gamma}_0$ 没有关系. 但这些因素影响了其他方面,如特征时间. 通常 α_m 与 α_m^* 同量级,因此定性上可以采用后者代替前者的值.

11.2　非线性系统的动力学演化

11.2.1　相平面

在理论分析中,我们常常将所考虑的问题简化为一维或者二维问题,解决它并不意味着解决了原问题,但可以为三维甚至更高维问题的解答提供有益的认识.

小扰动分析只适用于失稳的起始阶段,失稳后期的行为是非线性的. 1885 年,庞加莱提出相平面法,通过图解一、二阶常微分方程,分析系统在失稳后的演化行为. 该方法将系统的运动过程转化为相平面上点的轨迹,获得对系统运动状态的直观、准确和全面的描述,从而获知系统运动规律的全部信息.

例 11.8 二阶非线性微分方程的相平面描述

考虑质点的运动状态由如下二阶非线性微分方程来描述:

$$\begin{cases} \ddot{x} + \dfrac{1}{2}\dot{x} - x + x^3 = 0 \\ x(0) = a, \quad \dot{x}(0) = b \end{cases} \tag{11.65}$$

式中,a 和 b 为常数.

若记 $v = \dot{x}$,则微分方程可以改写为

$$\begin{cases} \dfrac{\mathrm{d}x}{\mathrm{d}t} = v \\ \dfrac{\mathrm{d}v}{\mathrm{d}t} = x - x^3 - \dfrac{1}{2}v \end{cases} \tag{11.66}$$

进一步消去 $\mathrm{d}t$,可以得到

$$v\frac{\mathrm{d}v}{\mathrm{d}x} = x - x^3 - \frac{1}{2}v \tag{11.67}$$

该式给出了 v 随 x 变化的微分关系,因而可以将 v 视为 x 的函数. 在 v-x 平面上,所有的点的斜率都可以由式 (11.67) 确定,可以绘制出图11.1. 该图中的点反映了质点当前的状态,箭头的大小和方向反映了质点随后的演化情况,这样的图称为相图 (phase diagram). 对于给定的初始值,其演化过程将形成一条连续的轨迹,称为相轨迹.

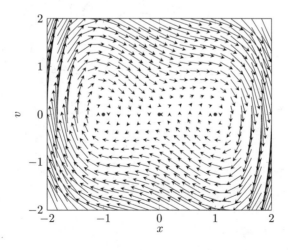

图 11.1 相图

由上述分析,可以认识到 v 是 x 的函数,所以我们重新整理一下思路. 令

$$v(x) = \dot{x} \tag{11.68}$$

则有

$$\ddot{x} = \frac{\mathrm{d}\dot{x}}{\mathrm{d}t} = \frac{\mathrm{d}v}{\mathrm{d}t} = \frac{\mathrm{d}x}{\mathrm{d}t}\frac{\mathrm{d}v}{\mathrm{d}x} = v\frac{\mathrm{d}v}{\mathrm{d}x} \tag{11.69}$$

因此,原方程可以改写成一阶微分方程为

$$\begin{cases} \dfrac{\mathrm{d}v}{\mathrm{d}x} = \dfrac{x - x^3}{v} - \dfrac{1}{2}, & v \neq 0 \\ v(a) = b \end{cases} \tag{11.70}$$

此系统在相平面 v-x 上的轨迹是固定的. 以 $x(0) = \pm 2.2, \pm 2.4, \pm 2.6, \pm 2.8$ 和 $\dot{x}(0) = 0$ 为例,图11.2给出了其演化的相轨迹. 对于 $x(0) = -2.8, -2.2, 2.4, 2.6$,质点最终均稳定在相平面上的 $(1, 0)$ 点;而对于 $x(0) = -2.4, -2.6, 2.2, 2.8$,质点最终均稳定在相平面上的 $(-1, 0)$ 点. 对于该例子,改变不同初值,质点最终要么落在 $(1, 0)$ 点,要么落在 $(-1, 0)$ 点,这些点被称为焦点. 对于某些初值($x(0) \approx \pm 2.7575$ 和 $\dot{x}(0) = 0$),相轨迹在经过原点时,斜率是不确定的,沿着两个不同的方向,最终分别落入 $(1, 0)$ 点或 $(-1, 0)$ 点. 此例中原点附近是不稳定的,称为鞍点,经过鞍点的相轨迹称为分离线. 上述的焦点、鞍点等极为特殊的点都分布在 x 轴上,它们对应于系统的平衡点,在相图中称为临界点. 实际上,对于不同的例子,相图可能展示出极为丰富的图像特征,主要与临界点的稳定性相关,我们在下面的例子中做进一步讨论.

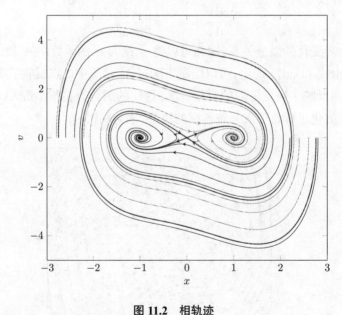

图 11.2 相轨迹

例 11.9 *临界点附近相轨迹的行为*

根据例11.5的稳定性分析,探讨临界点附近相轨迹的行为 [1].

在例11.5中,当 $c \neq 0$ 且 $b^2 - 4c \neq 0$ 时,特征方程存在两个相异的非零根.

若 $b^2 > 4c$,特征根均为实数,此时平衡点的稳定性受 c 和 b 的正负性的影响. 对于 $c < 0$,特征根一正一负,此时平衡是不稳定的,对应的临界点就是鞍点. 对于 $c > 0$ 且 $b < 0$,

两特征根均为正的,平衡是不稳定的,经过该临界点的相轨迹都将远离该点,这样的临界点称为节点;而对于 $c > 0$ 且 $b > 0$,两特征根均为负的,平衡是渐近稳定的,经过该临界点的相轨迹都将落入该点,这样的临界点也称为节点.

若 $b^2 < 4c$,特征根均为复数,此时平衡点的稳定性只与 b 的正负性有关. 对于 $b < 0$,两特征根的实部均为正的,此时平衡是不稳定的,相轨迹表现为螺旋线,在演化过程中远离该临界点,这样的临界点称为焦点. 对于 $b > 0$ 时,两特征根的实部均为负的,偏离量振荡着逐渐衰减到零,也是渐近稳定,相轨迹也表现为螺旋线,但在演化过程中逐渐落入该临界点,这样的临界点也称为焦点. 对于 $b = 0$,两特征根的实部均为零,偏离量做周期性变化,是随遇稳定的,称为中性稳定,在该临界点附近的相轨迹形成封闭曲线,这样的临界点称为中心点.

图11.3展示了不同临界点的定性特征. 需要说明的是,在例11.5的分析中采用了线性化近似. 这要求函数 $f(x,y)$、$g(x,y)$ 及其一阶导数在临界点附近具有连续性. 对于中心点要特别小心进行判断,因为线性化近似可能是不合适的. 而对于 $c = 0$ 且 $b^2 - 4c = 0$,如果方程中存在非线性项,则必须讨论其影响,才能给出正确的分析结果.

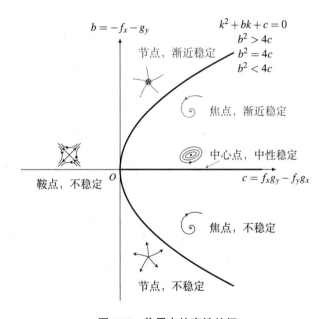

图 11.3   临界点的定性特征

11.2.2   分岔现象

非线性问题常常出现多值解. 当参数发生变化时,平衡点的位置及其稳定性可能发生变化.

例 11.10　非线性振动方程的分岔行为

考虑系统遵循如下非线性振动方程：

$$\ddot{x} + 2\beta\dot{x} - \lambda x + x^3 = 0, \quad t > 0, \quad \beta > 0 \tag{11.71}$$

讨论参数 λ 发生变化时系统的稳定性.

平衡点满足的方程为

$$x_0\left(\lambda - x_0^2\right) = 0 \tag{11.72}$$

其解为

$$x_0 = \begin{cases} 0 \\ \pm\sqrt{\lambda}, \quad \lambda \geqslant 0 \end{cases} \tag{11.73}$$

对于任意的 λ 取值，系统存在一个平衡点 $x_0 = 0$；而对于 $\lambda \geqslant 0$，系统除了平衡点 $x_0 = 0$ 外，还有两个平衡点 $x_0 = \pm\sqrt{\lambda}$. 引入小扰动 $\tilde{x}$，将 $x = x_0 + \tilde{x}$ 代入式 (11.71)，并作线性化近似，有

$$\ddot{\tilde{x}} + 2\beta\dot{\tilde{x}} + \left(-\lambda + 3x_0^2\right)\tilde{x} = 0 \tag{11.74}$$

设形式解 $\tilde{x} = Ae^{kt}$，对于每个平衡点 x_0，均可以得到两个特征根：

$$k_{1,2} = -\beta \pm \sqrt{\beta^2 - (-\lambda + 3x_0^2)} = \begin{cases} -\beta \pm \sqrt{\beta^2 + \lambda}, & x_0 = 0 \\ -\beta \pm \sqrt{\beta^2 - 2\lambda}, & x_0 = \pm\sqrt{\lambda} \end{cases} \tag{11.75}$$

分情况讨论平衡点的稳定性. 当 $\lambda < 0$ 时，只有一个平衡点 $x_0 = 0$，对应的两特征根均为负值，即该平衡点是稳定的平衡点. 当 $\lambda > 0$ 时，有三个平衡点：对于平衡点 $x_0 = 0$，对应的两特征根一负一正，即该平衡点是不稳定的；对于平衡点 $x_0 = \pm\sqrt{\lambda}$，对应的两特征根的实部均为负值，即这两个平衡点都是稳定的.

因此，随着 λ 从负值变为正值，方程的平衡点从一个变为三个，如图 11.4 所示. 当 $\lambda < 0$ 时，方程有一个稳定的平衡点 $x_0 = 0$. 当 $\lambda > 0$ 时，方程有一个不稳定的平衡点 $x_0 = 0$ 和两个稳定的平衡点 $x_0 = \pm\sqrt{\lambda}$. 参数 $\lambda = 0$ 是一个分岔点，所以上述现象称为分岔现象.

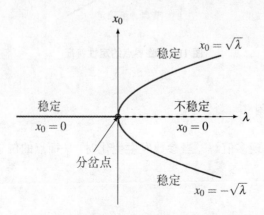

图 11.4　分岔现象

11.2.3　奇异吸引子

通过前面的分析,我们注意到有些系统的演化具有这样的特征,当它处于某个状态附近时,它总体上有朝着这个状态发展的趋势,这个状态是系统的稳定态,称为吸引子 (attractor). 有些吸引子是简单的,它或许静止在定态上,也或许是周期性地重复某种运动序列,我们将其称为平庸吸引子或一般吸引子,并根据其运动的模式可以分为节点、焦点、极限环等.

然而,对于某些问题,其吸引子可能表现出非周期性、无序的系统状态,我们将其称为奇异吸引子 (strange attractor),如洛伦兹吸引子 (Lorenz attractor)[38]、海伦吸引子 (Hénon attractor)[64].

例 11.11　洛伦兹吸引子

考虑函数 $\{X(\tau), Y(\tau), Z(\tau)\}$ 满足洛伦兹方程:

$$\begin{cases} X' = -\sigma X + \sigma Y \\ Y' = -XZ + rX - Y \\ Z' = XY - bZ \end{cases}$$

式中,$'$ 表示对无量纲时间 τ 的导数,σ, r 和 b 为正的常数.

平衡解 (X_0, Y_0, Z_0) 满足

$$\begin{cases} -\sigma X_0 + \sigma Y_0 = 0 \\ -X_0 Z_0 + rX_0 - Y_0 = 0 \\ X_0 Y_0 - bZ_0 = 0 \end{cases} \Rightarrow \begin{cases} X_0 = Y_0 \\ X_0(r - 1 - Z_0) = 0 \\ X_0 = \pm\sqrt{bZ_0} \end{cases} \tag{11.76}$$

对于 $0 < r \leqslant 1$,只存在一个平衡点,即 O 解 $(0,0,0)$;而对于 $r > 1$,除了 O 解外,还存在两个平衡解,即 C 解 $(\sqrt{br_1}, \sqrt{br_1}, r_1)$ 和 C' 解 $(-\sqrt{br_1}, -\sqrt{br_1}, r_1)$,其中 $r_1 = r - 1$.

在平衡解附近引入小扰动,将方程的解记为

$$X = X_0 + \tilde{X}, \quad Y = Y_0 + \tilde{Y}, \quad Z = Z_0 + \tilde{Z} \tag{11.77}$$

代入洛伦兹方程,并作线性化近似,可以得到

$$\begin{Bmatrix} \tilde{X}' \\ \tilde{Y}' \\ \tilde{Z}' \end{Bmatrix} = \begin{bmatrix} -\sigma & \sigma & 0 \\ r - Z_0 & -1 & -X_0 \\ Y_0 & X_0 & -b \end{bmatrix} \begin{Bmatrix} \tilde{X} \\ \tilde{Y} \\ \tilde{Z} \end{Bmatrix} \tag{11.78}$$

设形式解 $(\tilde{X}, \tilde{Y}, \tilde{Z}) = (Ae^{m\tau}, Be^{m\tau}, Ce^{m\tau})$,则有

$$\begin{bmatrix} -\sigma - m & \sigma & 0 \\ r - Z_0 & -1 - m & -X_0 \\ Y_0 & X_0 & -b - m \end{bmatrix} \begin{Bmatrix} A \\ B \\ C \end{Bmatrix} = \begin{Bmatrix} 0 \\ 0 \\ 0 \end{Bmatrix} \tag{11.79}$$

上式要有非平庸解,要求系数行列式为 0,因此有特征方程:

$$-(\sigma + m)[(1 + m)(b + m) + X_0^2] + \sigma[(r - Z_0)(b + m) - X_0 Y_0] = 0 \tag{11.80}$$

或者

$$m^3 + \alpha m^2 + \beta m + \gamma = 0 \tag{11.81}$$

式中, $\alpha = 1 + b + \sigma$, $\beta = b + X_0^2 + (b + Z_0 - r_1)\sigma$, $\gamma = [X_0^2 + X_0 Y_0 + b(Z_0 - r_1)]\sigma$.

对于 O 解, 特征方程为

$$m^3 + (1 + b + \sigma)m^2 + [b + (b - r + 1)\sigma]m - b(r - 1)\sigma = 0 \tag{11.82}$$

其解为

$$m_{1,2,3} = -b, \frac{\sigma + 1}{2}\left[-1 \pm \sqrt{1 + \frac{4(r-1)\sigma}{(\sigma + 1)^2}}\right] \tag{11.83}$$

当 $r < 1$ 时, 上式有三个负根, 此时 O 解是稳定的平衡点; 当 $r > 1$ 时, 上式有两个负根和一个正根, 此时 O 解是不稳定的平衡点.

对于 C 或 C' 解, 有

$$\alpha = 1 + b + \sigma, \quad \beta = b(r + \sigma), \quad \gamma = 2b(r - 1)\sigma \tag{11.84}$$

这三个参数均为正数. 通常需要直接求解一元三次方程 (11.81) 再判断根实部的正负性, 但这并不容易. 如下分情况进行讨论.

先考虑 $\gamma = \alpha\beta$ 的情况, 即有 $r = r_{\rm c}$, 其中

$$r_{\rm c} \equiv \frac{\sigma(\sigma + b + 3)}{\sigma - b - 1} \tag{11.85}$$

此时特征方程 (11.81) 改写为

$$(m + \alpha)(m^2 + \beta) = 0 \tag{11.86}$$

因为 $\alpha > 0$, $\beta > 0$, 所以上式有一个负根 $m_1 = -\alpha$ 和两个纯虚根 (共轭) $m_{2,3} = \pm {\rm i}\sqrt{\beta}$.

再考虑 $\gamma \neq \alpha\beta$ 的情况, 特征方程 (11.81) 可以改写为

$$(m + \alpha)(m^2 + \beta) = \alpha\beta - \gamma \tag{11.87}$$

此时, 上式不再有纯虚根. 令 $m = \xi + {\rm i}\eta$, 其中 ξ 和 η 为实数, 代入上式得

$$(\xi + \alpha)(\xi^2 - \eta^2 + \beta) - 2\xi\eta^2 + {\rm i}\eta(3\xi^2 + 2\alpha\xi + \beta - \eta^2) = \alpha\beta - \gamma \tag{11.88}$$

即要求

$$\begin{cases} (\xi + \alpha)(\xi^2 - \eta^2 + \beta) - 2\xi\eta^2 = \alpha\beta - \gamma \\ \eta(3\xi^2 + 2\alpha\xi + \beta - \eta^2) = 0 \end{cases} \tag{11.89}$$

若 $\eta = 0$, 第一式给出 $(\xi + \alpha)(\xi^2 + \beta) = \alpha\beta - \gamma$, 因为 $\alpha > 0$, $\beta > 0$, $\gamma > 0$, 所以 $\xi < 0$, 即有 $m_1 < 0$. 若 $\eta \neq 0$, 第二式给出 $\eta^2 = 3\xi^2 + 2\alpha\xi + \beta$, 再结合第一式有 $2\xi\left[(2\xi + \alpha)^2 + \beta\right] = \gamma - \alpha\beta$, 这说明 ξ 与 $\gamma - \alpha\beta$ 同正负.

　　根据上述讨论, 当 $\gamma < \alpha\beta$ 时, 即有 $r < r_c$ 或 $\sigma \leqslant b+1$, 易见 $-\alpha < m_1 < 0$, 另外两个根也不再是纯虚数, 它们的实部 ξ 与 $\gamma - \alpha\beta$ 同为负的; 当 $\gamma > \alpha\beta$ 时, 即有 $r > r_c$ 且 $\sigma > b+1$, 易见 $m_1 < -\alpha$, 另外两个根不再是纯虚数, 它们的实部 ξ 与 $\gamma - \alpha\beta$ 同为正的.

　　因此, 当且仅当 $r < r_c$ 或 $\sigma \leqslant b+1$ 时, C, C' 解是稳定的平衡点; 而当 $r > r_c$ 且 $\sigma > b+1$ 时, C, C' 解是不稳定的平衡点, 可以发现原方程的解一会儿绕 C, 一会儿绕 C', 一会儿绕两个点, 不存在极限环, 只是相当于两个吸引子, 将轨道束缚在其周围, 如图11.5所示.

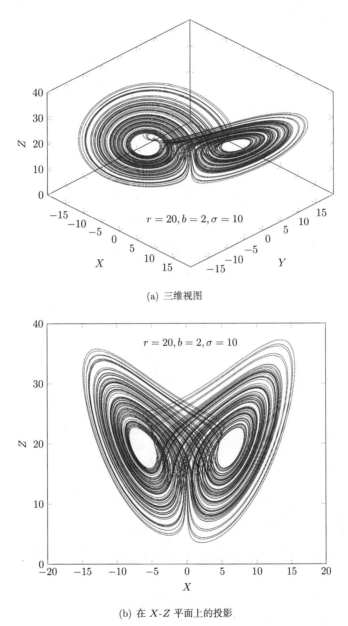

(a) 三维视图

(b) 在 X-Z 平面上的投影

图 11.5　洛伦兹吸引子

　　1959 年, 洛伦兹在气象研究中, 通过计算机模拟 "碰巧" 发现了一个奇怪的现象, 当输入的初值有细微差别时,计算结果可能迥异. 1960 年,洛伦兹在会议上报告了这一混沌现象 (chaos phenomenon). 1963 年,洛伦兹在《大气科学》杂志上发表题为《确定性非周期流》的论文,他指出气候不能精确地重演与天气不能做出长期预报之前存在着某种联系,也就是说非周期性与不可预测性之间存在某种关系. 1972 年,洛伦兹做了报告《巴西的蝴蝶扇动翅膀会引发德克萨斯的飓风吗?》,该题目是会议组织者梅里利斯 (Philip Merilees) 代为拟的. 上述混沌现象也因此被称为"蝴蝶效应"(butterfly effect). 需要注意的是"蝴蝶效应"并非是"德克萨斯的飓风"的物理起因. 一个混沌系统存在三个明显的特征:对初始条件的敏感性,非周期性,以及存在奇异吸引子.

自此,混沌科学的大门被打开. 物理学家福特 (J. Ford) 曾指出"相对论消除了牛顿关于绝对时空的错觉;量子理论消除了牛顿关于可控测量过程的梦想;而混沌现象则消除了拉普拉斯关于确定性可预测性的幻想"(Relativity eliminated the Newtonian illusion of absolute space and time; quantum theory eliminated the Newtonian dream of a controllable measurable process; and chaos eliminates the Laplacian fantasy of deterministic predictability).

实际上,早在 1890 年代,庞加莱在研究三体问题时就曾指出:"初始条件的微小差异有可能在最终的现象中导致巨大差异","预言变得不可能". 对初始条件的敏感性意味着混沌是不可预测的,即使初始状态非常接近,随着时间的推移,系统可能发展到完全不同的状态. 混沌是非周期的,不能将系统分解成互不影响的子系统. 但是,在混沌的性态中,也存在一些规律性的行为,如奇异吸引子. 对初始条件的敏感性,泛指初始条件的细微变化对体系的未来演化产生巨大影响.

习 题

11.1 求下列方程的所有平衡点,并检验其稳定性.

(1) $\dfrac{\mathrm{d}x}{\mathrm{d}t} = x - ax^3$;

(2) $\dfrac{\mathrm{d}^2x}{\mathrm{d}t^2} + x\dfrac{\mathrm{d}x}{\mathrm{d}t} + x - x^3 = 0$;

(3) $\dfrac{\mathrm{d}^2x}{\mathrm{d}t^2} + \left(\dfrac{\mathrm{d}x}{\mathrm{d}t} + 1\right)\sin x = 0$.

11.2 求下列方程组的所有平衡点,并检验其稳定性.

(1) $\begin{cases} \dfrac{\mathrm{d}x}{\mathrm{d}t} = y, \\ \dfrac{\mathrm{d}y}{\mathrm{d}t} = -\nu y - \sin x; \end{cases}$

(2) $\begin{cases} \dfrac{\mathrm{d}x}{\mathrm{d}t} = \mathrm{e}^{-x-2y} - 1, \\ \dfrac{\mathrm{d}y}{\mathrm{d}t} = -x + xy; \end{cases}$

$$(3) \begin{cases} \dfrac{\mathrm{d}\,x_1}{\mathrm{d}\,t} = x_2 + x_1 \left(1 - x_1^2 - x_2^2\right), \\[2mm] \dfrac{\mathrm{d}\,x_2}{\mathrm{d}\,t} = -x_1 + x_2 \left(1 - x_1^2 - x_2^2\right). \end{cases}$$

11.3 考虑 α、β、γ 和 μ 为常数,试对 SEIR 传染病模型式 (11.7) 进行稳定性分析.

11.4 考虑包含热软化和自由体积产生的一维简单剪切模型 [60]

$$\begin{cases} \rho \dfrac{\partial^2 \gamma}{\partial t^2} = \dfrac{\partial^2 \tau}{\partial y^2} \\[2mm] \dfrac{\partial \theta}{\partial t} = \kappa \dfrac{\partial^2 \theta}{\partial y^2} + \dfrac{\beta \tau}{\rho c_V} \dfrac{\partial \gamma}{\partial t} \\[2mm] \dfrac{\partial \xi}{\partial t} = D \dfrac{\partial^2 \xi}{\partial y^2} + G(\xi, \theta, \tau) \\[2mm] \tau = \tau(\gamma, \dot{\gamma}, \theta, \xi) \end{cases}$$

式中,各参数的定义见5.3.2节和5.3.3节. 试探讨热软化、自由体积产生、热与自由体积耦合软化等三种条件下诱导的金属玻璃剪切变形的稳定性,并分别给出剪切失稳判据.

11.5 对如下非线性方程组进行稳定性分析,并画出 $a = 35, b = 3, c = 28$ 的相图 [61].

$$\begin{cases} \dfrac{\mathrm{d}\,x}{\mathrm{d}\,t} = a\,(y - x) \\[2mm] \dfrac{\mathrm{d}\,y}{\mathrm{d}\,t} = (c - a)\,x - xz + cy \\[2mm] \dfrac{\mathrm{d}\,z}{\mathrm{d}\,t} = xy - bz \end{cases}$$

式中,a, b 和 c 为常数.

11.6 考虑一个可以连续加料、搅拌良好的罐式反应器中的三次自催化反应 [62],其中催化剂的无量纲浓度 $c(t)$ 的化学反应动力学方程可以表示为

$$\dfrac{\mathrm{d}\,c}{\mathrm{d}\,t} = \dfrac{1}{\kappa}\,(1 - c) - c\,(1 - \beta - c)^2, \quad 0 \leqslant c(t) \leqslant 1$$

式中,κ 和 β 为正的常数,且 $0 < \beta < 1/8$.

(1) 将平衡态绘制成 κ 的函数.

(2) 讨论参数 κ 对分岔点类型的影响,并确定每个分支的稳定性.

11.7 考虑如下捕食者与猎物种群数量竞争的数学模型 [63]

$$\begin{cases} \dfrac{\mathrm{d}\,x}{\mathrm{d}\,t} = \lambda x\,(1 - x/y) \\[2mm] \dfrac{\mathrm{d}\,y}{\mathrm{d}\,t} = y\,(1 - y) - axy/(y + b) \end{cases}$$

式中,$x(t)$ 和 $y(t)$ 分别为捕食者和猎物的种群密度,a, b 和 λ 均为正的常数,其中 $0 < b < 1$.

(1) 求出所有平衡点,并证明平衡点稳定的条件为

$$\lambda > \dfrac{1 - a - b + \mu}{1 - a + b + \mu}\,(a - \mu)$$

式中,$\mu = \sqrt{(1-a-b)^2 + 4b}$.

(2) 描述在稳定性发生改变的平衡点附近发生了什么.

(3) 若 $a = 3/4$ 和 $b = 1/4$,试用多重尺度法找出在分岔点附近的解.

11.8 考虑海伦吸引子问题,试对如下非线性方程组进行稳定性分析,并举例作出相图.

$$\begin{cases} \dfrac{\mathrm{d}x}{\mathrm{d}t} = y + 1 - ax^2 \\ \dfrac{\mathrm{d}y}{\mathrm{d}t} = bx \end{cases}$$

式中,a 和 b 为常数.

第 12 章　调 和 分 析

一个问题可能是线性的, 也可能是非线性的. 对于非线性问题, 往往很难有统一的、标准的数学求解方法. 而对于线性问题, 可能存在统一的、标准的求解方法. 如果可以容易找到线性问题的一系列特解, 那么可以期望问题的解将由这些特解的某种线性组合给出.

1807 年, 傅里叶在热传导问题的研究中发展了一套求解线性问题的基本理论. 该理论已经被广泛用来研究如何将一个函数表达为三角函数 (基本波) 的叠加, 也被称为傅里叶分析. 傅里叶分析是应用数学领域中重要的里程碑式的进展之一, 它已成为现代科学和工程技术的 "利器", 在信号处理、图像处理、统计学、声学、光学、医学等诸多领域得到了广泛应用. 这种基于基本波 (谐波或调和函数) 的分析方法, 也称为谐波分析, 或称调和分析. 傅里叶分析在处理那些非周期性问题上存在困难, 随着不同应用需求的出现, 这种利用基本波叠加的方法在许多方面得到了推广, 从而能处理更加广泛的问题, 进而发展出了广义调和分析. 近年来时频分析方法, 如小波变换, 在许多领域得到了广泛的应用, 展示了调和分析方兴未艾、蓬勃发展的局面.

本章首先介绍求解一维热传导问题的基本方法, 探讨傅里叶级数的运算和极限, 展示傅里叶级数在构造复杂函数方面的强大能力, 并从最小二乘意义上推广傅里叶级数, 使之可以用来处理更为广泛的问题. 进一步将傅里叶级数推广到无穷域中, 获得可以用积分表示的傅里叶变换, 并探讨具有圆对称的傅里叶变换和短时傅里叶变换. 最后, 本章简要介绍连续小波变换.

12.1　傅里叶级数及其推广

12.1.1　分离变量法

对于某些系统, 当其输入量变化时, 其响应量与输入量满足同比缩放的关系, 我们称这样的系统具有齐次性. 若用 x 表示输入量, 用 $f(x)$ 表示响应量, 则有

$$f(cx) = cf(x) \tag{12.1}$$

式中,c 为任意的常数. 显然,非线性函数是不具有齐次性的,即使对于线性函数,也只有当常数项为零时,才具有齐次性. 此外,线性微分算子是齐次的,如 n 阶线性微分算子,如下:

$$\mathcal{L} = a_n(x)\frac{\mathrm{d}^n}{\mathrm{d}\,x^n} + a_{n-1}(x)\frac{\mathrm{d}^{n-1}}{\mathrm{d}\,x^{n-1}} + \cdots + a_1(x)\frac{\mathrm{d}}{\mathrm{d}\,x} + a_0(x) \tag{12.2}$$

式中,$a_k(x)$ 是关于 x 的函数系数 $(k = 0, 1, \cdots, n)$. 容易检验 $\mathcal{L}(cy) = c\mathcal{L}(y)$.

对于线性齐次微分方程 $\mathcal{L}(y) = 0$,如果 y_1 和 y_2 都是方程的解,则它们的线性组合 $c_1 y_1 + c_2 y_2$ 也是方程的解,其中 c_1 和 c_2 为任意常数. 可见,对于具有齐次性的系统,其解满足线性叠加原理. 因此,对于线性齐次微分方程,如果我们能够找出方程的所有基本解,那么只需将这些基本解进行线性组合就可以得到方程的通解. 我们以波动问题和热传导问题为例,探讨用于求解线性问题的基本方法.

例 12.1 分离变量法的提出

1747 年,达朗贝尔 (Jean le Rond d'Alembert) 研究了振动中弦的形状问题,并将其归结为求解如下波动方程:

$$\begin{cases} \dfrac{\partial^2 u}{\partial t^2} = c^2 \dfrac{\partial^2 u}{\partial x^2}, & 0 \leqslant x \leqslant L, \quad t \geqslant 0 \\ u(x,0) = f(x), & u(0,t) = u(L,t) = 0 \end{cases} \tag{12.3}$$

式中,u 为弦的横向位移,x 为位置坐标,t 为时间,c 为波速,$f(x)$ 为初始时刻弦受到扰动后的形状,L 为弦长. 达朗贝尔指出形如 $u(x,t) = F(x+ct) + G(x-ct)$ 的任意二阶可微函数都满足式 (12.3) 的微分方程,但经过努力,他声称该问题不能得到求解,可能对它的解答超出了当时分析学的范围.

1749 年,欧拉认为弦的初始形状可以是任意的,即使函数存在不可微的孤立点,微分方程仍然可解. 1750 年,达朗贝尔假设微分方程可以进行分离变量,即令 $u(x,t) = \xi(x)\eta(t)$,将微分方程改写为

$$\frac{\ddot{\eta}(t)}{\eta(t)} = \frac{c^2 \xi''(x)}{\xi(x)} \tag{12.4}$$

式中,$\ddot{\eta} = \mathrm{d}\eta^2/\mathrm{d}t^2$ 和 $\xi'' = \mathrm{d}\xi^2/\mathrm{d}x^2$. 从形式上看,上式的等号左侧是 t 的函数,而右侧是 x 的函数. 因此,上式要成立,只能要求方程两侧均等于同一常数,不妨记该常数为 $-\omega^2$. 于是,达朗贝尔将波动方程的解写作 $u(x,t) = (A\cos\omega t)(B\sin(\omega x/c))$,但他没能走得更远.

1753 年,丹尼尔 · 伯努利 (Daniel Bernoulli) 从弦的振动本性出发,对该问题给出了更物理的解答,他认为弦的振动潜在地可以表示成无穷多个谐波的叠加,每一种基本的振动都是一条正弦曲线. 尽管伯努利没有写出一般形式的结果,但他的观点可以表示为

$$u(x,t) = \sum_{n=1}^{\infty} \alpha_n \cos\frac{n\pi ct}{L} \sin\frac{n\pi x}{L} \tag{12.5}$$

弦的初始形状满足:

$$f(x) = \sum_{n=1}^{\infty} \alpha_n \sin\frac{n\pi x}{L} \tag{12.6}$$

伯努利认为他可以通过调节系数 $\alpha_n(n = 1, 2, \cdots)$ 获取任意给定的初始函数 $f(x)$, 但他不清楚如何调节. 实际上, 欧拉在 1750 年已经给出了这些级数, 但他也未能对这个问题给出全面的解答. 争论持续了几十年, 直到 19 世纪初傅里叶等人发展了三角级数方法来解决热传导问题, 经过艰苦努力才使这类问题得到了彻底的解答.

1807 年, 傅里叶向法国科学院提交了题为《热的传播》的长篇论文, 尽管拉普拉斯、蒙日 (Gaspard Monge) 和拉克洛瓦 (Sylvestre François Lacroix) 赞成该论文的发表, 但是拉格朗日认为傅里叶所提出的方法在处理尖点时存在问题而拒绝接受发表. 1810 年, 法国科学院举办了关于热扩散研究的竞赛, 傅里叶将改写的题为《热在固体中的运动理论》的论文再次提交并胜出, 但评阅人中有人坚持论文在严格性和普遍性上存在不足, 不予发表. 无奈的傅里叶决心出书反击, 最终于 1822 年出版了专著《热的解析理论》, 从而谱写了"一首伟大的数学诗篇".

例 12.2　一维瞬态热传导的初边值问题

求解如下控制方程:

$$\begin{cases} \dfrac{\partial \theta}{\partial t} = \kappa \dfrac{\partial^2 \theta}{\partial x^2}, & 0 \leqslant x \leqslant L, \quad t \geqslant 0 \\ \theta(x, 0) = \theta_i(x), & \theta(0, t) = \theta_1, \quad \theta(L, t) = \theta_2 \end{cases} \tag{12.7}$$

式中, 各符号的定义见5.1节.

在这组控制方程中, 微分方程是线性齐次的, 而包括初始条件和边界条件在内的所有定解条件都是非齐次的.

在经过足够长的时间之后, 可以预期各处的温度维持在一定的值, 热传导达到稳态. 各处的温度不再随时间发生变化, 若两边界上温度不同, 则说明内部不同位置的温度是不同的, 因此温度可以是位置的函数, 记为 $\theta_s(x)$. 它与初始的温度分布无关, 其相关关系式或表达式为

$$\begin{cases} \kappa \dfrac{\mathrm{d}^2 \theta_s}{\mathrm{d}x^2} = 0, & 0 \leqslant x \leqslant L \\ \theta_s(0) = \theta_1, & \theta_s(L) = \theta_2 \end{cases} \tag{12.8}$$

其解为

$$\theta_s(x) = \theta_1 + (\theta_2 - \theta_1)\, x/L \tag{12.9}$$

可见, 若 $\theta_2 \neq \theta_1$, 物体中各处温度不同, 此时热量从温度高的一端持续、稳定地输送到温度低的一端.

利用稳态解 (12.9), 可以将边界条件齐次化. 令

$$\theta_t(x, t) = \theta(x, t) - \theta_s(x) \tag{12.10}$$

称为瞬态解. 原方程 (12.7) 可以改写为

$$\begin{cases} \dfrac{\partial \theta_t}{\partial t} = \kappa \dfrac{\partial^2 \theta_t}{\partial x^2}, & 0 \leqslant x \leqslant L, \quad t \geqslant 0 \\ \theta_t(x, 0) = f(x), & \theta_t(0, t) = 0, \quad \theta_t(L, t) = 0 \end{cases} \tag{12.11}$$

式中, $f(x) = \theta_i(x) - \theta_s(x)$. 此时,初始条件并未齐次化,但不必再考虑将其齐次化,否则改写后的方程将只存在平庸解 $\theta_t = 0$. 实际上,我们将看到只需分离出具有齐次边界条件的方程即可解决这类问题.

为了找到满足方程 (12.11) 的所有可能的线性解,我们假设瞬态解可以进行变量分离,记为

$$\theta_t(x,t) = \xi(x)\eta(t) \tag{12.12}$$

代入式 (12.11) 的偏微分方程,可以整理得到

$$\frac{\dot{\eta}(t)}{\kappa\eta(t)} = \frac{\xi''(x)}{\xi(x)} \tag{12.13}$$

上式等号两侧在形式上分别是自变量 t 和 x 的函数,但对于 t 和 x 的任意取值,上式若要成立,只能要求等号两侧的值为同一常数,不妨将这个常数记为 α. 则式 (12.13) 可以分离成两个方程:

$$\dot{\eta}(t) = \alpha\kappa\eta(t) \tag{12.14}$$

和

$$\xi''(x) = \alpha\xi(x) \tag{12.15}$$

考虑到 $\eta(t)$ 不能恒为零,将边界条件与形式解 (12.12) 相结合,有

$$\xi(0) = 0, \quad \xi(L) = 0 \tag{12.16}$$

若 $\alpha > 0$,式 (12.15) 的通解为

$$\xi(x) = Ae^{\sqrt{\alpha}x} + Be^{-\sqrt{\alpha}x} \tag{12.17}$$

式中,A 和 B 为待定常数. 由边界条件 (式 (12.16)),有 $A = B = 0$,此时 $\xi(x) = 0$,这是一个平庸解.

若 $\alpha = 0$,式 (12.15) 的通解为

$$\xi(x) = A + Bx \tag{12.18}$$

结合边界条件 (12.16),仍有 $A = B = 0$,即 $\xi(x) = 0$,还是平庸解.

若 $\alpha < 0$,式 (12.15) 的通解为

$$\xi(x) = A\cos\beta x + B\sin\beta x, \quad \beta = \sqrt{-\alpha} > 0 \tag{12.19}$$

结合边界条件 (12.16),有

$$A = 0, \quad B\sin\beta L = 0 \tag{12.20}$$

为获得非平庸解,即 $B \neq 0$,则要求 $\sin\beta L = 0$,其中 $\beta > 0$. 因此,可以得到

$$\beta = \frac{n\pi}{L}, \quad n = 1,2,3,\cdots \tag{12.21}$$

这说明存在一些分立的值使得式 (12.15) 和式 (12.16) 拥有非平庸解. 此时, B 可以取任意常数. 这说明当 α 取一些特定的、分立的值, 即

$$\alpha = -\beta^2 = -\frac{n^2\pi^2}{L^2}, \quad n = 1, 2, 3, \cdots \tag{12.22}$$

时, $\xi(x)$ 的基本解为

$$\xi_n(x) = b_n \sin \frac{n\pi x}{L}, \quad n = 1, 2, 3, \cdots \tag{12.23}$$

式中, b_n 为待定常数.

由式 (12.14), 有

$$\eta(t) = C \exp(\alpha\kappa t) \tag{12.24}$$

式中, C 为任意常数.

至此, 我们获得了方程 (12.11) 的无穷多个基本解, 为

$$\sin \frac{n\pi x}{L} \exp\left(-\frac{n^2\pi^2}{L^2}\kappa t\right), \quad n = 1, 2, 3, \cdots \tag{12.25}$$

这些解的任意线性叠加都是有效的形式解, 所以瞬态解可写为

$$\theta_t(x,t) = \sum_{n=1}^{\infty} b_n \sin \frac{n\pi x}{L} \exp\left(-\frac{n^2\pi^2}{L^2}\kappa t\right) \tag{12.26}$$

式中, b_n 为待定系数, 其值需要通过其他定解条件来确定.

由初始条件 $\theta_t(x,0) = f(x)$, 有

$$\sum_{m=1}^{\infty} b_m \sin \frac{m\pi x}{L} = f(x) \tag{12.27}$$

该式只包含一个式子, 想要由此获取无穷多个系数 b_m 的值, 似乎是一件不可能完成的任务. 然而, 考虑到自变量 x 的任意性, 原则上可以由式 (12.27) 构造出无穷多个线性方程, 因此系数 b_m 是可能确定的. 在求解线性方程组时, 我们的经验是通过将方程乘以一个系数, 然后将方程相加减, 以消掉某些项, 使单一的方程中待求的量减少, 利用这样的操作, 如果最后方程只有一个未知量, 就可以求出, 并类似地可以求出其他待求的量. 因此, 这里我们将方程乘以一个系数, 然后考虑将方程相 "加减", 以消去除 b_m 以外的其他的待求的量, 从而求出 b_m 的值.

由于 x 的任意性, 方程的 "加减" 可以考虑用积分来处理, 例如对于式 (12.27), 乘上一个系数 $G_n(x)$ 并在 $[0, L]$ 上进行积分, 即

$$\sum_{m=1}^{\infty} b_m \int_0^L G_n(x) \sin \frac{m\pi x}{L} dx = \int_0^L f(x) G_n(x) dx \tag{12.28}$$

我们期待上式左侧积分只对一项系数有作用, 而其他项系数相乘的积分为零, 即要求

$$\int_0^L G_n(x) \sin \frac{m\pi x}{L} dx = A\delta_{mn} \tag{12.29}$$

式中,A 为常数,δ_{mn} 为克罗内克记号,其表示只有 $m = n$ 时,值为 1,否则值为 0. 满足这一性质的 $G_n(x)$ 可能有不同的形式. 一个可能而且有益的尝试是 $G_n(x)$ 组成的序列 $\{G_n(x)\}$ 正好也是序列 $\{\sin(n\pi x/L)\}$. 取 $G_n(x) = \sin(n\pi x/L)$,积分给出

$$\int_0^L \sin\frac{n\pi x}{L}\sin\frac{m\pi x}{L}\mathrm{d}x = \frac{L}{2}\delta_{mn} \tag{12.30}$$

式中,m 和 n 为整数. 因此,可以得到

$$b_n = \frac{2}{L}\int_0^L f(x)\sin\frac{n\pi x}{L}\mathrm{d}x, \quad n = 1, 2, 3, \cdots \tag{12.31}$$

在上面的讨论中,我们未对 $f(x)$ 进行限制,是否意味着任意函数的 $f(x)$ 都可以转化为傅里叶正弦级数? 这个问题我们将在下节讨论.

由稳态解 (12.9) 和瞬态解 (12.26),可以得到原方程的解为

$$\theta(x,t) = \theta_1 + (\theta_2 - \theta_1)\frac{x}{L} + \sum_{n=1}^{\infty} b_n\sin\frac{n\pi x}{L}\exp\left(-\frac{n^2\pi^2}{L^2}\kappa t\right) \tag{12.32}$$

式中,系数 b_n 由式 (12.31) 给出. 尽管上式包含一个无穷级数,但是随着 n 的增大,对应项中的指数函数导致该项急剧变小. 所以,在经过一小段时间后,只有基波 ($n = 1$) 相对谐波 ($n > 1$) 衰减慢得多. 这意味着,不管初始温度分布是什么样的,与稳态解的偏离很快就接近于一个正弦分布的形式.

例 12.3 涮肉片问题

猪肉可能感染旋毛虫,生食或者未煮熟食用,都会有感染风险. 通过烹饪可能杀死旋毛虫,这取决于烹饪的温度和时间. 若温度仅 49 ℃,需要 21 h 左右才能杀死旋毛虫;温度为 60 ℃,只需 1 min 左右;而温度提高到 62.2 ℃,旋毛虫可以在瞬间被杀死. 考虑将 0 ℃ 的肉片放入温度为 100 ℃ 的汤中,需要烫多长时间才能确保食用安全?

放入汤中的肉片,热量主要从肉片厚度方向由外部流入内部,可以视为一维热传导问题,而肉片中心的位置是最难熟透的,因此只需分析 $x = L/2$ 处的温度变化. 此外,在式 (12.32) 中 n 越小,对应的瞬态解变化越慢,因此可以只考虑 $n = 1$ 对应项的影响. 由式 (12.31),有

$$b_1 = \frac{2}{L}\int_0^L (\theta_{\text{meat}} - \theta_{\text{soup}})\sin\frac{\pi x}{L}\mathrm{d}x = -\frac{4}{\pi}(\theta_{\text{soup}} - \theta_{\text{meat}}) \tag{12.33}$$

式中,θ_{meat} 为肉片的初始温度,θ_{soup} 为汤的温度,并且忽略汤的温度变化. 我们关心的 $x = L/2$ 处的温度为

$$\theta\left(\frac{L}{2}, t\right) \approx \theta_{\text{soup}} - \frac{4}{\pi}(\theta_{\text{soup}} - \theta_{\text{meat}})\exp\left(-\frac{\pi^2\kappa t}{L^2}\right) \tag{12.34}$$

经过 t_{safe} 时间,上式达到 $\theta_{\text{safe}} = 62.2$ ℃,因此给出的可安全食用时间为

$$t_{\text{safe}} \approx \frac{L^2}{\pi^2\kappa}\ln\left(\frac{4}{\pi}\frac{\theta_{\text{soup}} - \theta_{\text{meat}}}{\theta_{\text{soup}} - \theta_{\text{safe}}}\right) \doteq 0.123\frac{L^2}{\kappa} \doteq 0.88L^2 \text{ (s)} \tag{12.35}$$

式中, κ 近似取$0.14\,\mathrm{mm^2/s}$, L 为以 mm 为单位度量的肉片厚度. 可见, 可安全食用的时间与厚度的平方成正比, 越厚越难煮熟. 例如, $2\,\mathrm{mm}$ 厚的肉片约 $3.5\,\mathrm{s}$ 可以烫好, 而 $6\,\mathrm{mm}$ 厚的肉片则需要约半分钟.

例 12.4　*一维瞬态热传导的初边值问题*

如果将式 (12.7) 中的边界条件 $\theta(0,t)=\theta_1$ 改成对称性边界条件, 为

$$\frac{\partial \theta}{\partial x}(0,t)=0 \tag{12.36}$$

则例12.2中的推导会发生怎样的变化?

稳态解满足的方程改写为

$$\begin{cases} \kappa\dfrac{\mathrm{d}^2\theta_{\mathrm{s}}}{\mathrm{d}x^2}=0, & 0 \leqslant x \leqslant L \\[2mm] \dfrac{\mathrm{d}\,\theta_{\mathrm{s}}}{\mathrm{d}\,x}(0)=0, & \theta_{\mathrm{s}}(L)=\theta_2 \end{cases} \tag{12.37}$$

其解为

$$\theta_{\mathrm{s}}(x)=\theta_2 \tag{12.38}$$

瞬态解满足的方程改写为

$$\begin{cases} \dfrac{\partial \theta_{\mathrm{t}}}{\partial t}=\kappa\dfrac{\partial^2 \theta_{\mathrm{t}}}{\partial x^2}, & 0 \leqslant x \leqslant L, \quad t \geqslant 0 \\[2mm] \theta_{\mathrm{t}}(x,0)=f(x), & \dfrac{\partial \theta_{\mathrm{t}}}{\partial x}(0,t)=0, \quad \theta_{\mathrm{t}}(L,t)=0 \end{cases} \tag{12.39}$$

分离变量法的过程基本一样, 只有如下几处不同. 由边界条件, 式 (12.16) 改写为

$$\xi'(0)=0, \quad \xi(L)=0 \tag{12.40}$$

进而式 (12.20) 改写为

$$c_2=0, \quad c_1\cos\beta L=0 \tag{12.41}$$

为求非平庸解, 要求如下:

$$\beta=\frac{(2n+1)\,\pi}{2L}, \quad n=0,1,2,\cdots \tag{12.42}$$

即

$$\alpha=-\beta^2=-\frac{(2n+1)^2\pi^2}{4L^2}, \quad n=0,1,2,\cdots \tag{12.43}$$

时, $\xi(x)$ 的基本解为

$$\xi_0(x)=\frac{1}{2}a_0, \quad \xi_n(x)=a_n\cos\frac{n\pi x}{L}, \quad n=1,2,3,\cdots \tag{12.44}$$

式中, a_n 为任意常数 $(n=0,1,2,\cdots)$. 为了 a_n 在形式上的统一, 我们在上式常数 a_0 前增加了一个因子 $1/2$.

瞬态解可改写为

$$\theta_{\mathrm{t}}(x,t) = \frac{a_0}{2} \exp\left(-\frac{\pi^2 \kappa t}{4L^2}\right) + \sum_{n=1}^{\infty} a_n \cos \frac{n\pi x}{L} \exp\left[-(2n+1)^2 \frac{\pi^2 \kappa t}{4L^2}\right] \quad (12.45)$$

由初始条件,有

$$f(x) = \frac{a_0}{2} + \sum_{n=1}^{\infty} a_n \cos \frac{n\pi x}{L} \quad (12.46)$$

式中,系数 a_n 为

$$a_n = \frac{2}{L} \int_0^L f(x) \cos \frac{n\pi x}{L} \,\mathrm{d}x, \quad n = 0, 1, 2, \cdots \quad (12.47)$$

12.1.2 傅里叶级数的示例和运算

为方便分析,我们使用 L/π 对式 (12.27) 和式 (12.31) 以及式 (12.46) 和式 (12.47) 中的 x 进行无量纲化,并用 t 来表示(不要与 12.1.1 节混淆).

我们先不加证明地给出两条定理,它们指出了什么样的函数可以用傅里叶级数来表示,具体的证明我们在后面给出.

傅里叶定理 (Fourier theorem) 指出具有单值且分段光滑的函数可以表示成傅里叶级数的形式.

狄利克雷定理 (Dirichlet theorem) 指出,如果 $f(t)$ 在定义域内分段光滑,那么它的傅里叶级数在 $t = t_0$ 处收敛于左极限和右极限的平均值,即

$$f(t_0) = \frac{1}{2} \left(f(t_0 - 0) + f(t_0 + 0) \right) \quad (12.48)$$

傅里叶正弦级数为

$$f(t) \sim \sum_{n=1}^{\infty} b_n \sin nt, \quad -\pi < t < \pi \quad (12.49)$$

式中,系数 b_n 为

$$b_n = \frac{2}{\pi} \int_0^{\pi} f(t) \sin nt \,\mathrm{d}t, \quad n = 1, 2, \cdots \quad (12.50)$$

由于正弦函数 $\sin nt$ 是奇函数,并且 $n = 1$ 时其最大周期为 2π,所以这里定义的函数 $f(t)$ 是一个奇函数,它可以是以 2π 为周期的函数.

傅里叶余弦级数为

$$f(t) \sim \frac{1}{2} a_0 + \sum_{n=1}^{\infty} a_n \cos nt, \quad -\pi < t < \pi \quad (12.51)$$

式中,系数 a_n 为

$$a_n = \frac{2}{\pi} \int_0^{\pi} f(t) \cos nt \,\mathrm{d}t, \quad n = 0, 1, 2, \cdots \quad (12.52)$$

这里定义的函数 $f(t)$ 是一个偶函数,它可以是以 2π 为周期的函数.

对于一般形式的函数 $f(t)$,总可以分解成一个奇函数和一个偶函数,因此其傅里叶级数可以表示为

$$f(t) \sim \frac{1}{2}a_0 + \sum_{n=1}^{\infty}(a_n \cos nt + b_n \sin nt), \quad -\pi < t < \pi \tag{12.53}$$

式中,系数 a_n 和 b_n 为

$$a_n = \frac{1}{\pi}\int_{-\pi}^{\pi} f(t)\cos nt\, \mathrm{d}t, \quad b_n = \frac{1}{\pi}\int_{-\pi}^{\pi} f(t)\sin nt\, \mathrm{d}t \tag{12.54}$$

也可以表示成复数形式:

$$f(t) \sim \sum_{n=-\infty}^{\infty} c_n \mathrm{e}^{\mathrm{i}nt}, \quad -\pi < t < \pi \tag{12.55}$$

式中,系数 c_n 为

$$c_n = \frac{1}{2\pi}\int_{-\pi}^{\pi} f(t)\mathrm{e}^{-\mathrm{i}nt}\, \mathrm{d}t \tag{12.56}$$

且有

$$c_0 = \frac{a_0}{2}, \quad c_n = \frac{1}{2}(a_n - \mathrm{i}b_n), \quad c_{-n} = \overline{c_n} \tag{12.57}$$

式中,$\overline{c_n}$ 表示 c_n 的共轭复数.

　　为何要将一个给定的函数转化为形式上更为复杂的傅里叶级数? 这当然要归功于傅里叶级数强大的可应用性, 例如傅里叶级数在信号处理等领域有广泛的应用. 这里我们直接给出一些常用的例子,如图12.1所示.

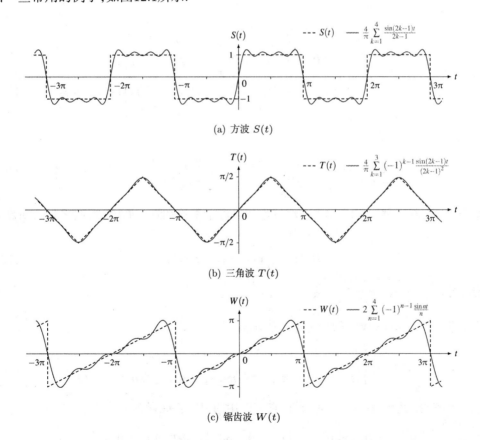

(a) 方波 $S(t)$

(b) 三角波 $T(t)$

(c) 锯齿波 $W(t)$

图 12.1　典型信号

例 12.5 *方波、矩形函数*

方波 (square wave),也称脉冲系列 (pulse train)、脉冲波 (pulse wave) 或拉德马赫尔函数 (Rademacher function),是一种在双值间来回交替变化的周期性波形.

例如,方波的一种形式为

$$S(t) = \begin{cases} -1, & (2m-1)\pi < t < 2m\pi \\ 1, & 2m\pi < t < (2m+1)\pi \end{cases} \tag{12.58}$$

式中,m 为整数. 此函数是一个奇函数,可以用傅里叶正弦函数表示为

$$S(t) \sim \frac{4}{\pi} \sum_{k=1}^{\infty} \frac{\sin(2k-1)t}{2k-1} = \frac{4}{\pi}\left(\sin t + \frac{\sin 3t}{3} + \frac{\sin 5t}{5} + \frac{\sin 7t}{7} + \cdots\right) \tag{12.59}$$

如图12.1(a)中实线对应于上式前 4 项的求和结果,可以看到曲线存在明显的振荡. 可以预期,随着求和项数的增加,上式求和结果将逐渐地逼近于方波信号. 需要注意的是,在式 (12.58) 中,$t = k\pi$ 是间断点,其中 k 为整数;而式 (12.59) 右侧在间断点上给出的结果总是为 0,与式 (12.58) 的左极限和右极限均不同. 实际上,三角函数是无限光滑的连续函数,即使无限次叠加后也仍然保持这样优异的性质,用其来逼近一个间断函数,并不能真的构造出间断点. 关于这方面的进一步讨论见例12.9.

方波的另一种形式为

$$\Pi(t) = \begin{cases} 1, & 2m\pi - \pi/2 < t < 2m\pi + \pi/2 \\ 0, & 2m\pi + \pi/2 < t < 2m\pi + 3\pi/2 \end{cases} \tag{12.60}$$

式中, m 为整数. 该函数形式常称为矩形函数 (rectangle function),也称门函数 (gate function)、脉冲函数 (pulse fuction) 或窗口函数 (window function). 此函数是一个偶函数,可以用傅里叶余弦级数表示为

$$\Pi(t) \sim \frac{1}{2} + \frac{2}{\pi} \sum_{k=1}^{\infty} (-1)^{k-1} \frac{\cos(2k-1)t}{2k-1} = \frac{1}{2} + \frac{2}{\pi}\left(\frac{\cos t}{1} - \frac{\cos 3t}{3} + \cdots\right) \tag{12.61}$$

实际上,上面两种形式的方波函数只是相对做了平移和缩放而已,它们之间的函数关系为

$$\Pi(t) = \frac{1}{2}\left(1 + S(t - \pi/2)\right) \tag{12.62}$$

例 12.6 *三角波、对称三角波*

三角波 (triangle wave) 的一种形式表示为

$$T(t) = \begin{cases} t - 2m\pi, & 2m\pi - \pi/2 \leqslant t \leqslant 2m\pi + \pi/2 \\ \pi - |t - 2m\pi|, & 2m\pi + \pi/2 \leqslant t \leqslant 2m\pi + 3\pi/2 \end{cases} \tag{12.63}$$

式中,m 为整数. 此函数是一个奇函数,它可以用傅里叶正弦函数表示为

$$T(t) \sim \frac{4}{\pi} \sum_{k=1}^{\infty} (-1)^{k-1} \frac{\sin(2k-1)t}{(2k-1)^2} = \frac{4}{\pi}\left(\frac{\sin t}{1^2} - \frac{\sin 3t}{3^2} + \frac{\sin 5t}{5^2} - \cdots\right) \tag{12.64}$$

该式已在例1.1给出,即式 (1.26). 如图12.1(b)中实线对应于上式前 3 项的求和结果,可以看到曲线不存在明显的振荡,仅取少量的求和项数就很好地逼近了三角波信号.

三角波的另一种形式是对称形式,称为对称三角波 (symmetric triangle wave),表达式为

$$C(t) = |t - 2m\pi|, \quad (2m-1)\pi \leqslant t \leqslant (2m+1)\pi \tag{12.65}$$

式中,m 为整数. 此函数是一个偶函数,它可以用傅里叶余弦函数表示为

$$C(t) \sim \frac{\pi}{2} - \frac{4}{\pi}\sum_{k=1}^{\infty}\frac{\cos(2k-1)t}{(2k-1)^2} = \frac{\pi}{2} - \frac{4}{\pi}\left(\frac{\cos t}{1^2} + \frac{\cos 3t}{3^2} + \frac{\cos 5t}{5^2} + \cdots\right) \tag{12.66}$$

这两个三角波函数实际上只是做了相对平移而已,它们之间的函数关系为

$$C(t) = T(t + \pi/2) + \pi/2 \tag{12.67}$$

例 12.7 锯齿波

锯齿波 (sawtooth wave) 可以表示为

$$W(t) = t - 2m\pi, \quad (2m-1)\pi < t < (2m+1)\pi \tag{12.68}$$

式中,m 为整数. 此函数是一个奇函数,它可以用傅里叶正弦函数表示为

$$W(t) \sim 2\sum_{n=1}^{\infty}(-1)^{n-1}\frac{\sin nt}{n} = 2\left(\frac{\sin t}{1} - \frac{\sin 2t}{2} + \frac{\sin 3t}{3} - \frac{\sin 4t}{4} + \cdots\right) \tag{12.69}$$

如图12.1(c)中实线对应于上式前 4 项的求和结果,曲线也存在明显的振荡,与上述讨论的方波情形类似.

例 12.8 傅里叶级数的逐项积分和逐项微分

傅里叶级数是基本波的叠加, 因此两个傅里叶级数的加法或减法的运算可以将对应项逐项进行加法或减法操作. 由于傅里叶级数的收敛不是一致的, 因此对其逐项积分或逐项微分不一定能收敛.

我们先就上述具体的例子, 检查一下逐项积分和逐项微分的操作是否合适. 若将式 (12.59) 两边进行积分, 可以得到式 (12.66). 反之, 对式 (12.66) 两边进行微分, 可以得到式 (12.59). 但是, 如果对式 (12.59) 两边进一步微分, 所得的级数不再收敛. 由此, 我们可以初步判断傅里叶级数的逐项积分是可容许的, 而逐项微分不一定容许. 以下对这些认识给出具体的分析说明.

考虑 $f(t)$ 在区间 $(-\pi, \pi)$ 上逐段光滑的情形,对式 (12.55) 两边从 0 到 t 进行积分,即

$$\int_0^t f(\tau)\,\mathrm{d}\tau \sim c_0 t + \sum_{\substack{n=-\infty \\ (n\neq 0)}}^{\infty}\frac{c_n}{\mathrm{i}n}\left(\mathrm{e}^{\mathrm{i}nt} - 1\right), \quad -\pi < t < \pi \tag{12.70}$$

或者写为

$$\int_0^t f(\tau)\,\mathrm{d}\tau - c_0 t \sim \sum_{\substack{n=-\infty \\ (n\neq 0)}}^{\infty} \mathrm{i}\frac{c_n}{n} - \sum_{\substack{n=-\infty \\ (n\neq 0)}}^{\infty} \mathrm{i}\frac{c_n}{n}\mathrm{e}^{\mathrm{i}nt}, \quad -\pi < t < \pi \tag{12.71}$$

式中,c_n 由式 (12.56) 给出. 由于 $f(t)$ 在区间上逐段光滑,则其积分在区间上连续且逐段光滑,因此式 (12.71) 左边是可以直接进行傅里叶级数展开的,记为

$$\int_0^t f(\tau)\,\mathrm{d}\tau - c_0 t \sim \sum_{n=-\infty}^{\infty} C_n \mathrm{e}^{\mathrm{i}nt}, \quad -\pi < t < \pi \tag{12.72}$$

式中,系数 C_n 为

$$C_n = \frac{1}{2\pi}\int_{-\pi}^{\pi}\left(\int_0^t f(\tau)\,\mathrm{d}\tau - c_0 t\right)\mathrm{e}^{-\mathrm{i}nt}\,\mathrm{d}t \tag{12.73}$$

当 $n \neq 0$ 时,对式 (12.73) 进行分部积分,有

$$C_n = -\mathrm{i}\frac{c_n}{n}, \quad n \neq 0 \tag{12.74}$$

当 $n = 0$ 时,对式 (12.73) 进行分部积分,有

$$C_0 = \frac{1}{2}\int_0^{\pi} f(\tau)\,\mathrm{d}\tau - \frac{1}{2}\int_{-\pi}^{0} f(\tau)\,\mathrm{d}\tau - \frac{1}{2\pi}\int_{-\pi}^{\pi} f(t)t\,\mathrm{d}t \tag{12.75}$$

对式 (12.72),取 $t = 0$,有

$$C_0 = -\sum_{\substack{n=-\infty \\ (n\neq 0)}}^{\infty} C_n = \mathrm{i}\sum_{\substack{n=-\infty \\ (n\neq 0)}}^{\infty} \frac{c_n}{n} \tag{12.76}$$

将式 (12.74) 和式 (12.76) 代入式 (12.72),结果与式 (12.71) 一致,这说明对傅里叶级数进行逐项积分的确是容许的.

考虑 $f(t)$ 在区间 $(-\pi, \pi)$ 上逐段光滑,对式 (12.55) 两边进行形式上的微分,可得

$$f'(t) \sim \sum_{\substack{n=-\infty \\ (n\neq 0)}}^{\infty} \mathrm{i}nc_n \mathrm{e}^{\mathrm{i}nt} = \sum_{n=-\infty}^{\infty} \mathrm{i}nc_n \mathrm{e}^{\mathrm{i}nt}, \quad -\pi < t < \pi \tag{12.77}$$

式中,c_n 由式 (12.56) 给出. 假设 $f'(x)$ 逐段光滑,有傅里叶级数表示为

$$f'(t) \sim \sum_{n=-\infty}^{\infty} \sigma_n \mathrm{e}^{\mathrm{i}nt}, \quad -\pi < t < \pi \tag{12.78}$$

式中,系数 σ_n 为

$$\sigma_n = \frac{1}{2\pi}\int_{-\pi}^{\pi} f'(t)\mathrm{e}^{-\mathrm{i}nt}\,\mathrm{d}t \tag{12.79}$$

不失一般性,假设函数在区间 $(-\pi, \pi)$ 上连续,对上式进行分部积分,有

$$\sigma_n = \mathrm{i}nc_n + \frac{(-1)^n}{2\pi}\left(f(\pi) - f(-\pi)\right) \tag{12.80}$$

将式 (12.80) 代入式 (12.78),结果要与式 (12.77) 一致,需要求 $f(-\pi) = f(\pi)$. 因此,只有当 $f(t)$ 为连续 (包括区间端点) 逐段光滑的函数,其傅里叶级数的逐项微分才是容许的,否则逐项微分后的级数不收敛.

12.1.3 傅里叶级数的极限和部分和

我们采用复数形式的傅里叶级数来分析其极限. 记傅里叶级数的部分和为

$$S_N(t) = \sum_{n=-N}^{N} c_n e^{int}, \quad -\pi < t < \pi \tag{12.81}$$

式中, 系数 c_n 见式 (12.56). 将式 (12.56) 代入上式并交换积分和求和的顺序, 可以得到

$$S_N(t) = \frac{1}{2\pi} \int_{-\pi}^{\pi} K_N(\tau - t) f(\tau) \, d\tau = \frac{1}{2\pi} \int_{-\pi-t}^{\pi-t} K_N(u) f(u+t) \, du \tag{12.82}$$

式中, $K_N(u)$ 可以表示为

$$K_N(u) = \sum_{n=-N}^{N} e^{-inu} = \frac{\sin \lambda u}{\sin(u/2)}, \quad \lambda = N + 1/2 \tag{12.83}$$

函数 $K_N(u)$ 在 $u=0$ 附近剧烈振荡, 而在 $u=0$ 时存在较大的值, 如图12.2(a)所示.

假设函数 $f(t)$ 在定义域上连续光滑. 先讨论 $t>0$ 时的情形, 式 (12.82) 的积分只在 $u=0$ 附近对积分有主要贡献, 可以近似写为

$$S_N(t) \approx \frac{1}{2\pi} \int_{-t}^{t} f(u+t) \frac{\sin \lambda u}{\sin(u/2)} \, du = \frac{1}{2\pi} \int_{-\lambda t}^{\lambda t} \left(f(v/\lambda + t) \frac{v/\lambda}{\sin(v/(2\lambda))} \right) \frac{\sin v}{v} \, dv \tag{12.84}$$

由于 $(\sin v)/v$ 只在 $v=0$ 附近存在较大的值, 而其他位置的值在较小幅度内剧烈变化, 所以式 (12.84) 的积分主要来源于 $v=0$ 附近. 如果 $f(t)$ 在 t 的某一邻域内光滑, 将式 (12.84) 的被积函数括号内部分在 $v=0$ 附近作泰勒展开, 有

$$f(v/\lambda + t) \frac{v/\lambda}{\sin(v/(2\lambda))} = 2f(t) + 2f'(t)(v/\lambda) + O((v/\lambda)^2) \tag{12.85}$$

因此, 式 (12.84) 可以写为

$$S_N(t) = f(t) \frac{2}{\pi} \text{Si}(\lambda t) + O(\lambda^{-1}) \tag{12.86}$$

式中, 正弦积分函数定义为

$$\text{Si}(x) = \int_0^x \frac{\sin v}{v} \, dv \tag{12.87}$$

正弦积分函数在 $x \to \infty$ 时趋近于 $\pi/2$, 而在 $x \to -\infty$ 时趋近于 $-\pi/2$, 如图12.2(b)所示. 当 $N \to \infty$ 时, 即 $\lambda t \to \infty$, 有

$$\lim_{N \to \infty} S_N(t) = f(t) \tag{12.88}$$

若 $t<0$, 上述分析中只需将式 (12.84) 的积分上下限互换, 注意到当 $N \to \infty$ 时 $-\lambda t \to \infty$, 所以仍有式 (12.88). 若 $t=0$, 式 (12.82) 给出

$$S_N(0) = \frac{1}{2\pi} \int_{-\pi}^{\pi} f(u) \frac{\sin \lambda u}{\sin(u/2)} \, du = \frac{1}{2\pi} \int_{-\lambda\pi}^{\lambda\pi} \left(f(v/\lambda) \frac{v/\lambda}{\sin(v/(2\lambda))} \right) \frac{\sin v}{v} \, dv \tag{12.89}$$

利用式 (12.85), 有

$$S_N(0) = f(0)\frac{2}{\pi}\mathrm{Si}(\lambda\pi) + O(\lambda^{-1}) \tag{12.90}$$

当 $N \to \infty$ 时 $\lambda\pi \to \infty$, 对于 $t = 0$ 仍有式 (12.88) 成立. 综上, 对于连续光滑函数 $f(t)$, 傅里叶级数的极限收敛, 并且收敛到 $f(t)$. 这就证明了傅里叶定理.

如果函数 $f(t)$ 在定义域上分段光滑, 例如在 $t = t_0$ 点为间断点, 则式 (12.85) 需要考虑在 $t = t_0$ 点的左侧和右侧分别展开, 因此式 (12.86) 改写为

$$S_N(t_0) = (f(t_0 - 0) + f(t_0 + 0))\frac{1}{\pi}\mathrm{Si}(\lambda t_0) + O(\lambda^{-1}) \tag{12.91}$$

即有

$$\lim_{N \to \infty} S_N(t_0) = \frac{1}{2}\left(f(t_0 - 0) + f(t_0 + 0)\right) \tag{12.92}$$

这就证明了狄利克雷定理.

三角函数是连续可微的函数, 其线性叠加 (即傅里叶级数) 也是连续可微的函数, 但是我们经常试图使用傅里叶级数来逼近间断函数. 这曾经给人们带来了很大的困扰, 正如我们在图12.1(a)和12.1(c)中看到的那样, 傅里叶级数在间断点附近似乎并不容易逼近目标函数. 傅里叶级数的部分和在间断点附近的异常行为被称为吉布斯现象 (Gibbs phenomenon)[①], 我们将在例12.9中阐述其机理.

实际上, 傅里叶级数在逼近函数时的性质是非常优秀的, 它是具有最小二乘误差意义的, 相关的讨论见例12.10和例12.11.

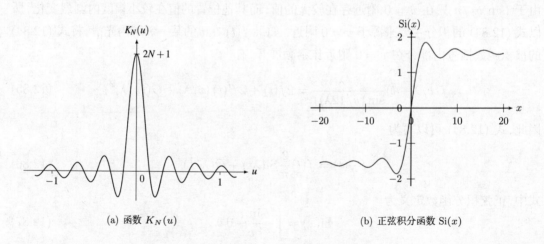

(a) 函数 $K_N(u)$ (b) 正弦积分函数 $\mathrm{Si}(x)$

图 12.2 函数 $K_N(u)$ 和正弦积分函数

---

① 1898 年, *Nature* 杂志发表了多篇以 "傅里叶级数" 为主题的 "给编辑的信". 10 月 6 日, 迈克耳孙 (Albert Abraham Michelson) 提出了在间断点上切线意义的困惑, 并呼吁数学家解释一下连续函数能不能一致地逼近间断函数. 10 月 13 日, 勒夫 (Augustus Edward Hough Love) 反驳说间断点上定义切线是没有意义的, 而无穷多项三角函数之和确实逼近了间断函数, 并认为是迈克耳孙取有限项级数造成了错误. 12 月 29 日, 迈克耳孙反击说在间断点附近他取的项数是足够的; 吉布斯简短而敏锐地指出有限项级数之和逼近了一条与目标间断函数不一致的曲线; 勒夫就此长篇大论一番, 然后说他还是不知道所讨论的点在哪. 次年 4 月 27 日, 吉布斯补充给出了有限项级数之和所逼近的那条曲线, 并指出它与正弦积分函数相关. 1906 年, 博谢 (Maxime Bôcher) 在论文中将上述异常行为称为吉布斯现象. 实际上, 1848 年威尔布里厄姆 (Henry Wilbraham) 已经指出并解释了这个现象, 但其论文直到 1914 年才被注意到.

例 12.9　方波函数的傅里叶正弦级数的部分和

以方波函数及其傅里叶级数在 $t = 0$ 附近的行为来解释吉布斯现象. 由式 (12.59), 可以给出方波函数的傅里叶级数的部分和, 即

$$S_N(t) = \frac{4}{\pi} \sum_{k=1}^{N} \frac{\sin(2k-1)t}{2k-1} \tag{12.93}$$

对于式 (12.93) 分别取 $N = 5, 10$ 和 20 进行计算, 其结果如图12.3所示, 其中只考虑 $t \geqslant 0$ 的情况. 可以观察到在 $t = 0$ 附近, 各曲线剧烈振荡, 但总存在一个点, 使得 $S_N(t)$ 的值达到 1.179. 随着 N 的增加, 该点越来越靠近 $t = 0$, 但没有消失.

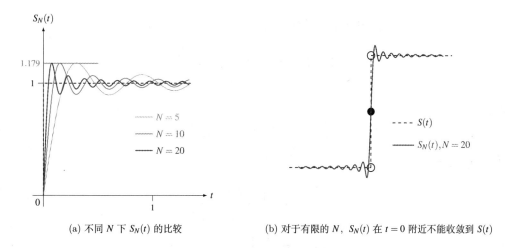

(a) 不同 N 下 $S_N(t)$ 的比较　　　　(b) 对于有限的 N, $S_N(t)$ 在 $t = 0$ 附近不能收敛到 $S(t)$

图 12.3　吉布斯现象及其解释

实际上, 对于式 (12.93), 如果对于任意的 k 都有 $0 < (2k-1)t < \pi$, 则求和号中的每一项都将是正的. 因此, 对于任意小的 t, 总存在一个 N, 使得式 (12.93) 的每一项是正的, 而继续增大 N 的时候, 接下来的级数项就可能变成负的, 随着 N 的继续增大, 级数项在正负之间振荡变化. 当 N 趋于无穷时, 该傅里叶级数收敛到方波函数. 而对于给定的 N, 只要 t 足够小时, 式 (12.93) 中的每一项都是正的, 其和就可能达到 1.179.

考虑 $0 < t \ll 1$, 此时 $S(t) = 1$. 根据式 (12.86), 有

$$S_N(t) = \frac{2}{\pi} \text{Si}(\lambda t) + O(\lambda^{-1}) \tag{12.94}$$

式中, $\lambda = N + 1/2$. 正弦积分函数 (12.87) 在 $x = \pi$ 时取到最大值, 因此当 $\lambda t \approx \pi$ (即对于给定的 N, 有 $t \approx \pi/(N + 1/2)$) 时, $S_N(t)$ 达到最大值, 即

$$\max S_N(t) = \frac{2}{\pi} \text{Si}(\pi) \approx 1.179 \tag{12.95}$$

例 12.10   试证明傅里叶级数展开具有最小二乘误差的意义

假设函数 $f(t)$ 有如下复数形式的傅里叶级数展开式:

$$f(t) \sim \sum_{n=-\infty}^{+\infty} c_n \mathrm{e}^{\mathrm{i}nt}, \quad -\pi < t < \pi \tag{12.96}$$

式中,c_n 为待定系数.

定义均方误差为

$$E = \frac{1}{2\pi} \int_{-\pi}^{\pi} \left(f(t) - \sum_{m=-\infty}^{+\infty} c_m \mathrm{e}^{\mathrm{i}mt} \right)^2 \mathrm{d}t \tag{12.97}$$

调节系数 c_n 使均方误差取极小值,则有极值条件:

$$\frac{\partial E}{\partial c_n} = -\frac{1}{\pi} \int_{-\pi}^{\pi} \left(f(t) - \sum_{m=-\infty}^{+\infty} c_m \mathrm{e}^{\mathrm{i}mt} \right) \mathrm{e}^{\mathrm{i}nt} \mathrm{d}t = 0 \tag{12.98}$$

可以证明

$$\frac{1}{2\pi} \int_{-\pi}^{\pi} \mathrm{e}^{\mathrm{i}mt} \mathrm{e}^{\mathrm{i}nt} \mathrm{d}t = \delta_{m,-n} \tag{12.99}$$

因此,极值条件 (12.98) 给出

$$c_{-n} = \frac{1}{2\pi} \int_{-\pi}^{\pi} f(t) \mathrm{e}^{\mathrm{i}nt} \mathrm{d}t \tag{12.100}$$

或者

$$c_n = \overline{c_{-n}} = \frac{1}{2\pi} \int_{-\pi}^{\pi} f(t) \mathrm{e}^{-\mathrm{i}nt} \mathrm{d}t \tag{12.101}$$

这与式 (12.56) 是一致的. 因此,傅里叶级数展开具有最小二乘误差的意义.

例 12.11   用三角函数的有限和逼近给定实函数

假设函数 $f(t)$ 可以用有限项的三角函数来近似,即

$$S_N = \sum_{n=-N}^{N} \gamma_n \mathrm{e}^{\mathrm{i}nt} \tag{12.102}$$

式中,γ_n 为待定系数,N 为给定的整数. 当 $N \to \infty$ 时,由上例可知,$\gamma_n = c_n$. 当对于有限的 N,我们关心的问题是系数 γ_n 是否需要调整.

定义均方误差为

$$E_N = \frac{1}{2\pi} \int_{-\pi}^{\pi} \left(f(t) - \sum_{m=-N}^{N} \gamma_m \mathrm{e}^{\mathrm{i}mt} \right)^2 \mathrm{d}t \geqslant 0 \tag{12.103}$$

误差取极值的条件为

$$\frac{\partial E_N}{\partial \gamma_n} = -\frac{1}{\pi} \int_{-\pi}^{\pi} \left(f(t) - \sum_{m=-N}^{N} \gamma_m \mathrm{e}^{\mathrm{i}mt} \right) \mathrm{e}^{\mathrm{i}nt} \mathrm{d}t = 0 \tag{12.104}$$

可以证明仍有

$$\gamma_n = c_n, \quad \gamma_{-n} = \overline{\gamma_n} \tag{12.105}$$

这说明取有限项进行近似并不会改变对应项的系数, 亦即展开式对应项的系数不会受展开式项数的影响.

若将式 (12.96) 代入式 (12.103), 经过整理可以得到

$$E_N = \langle f^2 \rangle + \sum_{n=-N}^{N} \left(|c_n - \gamma_n|^2 - |c_n|^2 \right) \tag{12.106}$$

式中, $\langle f^2 \rangle$ 表示在区间 $(-\pi, \pi)$ 上 f^2 的平均值为

$$\langle f^2 \rangle = \frac{1}{2\pi} \int_{-\pi}^{\pi} f^2(t) \, \mathrm{d}t \tag{12.107}$$

将 $\gamma_n = c_n$ 代入式 (12.106), 并考虑到均方误差 $E_N \geqslant 0$, 则有

$$\sum_{m=-N}^{N} |c_n|^2 \leqslant \langle f^2 \rangle \tag{12.108}$$

该式称为贝塞尔不等式 (Bessel inequality). 假设除了有限个间断点, 傅里叶级数逐点收敛, 则

$$\lim_{N \to +\infty} E_N = 0 \tag{12.109}$$

此时, 可以得到

$$\sum_{m=-\infty}^{+\infty} |c_n|^2 = \langle f^2 \rangle \tag{12.110}$$

该式称为帕塞瓦尔恒等式 (Parseval identity), 它表示的是内积空间上的毕达哥拉斯定理 (Pythagoras theorem).

12.1.4　广义傅里叶级数

通过最小二乘法可以确定傅里叶级数展开式的系数, 完成这个操作的关键一步是利用式 (12.99), 它可以改写为

$$\frac{1}{2\pi} \int_{-\pi}^{\pi} \mathrm{e}^{imt} \mathrm{e}^{-int} \, \mathrm{d}x = \delta_{mn} \tag{12.111}$$

它反映了函数 $\{\mathrm{e}^{int}\}$ 在区间 $[-\pi, \pi]$ 上的正交性. 更一般地, 可以引入希尔伯特空间 (Hilbert space) 中 "内积" 的定义为

$$\langle p(t), q(t) \rangle_w \equiv \frac{1}{\int_a^b w(t) \, \mathrm{d}t} \int_a^b w(t) p(t) \overline{q(t)} \, \mathrm{d}t \tag{12.112}$$

式中, $\overline{q(t)}$ 为 $q(t)$ 的共轭复数, $w(t)$ 为权函数. 如果函数集 $\{\varphi_n(t)\}$ 对于权函数 $w(t)$ 满足如下条件:

$$\langle \varphi_m(t), \varphi_n(t) \rangle_w = \delta_{mn} \tag{12.113}$$

则称函数集 $\{\varphi_n(t)\}$ 在区间 $[a,b]$ 上对于权函数 $w(t)$ 是正交的.

采用正交函数集 $\{\varphi_n(t)\}$ 对实函数 $f(t)$ 进行展开,即

$$f(t) \sim \sum_n c_n \varphi_n(t) \tag{12.114}$$

式中,系数 c_n 为待定系数. 该展开式称为广义傅里叶级数. 由

$$\langle f(t), \varphi_n(t)\rangle_w = \sum_m c_m \langle \varphi_m(t), \varphi_n(t)\rangle_w = \sum_m c_m \delta_{mn} = c_n \tag{12.115}$$

可以得到傅里叶系数:

$$c_n = \langle f(t), \varphi_n(t)\rangle_w \tag{12.116}$$

对于广义傅里叶级数,贝塞尔不等式 (12.108) 仍成立. 如果除了有限个间断点,广义傅里叶级数逐点收敛,则仍有帕塞瓦尔恒等式 (12.110) 成立.

例 12.12 勒让德多项式 (Legendre polynomials)

幂函数集 $\{x^m\}$ 在区间 $(-1,1)$ 上对于权函数 $w(x)=1$ 不是正交的. 因为

$$\langle x^m, x^n\rangle = \int_{-1}^1 x^{m+n}\,dx = \frac{1-(-1)^{m+n+1}}{m+n+1} = \begin{cases} 2/(2k+1), & m+n=2k \\ 0, & m+n=2k+1 \end{cases} \tag{12.117}$$

式中,k 为整数. 然而,将幂函数组合成特定的多项式在区间 $(-1,1)$ 上可能形成正交函数,这样的多项式称为勒让德多项式,写为

$$P_0(x)=1, \quad P_1(x)=x, \quad P_2(x)=(3x^2-1)/2, \quad P_3(x)=(5x^3-3x)/2, \quad \cdots \tag{12.118}$$

其一般形式可以表示为

$$P_0(x)=1, \quad P_n(x)=\frac{1}{2^n n!}\frac{d^n}{dx^n}(x^2-1)^n, \quad n=1,2,\cdots \tag{12.119}$$

它满足如下条件:

$$\int_{-1}^1 P_m(x)P_n(x)dx = \frac{2}{2n+1}\delta_{mn} \tag{12.120}$$

其证明如下.

由于 $(x^2-1)^m$ 是 $2m$ 次多项式,它对 x 的 m 阶导数是 m 次多项式,可以写为

$$P_m(x)=\frac{(2m)!}{2^m(m!)^2}x^m + \sum_{k=0}^{m-1} a_k x^k \tag{12.121}$$

式中,系数 a_k 只是形式记号,未具体计算其值. 所以欲证式 (12.120),只需考察如下积分:

$$Q_k = \int_{-1}^1 x^k P_n(x)\,dx, \quad k=0,1,2,\cdots,m \tag{12.122}$$

对于式 (12.120)，欲证 $m \neq n$ 的情况，不妨假设 $m < n$，只需证明 $Q_k = 0$，其中 $k = 0, 1, 2, \cdots, m$. 将 $P_n(x)$ 代入式 (12.122)，采用分部积分，可以得到

$$Q_k = -\frac{k}{2^n n!} \int_{-1}^{1} x^{k-1} \frac{\mathrm{d}^{n-1}}{\mathrm{d}\,x^{n-1}} (x^2 - 1)^n \,\mathrm{d}\,x \tag{12.123}$$

重复进行分部积分，可得

$$Q_k = \frac{(-1)^k k!}{2^n n!} \int_{-1}^{1} \frac{\mathrm{d}^{n-k}}{\mathrm{d}\,x^{n-k}} (x^2 - 1)^n \,\mathrm{d}\,x \tag{12.124}$$

因此，可以得到

$$Q_k = (-1)^k k! \left. \frac{\mathrm{d}^{n-k-1}}{\mathrm{d}\,x^{n-k-1}} (x^2 - 1)^n \right|_{-1}^{1} = 0, \quad k < n \tag{12.125}$$

对于式 (12.120)，欲证明 $m = n$ 的情况，只需先求出 Q_n. 在式 (12.124) 中取 $k = n$，可以得到

$$Q_n = (-1)^n \frac{1}{2^n} \int_{-1}^{1} (x^2 - 1)^n \,\mathrm{d}\,x \tag{12.126}$$

令 $x = \cos\theta$，则上式可以改写为

$$Q_n = \frac{1}{2^n} \int_{0}^{\pi} \sin^{2n+1}\theta \,\mathrm{d}\,\theta = \frac{\sqrt{\pi}\,\Gamma(n+1)}{2^n \Gamma(n+3/2)} = \frac{2\,(n!)}{(2n+1)!!} \tag{12.127}$$

因此，可以得到

$$\int_{-1}^{1} P_n(x) P_n(x) \mathrm{d}x = \frac{(2n)!}{2^n (n!)^2} \cdot \frac{2\,(n!)}{(2n+1)!!} = \frac{2}{2n+1} \tag{12.128}$$

例 12.13　一维非均匀介质中的热传导问题

类似于例12.2中考虑的一维非均匀介质热传导问题，将瞬态部分的控制方程改写为

$$\begin{cases} \rho c_V \dfrac{\partial \theta_{\mathrm{t}}}{\partial t} = \dfrac{\partial}{\partial x} \left(\lambda(x) \dfrac{\partial \theta_{\mathrm{t}}}{\partial x} \right) \\ \theta_{\mathrm{t}}(0, t) = \theta_{\mathrm{t}}(L, t) = 0 \end{cases} \tag{12.129}$$

式中，$\lambda(x)$ 为导热系数.

假设形式解为

$$\theta_{\mathrm{t}}(x, t) = \sum_{n=1}^{\infty} B_n \varphi_n(x) \mathrm{e}^{-\alpha_n t} \tag{12.130}$$

式中，B_n 和 λ_n 为待定常数. 考虑到自变量的任意性，方程可改写为

$$\begin{cases} \dfrac{\mathrm{d}}{\mathrm{d}x} \left(\lambda(x) \dfrac{\mathrm{d}\varphi_n}{\mathrm{d}x} \right) + \alpha_n \rho c_V \varphi_n = 0 \\ \varphi_n(0) = \varphi_n(L) = 0 \end{cases} \tag{12.131}$$

通常，上式仅对某些离散的常数 α_n 有非平庸解. 我们将 α_n 称为本征值 (eigenvalue)，将其对应的基本解 φ_n 称为本征函数 (eigenfunction). 因此，问题已归结为求本征值和对应的本征函数. 通常只有前几个较小的本征值才是重要的. 对于式 (12.131)，控制方程是二阶施图姆-刘维尔型微分方程，可以将其改写成刘维尔正规形式，见2.5.4节.

例 12.14　刘维尔正规形式的本征值问题

考虑刘维尔正规形式:

$$\begin{cases} u''(s) + (\lambda - Q(s))\,u(s) = 0 \\ u(0) = u(1) = 0 \end{cases} \tag{12.132}$$

式中,参数 $\lambda > 0$, $Q(s)$ 的绝对值相对于 λ 小得多.

若 $Q(s) = 0$,假设形式解 $u(s) = e^{ks}$,代入微分方程得到特征方程及其特征根

$$k^2 + \lambda = 0 \quad \Rightarrow \quad k = \pm \mathrm{i}\sqrt{\lambda} \tag{12.133}$$

因此,微分方程的通解为

$$u(s) = A\mathrm{e}^{\mathrm{i}\sqrt{\lambda}s} + B\mathrm{e}^{-\mathrm{i}\sqrt{\lambda}s} \tag{12.134}$$

式中, A 和 B 为常数. 由定解条件,有

$$A = -B, \quad B\left(-\mathrm{e}^{\mathrm{i}\sqrt{\lambda}} + \mathrm{e}^{-\mathrm{i}\sqrt{\lambda}}\right) = 0 \tag{12.135}$$

只有当 λ 取一些特定的值时,上式才有非平庸解,这些离散值:

$$\lambda_n = n^2\pi^2, \quad n = 1, 2, 3, \cdots \tag{12.136}$$

即为本征值,对应的本征函数为

$$u_n(s) = \sin n\pi s, \quad n = 1, 2, 3, \cdots \tag{12.137}$$

若 $Q(s)$ 不恒为零,并不能容易地猜到微分方程的形式解,但当 $Q(s)$ 相对 λ 小得多时,我们可以期望 $\mathrm{e}^{\pm \mathrm{i}\sqrt{\lambda}s}$ 是低阶的近似解,因此可以假设形式解为

$$u(s) = \mathrm{e}^{\pm \mathrm{i}\sqrt{\lambda}s}\left(1 + \lambda^{-1/2}\alpha_1(s) + \lambda^{-1}\alpha_2(s) + \cdots\right) \tag{12.138}$$

式中, $\alpha_m(s)$ 为待定系数, $m = 1, 2, \cdots$. 由级数法,有

$$\alpha_1(s) = \mp \frac{\mathrm{i}}{2}\xi(s), \quad \alpha_2(s) = -\frac{1}{4}\eta(s), \cdots \tag{12.139}$$

式中, $\xi(s)$ 和 $\eta(s)$ 分别为

$$\xi(s) = \int_0^s Q(s)\mathrm{d}s, \quad \eta(s) = \int_0^s \xi(s)Q(s)\mathrm{d}s - Q(s) \tag{12.140}$$

微分方程的通解为

$$\begin{aligned} u(s) = {} & C\left(\cos\sqrt{\lambda}s + \frac{\xi(s)}{2\sqrt{\lambda}}\sin\sqrt{\lambda}s - \frac{\eta(s)}{4\lambda}\cos\sqrt{\lambda}s + \cdots\right) \\ & + D\left(\sin\sqrt{\lambda}s - \frac{\xi(s)}{2\sqrt{\lambda}}\cos\sqrt{\lambda}s - \frac{\eta(s)}{4\lambda}\sin\sqrt{\lambda}s + \cdots\right) \end{aligned} \tag{12.141}$$

式中,C 和 D 为常数. 结合定解条件,有

$$C = 0, \quad D\left(\sin\sqrt{\lambda} - \frac{\xi(1)}{2\sqrt{\lambda}}\cos\sqrt{\lambda} - \frac{\eta(1)}{4\lambda}\sin\sqrt{\lambda} + \cdots\right) = 0 \tag{12.142}$$

同样地,只有当 λ 取一些特定的值,上式才有非平庸解. 采用级数法可以得到本征值:

$$\lambda_n = \left[n\pi + \frac{\xi(1)}{2n\pi} + \frac{\xi(1)}{24n^3\pi^3}\left(3\eta(1) - 6\xi(1) - \xi^2(1)\right) + \cdots\right]^2, \quad n = 1, 2, 3, \cdots \tag{12.143}$$

对应的本征函数为

$$u_n(s) = \sin\sqrt{\lambda_n}s - \frac{\xi(s)}{2\sqrt{\lambda_n}}\cos\sqrt{\lambda_n}s - \frac{\eta(s)}{4\lambda_n}\sin\sqrt{\lambda_n}s + \cdots, \quad n = 1, 2, 3, \cdots \tag{12.144}$$

12.2　傅里叶变换及其推广

12.2.1　傅里叶变换

对于有限域问题,我们可以将分段光滑函数 $f(x)$ 展开成傅里叶级数,即

$$f(x) \sim \sum_{n=-\infty}^{\infty} c_n \mathrm{e}^{\mathrm{i}n\pi x/L}, \quad c_n = \frac{1}{2L}\int_{-L}^{L} f(\xi)\mathrm{e}^{-\mathrm{i}n\pi\xi/L}\,\mathrm{d}\xi \tag{12.145}$$

但对于无限域问题,上式不能简单地推广到 $L \to \infty$ 的情况.

将式 (12.145) 改写成

$$f(x) = \sum_{n=-\infty}^{\infty} \frac{1}{2L}\int_{-L}^{L} f(\xi)\mathrm{e}^{\mathrm{i}n\pi(x-\xi)/L}\,\mathrm{d}\xi \tag{12.146}$$

引入 $k = n\pi/L$ 和 $\Delta k = \pi/L$,上式可以改写为

$$f(x) = \frac{1}{2\pi}\sum_{\substack{k=-\infty \\ \Delta k=\pi/L}}^{\infty}\int_{-L}^{L} f(\xi)\mathrm{e}^{\mathrm{i}k(x-\xi)}\,\mathrm{d}\xi\,\Delta k \tag{12.147}$$

此时考虑 $L \to \infty$,有 $\Delta k \to 0$,则上式的求和可以改写成积分形式:

$$f(x) = \frac{1}{2\pi}\int_{-\infty}^{\infty}\int_{-\infty}^{\infty} f(\xi)\mathrm{e}^{\mathrm{i}k(x-\xi)}\,\mathrm{d}\xi\,\mathrm{d}k \tag{12.148}$$

该式称为傅里叶恒等式.

傅里叶恒等式 (12.148) 的系数 $1/(2\pi)$ 可以在两个积分之间随意分配,分配方式不造成实质性影响. 这里,考虑到公式的对称性,可以采用如下的分配方式:

$$f(x) = \frac{1}{\sqrt{2\pi}}\int_{-\infty}^{\infty}\left(\frac{1}{\sqrt{2\pi}}\int_{-\infty}^{\infty} f(\xi)\mathrm{e}^{-\mathrm{i}k\xi}\,\mathrm{d}\xi\right)\mathrm{e}^{\mathrm{i}kx}\,\mathrm{d}k \tag{12.149}$$

定义傅里叶变换为

$$F(k) = \frac{1}{\sqrt{2\pi}} \int_{-\infty}^{\infty} f(\xi) \mathrm{e}^{-\mathrm{i}k\xi} \,\mathrm{d}\xi \tag{12.150}$$

及其反演变换为

$$f(x) = \frac{1}{\sqrt{2\pi}} \int_{-\infty}^{\infty} F(k) \mathrm{e}^{\mathrm{i}kx} \,\mathrm{d}k \tag{12.151}$$

如果 $f(x)$ 是偶函数, 即 $f(-x) = f(x)$, 利用欧拉公式 (1.24), 可以将傅里叶恒等式 (12.148) 改写成

$$f(x) = \sqrt{\frac{2}{\pi}} \int_0^{\infty} \left(\sqrt{\frac{2}{\pi}} \int_0^{\infty} f(\xi) \cos k\xi \,\mathrm{d}\xi \right) \cos kx \,\mathrm{d}k \tag{12.152}$$

由此,可以定义傅里叶余弦变换为

$$F_{\mathrm{c}}(k) = \sqrt{\frac{2}{\pi}} \int_0^{\infty} f(\xi) \cos k\xi \,\mathrm{d}\xi \tag{12.153}$$

及其反演变换:

$$f(x) = \sqrt{\frac{2}{\pi}} \int_0^{\infty} F_{\mathrm{c}}(k) \cos kx \,\mathrm{d}k \tag{12.154}$$

可见,傅里叶余弦变换及其反演变换在形式上是一致的.

如果 $f(x)$ 是奇函数, 即 $f(-x) = -f(x)$, 利用欧拉公式 (1.24), 可以将傅里叶恒等式 (12.148) 改写成

$$f(x) = \sqrt{\frac{2}{\pi}} \int_0^{\infty} \left(\sqrt{\frac{2}{\pi}} \int_0^{\infty} f(\xi) \sin k\xi \,\mathrm{d}\xi \right) \sin kx \,\mathrm{d}k \tag{12.155}$$

由此,可以定义傅里叶正弦变换:

$$F_{\mathrm{s}}(k) = \sqrt{\frac{2}{\pi}} \int_0^{\infty} f(\xi) \sin k\xi \,\mathrm{d}\xi \tag{12.156}$$

及其反演变换:

$$f(x) = \sqrt{\frac{2}{\pi}} \int_0^{\infty} F_{\mathrm{s}}(k) \sin kx \,\mathrm{d}k \tag{12.157}$$

可见,傅里叶正弦变换及其反演变换在形式上也是一致的.

例 12.15　高斯函数的傅里叶变换

考虑高斯函数,写为

$$f(x) = \frac{1}{\sqrt{2\pi}\sigma} \exp\left(-\frac{x^2}{2\sigma^2} \right) \tag{12.158}$$

其傅里叶变换为

$$F(k) = \frac{1}{2\pi\sigma} \int_{-\infty}^{\infty} \exp\left(-\mathrm{i}k\xi - \frac{\xi^2}{2\sigma^2} \right) \mathrm{d}\xi = \frac{1}{\sqrt{2\pi}} \exp\left(-\frac{k^2\sigma^2}{2} \right) \tag{12.159}$$

可见高斯函数的傅里叶变换仍为高斯函数,但是分布的幅度发生了变化,即钟形曲线分布幅度从 σ 变为 $1/\sigma$. 方差 Δx 和 Δk 分别为

$$(\Delta x)^2 = \langle x^2 \rangle = \frac{\int_{-\infty}^{+\infty} x^2 f(x)\mathrm{d}x}{\int_{-\infty}^{+\infty} f(x)\mathrm{d}x} = \sigma^2, \quad (\Delta k)^2 = \langle k^2 \rangle = \frac{\int_{-\infty}^{+\infty} k^2 F(k)\mathrm{d}k}{\int_{-\infty}^{+\infty} F(k)\mathrm{d}k} = \sigma^{-2} \quad (12.160)$$

二者满足

$$\Delta x \Delta k = 1 \quad (12.161)$$

若 Δx 为粒子在位置空间的方差, 则 Δk 为粒子在动量空间的方差, 上式表示粒子的位置与动量不可同时被确定. 这就是量子力学中的海森伯不确定原理 (Heisenberg uncertainty principle), 不过这里只是假定正态分布时的一个简单说明.

例 12.16　一维无限长杆中的热传导问题

$$\begin{cases} \dfrac{\partial \theta}{\partial t} = \kappa \dfrac{\partial^2 \theta}{\partial x^2}, & -\infty < x < \infty \\ \theta(x,0) = f(x) \end{cases} \quad (12.162)$$

考虑傅里叶变换:

$$\tilde{\theta}(k,t) = \frac{1}{\sqrt{2\pi}} \int_{-\infty}^{\infty} \theta(\xi,t)\mathrm{e}^{-\mathrm{i}k\xi}\,\mathrm{d}\xi \quad (12.163)$$

通过分部积分可以证明以下:

$$\frac{1}{\sqrt{2\pi}} \int_{-\infty}^{\infty} \frac{\partial \theta(\xi,t)}{\partial \xi}\mathrm{e}^{-\mathrm{i}k\xi}\,\mathrm{d}\xi = \mathrm{i}k\tilde{\theta}(k,t) \quad (12.164)$$

因此, 原方程可以化为

$$\begin{cases} \dfrac{\partial \tilde{\theta}}{\partial t} = -\kappa k^2 \tilde{\theta}, & -\infty < k < \infty \\ \tilde{\theta}(k,0) = \dfrac{1}{\sqrt{2\pi}} \int_{-\infty}^{\infty} f(\xi)\mathrm{e}^{-\mathrm{i}k\xi}\,\mathrm{d}\xi \end{cases} \quad (12.165)$$

可见, 通过积分变换, 原来的偏微分方程被转化为了常微分方程. 该方程的解为

$$\tilde{\theta}(k,t) = \mathrm{e}^{-\kappa k^2 t} \frac{1}{\sqrt{2\pi}} \int_{-\infty}^{\infty} f(\xi)\mathrm{e}^{-\mathrm{i}k\xi}\,\mathrm{d}\xi \quad (12.166)$$

由上式的傅里叶反演变换得

$$\theta(x,t) = \frac{1}{2\pi} \int_{-\infty}^{\infty} \int_{-\infty}^{\infty} f(\xi)\mathrm{e}^{\mathrm{i}k(x-\xi)-\kappa k^2 t}\,\mathrm{d}\xi\,\mathrm{d}k \quad (12.167)$$

交换积分顺序, 并先积分 $\mathrm{d}k$, 可以得到

$$\theta(x,t) = \frac{1}{\sqrt{4\pi\kappa t}} \int_{-\infty}^{\infty} f(\xi)\mathrm{e}^{-(x-\xi)^2/(4\kappa t)}\,\mathrm{d}\xi \quad (12.168)$$

12.2.2 圆对称傅里叶变换

考虑二维傅里叶变换:

$$F_1(k,l) = \int_{-\infty}^{\infty} \int_{-\infty}^{\infty} f_1(\xi,\eta) \mathrm{e}^{-\mathrm{i}(k\xi+l\eta)} \,\mathrm{d}\xi \,\mathrm{d}\eta \tag{12.169}$$

将直角坐标系转化成极坐标系,其中 $\xi = r\cos\theta, \eta = r\sin\theta$ 与 $k = s\cos\varphi, l = s\sin\varphi$. 由此,将式 (12.169) 改写为

$$F_2(s,\varphi) = \int_0^{2\pi} \left(\int_0^{\infty} f_2(r,\theta) \mathrm{e}^{-\mathrm{i}rs\cos(\theta-\varphi)} r \,\mathrm{d}r \right) \mathrm{d}\theta \tag{12.170}$$

如果所考虑的问题关于原点在坐标平面内是圆对称的,则式 (12.170) 中的 $f_2(r,\theta)$ 只与 r 有关,而与 θ 无关,将其改写为 $f(r)$,因此圆对称傅里叶变换可以写成

$$F_2(s,\varphi) = \int_0^{\infty} r f(r) \left(\int_{-\varphi}^{2\pi-\varphi} \mathrm{e}^{-\mathrm{i}rs\cos\psi} \,\mathrm{d}\psi \right) \mathrm{d}r \tag{12.171}$$

上式中,被积函数是关于 ψ 以 2π 为周期的函数,ψ 从 $-\varphi$ 到 $2\pi-\varphi$ 的积分与从 0 到 2π 的积分是一致的. 因此,上式积分结果与 φ 无关,圆对称傅里叶变换可写成

$$\mathrm{H}_0(s) = \int_0^{\infty} r f(r) \mathrm{J}_0(rs) \,\mathrm{d}r \tag{12.172}$$

式中,$\mathrm{J}_0(\cdot)$ 为 0 阶贝塞尔函数:

$$\mathrm{J}_0(x) = \int_0^{2\pi} \mathrm{e}^{-\mathrm{i}x\cos\theta} \,\mathrm{d}\theta \tag{12.173}$$

式 (12.172) 也称为 0 阶汉克尔变换 (Hankel transform). 类似地,可以得到 0 阶汉克尔逆变换:

$$f(r) = \int_0^{\infty} s \mathrm{H}_0(s) \mathrm{J}_0(rs) \,\mathrm{d}s \tag{12.174}$$

可见,0 阶汉克尔变换及其反演变换在形式上是一致的.

例 12.17 求解在轴对称条件下的调和方程

$$\nabla^2 \Phi(r,z) = 0 \tag{12.175}$$

式中,柱坐标系下的拉普拉斯算子:

$$\nabla^2 = \frac{\partial^2}{\partial r^2} + \frac{1}{r}\frac{\partial}{\partial r} + \frac{\partial^2}{\partial z^2} \tag{12.176}$$

考虑轴对称问题,定义 0 阶汉克尔变换:

$$\tilde{\Phi}(s,z) = \int_0^{\infty} r\Phi(r,z) \mathrm{J}_0(rs) \,\mathrm{d}r \tag{12.177}$$

式中, $J_0(\cdot)$ 为 0 阶贝塞尔函数. 通过分部积分, 可以证明

$$\int_0^\infty r\nabla^2\Phi(r,z)J_0(rs)\,\mathrm{d}\,r = \left(-s^2 + \frac{\partial^2}{\partial z^2}\right)\tilde{\Phi}(s,z) \tag{12.178}$$

因此, 结合式 (12.175) 和上式, 可以得到

$$\tilde{\Phi}(s,z) = A(s)\mathrm{e}^{sz} + B(s)\mathrm{e}^{-sz} \tag{12.179}$$

式中, $A(s)$ 和 $B(s)$ 为关于 s 的任意函数, 其形式需要进一步由定解条件来确定. 对上式, 由 0 阶汉克尔逆变换得

$$\Phi(r,z) = \int_0^\infty s\left(A(s)\mathrm{e}^{sz} + B(s)\mathrm{e}^{-sz}\right)J_0(rs)\,\mathrm{d}\,s \tag{12.180}$$

12.2.3 拉普拉斯变换

上述两个例子表明可以通过积分变换将微分方程转化为代数方程进行求解, 实现这样的转化可能涉及不同类型的积分变换. 本节讨论另一种主要类型的积分变换——拉普拉斯变换 (Laplace tranform), 通常用来将时间域的函数变换到复频域内的复变函数.

函数 $f(t)$ 的傅里叶变换为

$$F(\omega) = \mathcal{F}[f(t)](\omega) \equiv \frac{1}{\sqrt{2\pi}}\int_{-\infty}^\infty f(t)\mathrm{e}^{-\mathrm{i}\omega t}\,\mathrm{d}\,t \tag{12.181}$$

而傅里叶逆变换为

$$f(t) = \mathcal{F}^{-1}[F(\omega)](t) \equiv \frac{1}{\sqrt{2\pi}}\int_{-\infty}^\infty F(\omega)\mathrm{e}^{\mathrm{i}\omega t}\,\mathrm{d}\,\omega \tag{12.182}$$

假设 $t < 0$ 时 $f(t) = 0$, 考察函数 $f(t)\mathrm{e}^{-\beta t}$ 的傅里叶变换, 可得

$$\mathcal{F}[f(t)\mathrm{e}^{-\beta t}](\omega) = \frac{1}{\sqrt{2\pi}}\int_0^\infty f(t)\mathrm{e}^{-(\beta+\mathrm{i}\omega)t}\,\mathrm{d}\,t \tag{12.183}$$

令 $s = \beta + \mathrm{i}\omega$ 和 $F(s) = \sqrt{2\pi}\mathcal{F}[f(t)\mathrm{e}^{-\beta t}](\omega)$, 上式可以改写为

$$F(s) = \mathcal{L}[f(t)](s) \equiv \int_0^\infty f(t)\mathrm{e}^{-st}\,\mathrm{d}\,t \tag{12.184}$$

称为拉普拉斯变换. 注意这里仍用 F 符号, 但表示的函数 $F(s)$ 和上面的函数 $F(\omega)$ 不同.

对于式 (12.183), 有傅里叶逆变换:

$$f(t)\mathrm{e}^{-\beta t} = \frac{1}{\sqrt{2\pi}}\int_0^\infty \mathcal{F}[f(t)\mathrm{e}^{-\beta t}](\omega)\mathrm{e}^{\mathrm{i}\omega t}\,\mathrm{d}\,\omega = \frac{1}{2\pi}\int_0^\infty F(s)\mathrm{e}^{\mathrm{i}\omega t}\,\mathrm{d}\,\omega \tag{12.185}$$

因此, 可以得到

$$f(t) = \mathcal{L}^{-1}[F(s)](t) \equiv \frac{1}{2\pi\mathrm{i}}\int_{\beta-\mathrm{i}\infty}^{\beta+\mathrm{i}\infty} F(s)\mathrm{e}^{st}\,\mathrm{d}\,s \tag{12.186}$$

该式给出了拉普拉斯逆变换形式.

若 β 足够大,当 $t \to \infty$ 时,$f(t)\mathrm{e}^{-st} \to 0$. 考察 $f'(t)$ 的拉普拉斯变换,通过分部积分,可以得到

$$\mathcal{L}[f'(t)](s) = -f(0) + s\mathcal{L}[f(t)](s) \tag{12.187}$$

这表明可以将对 t 的微分操作转变成对 s 的代数式操作,因而可以用来帮助求解微分方程.

例 12.18 *波动方程*

考虑质量块撞击弹性杆的问题(习题 6.6.2.3),其无量纲化方程为

$$\begin{cases} \dfrac{\partial^2 u}{\partial t^2} = \dfrac{\partial^2 u}{\partial X^2}, & 0 < X < 1, \quad t > 0 \\[2mm] u(X,0) = 0, \quad \dfrac{\partial u}{\partial t}(X \neq 0, 0) = 0, \quad \dfrac{\partial u}{\partial t}(0,0) = \lambda \\[2mm] \dfrac{\partial^2 u}{\partial t^2}(0,t) = \alpha \dfrac{\partial u}{\partial X}(0,t), \quad au(1,t) + b\dfrac{\partial u}{\partial X}(1,t) = 0 \end{cases} \tag{12.188}$$

式中,$u = u^*/L$, $X = X^*/L$, $t = ct^*/L$, $\alpha = \rho L/m$, $\lambda = V_0/c$. 针对 $a = 1, b = 0$ 与 $a = 0, b = 1$ 两种情况分别给出方程的解.

引入拉普拉斯变换:

$$U(X,s) = \int_0^\infty u(X,t)\mathrm{e}^{-st}\,\mathrm{d}t, \quad \mathrm{Re}\,s > 0 \tag{12.189}$$

及其逆变换

$$u(X,t) = \frac{1}{2\pi\mathrm{i}} \int_{\beta-\mathrm{i}\infty}^{\beta+\mathrm{i}\infty} U(X,s)\mathrm{e}^{st}\,\mathrm{d}s \tag{12.190}$$

式中,β 为实数. 可以证明

$$\int_0^\infty \frac{\partial u}{\partial t}\mathrm{e}^{-st}\,\mathrm{d}t = sU(X,s), \quad \int_0^\infty \frac{\partial^2 u}{\partial t^2}\mathrm{e}^{-st}\,\mathrm{d}t = -\frac{\partial u}{\partial t}(X,0) + s^2 U(X,s) \tag{12.191}$$

因此,原方程可以改写为

$$\begin{cases} s^2 U = \dfrac{\partial^2 U}{\partial X^2}, & 0 < X < 1 \\[2mm] -\lambda + s^2 U(0,s) = \alpha \dfrac{\partial U}{\partial X}(0,s), \quad aU(1,s) + b\dfrac{\partial U}{\partial X}(1,s) = 0 \end{cases} \tag{12.192}$$

该方程的解为

$$U(X,s) = \lambda \frac{(a+bs)\,\mathrm{e}^{-sX} - (a-bs)\,\mathrm{e}^{-s(2-X)}}{(a+bs)\,s\,(s+\alpha) - (a-bs)\,s\,(s-\alpha)\,\mathrm{e}^{-2s}} \tag{12.193}$$

由拉普拉斯逆变换,有

$$u(X,t) = \frac{\lambda}{2\pi\mathrm{i}} \int_{\beta-\mathrm{i}\infty}^{\beta+\mathrm{i}\infty} \frac{(a+bs)\,\mathrm{e}^{s(t-X)} - (a-bs)\,\mathrm{e}^{s(t+X-2)}}{s\,[(a+bs)\,(s+\alpha) - (a-bs)\,(s-\alpha)\,\mathrm{e}^{-2s}]}\,\mathrm{d}s \tag{12.194}$$

下面分情况讨论.

当 $a = 1, b = 0$ 时,有

$$u(X,t) = \frac{\lambda}{2\pi i} \int_{\beta-i\infty}^{\beta+i\infty} \frac{e^{s(t-X)} - e^{s(t+X-2)}}{s\left[(s+\alpha) - (s-\alpha)e^{-2s}\right]} \, ds \tag{12.195}$$

积分存在简单奇点 0 和 $i\xi$,其中 ξ 满足:

$$\xi \tan \xi = \alpha \tag{12.196}$$

该式有无穷多个实根 $\xi_k(k = \pm 1, \pm 2, \pm 3, \cdots)$,并且正根与负根存在对应关系 $\xi_k = -\xi_{-k}$. 由留数定理,可以发现奇点 0 对结果没有贡献,其他奇点的贡献为

$$u(X,t) = \lambda \sum_k \mathrm{Res}\left[\frac{e^{s(t-X)} - e^{s(t+X-2)}}{s\left[(s+\alpha) - (s-\alpha)e^{-2s}\right]}, i\xi_k \right] \tag{12.197}$$

即

$$u(X,t) = \lambda \sum_k \lim_{s \to i\xi_k} \frac{\left(e^{s(t-X)} - e^{s(t+X-2)}\right)(s - i\xi_k)}{s\left[(s+\alpha) - (s-\alpha)e^{-2s}\right]} \tag{12.198}$$

由洛必达法则,并考虑式 (12.196),上式可以写为

$$u(X,t) = \lambda \sum_k \frac{\left(e^{i\xi_k(t-X)} - e^{i\xi_k(t+X-2)}\right)(i\xi_k - \alpha)}{-2i\xi_k\left(\xi_k^2 + \alpha^2 + \alpha\right)} \tag{12.199}$$

考虑到 $\xi_k = -\xi_{-k}$,可以进一步得到

$$u(X,t) = \lambda \sum_{\xi_k > 0} \frac{\cos \xi_k(t+X-1) - \cos \xi_k(t-X+1)}{\left(\xi_k^2 + \alpha^2 + \alpha\right)\cos \xi_k} \tag{12.200}$$

当 $a = 0, b = 1$ 时,有

$$u(X,t) = \frac{\lambda}{2\pi i} \int_{\beta-i\infty}^{\beta+i\infty} \frac{e^{s(t-X)} + e^{s(t+X-2)}}{s\left[(s+\alpha) + (s-\alpha)e^{-2s}\right]} \, ds \tag{12.201}$$

积分存在二重奇点 0 和简单奇点 $i\eta$,其中 η 满足:

$$\eta \cot \eta = -\alpha \tag{12.202}$$

该式有无穷多个实根 $\eta_k(k = \pm 1, \pm 2, \pm 3, \cdots)$,并且正根与负根存在对应关系 $\eta_k = -\eta_{-k}$. 由留数定理,可以得到

$$u(X,t) = \lambda \lim_{s \to 0} \frac{d}{ds} \frac{\left(e^{s(t-X)} + e^{s(t+X-2)}\right)s}{(s+\alpha) + (s-\alpha)e^{-2s}} + \lambda \sum_k \mathrm{Res}\left[\frac{e^{s(t-X)} + e^{s(t+X-2)}}{s\left[(s+\alpha) + (s-\alpha)e^{-2s}\right]}, i\eta_k \right] \tag{12.203}$$

即

$$u(X,t) = \frac{\lambda t}{1+\alpha} + \sum_k \lim_{s \to i\eta_k} \frac{\left(e^{s(t-X)} + e^{s(t+X-2)}\right)(s - i\eta_k)}{s\left[(s+\alpha) + (s-\alpha)e^{-2s}\right]} \tag{12.204}$$

由洛必达法则,并考虑式 (12.202),上式可以写为

$$u(X,t) = \frac{\lambda t}{1+\alpha} + \lambda \sum_k \frac{\left(e^{i\eta_k(t-X)} + e^{i\eta_k(t+X-2)}\right)(i\eta_k - \alpha)}{-2i\eta_k\left(\eta_k^2 + \alpha^2 + \alpha\right)} \tag{12.205}$$

考虑到 $\eta_k = -\eta_{-k}$, 可以进一步得到

$$u(X,t) = \frac{\lambda t}{1+\alpha} - \lambda \sum_{\eta_k > 0} \frac{\sin \eta_k(t+X-1) + \sin \eta_k(t-X+1)}{(\eta_k^2 + \alpha^2 + \alpha)\sin \eta_k} \tag{12.206}$$

上面分别给出了远端 $(X = 1)$ 为固支端和自由端两种情形下的解析解 $u(X,t)$. 有意思的是, 在弹性波未达到远端时, 这两种情形下的解用两个形式上不同的无穷级数表示, 但其计算结果却是一致的. 当 a 和 b 取不同值时, 还可以得到其他形式的无穷级数解. 这些解在弹性波到达远端之后将变得不再相同, 参数 a 和 b 的取值反映了弹性波在远端界面上的透射/反射特性.

12.2.4 短时傅里叶变换

傅里叶分析经常被用来做信号处理, 如采用傅里叶级数可以将分段连续的周期性信号 $f(t)$ 转化为离散谱, 即

$$c_n = \frac{1}{2\pi} \int_{-\pi}^{\pi} f(t)\mathrm{e}^{-int} \, \mathrm{d}\, t, \quad n = 0, \pm 1, \pm 2, \cdots \tag{12.207}$$

或者采用傅里叶变换可以将定义在无限域上的信号 $f(t)$ 转化为连续谱, 即

$$F(\omega) = \frac{1}{\sqrt{2\pi}} \int_{-\infty}^{\infty} f(t)\mathrm{e}^{-i\omega t} \, \mathrm{d}\, t, \quad \omega \geqslant 0 \tag{12.208}$$

因此, 傅里叶分析适用于处理随时间周期性且平稳变化的信号. 也因此, 傅里叶分析在处理信号时存在着很大的局限性, 它对于具有突变性质的、非平稳变化的信号往往不具有表征能力.

对于具有突变性、非平稳性的信号, 我们尤其关心信号在不同时刻的频率, 因此需要用时间和频率两个指标来描述信号. 然而, 傅里叶变换在时域上没有任何分辨能力. 一个简单而有效的策略是对有限时间内的信号进行频谱分析以获得特定时刻的频率组成, 这样一段有限时间 (称为窗口) 对有效信号做了限定, 这样的方法称为时频分析 (joint time-frequency analysis). 1946 年, 加博尔 (Dennis Gabor) 基于这一思想提出了短时傅里叶变换.

引入窗函数 $w(\tau)$, 它是一个具有紧支集的时限函数 (即在其定义域中存在一个闭支集, 该支集外函数值为零), 并且满足如下条件:

$$\int_{-\infty}^{\infty} w(\tau) \, \mathrm{d}\, \tau = 1 \tag{12.209}$$

在实际应用中, 存在各种各样的窗函数. 例如, 矩形窗函数:

$$w(\tau) = \begin{cases} \dfrac{1}{2\sigma}, & |\tau| \leqslant \sigma \\ 0, & |\tau| > \sigma \end{cases} \tag{12.210}$$

三角窗函数为

$$w(\tau) = \begin{cases} (\tau + \sigma)/\sigma^2, & -\sigma \leqslant \tau \leqslant 0 \\ (\sigma - \tau)/\sigma^2, & 0 \leqslant \tau \leqslant \sigma \\ 0, & |\tau| > \sigma \end{cases} \tag{12.211}$$

汉宁窗函数 (Hanning window) 为

$$w(\tau) = \begin{cases} \dfrac{1}{2\sigma}\left[1 - \cos\left(\dfrac{\pi\tau}{\sigma}\right)\right], & 0 \leqslant \tau \leqslant 2\sigma \\ 0, & |\tau - \sigma| > \sigma \end{cases} \tag{12.212}$$

高斯窗函数 (Gaussian window) 为

$$w(\tau) = \frac{1}{\sqrt{2\pi}\sigma}\exp\left(-\frac{\tau^2}{2\sigma^2}\right) \tag{12.213}$$

函数 $f(t)$ 的短时傅里叶变换, 或者形象地称为窗口 (或加窗) 傅里叶变换, 写为

$$\tilde{F}(\omega, \tau) = \frac{1}{\sqrt{2\pi}}\int_{-\infty}^{\infty} f(t)w(t - \tau)\mathrm{e}^{-\mathrm{i}\omega t}\,\mathrm{d}\,t \tag{12.214}$$

对于窗函数 $w(t)$, 如果有效窗口宽度为 Δt, 那么式 (12.214) 表示在时间 $[\tau - \Delta t/2, \tau + \Delta t/2]$ 范围内的频谱信息. 如果有效时间宽度小, 获得的频率误差可能较大, 而如果为了频率准确, 时间窗口要大, 因此时间分辨率和频率分辨率不可能同时提高.

将式 (12.214) 两边对 τ 进行积分, 并交换积分顺序, 结合式 (12.209) 和式 (12.208), 可以得到

$$\int_{-\infty}^{\infty} \tilde{F}(\omega, \tau)\,\mathrm{d}\,\tau = F(\omega) \tag{12.215}$$

这说明函数的一系列短时傅里叶变换的相位相干和即为其傅里叶变换. 因此, 由傅里叶逆变换有

$$f(t) = \frac{1}{\sqrt{2\pi}}\int_{-\infty}^{\infty}\left(\int_{-\infty}^{\infty}\tilde{F}(\omega, \tau)\,\mathrm{d}\,\tau\right)\mathrm{e}^{\mathrm{i}\omega t}\,\mathrm{d}\,\omega \tag{12.216}$$

交换积分顺序, 可以得到

$$f(t) = \frac{1}{\sqrt{2\pi}}\int_{-\infty}^{\infty}\int_{-\infty}^{\infty}\tilde{F}(\omega, \tau)\mathrm{e}^{\mathrm{i}\omega t}\,\mathrm{d}\,\omega\,\mathrm{d}\,\tau \tag{12.217}$$

上式即为短时傅里叶变换的反演公式.

由于高斯函数的傅里叶变换仍为高斯函数 (见例12.15), 于是如果取高斯函数作为窗函数, 那么傅里叶逆变换也是用高斯窗口函数进行局部转化的. 这种特殊形式的短时傅里叶变换被称为加博尔变换 (Gabor transform), 写为

$$G(\omega, \tau) = \frac{1}{2\pi}\int_{-\infty}^{\infty} f(t)\mathrm{e}^{-\mathrm{i}\omega t - (t-\tau)^2/(2\sigma^2)}\,\mathrm{d}\,t \tag{12.218}$$

其反演变换为

$$f(t) = \frac{1}{\sqrt{2\pi}}\int_{-\infty}^{\infty}\int_{-\infty}^{\infty} G(\omega, \tau)\mathrm{e}^{\mathrm{i}\omega t}\,\mathrm{d}\,\omega\,\mathrm{d}\,\tau \tag{12.219}$$

例 12.19　*广播电台与收音机的工作原理*

人耳可以感受到的声音频率范围是20 Hz~20 kHz, 但声音需要借助媒介传播, 在空气中衰减很快, 因此声音不能实现长距离传送. 广播电台将音频信号转化为电磁波发射出去, 电

载波的频率远高于声音的频率,因此需要用音频信号对电载波进行调制,如图12.4所示,图中 $x(t)$ 为信号, A_c 为载波振幅, ω_c 为载波圆频率, f_Δ 为频率偏差系数 (frequency deviation factor). 一种是调频 (FM, Frequency Modulation),采用特定幅值的电载波,其频率 ($76 \sim 108\,\mathrm{MHz}$) 按照所需传送信号的变化规律进行变化;另一种是调幅 (AM, Amplitude Modulation),采用特定频率 ($530 \sim 1600\,\mathrm{kHz}$) 的电载波,其振幅按照所需传送信号的变化规律进行变化.

收音机通过天线接收天空中无线电波高频信号,然后利用高频放大器和检波器将信号解调还原为音频信号,最后通过耳机或者喇叭播放出声音. 天空中可能存在各种频率的无线电波,这些信号同时转化为音频信号将只会是噪音. 因此需要根据电台发射的规则,对特定的电载波进行解调,才能转化为有效的音频信号.

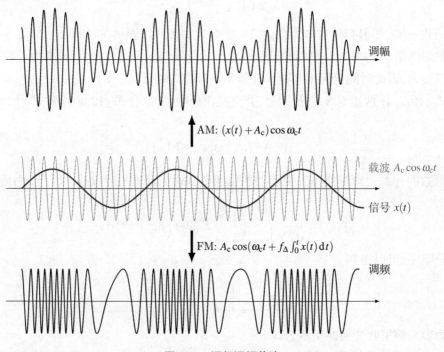

调幅

AM: $(x(t) + A_c)\cos\omega_c t$

载波 $A_c \cos\omega_c t$

信号 $x(t)$

FM: $A_c\cos(\omega_c t + f_\Delta\int_0^t x(t)\,\mathrm{d}t)$

调频

图 12.4 调频调幅载波

12.3 小波变换简介

12.3.1 小波概念的提出

对于短时傅里叶变换,尽管可以在某种程度上解决信号频率随时间发生变化的问题,但是窗口大小是人为给定的,不能根据信号的特征自适应地进行调整. 如果引入一个可以自动调整的窗口,对信号实现自适应的局部频谱分析,可望获得时频信息. 实现这一操作的基函数不再是具有周期的函数,它只在局部范围内有值(波动的,且移动的),在其他范围内的值为零(衰减的),这种在小范围内可移动的振荡波形,被称为小波.

"小波变换 (wavelet transform, WT)" 的概念是由莫莱特 (Jean Morlet) 在 1974 年提出的, 他碰巧也凑出了反演公式, 但当时未能得到认可. 1981 年, 莫莱特和格罗斯曼 (Alex Grossman) 合作研究了小波变换, 并对地震信号进行了分析, 并于 1984 年发明了 "wavelet" 一词. 1986 年, 迈耶 (Yves Meyer) 构造了一个真正的小波基, 并与马拉特 (Stéphane Georges Mallat) 合作建立了构造小波基的统一方法——多尺度分析, 同时给出了多分辨率分析与重构的快速算法——马拉特算法 (Mallat algrithm), 从此小波变换开始蓬勃发展起来. 实际上, 早在 1910 年哈尔 (Alfréd Haar) 已经构造了第一个小波基函数, 但当时 "小波" 的概念并未出现. 1980 年代, 马拉特和多贝西 (Ingrid Daubechies) 将小波变换引入到工程应用中, 特别是信号处理领域, 从而引发了广泛关注. 以下仅介绍连续小波变换.

12.3.2　连续小波变换及其反演公式

在拍照时, 我们会首先移动镜头使目标进入视窗, 然后通过放大或缩小使特定的对象变得较为清晰. 小波变换与此类似, 亦即首先需要一个类似于拍照的镜头函数 $\Psi(t)$, 它可以用来实现平动和缩放的功能, 这样的函数称为基小波. $\Phi_{\alpha,\beta}$ 为由基小波 $\Psi(t)$ 的伸缩和平移所生成的函数族:

$$\Phi_{\alpha,\beta}(t) = |\alpha|^{1/2} \Psi(\alpha(t-\beta)) \tag{12.220}$$

式中, α 为缩放因子, β 为平移因子, 系数 $|\alpha|^{1/2}$ 为归一化因子, 它使得

$$\int_{-\infty}^{+\infty} |\Phi_{\alpha,\beta}(t)|^2 \, \mathrm{d}t = \int_{-\infty}^{+\infty} |\Psi(\tau)|^2 \, \mathrm{d}t \tag{12.221}$$

基小波 $\Psi(t)$ 需满足三个条件: $\int_{-\infty}^{+\infty} \Psi(t) \, \mathrm{d}t = 0$、$\int_{-\infty}^{+\infty} |\Psi(t)| \, \mathrm{d}t < +\infty$ 以及

$$C_{\Psi} = \int_{-\infty}^{+\infty} |\omega|^{-1} \left| \hat{\Psi}(\omega) \right|^2 \, \mathrm{d}\omega < +\infty \tag{12.222}$$

式中, $\hat{\Psi}(\omega)$ 为 $\Psi(t)$ 的傅里叶变换.

如函数 $f(t)$ 为定义在 $(-\infty, +\infty)$ 的一个平方可积函数, 其连续小波变换写为

$$W(\alpha, \beta) = \int_{-\infty}^{+\infty} f(t) \overline{\Phi_{\alpha,\beta}(t)} \, \mathrm{d}t = \langle f, \Phi_{\alpha,\beta} \rangle \tag{12.223}$$

它同时反映了信号 $f(t)$ 的不同频率分量 (由 α 描述) 随时间的变化 (由 β 描述), 其反演公式需要分别对 α 和 β 进行积分:

$$f(t) = \frac{1}{C_{\Psi}} \int_{-\infty}^{+\infty} \int_{-\infty}^{+\infty} W(\alpha, \beta) \Phi_{\alpha,\beta}(t) \, \mathrm{d}\alpha \, \mathrm{d}\beta \tag{12.224}$$

在实际应用中, 一般将由基小波 $\Psi(t)$ 的伸缩和平移所生成的函数族写成

$$\Psi_{a,b}(t) = |a|^{-1/2} \Psi\left(\frac{t-b}{a}\right) \tag{12.225}$$

式中, a 为尺度因子, b 为平移因子, 系数 $|a|^{-1/2}$ 为归一化因子. 与式 (12.220) 相比, 有 $a = 1/\alpha$ 和 $b = \beta$. 此时, 可以写出连续小波变换 (continuous wavelet transform) 为

$$W_f(a,b) = \int_{-\infty}^{+\infty} f(t)\overline{\Psi_{a,b}(t)}\,\mathrm{d}t = \langle f, \Psi_{a,b} \rangle \tag{12.226}$$

及其反演公式为

$$f(t) = \frac{1}{C_\Psi} \int_{-\infty}^{+\infty} \int_{-\infty}^{+\infty} \frac{1}{a^2} W_f(a,b)\Psi_{a,b}(t)\,\mathrm{d}a\,\mathrm{d}b \tag{12.227}$$

对于小波变换, 对应窗口的中心频率和窗口宽度随着尺度 a 的变化而变化. 小波变换的一个基本特点是核函数不是固定的, 但不是任何函数都可以作为小波基, 它需要满足一定条件才能使得逆变换存在.

至此, 我们只是形式上给出了连续小波变换及其反演的式子, 不同的小波基存在不同的应用, 小波基的构造, 呈现欣欣向荣的状况. 例如:

(1) 哈尔小波 (Haar wavelet):

$$\Psi(t) = \begin{cases} 1, & 0 \leqslant t < 1/2 \\ -1, & 1/2 \leqslant t < 1 \\ 0, & \text{其他} \end{cases} \tag{12.228}$$

(2) 瑞克小波 (Ricker wavelet), 也称墨西哥草帽小波 (Mexican hat wavelet):

$$\Psi(t) = \frac{2}{(9\pi)^{1/4}}\left(1 - t^2\right)\mathrm{e}^{-t^2/2} \tag{12.229}$$

(3) 莫莱特小波 (Morlet wavelet):

$$\Psi(t) = \mathrm{e}^{\mathrm{i}\omega t - t^2/2} \tag{12.230}$$

12.3.3 小波变换的特点和应用

根据不同的信号、不同的研究目的, 可采用不同的小波函数, 即需要根据问题合理选择. 小波变换的时窗和频窗具有自适应性, 可用于突变信号. 其特点是时域窗口宽度和频域窗口宽度的乘积不变. 对于高频信号, 时窗变窄, 频窗变宽, 有利于描述信号的细节; 对于低频信号, 时窗变宽, 频窗变窄, 有利于描述信号的整体行为.

小波概念的提出是应用数学方法发展过程的一个典范. 通过观察短时傅里叶变换不能自适应地调整窗口的大小, 引入基小波的新概念, 克服了短时傅里叶变换的局限性, 但同时又不失线性变换的一般性, 从而发展出了一种可以有效处理非平稳信号的全新方法, 是应用数学发展的一大步. 小波变换在很多领域已经得到了广泛应用, 如传统科学研究领域的物理、地球科学、非线性科学, 又如新兴技术研究领域的信号处理、人工智能、计算机图像处理、计算机图形学、生物信号处理、模式识别、计算机视觉等.

<h1 style="text-align:center">习　　题</h1>

12.1　采用分离变量法对波动方程 (12.3) 给出完整的解答.

12.2　若 $f(x)$ 是周期为 1 的实函数, 其在 $[0,1]$ 上定义为 $f(x) = x(1-x)$, 试求该函数的傅里叶级数展开, 并回答巴塞尔问题, 即求出所有正整数的倒数的平方和.

12.3　傅里叶级数和帕塞瓦尔恒等式的一个重要应用是构造可以用来快速估算圆周率 π 的式子. 试证明

(1) $\dfrac{\pi}{4} = 1 - \dfrac{1}{3} + \dfrac{1}{5} - \dfrac{1}{7} + \cdots$;

(2) $\dfrac{\pi^3}{32} = 1 - \dfrac{1}{3^3} + \dfrac{1}{5^3} - \dfrac{1}{7^3} + \cdots$;

(3) $\dfrac{\pi^4}{90} = 1 + \dfrac{1}{2^4} + \dfrac{1}{3^4} + \dfrac{1}{4^4} + \cdots$;

(4) $\dfrac{\pi^4}{96} = 1 + \dfrac{1}{3^4} + \dfrac{1}{5^4} + \dfrac{1}{7^4} + \cdots$.

12.4　将式 (12.131) 转化为刘维尔正规形式, 并求其本征值和对应的本征函数.

12.5　考虑如下方程, 求其本征值.

$$\begin{cases} \dfrac{\mathrm{d}}{\mathrm{d}x}\left(x\dfrac{\mathrm{d}y}{\mathrm{d}x}\right) + \lambda xy = 0 \\ ay(0) + by'(0) = 0, \quad y(1) = 0 \end{cases}$$

12.6　求解轴对称条件下的双调和方程 $\nabla^2\nabla^2\Phi = 0$.

12.7　将如下偏微分方程转化为刘维尔正规形式, 然后运用拉普拉斯变换进行求解 [65, 66].

$$\begin{cases} \dfrac{\partial^2 u}{\partial t^2} = \dfrac{\partial}{\partial X}\left[(a+bX)^2\dfrac{\partial u}{\partial X}\right], \quad 0 < X < 1,\, t > 0 \\ u(X,0) = 0, \quad \dfrac{\partial u}{\partial t}(X \neq 0, 0) = 0, \quad \dfrac{\partial u}{\partial t}(0,0) = \lambda \\ \dfrac{\partial^2 u}{\partial t^2}(0,t) = k\dfrac{\partial u}{\partial X}(0,t), \quad u(1,t) = 0 \end{cases}$$

式中, a, b, k, λ 为常数.

参 考 文 献

[1] 林家翘, 西格尔 L A. 自然科学中确定性问题的应用数学[M]. 赵国英, 朱保如, 周忠民, 译; 谈镐生, 校. 北京: 科学出版社, 1986.

[2] Bender C M, Orszag S A. Advanced Mathematical Methods for Scientists and Engineers: Asymptotic Methods and Perturbation Theory[M]. Berlin: Springer, 1999.

[3] 李家春, 周显初. 数学物理中的渐近方法 [M]. 北京: 科学出版社, 1998.

[4] Kevorkian J, Cole J D. Perturbation Methods in Applied Mathematics[M]. Berlin: Springer Science & Business Media, 2013.

[5] Hinch E J. Perturbation Methods[M]. Cambridge: Cambridge University Press, 1991.

[6] Katz V J. 数学史通论[M]. 2 版. 李文林, 邹建成, 胥明伟, 等译. 北京: 高等教育出版社, 2004.

[7] 克莱因古今数学思想: 第一册[M]. 张理京, 张锦炎, 江泽涵, 译. 上海: 上海科学技术出版社, 2002.

[8] 克莱因古今数学思想: 第二册[M]. 朱学贤, 申长栎, 叶其孝, 等译. 上海: 上海科学技术出版社, 2002.

[9] 克莱因古今数学思想: 第三册[M]. 万伟勋, 石生明, 孙树本, 等译. 上海: 上海科学技术出版社, 2002.

[10] 克莱因古今数学思想: 第四册[M]. 邓东皋, 张恭庆, 等译. 上海: 上海科学技术出版社, 2002.

[11] 陈然, 戴世强. 冯·卡门与哥廷根应用力学学派[C]. 第三届全国力学史与方法论学术研讨会论文集, 2007.

[12] 刘沛清, 杨小权. 哥廷根学派的发展历程[J]. 力学与实践, 2018, 40(3): 339-343.

[13] 钱学森. 论技术科学[J]. 科学通报, 1957, 4: 97-104.

[14] 鄂维南. 应用数学新时代的曙光[J]. 张众望, 张璐璐, 罗涛, 等译. 数学文化, 2021, 12(3): 26-29.

[15] 中国科学技术大学高等数学教研室. 高等数学导论[M]. 合肥: 中国科学技术大学出版社, 2007.

[16] 柯朗 R, 希尔伯特 D. 数学物理方法: Ⅰ、Ⅱ[M]. 钱敏, 郭敦仁, 译. 北京: 科学出版社, 2011.

[17] 严镇军. 数学物理方程[M]. 2 版. 合肥: 中国科学技术大学出版社, 1996.

[18] 严镇军. 复变函数[M]. 合肥: 中国科学技术大学出版社, 1995.

[19] Zheng Z J, Yu J L. Using the Dugdale Approximation to Match a Specific Interaction in the Adhesive Contact of Elastic Objects[J]. Journal of Colloid and Interface Science, 2007, 310(1): 27-34.

[20] Nayfeh A H. Introduction to Perturbation Techniques[M]. New York: John Wiley & Sons, 1981.
奈弗 A H. 摄动方法导论[M]. 宋家骕, 译. 上海: 上海翻译出版公司, 1990.

[21] Zhu Y D, Zheng Z J, Huang C G, et al. An Analytical Self-consistent Model for the Adhesive Contact of Gibson Solid[J]. International Journal of Mechanical Sciences, 2023; 249: 108246.

[22] Cajori F. A History of Physics in Its Elementary Branches: Including the Evolution of Physical Laboratories[M]. London: Macmillan, 1899.
卡约里 F. 物理学史[M]. 戴念祖, 译. 范岱年, 校. 北京: 中国人民大学出版社, 2011.

[23]   Brack T, Zybach B, Balabdaoui F, et al. Dynamic Measurement of Gravitational Coupling between Resonating Beams in the Hertz Regime[J]. Nature Physics, 2022, 18: 952-957.

[24]   Schwarz J P, Robertson D S, Niebauer T M, et al. A Free-fall Determination of the Newtonian Constant of Gravity[J]. Science, 1998, 282(5397): 2230-2234.

[25]   俞允强. 广义相对论引论[M]. 2 版. 北京: 北京大学出版社, 1997.

[26]   汪志诚. 热力学·统计物理[M]. 5 版. 北京: 高等教育出版社, 2013.

[27]   曹天元. 上帝掷骰子吗? 量子物理史话[M]. 北京: 北京联合出版公司, 2011.

[28]   Planck M. On the Law of the Energy Distribution in the Normal Spectrum[J]. Annalen der Physik, 1901, 4(553): 1-11.

[29]   李永池, 张永亮, 高光发. 连续介质力学基础及其应用[M]. 合肥: 中国科学技术大学出版社, 2019.

[30]   庄礼贤, 尹协远, 马晖扬. 流体力学[M]. 合肥: 中国科学技术大学出版社, 1991.

[31]   王礼立. 应力波基础[M]. 2 版. 北京: 国防工业出版社, 2005.

[32]   李永池. 波动力学[M]. 合肥: 中国科学技术大学出版社, 2015.

[33]   高光发. 波动力学基础[M]. 北京: 科学出版社, 2019.

[34]   高光发. 固体中的应力波导论[M]. 北京: 科学出版社, 2022.

[35]   Maroto J A, Pérez-Munuzuri V, Romero-Cano MS. Introductory Analysis of Bénard–Marangoni Convection[J]. European Journal of Physics, 2007, 28(2): 311-320.

[36]   Saltzman B. Finite Amplitude Free Convection as an Initial Value Problem: I[J]. Journal of Atmospheric Sciences, 1962, 19(4): 329-341.

[37]   Rayleigh L. On Convection Currents in a Horizontal Layer of Fluid, When the Higher Temperature is on the Under Side[J]. The London, Edinburgh, and Dublin Philosophical Magazine and Journal of Science, 1916, 32(192): 529-546.

[38]   Lorenz E N. Deterministic Nonperiodic Flow[J]. Journal of Atmospheric Sciences, 1963, 20(2): 130-141.

[39]   Bai Y L. Thermo-plastic instability in simple shear[J]. Journal of the Mechanics and Physics of Solids, 1982, 30(4): 195-207.

[40]   Wei Z G, Yu J L, Li J R, et al. Influence of stress condition on adiabatic shear localization of tungsten heavy alloys[J]. International Journal of Impact Engineering, 2001, 26(1/10): 843-852.

[41]   Bai Y L, Dodd B. Adiabatic Shear Localization: Occurrence, Theories, and Applications[M]. Oxford: Pergamon Press, 1992.

[42]   Dodd B, Bai Y L. Adiabatic Shear Localization: Frontiers and Advances[M]. Amsterdam: Elsevier, 2012.

[43]   Dai L H, Yan M, Liu L F, et al. Adiabatic shear banding instability in bulk metallic glasses[J]. Applied Physics Letters, 2005, 87(14): 141916.

[44]   Liao S F, Zheng Z J, Yu J L. Dynamic crushing of 2D cellular structures: Local strain field and shock wave velocity[J]. International Journal of Impact Engineering, 2013, 57: 7-16.

[45]   Zheng Z J, Wang C F, Yu J L, et al. Dynamic stress-strain states for metal foams using a 3D cellular model[J]. Journal of the Mechanics and Physics of Solids, 2014, 72: 93-114.

[46]   Lee J H S. The detonation phenomenon[M]. Cambridge, Eng.: Cambridge University Press, 2008.

[47]   Barenblatt GI. Scaling, Self-similarity, and Intermediate Asymptotics: Dimensional Analysis and

Intermediate Asymptotics[M]. Cambridge University Press, 1996.

[48] 谈庆明. 量纲分析[M]. 合肥: 中国科学技术大学出版社, 2005.

[49] 高光发. 量纲分析基础[M]. 北京: 科学出版社, 2020.

[50] 高光发. 量纲分析理论与应用[M]. 北京: 科学出版社, 2021.

[51] Sun B H. Scaling law for the propagation speed of domino toppling[J]. AIP Advances, 2020, 10(9): 095124.

[52] Taylor G I. The formation of a blast wave by a very intense explosion. -II. The atomic explosion of 1945[J]. Proceedings of the Royal Society of London, 1950, 201: 175-186.

[53] Tsien H S. The Poincaré-Lighthill-Kuo Method[J]. Advances in Applied Mechanics, 1956, 4: 281-349.

[54] Dai S Q. On the generalized PLK method and its applications[J]. Acta Mechanica Sinica, 1990, 6(2): 111-118.

[55] Bjørnstad O N, Shea K, Krzywinski M, et al. The SEIRS model for infectious disease dynamics[J]. Nature methods, 2020, 17(6): 557-559.

[56] Ross R. An application of the theory of probabilities to the study of a priori pathometry.-Part I[J]. Proceedings of the Royal Society of London. Series A, Containing Papers of a Mathematical and Physical Character, 1916, 92(638): 204-230.

[57] Billah K Y, Scanlan R H. Resonance, Tacoma Narrows Bridge failure, and undergraduate physics textbooks[J]. American Journal of Physics, 1991, 59(2):118-124.

[58] Scanlan R H, Tomko J J. Airfoil and bridge deck flutter derivatives[J]. Journal of Engineering Mechanics, 1997, 97: 1717-1737.

[59] Kovacic I, Rand R, Mohamed Sah S. Mathieu's equation and its generalizations: Overview of stability charts and their features[J]. Applied Mechanics Reviews, 2018, 70(2): 20802.

[60] 刘龙飞, 戴兰宏, 白以龙, 等. 大块金属玻璃中由热软化和自由体积产生诱导的剪切带行为比较[J]. 中国科学 G 辑: 物理学力学天文学, 2008, 38(5): 500-512.

[61] Chen G, Ueta T. Yet another Chaotic Attractor[J]. International Journal of Bifurcation and Chaos, 1999, 9(7): 1465-1466.

[62] Gray P, Scott S K. Chemical Oscillations and Instabilities[M]. Oxford: Oxford University Press, 1994.

[63] Collings J B, Wollkind D J. Metastability, hysteresis and outbreaks in a temperature-dependent model for a mite predator-prey interaction[J]. Mathematical and Computer Modelling, 1990, 13: 91-103.

[64] Hénon M. A two-dimensional mapping with a strange attractor[J]. Communications in Mathematical Physics, 1976, 50: 69-77.

[65] Peng K F, Zheng Z J, Chang B X, et al. Wide-range control of impulse transmission by cylindrical shell chains with varying aspect ratios[J]. International Journal of Impact Engineering, 2021, 158: 104017.

[66] Peng K F, Zheng Z J, Chang B X, et al. Impact damping performance and mechanisms of 3D-printed density gradient cylindrical shell chains[J]. International Journal of Impact Engineering, 2022, 169: 104319.